KB173892

디지털 시대, 위기의 아이들

디지털 세상에서 아이는 어떻게 자라는가

디지털 시대, 위기의 아이들

디지털 세상에서 아이는 어떻게 자라는가

캐서린 스타이너 어데어 · 테레사 H. 바커 지음
이한이 옮김

CONTENTS

들어가기 전에

거실 안의 혁명

CHAPTER **one**

심각한 단절

디지털 시대가 아이와 부모에게 미치는 위해들

CHAPTER **TWO**

아이의 뇌를 망치는 디지털 기기들

신경학적 · 사회적 · 감정적 발달에 미치는 영향들

CHAPTER **THREE**

디지털 기기에 중독된 유아들

유아기 '마법의 몇 해'를 보호하는 법

CHAPTER **FOUR**

초등학교를 침공한 디지털 세상의 그림자

우리가 생각하는 초등학생적인 것은 없다

CHAPTER **FIVE**

온라인 사회화와 가짜 성숙의 덫

발달 과업을 생략하고 청소년기로 이행하는 아이들

CHAPTER **SIX**

디지털화된 10대들의 삶

소통 부재, 명성 게임, 사이버 폭력, 그리고 가짜 삶

CHAPTER **SEVEN**

디지털 세상에서 당황한 부모들을 위하여

자녀가 꺼리는 부모 vs. 자녀가 의지하는 부모

CHAPTER **EIGHT**

부모와 아이 사이 회복하기

테크놀로지를 가족과 지역사회의 동지로 만드는 법

자녀 양육에 관해 세계에 존재하는 온갖 조언들은
그것 자체로는 인간 발달의 중심인 사람들 사이의
친밀한 유대, 가족 간의 유대를 대신할 수 없다.
건전한 사고가 모든 출발점이다.

_**셀마 프라이버그**, 《마법의 몇 해》 중에서

거실 안의 혁명

'신호'가 뇌를 빠르게 통과한다. '인식'은 조금 서서히 깨어나기 시작한다. 이것이 인지 과정이며, 생각하는 뇌의 각기 다른 부분들이 연결되는 '이해' 상태이다. 그리고 이것이 우리가 각각의 단편들을 연결하는 방식이기도 하다. '양육'이라는 행위에는 이 두 가지가 모두 포함되어 있다. 하지만 디지털 시대의 '양육'은 우리에게 하나의 도전 과제가 되었다. '인간의 뇌'(그리고 마음)가 이 과정을 원활하게 수행하기가 어려워지고 있기 때문이다. 각각의 단편들은 너무 빨리 지나가 사라져버린다. '인식'은 마치 섬광처럼 숙고할 틈도 없이 일어나고, 세부 사항들은 느끼고 숙고하며 그에 반응할 만한 시간이 거의 없이 그저 유입될 뿐이다. 때로는 찰나적으로만 존재하는 듯 보이기도 한다. 우리는 전체 그림 중 한 조각을 순간적으로 잠깐 볼 뿐이며, 그것이 정확히 무엇인지조차 말하지 못한다. 그것이 제아무리 중요하다 해도 말이다. 심리학자, 아동 및 가정 문제 심리치료사, 학교 컨설턴트이자 두 아이의 어머니인 나 역시 수많은 파편들만을 보고 있다.

샐리는 네 자녀를 둔 엄마로, 내가 진행하는 한 학부모 모임에 참석한 적이 있다. 그녀는 어찌할 바를 몰라 하며 전날 밤 자신의 집에서 일어난 일을 이야기했다. 그녀는 눈으로는 아이를 보면서 손으로는 세탁물을 개키고 있었다. 아이들은 4살, 8살, 11살, 15살로, 각자 다른 일들을 하면서 거실에 모여 있었다. 거실은 세탁실과 다소 떨어져 있었지만, 아예 그곳에서 보이지 않는 위치는 아니었다. 그래서 샐리는 옷을 개키고, 스마트폰으로 이메일을 확인하고, (우리들 대부분이 그렇듯이) 몇 분마다 한 번씩 아이들이 무엇을 하고 있는지 거실을 들여다보았다. 마지막으로 그녀는 짝 없는 양말을 5분쯤 찾아 헤매면서 위의 두 아이에게 4살 난 동생을 좀 지켜보고 있으라고 말했다. 15살인 딸은 아이패드를, 11살과 8살인 아들들은 Wii로 레이싱 게임을 하고 있었다. 4살짜리는 형들 주위를 맴돌고 있었다. 큰 아이들은 동생을 쳐다보지 않고 "네.", "알았어요."라며 고개만 끄덕였다. 그것을 보고 그녀는 아이들을 모두 함께 남겨두고 세탁실 위층으로 가서 이메일 몇 개를 확인했다. 5분 후에 그녀가 다시 거실로 돌아왔을 때 아이들은 모두 각자 하던 일을 계속하고 있었다. 4살짜리만 제외하고 말이다. 꼬맹이는 넓은 보라색 매직펜으로 고급 마룻바닥 전체에 긴 선을 그리는 데 열중하고 있었다.

내게 이야기하면서 샐리는 흥분을 감추지 못했다. "어떻게 그렇게 동생을 놔둘 수가 있죠?" 그녀는 큰 아이들을 향해 소리를 질렀다. 세 아이는 엄마가 이야기하는 동안 엄마를 아주 잠시 올려다보았고, 그녀는 자신의 질문에 대한 답을 '보았다'. 아이들은 각자의 전자기기 화면 속에 폭 빠진 탓에, 동생이 뛰어다니고 거실과 벽 전체에 낙서를 하며 돌아다니는 것을 미처 알아채지 못한 것이었다. 세 아이가 모두! 이런 일은 대개 TV가 켜 있을 때나 책에 코를 박고 있을 때 쉽게 일어날 수 있다. 하지만 샐리는 즉각 그보다 더 걱정스러운 점을 발견했다. 더욱 근본적이고 불길한 징조를 말이다. 먼저 그녀는 이메일에 집중하고 있는 동안 자신이 본능적인 제3의 눈, 즉 '엄마 안테나'를 잃었음을 깨달았다. 엄마조차도 시간감각을 잃어버린 것이다. 정말 '단 5분간'이었는지 그 이상이었는지는 잘 모르겠지만. 그녀는 그 사실을 완전히 인식하지 못했다. 마치 다른 세계에 가 있던 것처럼 말이다. 그리고 세 아이는 각자의 전자기기 화면들과 혼연일체가 되어 거기에 완전히 마음을 빼앗기고 있었다. "아이패드나 Wii가 없었다면 일어나지 않았을 일이겠죠. 전 화면 안에 제 아이들을 저에게서 빼앗아가는 무언가가 있다는 걸 느꼈어요. 어린 시절 저와 언니오빠들이 〈브래디 번치〉를 보던 것과는 다르다는 점도요."

다른 어머니들 역시 이 말에 동의한다. 그녀의 말이 맞다. 멀티미디어 기기들은 1970년대 드라마 〈브래디 번치〉의 애청자들은 결코 상상할 수 없는 방식으로 우리들을 '빨아들이고' 있다. 샐리를 추억에 젖게 하는 〈브래디 번치〉에 대한 향수가 아니라, 당시 그것이 아이들에게 무엇을 했는지, 아이들이 TV를 볼 때 어떠했는지를 기억해보라. 당신은 TV 시청을 좋아했을 것이다. 그렇지만 동시에 현실 세계에도 발을 담그고 있었을 것이다. 그러니까 TV 앞에서 일어나 숙제도 하고, 방과 후에는 바깥에 나가 뛰어놀고, 전화로 가족과 수다도 떨었을 것이다. "누구세요?" 하면서 걸려 온 전화를 받고, 전화를 건 사람이 자신의 이름을 소리 높여 말하는 것도 들었을 것이다. TV는 그 순간 당신에게서 사라진다. (물론 어느 세대든 카우치 포테이토는 존재하지만.) TV는 근본적으로 수동적인 활동이지만, 제한된 시간 안에 존재하며, 종종 가족들이 함께 즐길 수도 있다. 그러나 오늘날 미디어와 테크놀로지의 시대에 우리는 각자 홀로 하루 중 3분의 1을 미디어에 몰입하여 누군가와 대화도, 교류도 하지 않고 지낸다.

우리의 새로운 집, 테크놀로지

우리는 디지털 시대에 완전히 밀착되고, 테크놀로지에 완전히 사로잡혀 살아가고 있다. 전자기기들은 다양한 방식으로 확장되고, 우리의 욕망에 맞추어 다양한 기능이 고안되고 있다. 심지어 인터넷에 접속되어 있지 않은 상태, 무선인터넷이 없는 세상, 그 옛날 목가적인 〈브래디 번치〉 속 세상을 상상조차 할 수 없는 사람도 있다. 우리는 대부분 이런 상황, 편리하고 연결성이 높은 컴퓨터 시대에 기꺼이 적응하고 있다. 우리의 아이들은 디지털 문화에서 태어난 디지털 원주민들이다. 이 아이들에게 테크놀로지는 하나의 언어이고, 준거이며, 마음가짐 자체가 되었다. 2010년 〈카이저 가족 보고서Kaiser Family Report〉에 따르면, 8세에서 11세에 이르는 아동들은 대부분의 시간을 전자기기를 사용하며 보내고, 그 밖의 시간에는 잠을 잔다고 한다. 7세 이상의 아동들은 평균적으로 하루의 절반, 일주일 동안 매일 전자기기를 사용한다. 뿐만 아니라 컴퓨터를 할 때 전형적으로 멀티태스킹 행위가 이루어지는데, 채팅과 인터넷 서핑, 블로그 게시글 작성, 유튜브 동영상 업로드를 동시에 하는 것이다. 이들은 컴퓨터 사용 시간을 소위 휴식 시간이라고 여기지만, 이때 신경계적 · 심리적인 작용이 끊임없이 일어나며, 때로는 감정적 행위도 일어난다. 심리치료사이자 창조성 멘토인 제네 코헨Gene Cohen은, 자극, 웹연결성, 웹상에서의 상호작용에 대해 "뇌가 초콜릿을 섭취하는 것과 같다."고 표현했다. 우리는 그것을 열망한다.

우리에게 봉사하고, 우리를 기쁘게 하며, 정보와 오락거리를 제공하고, 우리를 연결시키는 이 시대 디지털 기기들은 결과적으로 '우리를 규정'한다. 우리는 하루 동안 직장 동료로, 가족 구성원으로, 친구로서의 다양한 역할을 수행한다. 그러나 주머니 속 휴대전화, 노트북 컴퓨터, 주변을 둘러싼 수많은 화면들, 게임 시스템과 함께 이루어지는 온라인적 삶은 그저 클릭 한 번으로 빠르게 스쳐지나가는 것이며, 대부분의 테크놀로지적 관계는 우리를 하나의 도메인으로 치환한다. 그것은 디지털 기기의 배경음악이나 바탕화면 같은 것이다. 특정 시간 동안, 접속 상태에서 신호가 수신 혹은 발신되는 동안, 기계 장치들은 우리를 소환하고, 우리는 이에 기꺼이 반응하며, 스스로를 주변 환경에서 끌어내어 다른 장소에 있는 누군가의 반응을 하염없이 기다리곤 한다. 일을 하든, 쇼핑을 하든,

사회 활동을 하든, 자녀나 자녀의 담당 교사와 대화를 하든, 그 어떤 굉장한 목적에서 사용하든, 혹은 딱히 큰 의미 없이 습관적인 잡일을 하는 데 사용하든, 우리가 그것을 가지고 하는 일의 효과는 모두 같다. 자기 자신을 현재로부터 멀리 떼어놓는다는 것이다.

우리는 문자메시지 습관이나 온라인 습관에 대해 농담 삼아 '중독'이라는 표현을 사용한다. 우리는 강박적으로 '크랙베리(마약류인 크랙과 휴대전화 블랙베리를 합성한 말로, 블랙베리 중독자를 의미한다—옮긴이)'를 살펴보고, 자기가 이메일에 중독되어 있다면서 마치 그것이 사실이 아닌 양 우스개로 통탄해하며, 유튜브나 페이스북에서 떨어질 수 없다고 불평한다. 각종 전자기기 화면에서 떨어져 보고 하루 정도 거기에서 벗어나려고 해보지만, 마지막으로 하나만 확인하겠다고 주저앉아 "하나만 더", "하나만 더"를 외친다. 잠을 자러 갈 때도 화장실을 갈 때도 휴대전화를 들고 간다. 심지어 휴대전화 없이는 집 밖을 나서지도 못한다. "제 아이들이 어느 정도의 나이가 되었을 때 저는 휴대전화를 가지고 다니는 강박에서 벗어나려고 했지만, 어쨌든 지금도 가지고 다닙니다." 20대가 된 세 자녀를 둔 한 엄마의 말이다. 그녀는 자신의 습관을 다소 겸연쩍어하게 되었다고 말했다. "하지만 휴대전화를 집에 두고 나올 때면 내면에서 작은 목소리가 속삭였죠. '만약을 위해서 편리하게 가져가는 게 더 나을 텐데. 무슨 일이 있을지 누가 알겠어.'라고요."

2010년 《지역사회 보건 및 역학 저널》에 게재된 보고서에 따르면, 정기적으로 휴대전화를 사용하는 임산부의 경우 행동 장애를 겪는 아이를 낳을 확률이 더 높다. 특히 이런 아이들이 이른 시기부터 휴대전화를 사용하기 시작한다면 더욱 그렇다. 바지 주머니에 휴대전화를 넣어 가지고 다니는 남성과 정자의 질에 관한 상관관계를 밝힌 연구도 있다.

기술은 어떤 측면에서는 중독성을 지니고 있으며, 여기에 특히 더 취약한 유형의 뇌가 있다는 사실을 우리는 알고 있다. 우리는 이에 대해 농담 삼아 이야기하지만, 이것은 사실이다. 실제로 우리가 신경화학적인 자극과 중독을 즐긴다는 연구도 있다. 즉 전자기기를 이용할 때 뇌의 쾌락 중추에서는 뇌 신경세포의 흥분 전달 역할을 하는 도파민이 현저히 분비된다. 중독에 대한 이야기는 과장이 아니다. 또한 오늘날 전자기기 사용자들 중 일부에게는 의학적 현실이기도 하다. 성인으로서 우리는 자신의 정신을 엉망으로 만들 수도 있고, 자신의 신경계를 건 도박을 할 수도 있다. 하지만 나는 자녀의 미래를 그런 방식으로 위험에 처하게 하는 부모를 본 적이 없다. 그럼에도 우리들은 이런 기기들을—우리가 '중독'이라는 단어를 사용하여 묘사하는—우리의 아이들에게 넘겨주고 있다. 발달 중인 아이들의 뇌는 이런 기기들을 일상적으로 사용하는 데 따르는 영향력, 그리고 오남용의 문제에 특히 더 취약함에도 말이다. 우리가 맹목적으로 아이들을 크랙베리 세대로 기르고 있는 것은 아닌지, 얼리어답터에 대한 열광으로 아이들에게 테크놀로지의 온갖 장점들을 안겨주어야 한다고 여기면서 오히려 위해를 가하고 있는 것은 아닌지 생각해봐야 할 일이다.

테크놀로지에 주의가 분산되어 생기는 문제는 우리뿐만 아니라 아이들에게도 심각한 '물리적인' 해를 끼치고 있다. 지역병원 응급실에서부터 질병관리센터에 이르기까지 다양한 기관의 의사 및 연구자 들은, 휴대용 전자기기 사용 및 접촉 시간이 증가할수록 아이들이 상해를 입을 확률 역시 증가한다고 말한다. 특히 부모나 아이돌보미가 한눈을 팔거나 순간적으로 아이들에게서 눈길을 돌렸을 때 많이 발생한다. 이와 관련된 《월 스트리트 저널》 지의 연구 및 인터뷰에 따르면, 5세 미만 아동의 상해 건수는 2007년에서 2010년 사이 12퍼센트나 증가했는데, 이는 이전 10년간의 증가세보다 훨씬 크다. 또한 성인의 14퍼센트, 그리고 문자메시지를 수시로 보내는 성인의 22퍼센트가 전자기기에 주의가 분산되어 누군가 혹은 무언가에 부딪친 적이 있다고 보고되었다. 캐나다 걸프 대학의 심리학과 교수인 바버라 모론지엘로Babara Morrongiello는 아이들의 감독과 상해 사이의 상관성을 연구하고 있다. 그녀는 《저널》 지에서, 대부분의 사람들은 자신이 전자기기에 얼마나 정신이 팔려 있는지 인식하지 못하고 있다고 말했다. 만약 부모나 아이돌보미에게 문자메시지를 보내는 행위에 대해 묻는다면, "그들은 그 상태에서도 아이들에게 집중하고 있다고 대답"할 것이다. 사람들은 "종종 자신들이 기계에 몰두하며 보내는 시간을 과소평가한다."

테크놀로지의 영향은 직장부터 집, 여가 시간에 이르기까지 삶의 모든 측면을 바꾸어놓았다. 이에 따라 점차적으로 가족관계의 모습마저 변화하고 있다. 부모와 아이들은 신속하고 끊임없이 사람 혹은 대상을 찾아 온갖 인터넷 생활을 즐기며, 집에서도 이들과의 의미 있는 개인적 연결을 유지하기 위해 고군분투한다. 이것이 우리 시대의 양육 패러독스이다. 지금 가족들은 플러그를 꼽음으로써 서로와 단절될 기회를 그 어느 시대보다도 많이 가지고 있다.

존은 자신의 결혼 생활과 가족이 해체되고 있다는 불안감을 느끼고 있다. 시발점은 온라인 활동 시간, 소셜 네트워크, 문자메시지 등과 같은 것들이 그들의 삶을 계속 잠식하고 있다는 인식이었다. 존의 아내는 직장과 통근 거리가 멀어서 일상적으로 존과 두 아이들에게(각각 8세와 14세이다) 수시로 문자를 보내 대화하는 일이 일상화되어 있다. 뿐만 아니라 그녀는 집에서도, 모든 가족이 집에 있어도 문자를 보내 의사를 표현한다. 그녀는 열광적인 테크놀로지 옹호자이다. 그녀는 집에서도 최신 전자기기들을 늘 가지고 다니며, 그것들을 끼고 살면서 아이들과 시간을 보내는 일을 중요하게 생각하지 않는다. 반면 존은 얼굴을 맞대고 대화하거나 전화 통화로 목소리를 들려주는 편을 선호한다. 때문에 두 사람은 이런 식으로 스마트 기기들을 끼고 사는 것이 아이들에게 해를 끼치는지 아닌지를 두고 싸운다. 두 사람 사이에는 결국 감정적인 단절이 일어나고, 스마트 기기에 대한 싸움이 거듭될수록 이는 증폭된다.

존은 아이들에 대해, 그리고 게임, 문자메시지, 소셜 네트워크를 하는 방식이 아이들의 주의력을 떨어뜨리는 일에 대해 걱정한다. 대개 사람들은 함께 자동차를 타면 대화하거나 그렇지 않거나 둘 중 한 가지 일을 한다. 그러나 더 이상은 그렇지 않다. 아이들을 데리고 어디를 가든, 누가 태블릿을 가지고 갈지, 누가 사용할지를 두고 싸움이 일어난다. 지난 여행을 떠올려보면, 아들은 끊임없이 존의 휴대전화를 가지고 문자를 보냈다. 가족은 또한 휴대용 디지털 영화 재생기를 가지고 있는데, "그래서 아이들은 영화를 보는 동시에 고개를 아래로 숙이고(혹은 계속 무릎에 박고) 게임을 했다. 박스 안에 큐브를 집어넣는다든지 계속 차를 점프시키는 그런 쓸데없는 것들 말이다." 집으로 돌아와서도 이런 상황은 이어졌다. 보통 그 전에는 저녁을 먹기 전에 잠시 가족들과 함께 시간을 보내거나 그날 있었던 일을 이야기하는 등의 시간이 존재했지만 지금은 잠깐의 대화조차 사라지고 없다. 아이들은 각자 방에 들어앉아서 저녁을 먹기 직전까지 컴퓨터 앞에 앉아 있는다. 또한 저녁 식탁에도 계속 화면이 달린 무엇, 즉 스마트 기기 하나쯤은 가지고 온다. "잡다한 걸 찾아보는 거죠. 뭐, 신발 모델이나 음악 같은 걸 검색해보는 거요."

존은 말한다. "손톱을 물어뜯는 것처럼 수동적인 활동을 하느라 시간을 꽉 채우고 있는 거죠. 긴장하면서. 손톱을 물어뜯는 대신 누군가에게 문자를 보내거나 구글에서 누군가를 검색하죠. 하지만 그냥 있는 것 뿐이에요. 그러니까 그 애들이 실제로 무슨 정보를 교환하고 있느냐 하면, 아니라는 거죠. '헤이? 호? 헤이 예! 너 뭐 하니? 아, 심심해.' 이것뿐이잖아요." 그것이 얼마나 의미가 있는지, 이런 모든 관계가 질적으로 의미 있는 것인지 그는 의문스러워한다.

또한 존은 이런 일이 사람들이 자신이 보고 있는 것은 물론 아이들의 교유 관계에 있어서 더 넓은 사회적 맥락을 고려하지 못하게 만든다고 말한다. "사회적으로 기괴한 관계가 만들어지고 있어요."라면서 그는 사람들이 서로 얼굴을 맞대고 대화하면서도 다른 이와 쉼 없이 문자메시지를 하거나 전화 통화하는 일을 언급했다. "제가 제 아이들에게서 보는 것, 그리고 아이들의 교우 관계에서 보는 게 바로 그겁니다. ……제 아들에게는 예전부터 친한 친구가 있는데, 제 아들이 스케이트보드를 탄다든지 할 때 그 애는 그냥 서서 문자메시지에 코를 박고 있어요. 어떤 상황인 줄 아시겠죠?" 그는 아이의 미디어 사용을 억제하고, 가족의 디지털 생활을 조화롭게 만들려는 자신의 노력이 실패했다고 여긴다. "네, 우리는 디지털에 완전히 달라붙어 있는 부속품이에요. 그것이 문제예요. 그리고 실제로 이게 디지털화의 가장 곤란한 점일 테지요. 우리 사회가 이제 모두 디지털 중심으로 연결되어 있기 때문이죠."

자녀교육 관련 학회에서부터 가족과의 저녁 식사에 이르기까지 내가 가는 곳 어디에서든, 사람들은 테크놀로지와 가족의 관계에 대해 혼돈스러워하면서도 명확하게 우려를 표하고 있다.

"생활이 매우 바쁠 때 인간관계들은 완전히 실용적이면서 성가신 일이 돼요." 남편과 10대인 두 자녀와 함께하는 삶을 생각하면서 헬렌은 말한다. 그녀는 자신들의 대화를 지배하는 마감일들과 일정들을 줄줄 말했다. 숙제, 방학캠프 신청서 마감일, 게임들, 스포츠 활동, 콘서트, 연습, 가족 동반 사교행사 등등. "우리는 이런 작은 비즈니스 그 자체라고 할 만해요. 우리는 그저 교류만 해요. 다른 이들과 어떤 방식이든 소통하고 싶다면 유튜브에 동영상을 올리거나 문자를 보내요. 이제 우리는 직접 대화를 하지 않고, 더 이상 서로의 눈을 들여다보지 않죠."

또 다른 한 어머니도 이미 많은 부모들이 공유하고 있는 강한 불안을 반복적으로 드러냈다. 그녀는 무언가가 가족의 생활 방식을 근본적으로 변화시키고 있다는 사실을 막 깨닫기 시작했다고 말했다. "우리 가족들은 집 안에서 각기 다른 화면들을 바라보며 각자의 구역에 있기 시작했어요. 가족 간의 소통이 악화되었다는 게 느껴지죠. 그리고 전 어떻게 해야 할지 모르겠어요."

나 역시 부모로서 그것이 어떤 느낌인지 안다. 우리 집에서 컴퓨터가 아이들의 시간과 주의를 모두 지배하기 시작하면서, 가족에 대해 느끼는 우리만의 방식이 사라지고 있다는 느낌에 으스스했던 적이 있기 때문이다. 이 역학은 내가 아이들에게 기대하는 일반적인 청소년의 행동 양식을 훌쩍 뛰어넘은 변화를 일으킨다. 예를 들어 내 아들 대니얼은 10대 시절 내내 컴퓨터 게임과 소셜 네트워크에 점차 더 많은 시간을 투자했다. 대니얼은 디지털 네이티브(디지털 원어민. 디지털 생활환경의 급속한 변화에 따라 디지털 언어를 자유자재로 사용하는 새로운 세대—옮긴이)의 첫 세대인데, 내 아들처럼 1980년대 초반 태생의 아이들은 개인용 컴퓨터와 플로피디스크, 부모들이 사준 개인용 휴대전화를 사용하고 자랐으며, 일을 할 때도 대부분 이것들을 사용한다. 또한 이들은 초등학교 시절 교실에 컴퓨터가 들어온 첫 번째 세대이기도 하다. 우리들 시대에는 학교에 가지 않는 날 TV 시청을 제한하고 주중에는 더욱 분명히 시청 시간을 제한하는 일이 쉬운 편이었다. 하지만 같은 세대 아이들처럼 대니얼은 청소년기에 들어설 때 이미 컴퓨터를 능숙하게 사용했으며, 그의 지력 역시 컴퓨터의 업그레이드에 달려 있었고, 취미도 컴퓨터 게임을 마스터하는 것이었다. 그리고 어느 순간 아이들의 방과 후 사회적 삶에서 놀이 영역이 새로운 것으로 전환되었는데, 바로 컴퓨터 게임이다. 숙제를 하는 데도 역시 컴퓨터 같은 기기는 물론 인터넷 검색이 필요해졌다. 따라서 우리는 컴퓨터 사용을 승낙했고, 그 승낙은 곧바로 지체 없이 새로운 기기, 업데이트, 더 많은 컴퓨터 게임으로 이어졌다. 이것이 10대 친구들 사이에서 소통을 유지하는 새로운 요구처럼 보인 순간에 말이다. 다른 한편으로 컴퓨터는 아이의 학업에도 (성공적인 방식으로) 변화를 주었다. 마법 세계이자 전쟁터인 화면 속 세상을 가지고 대니얼이 거둔 성공은 (그는 물론 우리들을 짜릿하게 하는 방식으로) 그의 사회생활을 변형시켰다. 하나의 물결이 지나가고 또 다른 물결이 찾아왔고, 테크놀로지는 집 앞까지 밀려왔다. 여기에 대한 대니얼의 감정은 예측 가능한 것이었다. 그것을 사랑한 것이다. 하지만 우리들은 갈등했다. 아이가 대단한 경험들을 하는 모습을 보는 일은 매우 즐거웠다. 컴퓨터를 하거나 게임을 하는 시간에 대한 아이와의 논쟁이나 협상에는 그리 많은 시간이 들지는 않았다. 하지만 그러고 나면 이런 것이 느껴졌다. '이것이 내 가족을 침범하고 내 아들을 산 채로 먹어치우고 있구나. 난 결코 그것이 좋아지지 않을 거야.' 아들의 성적이 좋고 품행이 바르며 잘 지낼 때도 나는 컴퓨터가 끌어당기는 인력에 관한 무언가가 올바른 것이 아니라는 느낌을 받았다.

이런 그림이 더 발전되고 불안한 것이 된 경험은 집에서가 아니라 어느 오후 워싱턴 DC에서 일어났다. 그날 나는 남편 프레드와 같이 버지니아 주에 있는 강을 지나 알링턴 국립묘지를 방문했다. 여전히 전쟁의 고통과 희생에 신음하고 있는 묘지를 거닐면서 우리는 사람들이 주변이나 자기 사생활이 노출되는 데도 아랑곳하지 않고 어디에서든 휴대전화로 대화하는 것을 개의치 않음을 깨달았다. 여러 세대로 이루어진 한 가족이 있었는데, 그들은 이 비석에서 저 비석 사이로 왔다 갔다 하면서 전화로 언쟁하고, 욕을 하고 있었다. 부모들은 한 묘지 앞에서 조용히 무릎을 꿇고 있었지만, 아이들은 문자메시지를 하고 전화 통화를 하며 크게 웃고 있었다. 망자들이 묻힌 그런 장소에서는 엄숙하게 행동하여 타인의 조용한 성찰을 방해하지 말거나, 최소한 조용한 존중을 표해야 하는 것이 아닌가. 그러나 조용한 존중은 더 이상 규범이 아니었다.

우리는 결국 잠시 멈춰서 뭐라도 먹으려고 번잡한 길거리 카페에 들어갔고, 맞은편 탁자에서 16세가량의 여자아이와 어머니로 보이는 중년 여성이 함께 앉아 있는 모습을 보았다. 여자아이는 음식을 다 먹을 때까지 코앞에 앉은 여인에게 단 세 마디를 했는데, 그나마도 짧고 형식적인 것이었다. 나머지 시간에는 계속 고개를 숙이고 식탁 아래로 스마트폰을 무릎에 놓고 문자메시지만 해댔다. 두 사람 사이의 공간에는 현저하게 침묵만이 자리하고 있었고, 여인은 주기적으로 희망적인 눈빛을 하고 아이를 쳐다보았다. 아이는 그동안 계속 무릎 위에 있는 작은 화면에만 시선을 고정하고 활발하게 문자메시지를 보낼 뿐이었다. 이 광경은 정상적인 모습으로 보이지 않았다. 그들은 함께 앉아 있었지만, 실제로는 전혀 그렇지 않았다. 슬픔 비슷한 감정이 스쳐 지나갔다. 디지털 시대의 단절된 가족의 초상화를 본질적으로 보여주는 장면이었다.

심리치료사이자 학교 컨설턴트의 입장에서 테크놀로지와 우리의 관계를 거시적으로 볼 때, 나는 늘 가족에 관한 영원하고 이론

異論의 여지가 없는 진실에 부딪히게 된다. 아이들은 부모와 함께 하는 시간 및 부모의 관심을 필요로 하며, 부모가 자녀들과 강하고 건강한 관계를 맺을 때 가정이 잘되고, 아이들이 가정환경과 조율하며 자란다는 것이다. 하지만 이런 현실은 우리가 가상 세계의 세이렌이 부르는 소리에 현혹될 때 너무나 쉽게 사라질 수 있다.

전투 중 행방불명된 부모들

우리는 아이들의 온라인 생활에 대한 많은 이야기들을 듣는다. 하지만 이는 문제의 절반일 뿐이다. 더욱 우려스러운 것은 부모들이 가족 시간을 점검하는 방식에 있다. 즉 자기들은 그 시간에 (실질적으로) 부재하면서 아이들에는 모범적으로 행동하기를 요구하는 것이다. 구글에는 매일같이 아이와 테크놀로지에 관한 경고들이 20가지씩 올라온다. 하지만 부모와 테크놀로지의 관계에 대한 비판적 우려의 목소리는 어디에 있는가? 우리는 아이들의 컴퓨터와 스마트폰 사랑에 대해 불평하지만, 아이들, 심지어 스마트 기기들을 애용하는 아이들마저도 같은 방식으로 부모를 가상 세계로 잃어버렸다고 불평한다. 아이들은 일상적으로 휴대전화로 통화를 하고, 문자메시지를 보내고, 컴퓨터 화면에 딱 달라붙어 일하거나 취미생활을 하는 부모의 모습을 묘사한다. 다음은 7학년에서 8학년의 청소년들이 부모의 테크놀로지 습관에 대해 묘사한 것이다.

- 부모님은 진짜 휴대전화에 중독된 듯 보이는 부분을 몇 가지 가지고 계시다. 거기에다 아빠는 아무래도 컴퓨터 중독 같다. 아빠는 일단 아침에 일어나면 강아지 상태를 한번 보고, 강아지가 괜찮으면 컴퓨터를 들여다보기 시작해서 새벽 5시에 잠자리에 들 때까지 "5분만 더" 하면서 계속하신다. 그 결과 다음 날 무척 피곤해하신다. _콜린, 12세
- 테크놀로지는 테크놀로지일 뿐 세상 전체가 아니라는 점을 부모님이 이해하셨으면 좋겠다. 부모님에게 그것은 일종의 새로운 것인데, 그건 부모님이 진짜로 나이 드셨기 때문이다. (웃음) "세상에, 새로운 게 나왔어."라고 말씀하시는데, 그럴 때마다 화가 난다. "엄마 아빠에게는 가족도 있잖아요! 우리가 함께 보내는 시간이 얼마나 되는지 아세요?"라고 말하면, 부모님은 "잠깐만, 휴대전화로 뭣 좀 확인하고 말하자꾸나. 회사에 전화해서 무슨 일이 있는지 좀 알아봐야겠어."라고 하신다. _앤절라, 13세
- 컴퓨터나 다른 뭔가를 하고 계실 때 부모님은 그것에만 완전히 빠져 계신다. ……중독이라고 할 수 있다. 부모님은 온종일 그것만 하신다. 먼저 휴대전화, 그다음으로 컴퓨터, 그러고 나서 그 밖의 다른 모든 기기들을 사용하신다. 어린 시절 부모님은 그런 기기들을 써보지 못하셨고, 그분들이 그것을 사용하는 이유는 아마 이 때문인 듯하다. 우리가 자라면 새로운 테크놀로지의 시대가 될 텐데, 그러면 부모님은 다시 그것에 익숙해지기 위해 최선의 노력을 다하셔야 할 것이다. _카를로스, 13세

이 아이들은 자기들이 부모의 관심을 두고 테크놀로지와 경쟁하

지만 늘 성공적이지는 않다고 솔직하게 이야기했다. 일군의 초등학생들이 말하는, 집에서 일어난 테크놀로지의 습격에 대해 소개해보겠다.

- 엄마는 거의 항상 저녁 식탁에서 아이패드를 가지고 계신다. 그리고는 "확인할 게 있어서."라고 말씀하신다. _타일러, 7세
- 나는 늘 엄마에게 놀아달라고 조르지만, 엄마는 늘 휴대전화로 문자메시지를 보내고만 계신다. _페니, 7세
- 한번은 아빠가 30분 이상이나 엄마를 상대해주지 않으셔서 나는 아빠의 키보드 위에 앉았다. 그러자 아빠는 나를 내 방으로 보내셨다. 나는 그저 엄마를 도와드리고 싶었을 뿐인데, 나만 혼났다. _오언, 9세
- 부모님은 진짜로 각자의 휴대전화에 완전히 미쳐 계신다. 한번은 차에서 블루투스로 전화하시다가 끔찍한 일이 일어날 뻔해서 나는 완전히 겁에 질렸다. 부모님이 이혼하실까 봐 겁이 난다. _서맨사, 10세
- 부모님은 집에 계실 때 대부분의 시간을 컴퓨터 앞에 앉아 계신다. 나는 내가 그 자리에 없는 사람인 것 같다고 느껴지는데, 그건 부모님이 그렇게 행동하시기 때문이다. ……내게 말도 걸지 않고, 나를 상대도 하지 않으신다. 음, 그래서 나는 슬프다. _애바, 7세

놀이치료 시간에 애너벨(7세)은 부모님의 관심을 받지 못할 때 자신이 느끼는 외로움과 고충에 대해 이야기했다. "우리 부모님은 늘 컴퓨터나 휴대전화만 하고 계세요. 그건 매우, 매우 절 실망시키고 외롭게 해요."

"그런 일이 일어날 때 넌 뭘 하지?" 내가 물었다.

아이는 눈과 얼굴, 목소리를 통해 그것을 행동으로 보여주기 시작했고, 그것은 내 마음을 아프게 했다.

"아빠가 전화 통화를 할 때 제 머릿속에서는 이런 대화가 일어나요. '안녕하세요? 절 기억하고 계신가요? 제가 누군지 기억하고 계신가요? 전 당신의 딸이에요. 아빠는 절 원해서 낳았잖아요. 하지만 지금 당장은 그걸 느끼지 못하시는 것 같아요. 지금 아빠는 오직 휴대전화에만 온 신경을 쏟고 계세요.'" 그리고 덧붙였다. "하지만 전 그걸 말하지 않아요. 그것들이 절 화나게 하니까요. 별 도움도 안 되고요. 기분만 더 나빠지게 하고요. 그래서 전 저 자신과 대화를 해요."

평소 가족 생활이나 가족의 모습을 그린 어린아이의 그림은 이와 유사한 이야기를 들려준다. 흔히 아이들의 그림은 아이가 처한 환경이나 아이의 내면세계를 보여준다고 알려져 있다. 자신이 분명하게 표현할 수 없거나 아마도 밖으로 크게 말하고 싶지 않은 그런 것들을 말이다. 예전에 아이들은 자기 가족을 우스운 머리 모양, 선글라스, 신발 같은 몇 가지 특징으로 구분하여 그림을 그렸다. 때로 그림에는 애완견이 등장하기도 하는데, 이는 아이들이 가족에 대해 생각할 때 떠올리는 것이기 때문이다. 수년 전, 나는 어린아이와 상담을 하면서 아이들이 그리는 가족 그림이 바뀌고 있음을 알아차렸다. 갈색 눈이나 곱슬거리는 머리, 안경을 끼거나 청바지를 입은 엄마 아빠들이 종종 휴대전화를 들고 있는 모습으로 묘사되었던 것이다. (어떤 아이들은 "어쩌고저쩌고"라는 대화도 써넣었다.) 핸즈프리 헤드셋을 귀에 꽂고 있는 아버지도 있었다. 형제자매들은 무선 이어폰을 귀에 꽂고 아이패드를 손에 들고 있거나 컴퓨터 앞에 앉아 있기도 했다. 또한 본인 역시 컴퓨터 앞에 앉아 있거나 휴대용 스마트 기기를 가지고 있는 모습으로 묘사하기도 했다. 하지만 늘 그런 것은 아니다. 한 8세 여자아이는 가족들이 모두 하나의 작은 형체에 행복하게 플러그를 꽂고 있는 모습을 묘사했는데, 다른 기기는 주변에 없었다. 아이는 "이게 저예요."라고 말했다.

한 초등학교 상담교사는 내게 한 말없는 소년에 대해 이야기해 준 적이 있다. 아이는 쟁반과 플라스틱 피규어로 자기 집의 저녁 시간에 대해 묘사했다. "제가 본 가장 슬픈 모습 중 하나였어요."라고 상담교사는 말했다. "전면에 모래가 깔려 있고, 엄마, 아빠, 남동생은 가장자리에, 그리고 그 아이와 강아지가 중간에 놓여 있었죠. 그곳에 소통은 없었어요. 아이가 놀이를 끝냈을 때 전 아이에게 그것이 무엇이냐고 물었죠. 예상하셨겠지만 그들 모두는, 엄마는 전화를, 아빠는 컴퓨터를, 남동생은 저녁을 먹으면서 컴퓨터를 하고 있었어요. 아이는 제게 '강아지가 제 친구예요. 제가 밥을 먹을 때 그 애는 제 발치에 앉아 있어요.'라고 말했어요."

놀이치료에서 어린아이들은 '아빠의 멍청한 컴퓨터'에 대해 마치 부모의 애정을 두고 다투는 라이벌인 양 이야기했다. 아이들은 부모에게 "난 아빠(엄마)의 컴퓨터가 싫어요.", "아빠(엄마)의 휴대전화는 나쁜 거예요."라고 말했다. 유아들은 부모의 휴대전화를 쓰레기통에 버리기도 했는데, 그것을 부모의 관심을 두고 다투는 경쟁 상대로 여기기 때문이다. 또는 영아들은 휴대전화를 가지고 있거나 다루려고 하고, 그것에 군침을 흘리기도 한다. 과거, 아이들이 담요를 쥐고 놓지 않던 일처럼 휴대전화는 부모들에게 위안을 주는 과도기적인 애착 대상이 된 듯하다.

나는 친구의 3살 난 아이와 함께 공원에서 시장 놀이를 한 적이 있다. 우리의 놀이는 급작스러운 감정적 변화를 맞게 되었다. 어린 앤더스는 인공암벽 아래에 있는 채소 가게의 주인이 되었고, 나는 가짜 돈을 주고 채소와 책 몇 권을 샀다. 그러고 나서 역할을 바꾸어 아이가 구매자가 되었다. 아이는 휴대전화를 달라고 했다. 내가 그것을 건네는 척하자 아이가 갑자기 화를 냈다. "아니, 아니! 진짜 전화를 줘요!" 나는 아이를 진정시킬 수도, 놀이로 되돌아오게 할 수도 없었다. 아이의 할머니 웬디는 아이를 진정시키려고 노력했지만, 우리 둘 모두 휴대전화가 채소 가게보다 아이에게 훨씬 더 깊고 감정적이며 강력한 단어이자 상징물이라는 사실만 깨달았을 뿐이다. 앤더스는 간절히 '진짜 휴대전화'를 '지금 당장' 원했다. 내가 본 많은 아이들처럼 두세 살 난 아이들도 더 이상 장난감 휴대전화를 원하지 않는다. 아이들은 '진짜 물건'을 원했다. 아이들은 그 차이를 감지할 수 있었고, 특정 수준에서(꽤나 깊은 수준에서) '진짜 물건'은 아이들을 부모에게 연결시켜주는 대상이었다.

부모들은 컴퓨터 화면과 휴대전화를 오가는 멀티태스킹 방식이 직업상 꽤나 합리적이며, 또한 아이들에게 부모가 일을 하고 있다거나 이익이 되는 일 혹은 몰입하고 있다고 여기게 만든다고 생각한다. 하지만 아이들에게 있어 그 느낌은 끝나지 않는 좌절, 피로,

상실, 자신에 대한 무관심 중 하나일 뿐이다. 과거에는 휴대전화가 울리면 우리는 잠시 통화를 했을 뿐, 휴대전화가 가방이나 주머니 속에서 우리와 종일 함께하거나 언제 어디서든 즉각적으로 우리를 잡아채지는 않았다.

"우리는 즉각 산만해지기 시작하고 대화의 일부가 아니게 됩니다."라고 한 초등학교 상담교사는 말했다. "블랙베리를 보기 위해 고개를 아래로 내리자마자 혹은 스마트폰 너머의 누군가가 부르는 소리에 응답하고 싶어지자마자, 당신은 현실에서 이루어지는 대화에 존재하지 않게 됩니다. 다른 세계로 떠나버리는 거지요. 기계를 들여다보자마자, 이메일이든 트위터든 뭐든 그걸 보고 싶어질 겁니다. 그러면 당신은 그 즉시 현실의 대화에서 분리됩니다."

아이는 왜 휴대전화를 원하는가

부모의 만성적인 주의력 분산은 아이들에게 깊고 지속적인 영향을 미칠 수 있다. 이는 필요할 때 함께 있어주지 못하거나, 소통이 부족하거나, 자기도취적인 부모, 즉 생활에 시달리거나 종종 자기 일을 잘해내지 못하는 부모 아래에서 자란 아이들을 통해 밝혀진 심리학적 사실들이다. 아이들을 집중해서 돌보지 못하는 부모의 양육 태도는 아이들을 상해의 위험에 처하게 만든다. 이에 더해 특히 특정한 주의력 분산, 즉 테크놀로지에 주의력을 분산시킨 부모들의 태도는 아이들에게 자기 부모가 자기도취적이거나 감정적으로 결핍되었거나 심리적으로 자신을 방임하고 있다고 여기게 만들 수 있다.

전국 학교들에서 이루어진 비非임상적 포커스 그룹 면담 결과 가장 주목할 만한 것, 전 연령대의 아이들로부터 내가 들었던 집에서의 메시지는 다음과 같다. 아이들은 고립되었다고 느낀다. 또한 부모가 전자기기 화면이나 휴대전화에 집중하고 있을 때면 늘 이런 느낌이 점점 더 강해진다. 무시당하고 있다는 것은 '나쁘고도 슬프게' 느껴진다. 또한 아이들은 부모의 삶에서 가장 지긋지긋한 것으로 '통화중대기'를 꼽았다. 중고등학생들에게서는 '위선자'라는 단어도 많이 나왔다. 집에서 나와야 할 시간에 아버지가 컴퓨터나 태블릿 혹은 휴대전화를 하고 있어서 말을 걸지 못하는 일은 완전히 미칠 것 같고, 학교에 늦게 만든다. 이는 아이들에게 혼란을 일으킨다. 제시간에 학교에 가는 것 같이 무엇인가를 제대로 하는데 방해가 되는 일이자, 집과 학교 양쪽에서 문제를 만드는 일이기 때문이다. 이런 부모로부터의 모순적인 메시지들은 아이들에게서 신뢰와 보호받는 느낌을 저하시킨다. 모순은 안전과 안정감에 나쁜 영향을 미친다.

이런 낙담이 몇 번 이어지면 아이들은 포기하게 된다. 잠깐의 약속이 깨지면 기분은 저하된다. "아빠가 나랑 책을 읽기로 했었는데.", "엄마가 보드게임을 함께 하자고 했었는데." 10대들의 이런 실망은 과거 10대들의 것과 같다. "엄마는 왜 우리의 말에 대답을 해주시지 않는 걸까? 늘 우리에게 뭘 하라고만 말씀하시지.", "아빠가 바쁘신 건 나도 알아. 하지만 아빠에게 내가 진짜 중요한 사람인 것 같진 않아."

아이들이 계속 우리를 필요로 하는 것은 아니다. 하지만 아이들은 자신을 위해 우리가 그곳에 존재하기를 바라고, 진정으로 자신들과 연결되어 있기를 바란다. 가끔은 우리의 존재가 그들에게 중요할 때도 있다. 영아, 유아, 초등학생 등 연령대마다 조금씩 다르기는 하지만, 그럼에도 어느 연령이든지 아이들은 일상에서 소통을 요구하고 우리의 집중력 있는 응답을 바란다. 휴대전화나 이메일에 집착하고 민감하게 반응하는 어른들은 아이들에게 다음과 같은 메시지를 보내는 것이나 다름없다. "다른 사람들이 너보다 더 중요해.", "다른 것들이 너보다 더 중요해.", "이 스마트 기기에서 나를 부르는 사람들이 하는 말이 지금 네가 하는 말보다 더 중요해." 그러는 동안 아이는 소통하기를 기다린다. 함께 놀아달라거나 숙제를 도와달라는 말을 하고 싶어서일 수도 있고, 시험 성적, 사고, 혹은 난처한 일에 대해 말하고 싶어서일 수도 있다. 한 10대 여학생은 내게 이렇게 말했다. "옛날 사람들은 가족을 더 중요하게 생각했을 것 같아요. 우리는 가족의 중요성에 대한 생각을 점점 잃어가고 있는 것 같아요."

애플의 스티브 잡스는 자신을 대학 중퇴자에서 우리 세계를 변화시키는 테크놀로지의 중심에 서게 한, 예측하지 못한 단계에 대한 유명한 말을 한 적이 있다. "앞을 내다보면 흩어진 점들을 연결시키는 것이 불가능해 보였죠. 하지만 과거를 돌이켜보자 그것이 매우 분명하게 보였습니다." 우리가 현대 테크놀로지의 진화를 되짚어본다면 이 말을 쉽게 납득할 수 있을 것이다. 그러나 테크놀로지와 함께 살고, 아이들과 가족 모두가 그것을 소중히 여기고, 어떤 면에서는 그것이 우리를 점점 원격 조종하며, 심지어 너무 일상에 배어들어서 우리를 규정하고, 그것이 우리의 마음에 직접적으로 호소하는 이런 시대에서는 받아들이기 힘들다. 우리는 더 이상 기다릴 시간이 없고, 더 큰 그림을 보기 위해 기다려야 할 필요를 느끼지도 못한다. 테크놀로지, 소셜 미디어, 디지털 시대는 가정의 중심이 되었고, 이미 첫 번째 변화를 일으켰다. 그리고 지금 아이들이 제대로 성장하는 데 필요한 가장 깊고 근본적인 인간의 유대를 대체하면서 우리를 위협하고 있다. 자녀들에게 풍족하고 안전하고 진취적인 아동기를 제공했다는 데 자부심을 느끼면서도, 이것이 테크놀로지에 지배된 아이들의 생활과는 관계없다고 생각하는 부모들이 점점 늘어나고 있다. 그들이 틀린 것은 아니다. 다만 아이들이 이전보다 빨리 자라고 빨리 바깥세상으로 나가면서 더 이상 유년 시절을 보호받지 못하게 되었을 때, 아이들이 간절히 부모를 필요로 할 때, 부모들은 의도치 않게 자신의 의무와 자리를 잃게 되었을 뿐이다.

컴퓨터, 스마트폰, 태블릿, 전자책 리더기, 인터넷이 일상에 필수 요소가 되어감으로써, 테크놀로지는 우리를 그 안으로 빨아들일 뿐만 아니라 사실상 공동 양육자의 역할을 얻고 있다. 지속적으로 관심을 끌고, 교육하고, 놀거리를 제공하며, 디지털상에서 이루어지는 인간관계들을 모델로 삼게 만든다. 우리가 너무 바빠서 자녀들과 함께 보내는 시간, 아이들의 말에 귀 귀울일 시간이 없어진다면, 테크놀로지에 몰두느라 아이들에게 대답해주지 못한다면, '친숙한 이방인' 혹은 당신에게서 부모의 역할을 빼앗아간 온라인 세계가 아이들을 받아들일 준비를 마칠 것이다. 테크놀로지가 우리를 새롭고 멋진 방식으로 연결시켜준다는 것은 부정할 수 없는 사실이다. 불행하게도 문제는 이런 인간관계 모델이 주로 질보다는 양을, 깊이보다는 넓이를, 친밀감보다는 이미지를 선호한다는 데 있다. 테크놀로지 문화는 우리가 이를 의문의 여지없는 규범으로 받아들이도록 길들인다. 그리고 우리 아이들 역시 같은 방식으로 길들인다.

공동 양육자로서 테크놀로지의 문제는 그것이 무엇을 할 수 있고 무엇을 할 수 없느냐에 달려 있다. 경악스럽게도 특정 방식에서 테크놀로지는 아이들의 삶에서 가치, 정보, 성장 배경, 공동체, 교육의 근원으로서 우리의 자리를 대체할 수 있다. 하지만 마케팅 전문가들의 반대 주장에도 불구하고, 테크놀로지는 인간 아이들의 건강한 신경계적·생리적 발달 과정을 위한 직접적이고 풍부하며 독창적인 인간관계의 근본적인 범주를 제공할 수는 없다.

디지털 문화가 시작된 이래 테크놀로지와 우리의 관계는 인간의 상호작용 방식을 재규정하고 있다. 테크놀로지의 뒤를 쫓고 그것을 최대한 활용하려면, 우리는 각 단계에서 그것이 우리의 시간과 주의에 미치는 영향뿐만 아니라 그 무엇으로도 대체할 수 없는 가장 중요한 '관계'에 미치는 영향을 고려해야만 한다.

문화수렴 시대, 교차로에 선 가족들

우리는 미디어학자 헨리 젠킨스Henry Jenkins가 말한 '문화수렴convergence culture'의 시대에 살고 있다. 그에 따르면 이 시대는 "커뮤니케이션, 스토리텔링, 정보 기술의 변화가 현대 생활의 모든 측면을 거의 재형성하는" 시대로, 여기에는 "우리가 만들어내고 소비하고 배우고 다른 사람들과 소통하는 방식"이 포함된다. 내가 종사하고 있는 가정 문제의 전방에서 문화수렴의 영향은 우리 내면을 비롯해 가족들의 사회적·감정적·사회 기반에도 사용세를 물리고 있다.

이런 역사상 문화의 전환은 마치 플립북(각 장마다 동작의 일부를 그려 넣어 연속적으로 넘기면 동작이 움직이듯 보이게끔 만든 그림책—옮긴이) 같아 보인다. 책장들이 휙휙 넘어가 과거로 사라질 때마다 각 장의 그림은 점점 더 기술로 대체된다. 침략은 놀랍고 짜릿하고 즐겁지만, 문제를 발생시킨다. 완전한 전환이 일어나면, 단지 유용한 도구 혹은 해롭지 않은 기계였던 테크놀로지는 가족 생활의 중추, 삶의 중추로서 지배적 역할을 하는 것으로 완전히 변형된다. 이런 변형은 혁명이라고밖에 말할 수 없다.

문화수렴 시대가 제시하는 과학적·사회적 변동들을 넘어서 심리적 차원에서 이는 우리 모두에게 위험하다. 우리는 온갖 커뮤니케이션 난제들이 뒤섞인 문제와 마주하고 있다. 이메일은 내용과 어조 측면에서 메시지가 불분명하거나 우리를 당혹시키거나 우리가 기술적으로 적절한 대답을 하기 어렵게 만든다. 또한 이메일, 문자메시지, 음성사서함 기타 그 밖의 커뮤니케이션 도구들은 양적인 측면으로만도 우리를 지치게 한다. 온라인상의 인물이나 글로 우리를 초대하는 사람들, 페이스북에서 활동 중인 사용자만 해도 10억 명에 가깝다. 또한 페이스북은 '친구'의 의미를 재규정하고, '친구 삭제'라는 '관계'적 신조어를 만들어냈다. 국내든 해외든, 응답 시간의 틈은 혼란이나 좋지 않은 상황을 유발할 수 있고, 부정적인 방식으로 오해를 만들어낼 수도 있다. 테크놀로지는 커뮤니케이션의 근본적인 단서, 맥락, 억양을 비롯해 인간 본연의 관계 맺기 방식과 반응 시간마저 재규정하고 있다.

테크놀로지는 매우 급격하게 우리의 사회적 담론을 바꾸어놓고 있으며, 우리는 스스로 무엇을 원하는지 심사숙고하여 결정할 시간이 없다. 기본 예의나 시민적 행동 같이 관례적인 표현들은 사라졌다. 관습적인 에티켓이라는 사려 깊은 규범의 부재는, 극히 공공적인 장소에서 극히 개인적인 말을 소리 높여 하는 행동을 받아들이게 만들며, 거리, 공항, 상점 같은 곳에서 주변의 타인들을 완전히 묵살하는 태도를 아무렇지 않게 여기도록 만든다. 디지털 환경에서 우리는 주변의 타인들에게 짜증을 유발하는 것을 넘어서서 그들을 완전히 무시하고 묵살하고 소거시킨다. 특히 전화에 관해서는, 우리가 한 세대 전만 해도 무례하고 시민답지 못한 태도로 여겨지던 행동들을 아무렇지 않게 하고 있음을 인정해야 한다.

이 모든 것들이 문제가 된다. 아이들은 우리가 집에서 전화 통화를 하는 방식이나 그 밖의 일상적인 태도들을 보고 그것을 단서로 삼아 삶의 지표를 만들어나간다. 부모로서 우리는 테크놀로지와 우리의 관계, 그것을 둘러싼 우리의 태도들이, 외부의 영향을 받기 쉬운 아이들이 테크놀로지와의 관계를 구축하는 데 좋은 기반이 될 수 있도록 훈련해야 한다. 아이들이 스마트폰 화면을 계속 바꾸는 데만 신경 쓰고 우리들을 무시할 때 이에 대해 불평하기는 쉽다. 하지만 그것은 우리가 아이들에게 몸소 보여주고 가르친 것이다.

테크놀로지와의 관계 vs. 사람들과의 관계

아이들이나 갓 성년이 된 청년들, 그리고 이와 비슷하거나 더 많은 성인들과 상담하면서 내가 보고 들은 것은, 인간관계에서 테크놀로지가 어떻게 파괴적인 역할을 하고 있는지이다. 인간과 인간 본성에서 취약하고 도전적인 모든 것들이 테크놀로지를 통해 발생되고 증폭된다. 이런 소통과 관계에 관한 도전들 중 많은 부분은 새로운 것이 아니다. 낯선 이와의 우정, 연애, 친교, 일상적인 소통은 인간관계의 변치 않는 요소이다. 그러나 우리가 발생시키고 있는 새로운 상황은 다르다. 특히 온라인상에서 대화나 새로운 단편적 정보가 생성되면, 그것은 문자메시지, 페이스북, 인스타그램, 인스턴트 메시지를 통해 확산된다. 때로 이메일을 통해 내용이 더 길어지기도 하고, 온라인상에서 변화를 겪기도 한다. 테크놀로지는 변화를 가속화시킬 뿐만 아니라 우리가 자신을 표현하는 방식도 변화시킨다.

우리는 상대방의 얼굴을 볼 수도 없고, 그 영향을 제대로 볼 수도 없으며, 어조를 조절할 수도 없다. 따라서 이런 방식은 자신이 커뮤니케이션한 내용이 미칠 영향에 대해 책임감 없이 감정을 과장하거나 감정에서 탈피한 채 바라보게 할 수 있다. 우리는 종종 화가 났을 때 그것을 직접 말하지 않고 문자메시지나 이메일 혹은 기타 온라인상의 방식으로 표현하곤 한다. 뉘앙스가 부재된 대화는 얼굴을 맞대고 대화할 때보다 오해의 가능성을 증가시킨다. 진심 어린 사죄나 연민, 애정, 이해, 도움의 표현이라 할지라도, 이런 방식에는 전화나 직접 대화에서와 같은 인간의 목소리를 통해 이루어지는 독특한 울림이 없다. "알겠어." 혹은 "거기에 있을게."라는 말을 글로 읽는 것은 제아무리 배려하는 마음에서, 마음이라는 내면의 귀에 전달하고자 시도한 것이라 해도 그 정도가 약하게 전달될 수밖에 없다. 목소리는 그 이상의 무언가를 전달한다. 심지어 대화가 멈추고 조용하게 앉아 있는 상태라고 할지라도, 한 공간에 함께 있는 것은 단어를 넘어선 의미를 전달할 수 있다.

특히 문자메시지는 그 유용성과 빨리 대응해야 한다는 압박으로 인해 점점 더 많이 사용되고 있다. 중요한 대인관계에서는 부적절한 경우가 종종 있음에도, 함께 대화를 하는 편이 더 나을 때에도, 전화나 화상채팅이 더 나을 때에도 말이다. 직접 대면하는 것이 불가능할 때 그다음의 최선은 '목소리'이다. 하지만 진화하는 소셜 네트워크는 빠른 문자 응답을 전화 통화보다, 간단하게 생각할 시간보다 더 일상적으로 만든다. 긴급한 상황이 아니라면, 좋은 장소에서 좋은 대화를 나눌 때는 정신적 '잠시 멈춤' 버튼을 누르고 전화를 기다려야 함에도 말이다. 전문가들은 우리의 테크놀로지와의 연결은 좌뇌 반구, 즉 주문을 찾는 기능을 담당하는 뇌의 부분을 두드린다고 한다. 이런 해야 한다는 충동과 우리가 일을 할 때 자극되는 신경계적 피드백의 흐름 안에서 우리는 무의식적·신경계적으로 '대화'들을 처리해야 할 '일'로서 재구성한다. 그것들은 좌뇌의 '처리해야 할 일' 목록으로 갑자기 이동하며, 멀티태스킹의 대열에 합류한다. 따라서 우리가 다른 용건이 없을 때, 전화를 하거나 문자를 보내는 것이 불필요하고, 생각 없는 짓이며, 무분별한 경우에도 좌뇌는 "충동 실행, 생각했고, 그것을 해라, 임무 완수!"라며 의기양양하게 일을 벌인다. 이 즉각적인 응답에 대한 충동은 필요한 것으로 느껴지기 시작하며, 결코 결과에는 신경 쓰지 않는다.

이혼이나 양육권 분쟁 중인 부모들에게 이 모든 것들은 그들을 새로운 곳으로 끌어내릴 수 있는 새로운 무대를 제공한다. 지속적인 질책, 문자메시지 보내기, 완전한 자기통제력 상실을 드러내게 한다는 말이다. 이 신속한 매개체는 매우 쉽게 행할 수 있고, 충동적인 행위를 부추기기 때문이다. 우리는 샤워 중에 한 개인적인 생각을 집중적으로, 당장에 문자로 보낼 수도 있다. 그것은 종종 나쁜 생각일 때도 있다. 화가 나거나 속상할 때 누구나 테크놀로지를 통해 그 감정을 누군가에게 전송할 수 있다. 이것은 관계의 역학을 극적으로 바꾸어놓는다. 우리는 우리가 테크놀로지와 관계하는 방식, 그것이 우리 내면에 고착화된 방식을 알아야 한다. 그리하여 우리는 자신의 강렬한 화, 분노, 상처, 상실, 속상함 같은 감정들을 문자를 통해 즉각적으로 표출하는 것이 어느 때는 괜찮고 어느 때는 괜찮지 않은지에 대해서 분명하게 생각할 수 있다. (힌트 하나. 생각을 빨리 전달할 수 있게 됨으로써 반응이 더욱 부채질된 이래로, 강렬한 분노, 화, 상처, 상실감, 속상함, 기타 감정이 잔뜩 실린 메시지를 테크놀로지를 통해 소통하는 것은 대개 좋지 않은 결과를 가져온다.)

일각에서는 사람은 변하지 않았으나, 테크놀로지가 사람의 커뮤니케이션 방식을 바꾸었을 뿐이라고 말한다. 그들은 인간관계의 본질이 변한 것은 아니며, 단지 인간관계가 문자메시지나 온라인이라는 다른 환경에서 이루어지고 있을 뿐이라고 말한다. 이는 사회학적인 관점에서는 타당할 수 있지만 심리학적인 관점에서는 그렇지 않다. 심리학적으로 우리는 사실상 새로운 영역에 들어와 있다. 테크놀로지는 인간관계의 기본 구조를 바꿔놓고 있다. 그것은 상호간의 연결을 3각 형태로 만들며, 우리의 대화를 어디에나 있는 제3의 영역이 되게 하고, 때로 우리를 연결시키지만 종종 연결을 방해하고, 궁극적으로는 연결을 끊어놓는다.

커뮤니케이션을 위한 메커니즘으로 발생된 테크놀로지는 이제 우리의 커뮤니케이션 방향을 움직이고, 요구하고, 때로는 왜곡시키고 있다. 충동적인 커뮤니케이션에 더해 자신이 원하는 것 이상으로 커뮤니케이션하게 만드는 요소를 파악하고, 자신을 위해 더욱 건강하게 커뮤니케이션의 방향을 바꾸는 법을 스스로 찾아야 한다. 우리가 언제, 어디서든, 누구든, 혹은 모두를 이용할 수 있게 되기 전에는 그런 기대를 가지지 않았다. '빅 브라더'는 우리의 모든 행위에 그림자를 드리우는 좋지 않은 존재였다. 지금 테크놀로지는 그 자체로 어디에나 지속적으로 존재하면서 때로 유용하고,

때로는 짜증나게 하며 우리의 주의를 이끌고 있는 듯이 보인다. 우리는 결코 주문형 통신망 없이 살아가지 않으며, 그것을 우리에게서 떨어뜨릴 수도 없다. 아이들과 부모들 모두 지속적으로 커뮤니케이션을 해야 한다는 압박을 받고, 사람들의 관심을 두고 전자기기 화면들과 끝없는 경쟁을 하고 있으며, 언제 어디서든 모든 사람들을 위해 계속 '그곳에 있어야' 한다는 데서 오는 관계적 피곤함과 테크놀로지적 소진의 신호를 드러내고 있다.

결국 이제 우리는 하찮은 사람 취급을 받는 데서 오는 위협과 무시를 일상적으로 받아들이고, 감정적 연결을 느끼지 못하는 것을 사소하게 치부하는 태도를 새롭게 익혀야 할지도 모른다. 실제로 이런 일이 일어나고 있으며, 이런 일들이 우리에게 영향을 미치고 있다. 이전 시대에는 이런 방식으로 사람을 대하는 일(그리고 대우받는 일)은 건전하지 못한 관계로 여겨졌다. 이런 대접에 대한 정상적인 반응은 상대를 사려 깊지 못하거나 무례한 사람으로, 그리고 상처 주는 행위로 여기는 것이었다.

자신이 중요하지 않고, 보이지 않는 사람, 사랑받지 못하는 사람 취급을 받는 기분은 영원히 우리 주위를 맴돌 것이다. 그러나 우리는 화면을 통해 커뮤니케이션하는 것을 우선시하고, 다른 사람들을 무시하는 행동을 받아들이게끔 하거나, 대화 중간에 빠져나가 다른 사람과 대화하는 생활 방식을 가지지 않을 수도 있다. 관련 연구들은 우리가 감각하는 것이 진실임을 알려준다. 우리가 온라인상에서, 혹은 스마트 기기를 가지고 보내는 시간은 주위 사람들과 함께 보내는 시간을 침식한다. 캘리포니아의 아넨버그 센터 대학의 〈디지털 미래 연구 보고서〉는 미국 내 2,000가구를 대상으로 실시된 연구이다. 이에 따르면 인터넷으로 인해 가족과 함께 보내는 시간이 줄어들었다고 답한 사람들은 2006년 11퍼센트였던 데 비해 2011년 28퍼센트로 약 3배나 증가했으며, 매달 가족 구성원들이 함께 보내는 시간은 26시간에서 17.9시간으로 감소했다. 또한 때때로 가족 구성원들이 인터넷을 사용할 때 무시당하는 것 같은 느낌을 받은 적이 있다고 보고한 사람의 수도 약 40퍼센트나 증가했다. 월드와이드웹의 무제한적인 가능성은 우리들에게 그것이 창조성과 새로운 지식, 새로운 관계에 관한 잠재력을 지니고 있다고 말한다. 또한 지루한 일상 세계로부터의 즉각적인 탈출을 제공한다. 한편 새로운 직장 상사를 더해주기도 하는데, 이는 사람이 아니라 직업적 요구를 확장시킨다는 말이다. 즉 직장에서 분리되어 나 자신에 몰입하거나 가족들과 연결되고자 하는 욕구와 관계없이, 우리를 하루 종일 일에 전념하게 만드는 것이다. 또한 이 매개물은 그 자체로 훨씬 더 까다로운 상사가 되는데, 이 디지털 상사는 어떤 것으로든 구성될 수 있고, 어떤 수준이든, 어떤 지시든, 어떤 요구든 할 수 있다. 이 매혹적인 마법사에게 경계는 존재하지 않는다. 그것은 우리에게 사회적 농담, 업무적 대화, 가족 소식, 드라마, 오락, 교육, 게임, 쇼핑 정보, 자료 검색, 최신 뉴스 등 모든 것을 제공하고, 실시간으로 중계해준다. 우리는 연결에 관한 강박을 느끼며, 죄책감과 잃어버린 시간에 시달리고 고갈된다.

성인으로서 우리는 스스로에게 좋지 않은 습관을 선택할 자유가 있다. 그러나 이것이 아이들을 위협해서는 안 된다. 하지만 매우 섬세한 우리 아이들은 이미 이렇듯 테크놀로지로 충동질되는 문화에 속해 있는 듯 보이며, 여기에서 아이들의 거리감각은 믿을 수 없을 만큼 어리숙하다. 어른들의 세계에 대한 접촉 및 인간관계 방식 측면에서 아동의 학습 단계상, 아이들은 테크놀로지가 전달하는 감정적 전압들을 다룰 수 있는 자신들의 능력 이상으로 테크놀로지에 연결되고 있다. 또한 소셜 네트워크를 통해 해를 끼칠 만한 사람들에게 스스로를 노출시키는 데 따른 위험을 감지하는 능력이 제대로 갖추어지지 않은 상태에서, 그 능력 이상으로 테크놀로지에 접속하고 있다.

가족 상담을 하면서 나는 문자메시지, 스마트폰 사용 시간, 인터넷 사용의 자유를 두고 벌어지는 전장에 아주 어린아이들까지 들어와 있음을 알게 되었다. 교사들은 학교 전선에서 일어나는 아이들의 놀이, 지적 호기심, 교육, 사회적·감정적 발달에 테크놀로지가 끼친 부정적인 영향에 관한 충격적인 이야기들을 내게 들려주었다. 또한 나는 온라인상 혹은 소셜 미디어상에서 아이들이 벌인 실수가 심각한 결과를 도출했을 때 가정과 학교로부터 긴급 구조 요청을 받기도 한다. 여기에는 우리들이 계산할 수 없는 것도, 되돌릴 수 있는 것도 없다. 하지만 이를 통해 우리는 과거의 추측들과 새로운 선택들을 다소 사려 깊게 재검토해보아야 한다.

디지털화된 아동기

나는 테크놀로지에 반대하지는 않는다. 오히려 나는 가족이나 친구들과 연락할 때, 연구나 일을 할 때, 내가 좋아하는 목공이나 정원 일을 할 때 등 온갖 일에 온갖 종류의 테크놀로지 기기들을 사용한다. 나는 학교에서 일하면서 테크놀로지가 교육적인 목적으로 사용되는 것을 보고 그것의 잠재력과 힘, 사람을 끌어당기는 힘에 늘 놀라곤 한다. 잘 사용되기만 한다면 테크놀로지는 매우 흥미로운 교육 수단이자 교육 방식을 확장시키는 수단이다. 하지만 나는 지금의 디지털화된 삶이 우리의 예측보다 더 가족 간의 화합과 아이들의 아동기에 엄청나게 커다란 대가를 치르게 한다고 믿는다. 이는 우리가 상상하는 것, 우리가 원하는 것보다 훨씬 클 것이다. 연구조사들은 이미 유아 및 아동의 발달에 미치는 영향은 물론, 평생 교육의 기반이 세워지는 영아기의 뇌를 축소시키는 신경계적 영향에 대해 심각한 우려를 표하고 있다. 우리는 영유아의 손에 스마트 기기를 쥐여주고 아이들이 그것을 가지고 놀게 한다. 때문에 나는 테크놀로지의 중독적인 측면은 물론, 아이들의 교육에 과도하게 전자기기 화면과 문자메시지를 사용하는 우리의 강박관념이 극히 우려스럽다. 그것이 우리의 문화에서 획득한 자리, 그리고 우리를 이끌고 가는 곳이 우려스럽다. 나는 우리가 테크놀로지에 대해 보다 더 숙고하고, 그것을 우리 삶에 통합시키는 방식을 더욱더 주체적으로 관장하길 바란다. 테크놀로지가 우리를 섬길 수 있도록 조정해야지, 우리가 아무 의심 없이 그저 받아들이고 자발적으로 투항하게 되기를 바라지 않는다.

1982년, 미디어 문화 비평가인 닐 포스트먼은《사라지는 어린이》에서 TV와 TV 포화 문화가 어린이들에게서 자연이 의도한 속도에 따라 발달할 수 있는 시간과 공간을 빼앗고, 어른의 세계와 아이의 세계 사이에 놓인 보호 장벽을 붕괴시키고 있다고 썼다. 그가 이 책을 썼던 시대는 이제 막 집에서 컴퓨터를 사용하기 시작한, 컴퓨터의 대중화가 이루어지던 시점이었다. 그해《타임》지는 개인적 공간에 들어온 컴퓨터에 대해 '기계의 해'라며 축복을 보냈다. 페이스북의 창시자 마크 저커버그는 태어나지도 않은 때였다. 소셜 네트워크에 관한 그의 아이디어는 이로부터 22년이나 지나야 등장한다.

포스트먼은 TV 문화를 표적으로 삼고 있지만, 보호받는 아동기가 상실된 시점을 밝히는 데는 그보다 훨씬 이전 시대까지 추적해 들어간다. 출판이 도래하고, 넓은 지역으로 신속하게 아이디어를 전송하는 일이 가능해진 초기 전신의 시대까지 말이다. 그는 수세기의 기술 발전을 통해 "일어난 일은 아동기의 특성에 관한 의견의 확실성에 의구심을 품게 된 것뿐"이라고 말한다.

오늘날 우리들은 다시 교차로에 서 있다. 하지만 우리는 테크놀로지가 우리 아이들에게 주는 위험성과 이득을 평가하기에 역사상 그 어떤 시대보다 충분한 단서들을 가지고 있다. 우리는 '아동기의 특성'에 관한 '확실한 의견'에 도달하는 데 필요한 정보를 충분히 가지고 있다. 이제 우리는 그것이 과연 무엇인지, 우리 아이들에게 어떤 유년 시절을 주고 싶은지 결정해야만 한다.

나는 이 실험이 더 넓은 세계로 가는 아이들의 모험뿐만 아니라 아이들의 사회적·감정적·지적 발달, 아동기에 일어나는 가장 근본적인 내적 변화에도 영향을 미친다고 덧붙이고 싶다. 20여 년 이상의 이런 광범위한 심리·미디어 실험, 과학적 연구조사는 초기에 만들어진 몇 가지 추정들을 뒤집고 있다. 새로 밝혀진 연구 결과는 전례 없는 시각을 제공하는데, 바로 과학자 퍼트리샤 쿨Patricia Kuhl이 '아이들 마음이 지닌 천부적인 개방성'이라고 일컫는 것이다. 쿨에 따르면 현대의 신경과학적 연구조사가 도입되면서 "우리는 아동의 뇌 발달에 대한 지식의 황금시대를 맞이했다."

과학자들이 우리 뇌에 관한 지식을 확장시킴으로써, 최근의 연구들은 테크놀로지와 신경과학이 교차하는 지점에서 이루어지게 되었다. 한 가지는 분명하다. 뇌의 처리 과정은 인간 대 인간의 상호작용이 처리되는 방식과는 다른 방식으로 상호작용을 매개한다는 것이다. 무엇보다도 최근의 연구들은 자녀를 파악하고, 아이들이 무엇을 원하는지를 비롯해 실생활에서 자녀들과의 유대를 유지하는 방향에서 '부모의 역할'이라는 주제로 회귀하고 있다.

디지털 시대에서 부모 노릇하기

어느 날 아침 나는 맨해튼 지역의 한 유치원에서 10명의 학부모들과 함께 급변하는 디지털 문화에서 아이들의 인성교육 및 이에 따라 변화하는 부모의 역할에 관해 이야기했다. 어머니들 중 일부는 전문직 여성이었고, 일부는 전업주부였다. 나는 어머니들에게 테크놀로지가 어떻게 가족들의 삶을 변화시키고 있는지를 물었고, 잠시잠깐도 조용히 숙고할 여력이 없다는 대답을 들었다. 대화는 넘쳐흐르는 불안과 통찰력, 은빛 반짝이는 수많은 전자기기들에 둘러싸인 아이들을 기르는 일에 관한 주제로 넘어갔다.

"저녁에 집안일을 할 때면 무시무시하게 조용해요. 모두 하나씩 자기 기계에 달라붙어 있어서요." 이제는 전국의 가정에서 흔한 풍경이 된 모습을 묘사하며 한 어머니가 말했다. "아이를 잠자리에 들게 한 후에도 남편과 저는 '진짜' 함께 있는 시간이 없어요. 식탁에 앉아서 서로 자기 컴퓨터만 들여다보고 있거든요."

"일전에 4살이 조금 넘은 아이가 자기 신발끈을 묶는 것보다 애플리케이션 다운로드받는 걸 더 잘한다는 말을 들은 적이 있어요." 다른 어머니가 덧붙였다. 그녀는 2010년 2,200명의 어머니를 대상으로 한 전국적인 설문조사에 대한 기사를 본 것이었다. 그 조사에는 2세에서 5세 사이의 아이들이 신발끈을 묶는 것보다 스마트폰 애플리케이션을 가지고 노는 것을 더 잘한다는 내용이 있었다.

"전 6살 난 딸을 두고 있어요." 탁자 끝에 앉은 젊은 어머니가 부드러운 목소리로 말했다. "제 딸은 아직 인터넷에 엄청나게 중독된 상태는 아니지만, 아이가 13살이 되었을 때 페이스북을 하느라 절 무시하고, 저도 아이를 무시하는 일이 생길까 봐 걱정돼요. 저는 아이가 태어난 지 얼마 되지 않았을 때 친구들과 문자메시지나 이메일을 주고받느라 많은 시간을 보냈고, 그 일이 뇌리에서 떠나지 않아요. 일을 멈추고 아들을 한 번 바라볼 시간조차 내지 않은 아버지에 관한 노래가 생각나요. 그 아들은 자라서 자기 아버지와 똑같이 행동하지요."

그녀는 1970년대에 발표된 해리 채핀Harry Chapin의 〈캣츠 인 더 크래들Cat's in the Cradle〉이라는 노래를 말하고 있었다. 아버지와 아들 사이의 잃어버린 시간에 관한 회한이 담긴 가슴 저미는 노래로, 늘 너무나 바빠서 아들보다 다른 것들이 우선이었던 아버지와의 유대를 갈망하는 어린 소년에 관한 이야기이다. 수년이 흘러 아버지는 늙고, 어른이 된 아들과 더 많은 시간을 보내기를 바란다. 그러나 청년은 아버지를 위해 쓸 시간이 없다. 소년은 젊은 날의 아버지처럼 자란 것이다.

거의 40년이나 된 노래지만 이 노래는 뇌리에서 떠나지 않는다. 이 노래는 아이가 어릴 때 아이와 진실로 함께할 수 있는 기회는 순식간에 지나가버리며, 가장 중요한 것에 초점을 맞추고 현재를 즐기라고, 그리고 아이들이 우리를 보고 인생의 교훈을 얻는다고 경고하는 것으로, 오늘날에도 매우 적절한 교훈을 안겨준다.

전국에서 이루어지는 부모들을 대상으로 한 많은 포커스 그룹 면담, 상담, 대화 들에서 부모들은 자신의 다양한 관심사와 공통의 진퇴양난적 상황에 대해 내게 말해주었다. 그들은 좋은 부모가 되고 싶고, 자녀에게 최고가 되고 싶지만(테크놀로지를 포함해서), 자신이 자녀에게서 사라져가는 존재라는 것을, 그리고 그것에 대해 할 수 있는 일이 아무것도 없다고 느낀다고 했다. 내 친구 하나는 양육을 "궁극적인 롤플레잉 게임"이라고 부르는데, 나 역시 때때로 이런 새로운 디지털 환경이 낯설고 위협적으로 느껴진다는 데 동의한다. 나는 좋은 의도를 가지고 있지만 부모를 능가하지는 못하는 부모의 아바타를 상상해 보았다. 이 역할은 한순간은 매우 재미있고 흥미롭지만, 그다음 순간 한 발짝을 잘못 디디면 부모나 아이 들은 문제가 등장하는 영역에서 상처를 입고, 재시작을 위한 탈출 버튼을 누를 수 없다. 테크놀로지는 그 배역을 수행하는 동안에는 악당이 될 가능성이 거의 없다. 그러나 지킬 박사와 하이드의 가능성은 늘 잠재되어 있으며, 그 일은 우리도 모르는 사이에 서서히 진행된다. 테크놀로지와 우리의 관계는 현재 진행형이다. 그리고 우리는 테크놀로지와 건강한 관계를 발전시켜나가야 한다. 즉 그것에 대한 책임을 가지고, 그것으로부터 벗어날 수 있으며, 그것을 우리 아이들을 위한 모델로 사용하고, 가족들에게 진실된 이득을 줄 수 있는 이용법을 찾아내야 하는 것이다.

위니프레드 갤러거는 《몰입, 생각의 재발견》에서 "우리의 인생은 우리가 집중한 대상의 총합이다."라고 썼다. 언제 어디서든 전자기기 화면을 통해 기술적으로 세계와 접속할 수 있는 우리의 확장된 능력이 아이와 어른 모두를 삶에서 가족을 중요시하는 태도로부터 떨어뜨려놓고 있다는 것은 의심의 여지가 없다. 비록 의식하지 못한다 해도, 우리는 아이들에게 필요한 평범한 방식들을 통해 가족의 유대를 일궈낸다는 으뜸 가치로부터 개인적 관심사나 일, 기타 흥미로운 대상으로 시선을 옮기고 있다. 당신이 스마트기기만 사용하고 있다면 당신의 아이 역시 그렇게 할 것이다.

시간이 흐를수록 우리의 가족들 대부분은 착실하게 새로운 테크놀로지 기술에 휩쓸려가고 있다. 데스크톱 컴퓨터에서 노트북 컴퓨터로, 휴대전화에서 스마트폰으로, 스카이프와 문자메시지, 페이스북, 인스타그램으로…… 그리고 이런 각각의 새로운 경험들에 나는 놀라움과 피곤함, 경고와 향수를 번갈아 느낀다. 어느 순간 나는 내 아이들이 전자기기 화면 속으로 사라져버릴까 봐 걱정된다. 하지만 그다음 순간 나는 가족들이 서로에게 연결될 수 있는 새롭고, 창조적이고, 효율적인 방식들에 매우 놀란다. 세계를 언급하는 것이 아니다. 이 모든 것의 기저에, 가족의 삶이, 서로를 연결시켜주는 거대한 능력이 있음을 나는 알고 있다. 그리고 그것이 계속 변화하고 있으며, 앞으로 우리가 상상할 수 없는 방식으로 더욱 변화하리라는 것도 안다.

부모, 교육자, 상담가, 소아과 의사, 공공정책 결정자, 복지를 생각하는 지역 주민 들의 많은 수가 이런 관심을 공유하고 있다. 우리는 경계의 상실에 당황스러워하고, 그것을 재건할 방법을 찾느라 혼란스러워하며, 어마어마하게 다가오는 새로운 문화적 규범에 압도되고 있다.

우리는 스스로 예전 시대로 물러나지 않아도 된다. 우리들에게 권능을 부여했던 과거의 전前디지털 시대로 스스로를 되돌리고 싶어 하지 않아도 된다. 이 영특한 스마트 전자산업 시대도, 이 시대의 마케터들도 앞지를 필요 없다. 단지 우리는 있는 그대로, 테크놀로지와 우리의 관계를 올바르게 정립하고, 그것이 가족관계를 더 활기차게 유지해줄 수 있도록 그것과 현명하게 협력하는 방법을 찾으면 될 뿐이다.

테크놀로지가 우리의 주변 세계를 형성하고 바꾼다 해도, 보편적이고 변하지 않는 한 가지가 있다. 가족 내에서 시작된 유대는 테크놀로지가 대체할 수 없는 고유한 인간의 방식으로서 아이의 뇌와 마음, 신체, 영혼을 형성한다는 것이다. 디지털 문화 속에서 매우 많은 부분이 우리의 통제를 벗어나 있지만, 아이들의 부모로서 교육자로서 보호자로서 우리의 힘이 자리하는 중심적인 곳은 근본적으로 변하지 않으며, 그것이 우리가 아이들과 관계를 맺는 곳에 있다는 사실을 연구 결과들은 보여준다. 우리가 아이들에게 쏟는 관심, 그리고 확신을 주고 사랑하고 아이들을 기르는 방식으로서 유대감과 경쟁할 수 있는 것은 아무것도 없다. 전자기기 화면들과 테크놀로지는 그것과 경쟁할 수도, 그것을 대신할 수도 없다. 우리가 그렇게 되게 만든다 해도 말이다.

심리학자로서 나는 우리가 테크놀로지를 비롯해 각 개인과의 관계를 더 잘 이해할수록, 우리와 우리 아이들이 테크놀로지를 사용하는 방법에 있어 선택지가 늘어날수록, 더 나은 선택을 할 수 있는 자질을 갖추리라고 믿는다. 그 과정에서 우리가 할 수 있는 가장 중요한 인간적인 한 가지를 희생시키지 않고 말이다. 바로 사랑을 만들어내고 가족을 유지하는 일이다. 부모, 교사, 조부모, 간호사, 소아과의사, 상담가 등 아이를 키우는 데 관계된 모든 이들은 이미 이런 일상에 놓여 있다. 이 책은 우리가 관계 맺고 연결되는 방식으로서 테크놀로지가 필요 불가결하게 자리 잡은 시기에, 우리들이 새롭게 발생하고 있는 심리적 역학들을 더 잘 분석할 수 있는 새로운 관점을 제공하고자 쓰였다. 특히 우리는 아이들이 심리적으로 나쁜 상황에 빠질 가능성을 이해하고, 그것이 부모로서 우리들에게 어떤 영향을 끼칠지를 알아볼 것이다.

각 장의 첫머리에서 나는 이 책의 목적에 따라 내 상담실을 비롯해 학교 상담실, 학생 인터뷰, 교육자로서 아이들과 가족들을 상담하면서 겪은 사례들을 들려드릴 것이다. 그럼으로써 테크놀로지와 미디어가 아이들의 발달 단계별로 어떤 역할을 하는지 설명할 것이다. 새로운 관점과 열린 마음으로, 가족생활, 인간의 삶, 그 밖의 것들을 변화시키고 있는 디지털 시대의 삶을 위해 가족들이 우리 아이들을 어떻게 보호하고 준비시켜야 할지를 살펴보자.

CHAPTER **one**

심각한 단절

디지털 시대가 아이와 부모에게 미치는 위해들

자극이 연결을 대체했고,
나는 그것이
당신이 찾는 것
이라고 생각했다.

_**에드워드 핼로웰**, 정신의학전문의

톰은 사려 깊고 배려심 많으며 바쁜 아버지이다. 그는 4살, 7살, 12살, 13살짜리 네 아들을 두었는데, 모두 좋은 아이들이다. 그는 아이들을 하이킹에 데려가주고, 아이들의 스포츠 팀을 지도해주며, 동물 기르는 법을 가르쳐주고, 세계를 보여주고자 여행도 한다. 그는 테크놀로지에 빠져 있지 않으며, 아이들의 TV 시청 시간과 전자게임 시간을 관리하고 있다. 이는 특히 힘든 일이다. 연령대에 따라(조금 큰 두 아이들과 작은 두 아이들) 제한 시간을 달리 해야 하기 때문이다.

그중 어떤 것, 예컨대 폭력성이 있는 게임은 큰 아이들 둘에게는 허락되지만 작은 아이들은 결코 그것에 노출되지 않길 바란다. 그는 특히 GTVGrand theft auto, 자동차 절도 게임 같은 경우는 그 비열함으로 인해 집 안에 들일 생각이 전혀 없었다. 그 게임에서 플레이어들은 도주 과정에서 소시오패스적인 행동을 일삼는다. 이 게임에서는 기본적으로 행인들이나 여타 죄 없는 사람들을 들이받으면 게임 점수를 획득한다거나, 도주 중에 걸림돌이 되는 사람을 '스포츠의 일환으로' 죽이는 일도 일어난다. 캐릭터는 범죄 세계에 푹 잠겨 있고, 살인들 사이에 있는데, 이것은 경찰이나 영웅으로서가 아니라 매우 나쁜 놈으로서이다.

"그곳에서는 스트립클럽을 갈 수도 있습니다. 외설물도 존재하니까요. 마약도 있고, 경찰관을 총으로 쏘기도 합니다. 매우 참혹하지요."라고 톰은 말한다. "그래서 전 '안 돼, 그걸 허락하지는 않을 거야.'라고 말했지요." 그리고 그는 완강히 버텨냈다. 그런데 큰아들 샘의 13번째 생일날 샘의 친구 하나가 GTA 게임을 선물했다.

톰은 매우 화가 났지만 합리적인 방식으로 일을 해결하고 싶었다. 샘에게 그 선물을 거절하게 하기보다 자신의 전략을 수정한 것이다. 그는 샘이 주변에 다른 사람이 없을 때만 그 게임을 할 수 있도록 하고, 다른 모든 것을 금지했다. 그러나 이는 잘 지켜지지 않았다. 그는 새로운 규칙을 만들었지만 아이들은 이를 완전히 묵살했다. 그가 게임을 숨기자 아이들은 다시 찾아냈다. 결국 그는 자신이 그것을 통제할 수 없음을 깨달았다. 그는 이제 게임을 하되 작은 두 아이들(4살 난 벤과 7살 난 테드)이 보지 않을 때, 그 아이들의 손이 닿지 않는 곳에서만 게임을 하도록 규칙을 수정했고, 이것은 지켜졌다.

얼마 후 어느 날 톰은 더없이 행복하게 운전을 하고 있었다. 작은 아이들 둘은 뒷좌석에 조용히 앉아 있었다. 하지만 그가 7살 난 테드를 바라보았을 때, 아이는 자신의 아이폰으로 GTA 게임을 하고 있었다. 아이는 터치스크린 웹브라우저를 이용해 그것에 접속한 것이었다. 톰은 아이들이 그렇게 스마트폰을 잘 사용하리라고는 상상도 해본 적이 없었다. 아내가 출장이 잦았기 때문에 필요할 때 대화하려고 아이들에게 휴대전화를 사주기는 했지만, 톰은 이렇듯 부모의 방화벽이 뚫릴 가능성이 있다고는 결코 생각해본 적이 없었다.

톰은 부모의 영역에 갑작스럽게 침입한 테크놀로지에 대해 고개를 절레절레 젓고 포기하고 투항했다. 하지만 대신 그는 즉시 다음의 전략적 움직임을 개시했다. 휴대전화에서 이용 가능한 테크놀로지의 범위를 축소시키고, 부모가 통제할 수 있도록 업데이트한 것이다. 그럼으로써 그는 아이들의 활동을 더욱 가까이 감시할 수 있게 되었다. 그는 집에서 모두가 함께 있을 때는 GTA를 금지했고, 큰 아이 둘이 친구의 집에서 게임하는 것을 감시할 수 있었다. 그러나 그가 보냈던 메시지는 그 뒤로 치워져 있었다.

이것은 끝나지 않는 게임이고, 이것이 디지털 시대 IT 부모의 역할이다. 톰은 아이들이 테크놀로지가 제공하는 이익과 즐거움을 누리기를 바라고, 아이들이 테크놀로지와 미디어 상식을 갖추기를 바란다. 그의 집은 일을 하기 위한 테크놀로지 기기들이 갖추어져 있으며, 가족들은 전자기기들이 주는 오락 생활을 영위하고 있다. 그는 아이들이 테크놀로지에 자신을 방치하는 것, 하릴없이 기계를 만지작거리고 배우는 것을 바라지 않는다. 이것이 가장 큰 소망이다. 여기에 성패의 대부분이 걸려 있다.

약 15년 전쯤 나는 몇몇 학교에서 학부모들과 함께 아이들의 인성을 기르는 데 대한 이야기를 나누기 시작했다. 학부모들은 문화적 규범의 붕괴, 소비지상주의, 냉소적이고 무신경한 오락 콘텐츠들, 바빠진 생활, 학교에서 경쟁에 대한 압박이 늘어남에 따라 아이들의 도덕성을 길러주기가 힘들어진 상황을 매우 우려하고 있었다. 아이들의 생활에서 전자기기와 테크놀로지, 온라인 접속이 보편화되기 시작하면서 초등학교뿐만 아니라 모든 학년의 학부모들과 교사들이 내게 상담을 해 오기 시작했다. 이들은 전자기기 화면을 통한 오락거리들과 온라인 생활이 아이들의 교육과 사회적·감정적 발달, 가족 간의 소통, 학교생활에 미치는 막대한 영향을 심각하게 우려하고 있었다. 교사들은 공통적으로 아이들의 학창 시절에 만연한 테크놀로지적 경험에 대해 고민하고 있었다. 예컨대 학교 운동장에서 컴퓨터 게임을 모방한 놀이가 이루어지기도 하며, 블록 놀이나 책 읽기를 주저하는 4세 아동도 있다. 문제 해결에 어려움을 겪거나 가장 단순한 일에도 어른의 도움에 의존하는 초등학생도 있으며, 집중력이 필요한 과제에서 어려움을 겪거나 박물관을 방문하기보다 컴퓨터 속 가상 박물관을 훑어보기를 선호하는 고등학생도 있었다.

부모들은 허둥지둥 상담을 요청해 왔다. 한 아이는 게임 중독의 징후를 보이거나, 친구의 노트북 컴퓨터를 통해 외설물을 보는 데 빠져 있었다. 15세 딸의 페이스북을 기웃거리는 한 엄마는 딸이 살짝 빠져나가 페이스북 친구인 40대 남성과 만나 영화를 볼 계획임을 알게 되었다. 한 12세 아동은 자신의 사진을 온라인상에 올리고 "난 못생겼어요."라고 쓴 뒤 자신의 외모를 평가해달라고 익명의 비판자들을 초대했다.

또한 나는 그 어느 때보다 많이 부모들로부터 아이들의 파자마 파티에 대한 불안한 심경을 전해 들었다. 가장 큰 우려 중 하나는 아이들이 외설물이나 외설적인 유튜브 동영상, 부적절한 콘텐츠에 노출되어 해를 입을지 모른다는 것이었다. 즉 파자마 파티를 하는 아이들이 아무 지도도 받지 않고 인터넷에 접속해서 나쁜 영향을 받는다거나, 자녀에게 그런 상황이 벌어졌다는 사실을 갑작스레 대면하게 되는 일이었다. "전 그런 일이 일어나지 않으리라고 생각해왔지요." 하고 한 어머니가 말했다. "하지만 이제 전 아이들이 그렇게 할 수 있다는 걸 압니다." 이는 단순히 안전한 추정이 아니다. 수년을 앞서 내다보는 현명하고 지속적인 관점이다. 테크놀로지적인 혁신은 그 자체로 우리를 미지의 영역으로 데려가고, 우리를 속박하던 기존 방식에서 벗어나 매일의 삶의 모습을 지속적으로 바꾸어나간다. 뇌의 시냅스들부터 파자마 파티에 이르기까지, 인간의 생활에 일어난 실용적인 혁신에 따른 영향을 조사하는 연구들은 필연적으로 이보다 뒤처질 수밖에 없다. 모든 새로운 것들, 업그레이드들은 끊임없이 새로운 방식으로 도전해야 하는 사이버 문화라는 비탈로 우리를 이끈다.

테크놀로지는 아이들에게 심각한 문제를 일으킬 수도 있지만 한편으로는 상상도 못 한 방식으로 아이들의 삶을 깊고 풍요롭게 만들어줄 수도 있다. 이런 점이 부모로서 우리가 직면한 테크놀로지의 패러독스이다. 테크놀로지는 원거리에 있는 친구나 가족을 연결시켜주고, 직장과 가족의 일을 교통정리해주기도 한다. 아이들이 건전한 관심사를 탐색할 수 있는 특별한 자원들에 접촉할 수 있게 해주고, 같은 열정을 공유한 사람들과 만나는 기회를 제공한다. 테크놀로지는 또한 평생 교육의 장을 제공하며, 그것 자체로 교육과정이 되기도 한다. 세계 시민의 의미를 깨닫게 하고, 우리가 현실에서는 결코 만나기 어려운 사람의 관점에서 세계를 진실로 바라보고 이해하고 공감하는 능력을 길러주기도 한다. 이런 가능성들은 매우 멋지고, 영감을 고취시키기 이를 데 없다.

하지만 우리는 여기에 어두운 측면이 자리하고 있다는 것도 역시 알고 있다. 몇몇 연구들은 이미 테크놀로지가 뇌 발달, 취학 전 교육, 감정 발달에 부정적인 영향을 미친다는 사실을 보여준다. 우리는 엔터테인먼트와 온라인 문화가 비사회적이고 무신경하게 타인을 비하하는 측면을 지니고 있으며, 아이들이 그것을 손쉽게 접할 수 있음을 알고 있다. 아이들이 하는 대부분의 활동에 어른의 보호 감독이 필요한 시대에서, 부모들은 그 어느 때보다 자신의 능력 부족을 느낀다고 말한다. 부모들은 전체적인 상황은 물론 아이들이 가는 방향을 통제할 수도 없다. 그들은 아이들을 믿고 싶어하며, 아이들이 길을 찾고 자신을 보호하고 사이버 문화의 도덕 불감증과 혼돈 속에서 타인을 존중하는 방법을 알고 있다고 믿고 싶어 한다. 하지만 자녀가 올바른 선택을 한다고 믿고 싶어 하는 부모에게는 안됐지만, 이는 믿음의 문제가 아니다. 우리 모두에게 새로운 영역으로 향하는 아이들이 그 길을 안전하고 현명하게 지날 준비가 되어 있느냐는 것이 관건이다. 믿음에 대해 말하자면, 우리가 믿을 수 있는 최선은 필연적으로 나쁜 테크놀로지의 영역을 헤매게 될 아이들이 모두 좋은 아이들이라는 점일 것이다. 하지만 잘못된 일에서 좋은 점을 말할 수 있고, 비난을 농담거리로 삼을 수 있으며, 잡다한 것들 가운데서 취향에 맞는 것을 찾아낼 수 있고, 충동을 조절할 수 있으며, 테크놀로지를 사용하는 방식에 있어 성숙한 판단을 내릴 수 있도록 뇌 발달이 완전히 끝난 성인들과 달리, 아이들은 아직 그렇지 않다. 아이들은 아직 아이들일 뿐이다.

인간은 태어난 이후 뇌가 완전히 성숙하기까지 시간에 따른 성장 정도가 결정되어 있는 특성을 지닌 종이다. 아이들에 대한 대화를 나누다 보면, 매우 자주 아이들이 할 수 있는 일과 조금 더 빨리 그 일을 할 수 있게 하는 방법이 쟁점이 되곤 한다. 아이들이 생각할 수 있는 방법, 발달 중인 어린 뇌가 새로운 경험을 처리할 수 있도록 준비시키는 방법, 그리고 우리가 건전한 방식으로 그 성장을 도와주는 방법에 대해 이야기하는 대신 말이다. 행위의 결과들을 연결 지어 생각하게 하는, 즉 의사결정 기능을 담당하는 부분인 전전두엽 피질이 완전히 발달하는 데는 25년이 걸린다. 청소년기 뇌의 의사결정 기능은 아직 발달 중에 있으며, 신경계적으로도 10대의 의사결정 과정을 담당하는 부분은 완전히 그 기능이 갖춰지지 않은 상태이다. 때문에 그 책임은 우리에게 있다. 나이 든 사람, 그리고 표면상 신경계적으로 더 현명한 우리들은 결과에 대해 생각하는 기능이 아이들보다 더 잘 갖추어져 있다. 그러나 테크놀로지와 사랑에 빠진 우리들은 때로 자신과 같은 습관을 지닌 아이들에게 야기될 심각한 결과들에서 시야가 흐려지곤 한다.

우리는 모두 열심히 일하고, 인생의 큰 문제들을 헤치고 나가며,

일상적으로 필요한 일들을 하고, 만족할 만한 상태를 유지하려고 노력하며, 해가 되지 않는 일을 하고, 우리의 주의력을 분산시키는 수백 가지의 방해꾼들 속에서도 가능한 대부분의 일에 최선을 다하며, 어떤 일인가를 수행하며 살아간다. 이런 측면은 우리가 스스로를 안심시키고, 불리한 측면을 부정하는 방향으로 향하기 쉽다. "잘 될거야.", "모두들 그걸 하는걸.", "그렇게 진짜로 나쁘진 않을 거야.", "아이들이 훨씬 더 나쁘게 되도록 내버려둔 부모도 있는걸.", "그 사람들도 언젠가는 알게 되겠지. 내가 할 수 있는 건 없어."라고 말이다.

우리는 익히 알고 있는 위험과 관련해 끊임없이 유입되는 새로운 이야기들을 기억에서 삭제한다. 운전을 할 때 문자메시지를 확인하는 행위에 대한 위험성이나 아이들의 미디어 사용 습관과 건강 문제, 즉 불안 장애, 공격성 증가, 중독, 주의력결핍 과잉행동장애ADHD, 발달 지체, 비만, 섭식 장애 같은 위험에 대해 말이다. 비극적으로 끝난 일화들 역시 마찬가지이다. 우리는 만약 아직 그런 일이 일어나지 않았다면—충돌이나 위기, 학교에서의 면담 요청, 혹은 다음번에 뭐든 우려스러운 일이 벌어지리라는 것—그것이 전혀 일어나지 않을 것이라고 본다. 최근의 연구들과 행동이론들은, 테크놀로지가 아이들의 삶에 예상보다 일찍 자리 잡고 계속 유지된다면, 그것이 가족과 아이의 발달 기반을 약화시킨다는 사실을 보여준다. 가정을 유지하고 아이들을 보호하기 위해 싸우면서 우리들은 어떤 중요한 전선을 내어주고 있다. 심리적으로 아동 발달과 행복한 삶의 기초가 되는 부분을 상실하면, 아이들은 학교와 삶에서 문제를 겪게 된다.

테크놀로지가 가족을 대체할 때

가족이란 무엇인가? 아이들에게 이렇게 물었을 때 가족이 자신에게 어떤 의미인지는 연령과 발달 단계에 따라 각기 달랐다. 4세의 앰버는 "가족이란 엄마와 아빠, 여동생이고, 그리고…… 나를 행복하게 하는 것"이라고 설명했다.

"가족은 나를 사랑하는 사람이에요."라고 5세의 맥스는 말했다.

"가장 중요한 사람들이에요."라고 8세의 에모리는 말했다.

10세의 나오미는 가족에 대해 "자신의 가치와 사랑에 대해 알게 해주는 곳"이라고 말했다.

13세의 앤드루는 "때로 매우 화나게 하지만, 늘 나를 위해 그 자리에 있어주는 사람들이에요. 뭐, 꽤 좋은 거죠."라고 했다.

우리는 일상적인 용어로 가족을 묘사했지만, 가족의 중요성은 발달적 측면에서 특별한 의미를 지닌다. 영아의 경험과 환경(모든 사람 및 모든 대상)은 그 자체만으로는 차별화되지 않는다. 영아들은 '나'를 인식하지 못하고 '우리'를 인식한다. "가족은 세상 속에서 자기 자신을 알아보는 첫 체험이고, 때문에 이것은 세계에 대한 관점을 형성하는 기초가 된다." 정신분석의학자 하비 리치Harvey Rich는 《순간: 매일을 축복하라In the Monment》에서 이렇게 쓰고 있다. "가족은 의식을 성장시키는 주변의 모든 대상들이 조직된 것이다. 가족은 다른 이들과 비교하여 나 자신을 규정하게 만들고, 가족, 지역사회, 역사, 인류라는 큰 이야기 속의 일부분으로 나 자신을 인식하게 만드는 시발점이 된다. 좀 더 깊은 수준에서 가족은 우리가 처음으로 자기 자신을 발견하게 하는 곳이다."

부부의 관계와 부부가 바라는 것들, 아이가 태어난 환경들과 주변의 개인들, 이 모든 것들이 아이가 생각하고, 성장하고, 태어나서부터 세계 속에 자리하는 방식을 형성한다. 소위 '양육 환경'을 이루는 것이다. 아동 발달에서 가족의 중요성을 말할 때, 단순히 가족이 가정 기반으로서 아이들에게 매우 중요하다는 이야기를 하는 것은 아니다. 한 가정의 가장 깊고 근본적인 규정으로서의 가족 내 규칙들이 아이의 자아 형성—신경계적·심리적·생리적 성장과 발달—에 영향을 미친다는 것을 뜻한다.

심리학자 셀마 프라이버그Selma Fraiberg는 《마법의 몇 해The magic years》에서 가족은 "아이가 인간화되어가는 방식"을 규정한다고 썼다. 그녀는 궁극적으로 가족은 우리에게 첫 번째이자 가장 의미 있는 스승 역할을 한다고 말한다. 즉 가족은 인지 능력에서부터 인성에 이르기까지 완전하게 인간이 되어가는 가장 최선의 방식을 제공한다. 따라서 우리는 다음의 일이 벌어질 때를 고려해야 한다. 아이들이 친밀한 가족에 둘러싸여 자라는 양육 환경이 없어지고, 미디어와 테크놀로지가 가치를 규정하고, 인간관계의 모델이 되며, 조언자가 되고, 의미를 만들어내는 대상으로서 가족을 대체했을 때에 관해 말이다.

우리는 일시적이며 실체 없는 수많은 미디어 콘텐츠와 테크놀로지 문화가 가족의 깊고 주요한 영향력에 비해 상대적으로 해를 끼치지 않는다고 생각한다. 하지만 그 반대가 사실이다. 미디어 콘텐츠는 더 강력하다. 정신분석학자 해리 스택 설리번Harry Stack Sullivan은 1930년대 심리학 이론에서 가족의 중요성을 정의하는 중대한 작업을 했다. 그는 전 연령대의 아이들을 대상으로 아이와 부모 간의 상호작용 양식들을 관찰했다. 상호작용 시 지속적이고 공통적으로 나타나는 패턴들은 아이들에게 견고한 관계의 기반을 형성하며, 여기에서 신뢰, 공감 능력, 낙천성, 회복탄력성이 자라난다.

아이들과 식사하고 목욕하고 놀이하고 차를 타고 나가고 아이들을 재울 때 우리가 하는 모든 습관과 대화 들이 상호작용 구역이다. 우리는 일상적으로 아이들이 늘 같은 반응을 하도록 반복적으로 신호를 보낸다. "이 닦을 시간이지?", "사랑한단다.", "그래, 이제 낮잠 잘 시간이지?", "자, 이제 동생이 할 차례지?", "이제 운동장에서 그만 놀아야 하는데, 아쉽니?" 같은 말들을 하고 있지 않은가? 또는 한계를 긋는 말도 있다. "둘이 교대로 게임기를 가지고 놀지 않으면 아예 못 하게 한다." ,"가족 모두가 저녁을 다 먹을 때까지 식탁에 앉아 있어야 한다." 또는 10대 자녀에게 귀에 못이 박이게 하는 말도 있다. "안전 운전하거라.", "문제 있으면 전화하렴.", "귀가 시간 알지? 지키지 않으면 무슨 벌을 받을지도?"

차에서, 아침 식사 자리에서, 저녁 식사 자리에서 매일 반복되는 이런 일상적인 대화들은 가족을 한데 묶어주는 일이기도 하다. 무엇보다 부모가 자녀들에게 주는 가르침이다. 무엇을 해도 괜찮은

지, 무엇을 하면 안 되는지, 무엇이 무례하고 몰상식한 행동인지, 농담과 조롱의 경계를 넘는 순간이 언제인지, 무엇이 허용되느냐에 관한 것이다. 그리고 나쁜 행동에는 반드시 그 결과가 따른다는 사실을 알려주는 것이다. 아이들은 그 순간에는 우리에게 감사해하지 않으며, 종종 집에서의 규율이나 규칙을 강요받는 것을 귀찮아하거나 힘들어하기도 한다. 하지만 이것이 부모로서 우리의 역할이다. 미리 한계를 정해두면, "안 돼."라고 말했을 때 그것은 아이들을 교육하는 행동이 된다. 아이들은 이런 친숙한 유대관계에서 되풀이되는 행동 양식을 통해 자아상을 확립하고 내적 안정성을 기른다. 아이들이 문자메시지를 하고, TV를 보고, 게임을 하고, SNS를 하는 매 순간, 우리의 테크놀로지 습관이 가족과 함께 하는 시간을 방해하는 매 순간, 이런 행동 양식은 깨지고 가족의 중요성은 또 다른 타격을 입는다. "오늘날 아이들의 삶에는 단절적인 짧은 순간들이 많이 누적되어 있다."라고 코먼센스 미디어Common Sense Media의 공동 창립자이자 교육자인 리즈 펄Liz Pearl은 말한다. "아이들은 영리해서, 부모들이 있을 때와 없을 때를 귀신 같이 안다."

너무 빨리 파괴되는 동심

아이들은 동심을 가지고 뛰놀고, 인간이 얼마나 잔인해질 수 있는지라든가 고통이나 괴로움의 냉혹한 측면을 알지 못한다. 아이들이 선善에 대한 감각, 낙관론의 핵심 가치, 진실, 내적 호기심, 배움에 대한 갈망을 충분히 발달시킬 때까지 아이들을 가능한 오래 가혹한 진실로부터 보호하는 것은 양육의 한 부분이다. 만약 아이들이 지나치게 일찍 많은 것을 보게 된다면—즉 신경학적·감정적으로 그것을 처리할 준비가 되기 전에—이런 타고난 호기심은 짧은 순간만 지속될 뿐이다. 남자아이와 여자아이 모두 미디어에 기반한 성인문화에 빨리 노출될 경우 정신적 외상을 입을 수 있다. 이런 것들은 냉소주의와 냉소주의적 가치를 야기하고, 성性과 폭력을 오락거리로 취급하게 하며, 일상적으로 여자아이나 여성을 성적으로 인식하게 하고, 남자아이들에게 폭력성을 고취시킬 수 있다.

지금의 아이들은 거짓말, 속임수, 성과 폭력을 아무렇지 않게 대하는 문화 속에서 자라고 있다. 물론 이는 새로운 일이 아니다. 하지만 손만 뻗으면 닿는 곳에 인터넷과 개인용 휴대 전자기기들이 있던 시대 이전에는 아이들이 대부분 부모의 허가 없이 그런 세계에 접근하지 못했다. 우리는 부모로서는 개인적으로, 문화적 측면에서는 집단적으로 보호벽을 잃어버렸다. 잡화점 카운터 아래에 표지가 부분적으로 가려진 채 사려 깊게 진열된《플레이보이》지를 보면, 집에서는 어른들이, 지역사회에서는 모두가 아이들이 불건전한 가치나 행위에 노출되는 것을 막아주었던 그 다정하고 순수했던 시대가 떠오른다.

아이들은 더는 이런 방식으로 보호받지 않는다. 더 나아가 성인문화는 아이들을 어른스럽게 만든다. 이 중 어느 정도는 평범한 상황에서 우연히 일어난다. 즉 아이들이 성인을 대상으로 고안된 일반적인 콘텐츠에 접근하는 것이다. 예컨대 사건 자체를 가려버리는 적나라한 방송 보도나 성인의 관점에서 이해 가능한 야단이나 수사적인 것들, 아이들에게 없는 문맥 이해 능력을 요구하는 것들은 도처에 있다. 하지만 이들 대다수는 특정한 의도에 따른 것이다. 이런 것들은 아이들을 소비자로 상정하고, 큰돈이 들어가는 연구나 마케팅적 이득을 위해 만들어진다. 마케터들은 아이들을 소비를 위한 소비자로 만들고, 당장이라도 아이들을 위한 무료 애플리케이션에서 클릭 한 번으로 물건을 사도록 유도한다. (물론 이는 부모의 신용계좌로 연결되어 있다.) 소위 아이들을 위한 프로그램이라는 것들도 대부분 아이들을 이런 약탈적 문화의 메시지로부터 보호하도록 만들어져 있지 않다. 단지 아이들에게 매력적인 언어와 콘텐츠로 아이들의 주의를 끌게끔 만들어져 있으며, 부모들에게 자녀들이 그것을 봐도 괜찮다는 신호를 보내는 것일 뿐이다. 비슷한 이유에서 〈브라츠 인형〉(브라츠 인형 캐릭터들을 가지고 만든 10대 소녀 관객용 코미디 드라마—옮긴이), 〈파워레인저〉, 〈스펀지밥 네모바지〉에서부터 〈가십걸〉 등 대중적인 TV 프로그램들과 온라인 논평들에서는 잔인한 유머나 성 관념 파괴, 무례한 언사들이 아이들의 시각에 맞추어 줄어들고 있다.

하루에 몇 시간씩 TV '선생님'과 함께 하면서 여자아이들이 스스로에 대한 잘못된 시각—귀엽다거나 인기 있다거나 영향력 있다는 점 등에서—을 가지고 청소년기에 진입하는 것은 놀라운 일도 아니다. 또는 남자아이들이 컴퓨터나 디지털 게임, 미디어, 외설물 등을 통해 빈정거림, 공격적인 태도, 서로에게 그리고 여자아이들에게 한 수 앞서 있음을 보이고자 창피를 주는 행위를 '남성성'이라고 여기게 되고, 그대로 행동하는 일도 그렇다.

어린 나이에 성적 이미지나 메시지에 노출되는 일은 이제 화면 밖으로 나와 현실의 삶에 영향을 미치고 있다. 내 상담실에서도 종종 이와 관련된 이야기들을 들을 수 있다. 품행이 바르고 잘생긴 초등학교 3학년 남자아이 하나는 내게 자신이 왜 여자친구(여자친구가 아닐 수도 있다)를 설득해 학교 라커룸으로 가서 서로 셔츠를 걷어 올리고 가슴에 키스를 했는지에 대해 설명했다. 주방에 있는 가족용 컴퓨터로 인터넷 검색을 하면서 아이는 우연히 성인들이 그런 행위를 하는 유튜브 동영상 목록을 보게 되었고, 여자친구에게 그렇게 해보자고 제안했다고 한다. 중학교에서 음란메시지나 음란사진을 휴대전화로 전송하는 충격적인 사건이 일어나기도 한다. 12세 남자아이의 요청에 순진하고 순종적인 11세 여자아이가 가슴 윗부분까지 상반신을 노출한 사진을 휴대전화로 전송했고, 남자아이가 친구에게 그것을 보여주자 그 친구가 전체 학생들에게 그 사진을 이메일로 전송한 것이다. 또 다른 학교에서는 9세 여자아이가 10세 남자아이에게 그 남자아이의 생식기 크기를 암시하고 그 밖의 성적 모욕이 담긴 몇 개의 사진 메일을 보냈는데, 그녀는 그 의미를 실제로 제대로 이해하지도 못했고, 그것이 온라인상에 퍼지리라고도 생각하지 못했다. 불행하게도 내게는 이제 이런 상담들이 비일상적이지만도 않다.

어느 날 오후 세라라는 한 어머니가 매우 상심해서 내게 전화를 걸어 왔다. 그녀는 딸의 발작을 진정시키지 못하고 있다고 말했다.

10세의 에이미는 방과후수업에서 발작적으로 집에 돌아와 몇 시간 동안 울부짖었다. 세라가 전화를 한 시간은 9시였다. 그날 오후 에이미는 방과 후에 함께 놀곤 하던 13세 친구 지니가 보여준 (지니가 재미있다고 생각했던) 유튜브 동영상 하나를 보게 되었다. 공포 영화의 홍보용 예고편으로, 거기에는 성폭력과 가학적 고문이 묘사되어 있었다. 에이미는 몹시 당황했다. 세라는 학교에 전화를 걸어 어떻게 이런 일이 일어났는지 물었고, 곧 학교에서 방과 후를 포함해 어느 때건 학생들의 인터넷 사용을 규제하지 않는다는 사실을 알게 되었다. 학생들은 4시 이후에는 스마트폰이나 태블릿을 가지고 자율적으로 인터넷을 사용하고 있었다. 지니는 에이미가 스스로 터무니없는 일을 저질렀다며 매우 당혹스러워하는 데 진심으로 놀랐다. 교장 선생님과의 면담이 끝난 후 지니는 에이미에게 진심 어린 사과가 담긴 편지를 썼다. 그녀는 실제로 에이미에게 상처를 줄 의도가 없었다. 지니는 방과 후에 부적절한 온라인 콘텐츠가 아동에게 미치는 영향을 조사하는 벌을 받게 되었다. 하지만 에이미는 며칠 동안 그 이미지들을 털어내지 못했다. 그 어린 뇌 속에서는 유머가 세라졌고, 잠이 들려고 할 때면 충격적이고 가학적이며 유혈이 낭자한 그림들이 머릿속에서 튀어나왔다. 나는 세라에게 에이미가 그런 이미지들을 흐트러트리는 데 도움을 줄 방법을 알려주었고, 에이미는 며칠 지나지 않아 다시 집중력을 되찾았다. 하지만 아이는 그날 오후 동심의 한 조각을 잃었고, 그것은 아이뿐만 아니라 엄마의 가슴에도 치명적인 상해를 입혔다.

앞서 소개한 각각의 경우에서 일어난 행동들은 좋은 사람 혹은 좋은 친구가 되는 것이 무엇인지, 남자아이와 여자아이 들이 서로를 어떻게 대하고 행동해야 하는지에 관해 가족이 지닌 가치관들과 대립한다. 가족과 친구 들이 보내는 이런 모든 메시지들은 이제 각종 프로그램, 사람, 각자 다른 이유로 이득을 취하려는 사람들 등 외부의 자극원들로부터 도전받고 있다. 그들은 당신 자녀의 동심을 지켜주지 않는다.

가족의 사생활과 약점을 노출시키는 테크놀로지

사생활은 우리가 스스로를 보호하기 위해 가지는 기초적인 방식이다. 미디어와 소셜 네트워크는 보호된 유년 시절과 성인 세계 사이의 경계를 지움으로써 공공적 삶과 개인적 삶 사이의 구분을 희미하게 만드는데, 특히 아이들의 마음에서 더욱 그렇다.

전통적으로 가정은 아이들에게 매우 사적인 공간이자 아이들을 보호하는 영역이다. 가정은 우리를 자기 자신으로 있게 하는 안전한 공간을 제공한다. 가장 비호감적인 자아, 스스로 가장 두려워하는 자아, 음험한 자아, 분노한 자아로 존재할 수도 있는 곳이다. 부모에게든 일기장에게든 혹은 비밀스러운 다른 방식으로든, 칭얼거릴 수 있고 고충이나 사회적인 복수 판타지를 펼칠 수 있는 곳이기도 하다. 형제자매를 (때로는 매우 지독하게) 놀리기도 하고, 학교에서 고민을 가지고 돌아오고, 부모님이나 애완견에게 고민을 털어놓는 곳이다. 그러면 부모님들은 (때로는 서투를지라도) 우리를 안심시켜주거나 바로잡아주거나 우리와 함께 그에 대한 이야기를 나눈다. 우리는 가족 안에서 중요한 것들을 경험하며, 사랑, 인생, 인간관계에 대한 중요한 교훈을 배운다. 우리는 가족 안에서 용서받고, 성장하고, 전통의 지혜를 통해 미숙한 실수들을 한 켠으로 밀어낸다. 가족의 사적 영역 안에서 우리는 상처와 실패를 공유한다. 우리가 흔들릴 때 가족은 우리가 첫 번째로 의지해야 하는 사람들이다. 채팅방이나 온라인상의 누군가가 아니라.

또한 가족 안에서 우리는 자신에게 다른 가족 구성원을 보호해야 할 책임이 있다는 것도 배운다. 가족에 대한 충실함은 가족을 보호하는 것이며, 경계선을 알고, 가족에 대한 정보를 발설하거나 가족 외부의 사람들과 문제를 겪기 전에 조심스럽게 생각해야 한다는 것을 알게 하는 것이다. 누구도 가족에 대한 불평이나 가족의 수치스러운 사진을 공공장소에 게시할 생각은 하지 않는다.

이제 아이들은 잠시 간식을 먹으러 집에 들러 가방을 풀면서 하루 동안 있었던 일을 이야기하는 대신, 전자기기 화면에 연결됨으로써 학교에서 집으로 오가는 흔적을 남긴다. 소셜 네트워크는 커뮤니케이션이 멋대로 치닫고, 충동적으로 공유되며, 검열되지 않은 조언들을 부추기는 공공 광장을 위해 사적인 가족 공간의 스위치를 한꺼번에 끄게 한다. 무한대의 친밀한 낯선 관객들에게 개인사를 폭로하게끔 만드는 곳에서, 한때 아이의 개인적 삶이었던 것은 모두가 함께 즐기는 것이 된다. 또한 타인과 관계된 어떤 문제들은 공개적으로 공유하지 말아야 한다는 가족의 가르침을 대체하기도 한다. 이제 모든 사람들이 농담과 비판의 대상이 되었으며, 내면의 자기통제적 목소리들은 문자메시지나 블로그에 대한 충동에 의해 사라졌다.

모든 가정이 아이들에게 약한 부분을 공유하기에 안전한 공간인 것은 아니다. 청소년들의 경우 때로 온라인상의 폭로—예컨대 가족에게 정신적 외상을 입힌 사건, 사회적 비난, 성적인 문제, 우울증, 자살 충동 등—는 집에서는 발견하지 못한 지지와 수용을 얻게 해주기도 한다. 온라인으로 가는 이런 방식은 몇몇 아이들에게는 구명줄이 되기도 하며, 실제로 목숨을 구해주기까지 한다. 테크놀로지와 우리의 관계에 대해 논의할 때 흔히 있는 일이지만, 문제는 그곳에 잠재적인 장점이 있는지 여부뿐만 아니라, 특정 사용 유형들이 어떻게 아이들의 경험을 축소시키고 건전한 발달 및 기초 안전을 위협하는지에 관한 것이다.

지워지지 않는 온라인상의 값비싼 실수들

가족 앨범이나 아이들의 스크랩북, 일기장 등은 어린 시절에 관한 물리적 징표였다. 자녀들은 엄마가 자기들이 기저귀 찬 모습이나 곤란해하며 뚱한 표정을 짓고 찍은 10대 시절 사진을 꺼내 들면 기겁을 한다. 아직 성장 중일 때 더 어린 자신의 모습을 보는 것은 매우 당혹스러운 일로, 우리도 그럴 때 그것을 저 뒤로 치워버리려고 애썼을 것이다. 오늘날 이런 개인의 스크랩북이나 일기장 등은 더 이상 개인적이지 않다. 아이들은(그리고 수많은 부모들 역시) 온라인상에서 모든 것을 공유한다. 사진, 동영상, 불평이나 사색, 소문, 비밀 등 자신에 관한 것이든 남에 관한 것이든 가리지 않는다. 지금처럼 아이들이 자신의 일상을 공개적이고 영구적인 기록으로 남기며 자란 적은 없다. 여기에는 아이들의 미숙함과 서투른 판단력도 원인이 된다.

잭 스트롱은 미드웨스트 지역 중학교 교장이다. 어느 오후 나는 그와 함께 앉아서 아이들이 문자메시지, 페이스북, 인터넷 게시물로 인해 가벼운 징계 수준의 사건(말 그대로 품행 실수)을 용서받지 못할 공격으로 만든 이야기들을 들었다. 그중에는 심각한 사건도 있었는데, 한 소년이 학급 친구의 페이스북에 "인종차별적, 동성애 혐오적, 극도로 분명하게 폭력적"인 글을 게시한 일이었다. 다른 학생들이 이것을 보았고, 당연하게도 아이들은 소름 끼쳐하며 잭에게 알렸다. 잭은 그 게시물을 보고 그 학생을 퇴학시키는 수밖에 없다고 생각했다고 한다. "제가 궁극적으로 그 아이에게 말한 것은, 사람들은 실수를 하기도 하고 그것을 만회할 기회를 가지기도 하지만, 이 일은 그가 1년 후에라도 학교로 돌아올 수 없게 하는 종류의 행동이라는 점이었습니다. 여기 이 학교에서 그 아이는 '아이들에게 있어 변하지 않는 것은 극히 적지만 이런 식의 솔직함, 그런 언어와 이미지를 택한 끔찍한 행동은 잊힐 수 없고, 어떤 측면에서는 용서될 수도 없다.'라는 말로 설명되는 사람이 되었습니다. 저는 지역사회가 계속 그 학생을 받아들여주는 것, 그렇게 해서 많은 사람들이 안전하지 않다는 느낌을 받게 되는 일을 옹호해줄 수 없었습니다."

아이의 부모는 아들에게 또 다른 기회가 주어져야 한다면서, 아들의 글귀는 가족의 가치관을 반영한 것이 아니라 어디선가 그런 생각과 글귀를 보고 (마치 그라피티를 휘갈기듯이) 충동적으로 페이스북에 시험해본 것일 뿐이라고 주장했다.

페이스북이 등장하기 이전에 이런 아이들은 점심시간이나 쉬는 시간에 학생들의 입에 오르내리거나 화장실이나 건물 한구석에 낙서로 자리 잡았고, 그의 행동들은 심각하게 중대한 것으로 여겨졌다. 그리고 그의 말이 끼치는 영향은 억제되어 있었다. 낙서는 지워지고, 나쁜 행동(말)을 한 사람은 자기 행동(말)에 사죄했다. 부모와 교사들이 그를 교육시킬 시간도 더 많았다. 남자아이들의 행동 발달 단계에 비추어 보아 이 아이는 개인적 성장 배경과는 관계없이 그런 생각을 표현하고 행동에 옮겼을 것이라고 잭 스트롱은 말했다. 하지만 페이스북에 글을 올린 순간 그 행위는 완결되었고, 돌이킬 수 없는 것이 되었다. 그리고 게시물이 온라인상에서 얻은 생명력은 그의 통제 바깥에 있게 되었다. 누가 그것을 보는지, 누가 누구와 공유하는지, 증오로 가득한 그의 글이 얼마나 멀리, 얼마나 오래 인터넷상을 떠돌게 될지 말이다.

게시물, 사진, 저장된 문구, 트위터, 유튜브 동영상으로 자신을 공개적으로 폭로한 데 따른 장기적 영향은 누구도 알 수 없다. 스스로의 자아 정체성이 확립되지 않은 상태에서, 아이들은 온라인 세계에서 선동가나 희생자의 페르소나를 만들어내기 쉽다는 위험에 노출되어 있다. 온라인 세계에는 스스로의 모습을 비판자, 창녀,

말썽꾼으로서 묘사하는 청소년들이 매일같이 등장한다. 대담한 사람, 한계를 시험하는 야심 찬 아이로 보이고 싶어 하는 내성적인 아이들도 있다. 그들은 자신이 생각하기에 멋져 보이는(하지만 실제로는 그저 교장실에 불려 가게 할 뿐인) 대중가요에서 따온 언어를 사용한다. 《스포츠 일러스트레이티드》 지의 수영복 특집에 나올 법한 비키니 차림으로 입술을 뾰로통하게 내밀고 유혹적인 자세를 취한 사진을 올리는 7학년 여학생들도 있다. 또는 술에 취해 토하는 자신의 사진들을 게시하는 대학생들의 무리에 합류하기도 한다. 그러면서 뒷배경으로 개인적 배경이 잘 나타나지 않으니 자신의 사생활이 보호되리라는 순진한 생각들을 한다. 실제로 그 배경들은 매우 극히 적은 부분을 보호할 뿐이다. 또한 많은 회사에서 직원을 채용하기 전에 온라인상으로 지원자들에 대해 알아보기도 한다. 더욱 중요한 것은 이런 종류의 온라인 사회화가 통제 불가능한 곳에서 맴돌고, 아이들에게 해를 입힐 수 있다는 점을 우리가 알고 있다는 사실이다.

아이들이 온라인상에서 잘못된 일을 하고 있을 때 우리는 종종 그 자리에 없기도 하고, 주의를 흩트리기도 하고, 때로 그 사실을 인지하지 못하기도 한다. 우리가 아이들을 교육해야 할 때를 놓치기도 하고, 아이들이 그들에게 필요한 안내를 받을 기회를 놓치기도 한다. 부재의 이유가 무엇이든, 부모로서 우리 모두 자녀들의 온라인적 삶과 그 안에서 아이들이 만들어낸 정체성에 대해 아는 바가 극히 적다는 점은 매우 놀라운 일이 아닐 수 없다. 그곳은 아이들이 정기적으로 들르고 사회화되는 곳이며, 그곳에서 아이들은 광범위한 부분에서 감독을 받지 않는다. 아이들은 부모가 받아들이지 않는 자신의 정체성을 원하고 필요로 하며, 온라인 세계는 그것을 가능하게 해준다. 하지만 슬픈 진실은 그곳이 아이들에게 필요한 보호된 공간은 아니라는 점이다.

인터넷 문화에서 상실된 공감 능력

학창 시절로 되돌아가서 조용히 앉아 숙제를 하고 있을 때 당신을 지나쳐 간 쪽지들에 대해 생각해보자. 최근 나는 여성 청소년 리더를 위한 콘퍼런스에 참가한 고교생들에게 학교에서 숙제하는 도중에 자신이 보았거나 받았던 좋지 않은 온라인 게시물이나 문자메시지에 대해 기억나는 것을 써달라고 요청했다. 다음은 다소 온건한 내용들이다.

- 넌 외롭고 구역질 나는 종류의 인간이야.
- 누군가 저 나쁜 X을 죽일 거야.
- 네 친구가 널 싫어하는 건 모두 알고 있어. 왜 너는 그렇게 노력하는 거니?
- 넌 차갑고 냉정한 X이야.
- 넌 그냥 다른 사람을 비난하고 다니는 것뿐이야.

우리 아이들은 잔인하게 구는 것이 멋져 보이며, 미디어가 이것을 부추기고, 소셜 네트워크가 이를 용이하게 하고 있는 문화 속에서 자라고 있다. 직업상 나는 학교 문화에서 무엇이 잘못되어 있는지 그 핵심을 학교 당국들에 알려주는 데 많은 시간을 할애했다. 부모와 교사 들은 전 연령대의 또래 집단 사이에서 새롭게 나타난, 충격적인 비꼬기와 비열함에 대해 이야기했다. 그리고 나는 내 환자들에게서 그 영향을 볼 수 있었다. 자기 자신 혹은 타인의 공감 능력 결여가 만들어낸 문제 상황 속에서 괴로워하는 아이들도 종종 있었다.

8세의 엘리는 등교 거부 중이며, 밤에 잠이 들지를 못한다. "구글 버즈(구글의 소셜 네트워크 서비스—옮긴이)에 들어갔는데, 제가 친구라고 생각했던 여자아이들이 실제로 매우 비열하다는 걸 알게 되었어요. 그 애들은 제게 뚱뚱하다고, 전 그 애들 중 누구의 생일 파티에도 초대받지 못할 거라고 했어요. 잠이 들려고 하면 '넌 뚱뚱해'라고 쓴 그 글자들이 보여요."

교외 지역 한 학교에서 7세 남자아이가 다른 남자아이에게 "소년원에 가서 네 강아지와 형을 총으로 쏴 죽일 놈"이라고 말하면서 놀리는 일이 있었다. 담당 교사는 그 아이가 방과 후에 몇 시간씩 비디오 게임을 하고, 이제는 그 안에 등장하는 위협적인 말들을 친구들에게 사용한다고 걱정하고 있었다.

한 7학년 담당 교사는 내게 전 학년에 만연되어 있으며 반대편에 있는 다른 학교에까지 퍼져 있는 '공포의 문화'를 다룰 방법을 알려달라고 요청했다. 남학생 둘이 온라인상에서 한 여학생에 대해 "몹쓸 X"이라고 지칭하면서, "넌 뭐가 추악한지 알지. 네 얼굴이 추악해"라고 썼다고 한다. 또 다른 아이들은 온라인상에서 "난잡한 X"이라고 디자인된 밸런타인데이 카드를 보냈다. 그들은 온라인상에서 다른 학교 아이가 동성애자라는 거짓 폭로를 했고, 대부분의 여학생들이 이해하지도 못하는 언어와 빈정거림이 난무하는 성적인 헛소문들이 퍼져 나갔다. 나는 많은 학교에서 이와 유사한 상담 요청을 받고 있다. 이것이 단지 '그 학교'나 '그 아이'만의 문제가 아니라는 말이다. 이것은 우리들에 관한 것이고, 우리의 문화적 위기에 관한 것이다.

사건 사건마다 우리가 불을 끈다 해도, 상처는 남게 된다. 이런 종류의 학대를 당한 아이들은 물론 그 가해자들까지도 심리적으로 영향을 받는다. 2013년《미국 의학협회》지에 실린 한 연구는 9세에서 10세 사이에 수차례 왕따를 당했거나 혹은 왕따의 가해자였다고 보고한 사람 1,420명을 대상으로 하고 있다. 이 연구에 따르면, 아동기 혹은 청소년기에 친구들에게 학대당한 경험은 직접적이고 오래 지속되었다. 비록 그 영향이 성년이 될 때까지 지속되는지 여부는 불확실하지만, 피해자든 가해자든 모두 아동기에 정신질환적 문제를 겪을 위험이 높았다. 연구자들은 다른 생활환경으로 옮겨 간다 해도 아동기와 청소년기에 정신질환적 문제들을 겪을 위험이 높은 데 더해, 피해자들은 광장공포증을 겪을 확률이 높고, 일반적으로 분노조절장애, 공황장애를 겪는다는 사실을 알아냈다. 왕따는 또한 반사회적 인격장애의 위험을 높인다. 그리고 피해자와 가해자 모두 청소년기에 우울증과 공황장애를 겪을 위험이 높았다. 이 집단 중에서는 여자아이들만이 광장공포증을 겪을 위험이 컸으며, 남자아이들은 자살 충동과 자해 행위를 할 확률이 훨씬 높았다.

아이들에게 있어 공감 능력은 읽기, 쓰기, 수학과 비교하여 다소 덜 중요한 기술로 보인다. 하지만 이것은 실제로 감정적인 것일 뿐만 아니라 신경학적 현상이기도 하다. 공감 능력은 뇌의 양 반구와 신체의 신경경로에 전달되는 직접 체험에서 생겨난다. 누군가에게 동정을 '느낀다'라는 말은 생물학적으로도 정확한 말이다. 이런 경로는 경험을 통해 확장되고 깊어진다. 이는 소아정신의학자 대니얼 시겔이 상호의존적인 자아들의 '신경지도'라고 부르는 것으로, 우리가 다른 사람들의 감정과 의도에 관한 신호를 감지할 수 있게 해주고, 그들의 경험에 마음이 움직이게 해주는 본능에 의해 설계된 시스템이다.

공감 능력 발달은 유아기의 매우 중대한 단계로 일생 영향을 미친다. 공감은 인간성과 연민을 만들어내는 배려의 접착제이다. 학교, 가정, 직장 생활에서 성공의 주요 표식 중 하나로 규정되기도 한다. 또한 공감은 우리들에게 자기 자신을 연민할 수 있게 해주는, 정신 건강의 필수 요소이기도 하다. 감정적 인식과 연민을 기르는 경험의 부재는 신경지도를 다르게 형성한다.

"뇌는 그것이 하는 일이라고 할 수 있다."라고 듀크 대학 교수 캐시 데이비슨Cathy Davison은 신경과학과 교육에 관한 책에서 썼다. '그것이 하는 일'은 아동과 청소년의 엔터테인먼트가 괴롭힘, 빈정거림, 왕따, 신체적 공격을 유발한다는 미디어 관련 주제로서 지난 25년간 극적으로 바뀌어왔다. 아이들의 신경지도 측면에서,

〈아기천사 러그래츠〉의 심술궂은 안젤리카를 보며 보낸 오후와 〈로저스 씨와 그의 친절한 이웃들〉(1968년부터 2001년까지 방영된 미국의 아동 프로그램으로, 로저스 씨와 신뢰가 가득한 이웃들을 둘러싼 이야기이다—옮긴이)를 보며 보낸 오후는 크게 다르다.

신경학적으로 말하자면, 공감은 시간을 들여 그것에 깊이 빠지는 연습이 필요하다. 신경과학자 매리언 울프Maryanne Wolf는 《책 읽는 뇌》에서 미성숙한 뇌의 인지 과정에 미치는 테크놀로지의 영향에 대해 광범위하게 기술했다. 그녀는 빠르고 피상적인 테크놀로지적 경험이 공감 능력을 만들어내는 신경학적 경험들을 축소시킨다고 설명한다. 반대로 독서나 기타 실질적인 활동들은 신경경로의 복잡한 배열을 만들어내고, 공감 능력을 계발하며, 그것을 일으키는 데 필요한 상호 연결을 풍부하게 엮어나간다.

울프가 상호 연결된 신경 네트워크들의 '아름답게 윤색된 순환'이라고 부르는 것을 우리는 모두 가지고 있다. 그것은 모든 것을 연결한다. 하지만 "만약 당신이 매우 빨리 해내는 것에만 집착한다면 그런 연결들은 만들어지지 않는다. 이 모든 것들에는 여분의 시간이 필요하다. 아이들이 책을 읽고, 숙고하고, 대화하는 것을 통해 만들어지는 깊이 있는 연결은 아이들에게 선함이 무엇이고 냉담함이 무엇인지, 악이 무엇인지를 가르쳐준다."

상식적으로 우리는 이메일, 문자메시지, 그 밖의 다른 미디어들을 통한 커뮤니케이션이 우리들을 무디게 만든다는 것을 알고 있다. 소셜 네트워크와 온라인 활동은 이타적인 결정들을 업신여기게 만들었고, 그 사실은 그곳에 연민을 넘어서 우리의 신경회로들을 관통하는 집합적인 연결 속에 무언가가 있다는 것을 알려준다. 이와 동시에 스탠퍼드 대학의 연구 리뷰는, 테크놀로지 의존성의 증가는 직접 소통을 양적으로 줄어들게 함으로써 공감 능력을 낮추는 결과를 유발했음을 보여준다. 1979년과 2009년 사이에 대학생 1만 4,000여 명을 대상으로 수행된 72개의 연구들을 분석한 한 자료는, 지난 10년간 공감 능력이 부족한 사람들이 급격하게 늘어났다고 보고했다. 이는 결과이다. 이런 현상의 토대는 이미 10년 전, 혹은 그 전부터 아이들의 나날의 삶 속에서 시작되었을 것이다.

론 타펠Ron Taffel은 《가슴으로 하는 양육Parenting by Hearts》에서 공감 능력 계발에 관한 매우 멋진 가족 규칙을 묘사했다. 그는 "가족 안에서 자녀들 주위를 컨테이너처럼 공감으로 포장한다. …… 당신이 추구하는 가치와 기대, 아이와 함께 있는 당신의 방식으로 구성된" 환경에서, 자녀는 부모와 함께 의미 있는 시간을 보내고 대화함으로써 연민, 행위의 결과, 소통을 체험하고, 공감하는 법을 배운다고 말했다.

놀이, 싸움, 공유, 반칙을 통해, 오르고 내리기를 통해, 형제자매와의 관계와 가족 역학에서 일어나는 모든 일들을 통해 아이들은 공감하는 법을 배운다. 미안하다고 말하는 법, 자신이 정도를 넘어선 언사를 한 것을 아는 법을 배운다. 그리고 자신의 말과 행동에 책임을 지고, 그것이 다른 사람들에게 미치는 영향력에 대해서도 배운다. 또한 서로 함께 살아가는 법을 배운다. 이런 경험들이 없어지면, 아이들에게 공감하는 법을 가르쳐야만 한다.

독립성과 자아 정체성, 창의적 놀이 능력의 상실

미 소아과학회는 수년간 부모들에게 자녀들의 TV나 전자기기 사용 시간을 없애거나 최소한 줄이라고 권고해왔다. 30여 년간 이루어진 대규모 연구조사 결과 미 소아과학회는 자유로운 놀이, 전자기기 없이 하는 놀이가 아이들에게 창조적으로 생각하고, 문제해결 능력을 길러주며, 추론 능력, 커뮤니케이션 능력, 운동 기술을 발달시키는 가장 좋은 방법이라고 결론 내렸다. 또한 자유로운 놀이는 아이들에게 스스로를 즐겁게 하는 법을 가르쳐준다. "오늘날의 성과주의 사회에서 당신이 자녀에게 해줄 수 있는 최선은, 자녀가 혼자 또는 부모와 함께 체계화되지 않은 자유로운 놀이를 할 기회를 주는 것이다. 이는 아이들이 세계가 돌아가는 방식을 이해하기 위해 필요하다."

그렇지만 최근의 연구들은 아이들이 실외 놀이를 하거나 자유 시간을 가지는 데서 비디오 게임이나 컴퓨터 게임, TV, 그리고 최근에 증가한 스마트 기기를 이용한 애플리케이션이나 게임을 하는 방향으로 대거 이동했음을 보여준다. 동시에 아동 비만도 과거 30여 년간에 비해 3배나 증가했다는 사실도 알려준다. 아동과 청소년의 3분의 1 이상이 비만이나 과체중 문제를 겪고 있다. 이는 비단 아이들이 앉아서 하는 활동이 늘어났기 때문만이 아니라 정크푸드의 성공적인 마케팅 덕분이기도 하다. 이를 연결 지어 생각해보면, 영아 및 유아에 대한 디지털 상품과 정크 마케팅 확대가 더욱 건강하지 못한 그림을 만들어내고 있음을 알 수 있다.

아이들이 과도한 스케줄로 인해 자유롭고 창의적인 놀이를 할 시간이 줄어든다는 것은 좋지 않은 징조이다. 아이들의 하루는 학교에 갈 가방을 싸고, 방과 후에는 방과후활동이나 사교육을 하고, 쉬는 시간까지 쥐어짜내 무언가를 하게끔 이루어져 있다. 그럼에도 TV와 컴퓨터를 사용하는 시간은 늘어나고 있는데(자녀의 방에 TV가 있는 가정은 65퍼센트나 된다), 이는 전자기기 없이 놀아야 할 공간까지 테크놀로지에 기반한 놀이가 침범했다는 의미이기도 하다. 자녀의 방에 TV를 놓아준 가정의 절반 이상에서 이런 일은 더는 놀랍지도 않다.

적정한 컴퓨터 활용은 학생 모두에게 이득이 된다. 하지만 적당히 사용하는 사람은 좀처럼 없으며, 특히 아이들은 대개 그렇다. TV와 휴대용 전자기기 화면에 달라붙어 있는 시간이 점점 아이들의 창의성, 사고력, 사회적 소통, 자기조절력과 반성 능력을 발달시키는 과거의 자유로운 놀이 시간을 대체하고 있다.

한편으로 포Pew 설문조사 업체의 조사에 따르면, 게임이 긍정적인 영향을 미칠 수도 있다는 밝은 측면도 있다. 이 조사는 게임이 아이들을 친구들과 연결시켜주고, 사회적 소통을 촉진시키며, 전략적 사고의 기회를 제공하고, 협동 작업을 배우게 하며, 문제 해결 시 빠른 판단 능력을 길러줄 수 있다고 말한다. 또한 이런 친사회적 게임들은 오프라인상에서도 친사회적 행동을 하게 만든다. 긍정적인 주제를 가진 테크놀로지와 게임은 가족과 친구들 사이에서 이루어지는 협업, 낙관성, 끈기와 같은 가치들—즉 우리가 원하는—을 즐기게 하고 촉진시키는 좋은 원천이 될 수 있다. 테크놀로지나 게임이 음성 대화나 문자 대화 기능을 가지고 있을 때, 아이들은 테크놀로지적 감각으로 서로 어울린다. 아이들이 노는 방식이 다른 것뿐이다.

확실하게 짚고 넘어가자. 아이들을 위한 훌륭한 TV 프로그램과 컴퓨터 게임들은 분명 존재한다. 〈로저스 씨〉, 〈심팜〉(농장 경영 시뮬레이션 게임—옮긴이), 〈리틀 빅 플래닛〉, 〈살아 있는 지구〉, 〈마인크래프트〉 등이 머릿속을 스쳐 지나갈 것이다. 하지만 지금 우리는 '손실'에 대해 말하고 있고, 수학은 간단하다. 디지털 기기들을 가지고 보내는 매시간 매분, 아이들은 건강하고, 자유롭고, 창조적인 놀이와 멀어지게 된다. 아이들이 전자기기 화면에 달라붙어 있는 시간이 많다면, 어떤 의미에서 사회적인 놀이라고 해도 그것이 다른 아이들과 바깥에서 하루를 보내고, 쉬고, 수다 떨고, 게임을 만들어내며 놀고, 직접 소통을 하는 것은 아니다. 얼굴을 맞대고 논쟁하는 일, 공정하고 직접적인 토론은 게임이나 헤드셋을 통해서는 할 수 없다. 아이들은 뛰어놀고, 농구를 하고, 스케이트보드를 타면서 신체적 조정력과 강건함을 발달시키는 놀이를 하지 않는다. 그렇다. 아이들은 컴퓨터 기술과 온라인상의 에티켓은 배우겠지만, 문제는 그들이 배우지 않는 것, 건강한 기반을 만들어주는 놀이를 하지 않는다는 데 있다. 아이들은 실제 블록 요새가 박살 나고 블록 성이 무너짐으로써 좌절을 배우고, 재고하고, 다시 시작하는 법을 배우지만, 이제 더는 그렇지 않다. 스스로 혼자 있는 법, 고독이나 자신만의 생각에 빠져 편안하게 있는 법, 마음이 이리저리 떠돌다가 탐구하고 발견하고 느끼는 방법을 배우지 못한다.

이는 유아뿐만 아니라 아동기 전반에 걸쳐 필요한 행위이다. 막대기나 인형을 가지고 자신만의 세계를 만들 때, 아이들은 의미를 만들어내고, 이야기를 만들어내며, 극적 드라마를 창출하고, 문제를 해결하는 데서 기쁨을 발견한다. 아이들은 놀이와 상상의 영역을 통해 자기 자신과 세계를 이해하고, 배운 것들을 통합시키며, 갈등과 상실을 다루고, 괴로움이나 기쁨의 순간을 되풀이하는 법을 알게 된다. 결국 이는 더욱 깊게 생각하고, 숙고하고, 사색하는 능력에 관한 것이다. 체감형 게임도 아이들을 몽상하게 하거나 삶의 깊이 있는 대전제들로 이끌지 못한다. 당신이 아이들에게 프로그램된 게임들을 많이 접하게 하거나 혹은 아이들이 전자기기 놀이에 푹 빠져 있다면, 아이들은 창의성을 이끌어내는 데 필요한 요소 중 하나인 둔주遁走 상태, 즉 지루함이라고 불리는 상태로 향하는 법을 알지 못하게 된다. 우리는 아이들에게 '자신의 열정'을 찾으라고 수없이 말하지만, 특정 주제나 스포츠 혹은 악기와 사랑에 빠지는 능력은 대상들로부터 근본적인 관련성을 찾아내고 자기 내면의 욕구를 배양할 줄 알아야 가능해진다.

소아과의사이자 미디어와 아동건강 센터 소장인 마이클 리치Michael Rich는 아이들이 전자기기에서 벗어나는 시간을 부모들이 그리 중요하게 여기지 않는다고 말한다. "우리는 특히 뇌 발달 시기에는 아이들을 잘 보살펴주어야 합니다. 하지만 제 생각으로 우리는 아동기 내내 아이들을 바쁘게 자극해서 아이들이 뇌를 쉴 시간을 주지 않고 있습니다. 정신에는 하릴없이 헤맬 시간, 지루해할 시간이 필요합니다. 그래야 잘 작동할 수 있습니다. 당신에게 뭔가를 하게 하는 활동들이 없어야 정신이 정상적으로 유지되고 자유롭고 창조적인 사고를 할 수 있게 됩니다."

"컴퓨터들은 새로운 놀이터다."라면서, 아동 발달을 연구하는 심리학자 마이클 톰슨Michael Thompson은 애석해한다. 그는 《향수와 행복: 아이의 성장을 돕는 부모의 역할을 시대가 빼앗아가다Homesick and Happy》에서 아이들을 숙박형 캠프에 보내는 것의 가장 가치 있는 측면 중 하나는 그것이 더는 부모가 제공하기 불가능해진 것들을 제공한다는 데 있다고 썼다. 테크놀로지로부터 벗어난 환경과 실외 활동에 푹 빠질 수 있게 해주는 것이다. "손에 전자기기들을 들고 있지 않은 12세 아이들을 보기가 힘들다. 하지만 캠프에서는 그렇지 않다. 대부분의 캠프에서 아이들은 휴대전화를 지도교사들에게 맡겨야 한다. 그리고 그곳에는 아이들이 사용할 만한 컴퓨터도 없다. 하지만 아이들은 잘 지낸다. 행복해하고, 스스로에 대한 자긍심을 기른다."

주의력 문제

14세의 마리나는 일상적이고 간단한 숙제를 하는 데도 오랜 시간이 걸리고, 불안 증세를 보였다. 부모는 이를 불안해하며 내게 아이를 보냈다. 담당 교사의 말로는 보통 30분에서 1시간, 아무리 많이 걸려도 2시간을 넘지 않을 것이라는 숙제를 하는 데 아이는 서너 시간씩 걸렸다. 아이의 부모는 그녀가 주의력 결핍장애ADD가 아닐까 걱정했다. 그리고 아이가 매일 밤 숙제를 하느라 끙끙대는 것도, 결국 다 해내지 못하는 것도 알고 있었다.

우리는 주의력 결핍장애를 촉발하는 다른 요소들을 구별하고, 마리나의 온라인 활동이 그중 가장 두드러진 요소임을 즉시 알아차렸다. 숙제를 하는 동안 다른 무언가를 하고 있는지 매시간 행동을 기록하게 하자, 그녀의 신경회로가 아니라 동시에 여러 가지의 일을 하는 점이 범인임이 분명해졌다.

그녀는 숙제를 하는 동안 동시에 친구와 화상채팅을 했다. 그리고 그 3시간 동안 6개에서 12개 이상의 문자를 받았고, 많은 채팅 메시지를 받았으며, 두 번 이상 페이스북을 확인했다. 그리고 종종 교사로부터 이메일을 받기도 했다. 이렇듯 집중력을 흐트러트리는 것들이 많아 그녀는 5분 이상 집중력을 유지할 수 없었던 것이다. 어떤 숙제든 그녀가 가장 오래 집중한 시간은 15분이었다. 이런 방해꾼들에 더해 그녀는 온라인 팝업 광고들에 주의를 흩트리고 신상품 어그 부츠, 유튜브 동영상, 좋아하는 〈글리〉의 음악들을 검색했다. 이 모든 것들이 밤에 숙제를 하는 동안 일어난 일이었다.

마리나가 자신을 방해하는 것들을 확인했을 때, 나는 그녀에게 그것들을 제거해서 더욱 효율적이고 효과적으로 숙제를 끝내는 목표를 달성하도록 요청했다. 그 결과 그녀는 주방에서 숙제를 하고, 아이들이 숙제 외의 다른 일을 할 때 일상적으로 사용하는 '부모의 감시 피하기' 컴퓨터 화면 스위치를 자진해서 사용하지 않기로 결심했다. 또한 유혹을 피하기 위해 자신이 30분에서 1시간 동안 숙제를 하면, 그 보상으로 20분에서 30분 정도 놀 시간을 만들었다. 그리고 자신이 온라인상 부재중인데 대해 친구들이 화를 낼까 염려하여 자신이 연락할 수 있는 시간을 알려주는 상태 메시지를 표시해두었다. 얼마 후 그녀는 내게 때로 이런 조처를 후회하기도 하지만, 그래도 이것이 잘 작동되고 있으며, 가장 좋은 점은 부모님에게 자신이 무엇을 하고 있는지를 말할 수 있다는 점이라고 말했다. 그녀는 책임감을 가지고 잘하고 있다.

카이저 가족 재단의 2006년 조사에 따르면, 중고교생이 컴퓨터나 기타 전자기기에 빠져 있는 시간은 일평균 6.5시간이며, 그들 중 4분의 1 이상이 일상적으로 한 번에 여러 종류의 미디어를 이용하고 있다. 또한 10대들은 컴퓨터로 공부를 하고 있을 때에도 그 시간의 3분의 2를 다른 것을 하면서 보냈다.

케네디 크리저 연구소와 존스홉킨스 대학 소속 신경과학자 마사 브리지 덴클라Martha Bridge Denckla는 아동의 주의력 문제를 연구하고 있다. “아이들의 방은 수많은 방해꾼들에게 감염되어 있습니다. 제가 생각하기로, 지금까지 일어난 가장 애통한 일은 아이들에게 따로 방을 주고, 그 안에 컴퓨터를 놓아준 일입니다. 당신은 그렇게 하는 것이 좋은 부모라고 생각해서 했겠지만요. 흥미를 끄는 일은 숙제를 하는 중에도 나타날 수 있습니다.” 만약 아이의 방에 컴퓨터를 따로 놓아줄 예정이라면, 아이들이 어릴 때는 컴퓨터 사용제한 장치를 달 수도 있다. 하지만 결국에는 아이들도 자기조절, 자기감시, 지구력을 유지하는 법을 배워야 하며, 또 우리는 그것을 가르쳐야 한다.

과학자들은 아직 미디어와 화면 달린 전자기기 사용이 어떤 방식으로 뇌에 주의력 문제들을 일으키는지 밝혀내지 못했다. 다만 주의산만과 독해력 측면에서 일어나는 부정적인 영향들을 알려주는 연구가 있다. 포 인터넷 설문조사 업체와 에론 대학의 조사에 따르면, 테크놀로지 전문가들은 '늘 접속 중인AO, Always-on' 과잉 연결 세대에 대해 복합적인 감정들을 드러냈다. 그들이 생각하는 긍정적인 측면은, 서로 간에 그리고 정보에 대해 연결을 끊지 않는 젊은 세대들이 민첩하고 빠르게 행동하는 멀티태스커가 되리라는 점이다. 이들은 인터넷을 자신들의 외적 두뇌라고 확신하며, 윗세대들과는 다른 방식으로 문제에 접근한다. 그러나 이 세대들은 이렇듯 빠른 대응에 고착화된 결과, 깊이 있는 사고 및 인내심이 결여되고, 빠른 결과 도출과 그에 따른 만족감을 갈망하리라고 예측했다.

멀티태스킹은 불안한 우리 시대에 많은 곳에서 요구되는 하나의 능력이 되고 있다. 많은 곳에서 이를 하나의 가치로 여기기 때문에 우리 역시 이것을 긍정적으로 보게 되었다. 하지만 뇌 연구자들은 다르게 생각한다. "실제로 우리가 동시에 여러 일을 처리하는 것이 아닙니다. 뇌가 두 활동 사이를 왔다 갔다 하는 것뿐입니다."라고 시애틀 아동병원의 아동발달 센터장인 디미트리 크리스타키스Dimitri Christakis는 지적한다. 크리스타키스의 연구는 아동의 가장 적절한 미디어 노출 시간을 알아내는 데 목표를 두고 있으며, 그의 연구들은 멀티태스킹이 근본적으로 집중력을 유지하는 능력과 숙고하는 능력과는 거리가 멀다는 사실을 알려준다.

"멀티태스킹에 적응된 어리고 민첩한 두뇌는 일을 매우 빨리 처리할 수 있지만 이는 집중력을 쪼개어 사용하고 이리저리 왔다 갔다 하는 것뿐이죠. 제대로 집중한다고 할 수는 없습니다."

고등학교 교사인 스티븐 파인은 내게 지나치게 바쁜 아이들이 점점 늘어나고 있으며, 지금의 창의적인 교수 방법은 아이들의 주의력을 유지시킬 수 없다고 이야기했다. 뇌는 인쇄물이나 직접 소통을 통한 정보보다 화면을 통해 들어오는 정보를 피상적으로 처리하게끔 되어 있는데, 전자기기 화면 기반 교육이 뇌를 이런 방향으로 훈련시킨다는 점이 그가 가장 크게 관심을 두고 있는 부분이다. 뇌는 화면에 기반한 피상적인 교육에 일단 익숙해지면, 무엇을 할지 최선의 것을 비교하게 된다. 피상적인 정보 처리 과정은 작동 불능 상태가 되기 쉽다. 파인은 매년 테크놀로지의 영향으로 인해 집중력, 숙고 능력, 깊이 있는 사고 능력을 잃어가고 있는 학생들을 보고 있다고 한다.

"인터넷은 '치고 빠지는' 역학을 촉진합니다. 우리는 정보를 찾으면서 금세 얻고 버리지요."라고 파인은 말한다. "웹사이트를 둘러볼 때, 우리는 작고 부분적인, 이용할 수 있는 가장 작은 단위의 정보들 사이를 건너다닙니다. 우리 학생들은 더욱 깊이 있는 내용으로 가는 데 점점 더 어려움을 느끼고 있습니다." 그는 지금 이런 치고 빠지는 사고방식에 대응하는 법에 관한 긴 칼럼을 쓰고 있다.

운전 중 문자메시지 행위와 관련된 고속도로 사고에 관한 연구와 문자를 읽거나 쓰다가 상해를 입는 보행자들에 관한 기사들을 토대로, 우리는 주의력 방해 요소들이 실질적으로 의미 있게 작용한다는 것을 알고 있다. 심지어 자신 및 다른 사람들의 생명이 주의력을 유지하는 데 달려 있을 때조차도 말이다. 한 16세 남학생은 내게 '건너지 마시오'라는 보행자 신호에 주의를 기울이지 못해 대로를 건너다 차에 치인 경험을 말해주었다. 그 영원 같던 순간에 그는 그 글귀를 보거나 누군가의 목소리를 듣지 못했다. 만약 그가 무언가를 놓쳤다면 그것을 지나치게 재빠르게 보고 지나쳤기 때문일 것이다. 그의 주의는 반쯤은 휴대전화에 가 있었고, 그는 보행자 신호의 경고음을 들었지만, 신호를 올려다보지 않고 다가오는 차 앞으로 발을 떼었다.

우리는 우리 아이들을 접속 강박과 빠른 전환에 고착되게 만드는 테크놀로지 습관에 대해 숙고해야만 한다. 우리는 아이들이 16세면 길을 건널 때 주의를 기울여야 한다는 사실을 알 법한 나이라고 느낀다. 하지만 우리의 테크놀로지 습관들은 뇌를 산만하고 도파민에 따라 반응하도록 길들이며, 결국 뇌가 그것을 추구하게 만든다. 우리는 이를 경험으로도 알고 있다. 우리 역시 운전 중에 이메일이나 문자메시지를 확인하려는 충동에 저항하기 힘들며, 이에 따라 자신이 차를 완전히 통제하고 있으며, 어디서든 차가 다가오는 것을 예측할 수 있다고 스스로를 확신시킨다. 운전 중 문자메시지는 음주운전과 동등하며, 사고 위험이 50퍼센트까지 증가한다는 공중보건적 경고들에도 불구하고 말이다. 한데 무엇이 제어되지 않은 충동으로 자신의 생명과 다른 사람들, 종종 가장 사랑하는 사람의 생명을 위험에 빠트리는 길로 우리를 이끄는가? 단지 더 안전한 순간이 올 때까지 기다리고 확인하면 되는데 말이다. 영아와 미취학 아동의 손 안에 디지털 태블릿과 애플리케이션들을 쥐여줌으로써, 우리는 어느 때보다 어린 나이에 아이들이 빠른 전환에 고착되도록 만들고 있다.

"지금 내 말 듣고 있니?"

대화하는 능력을 잃은 아이들

나의 친구 마사는 자신이 어렸을 때 조부모님 댁에 가서 확대가족 속에서 함께 음식을 만들고 함께 먹고 식사 후에 함께 쉬었던 경험을 기억하고 있다. 주방에서 저녁 식탁으로, 거실로 이동하면서 세대 간에는 대화가 계속 이어졌다. 어린 사촌들은 보드게임이나 TV 프로그램을 보면서 함께 어울렸고, 가족의 대화는 모두 그것을 중심으로 이루어졌다.

"우리는 숙모와 삼촌 주위에 앉아 뭐든 대화를 나누곤 했어."라고 그녀는 말했다. "중심적인 주제도 없었고, 그저 흘러가는 대로였어. 하지만 그건 굉장히 인간적인 것이었고, 문학적인 종류의 영향을 미치는 것이었지."

이런 끊임없고 풍부한 대화가 있는 분위기와 오늘날 그녀의 집을 지배하는 상대적으로 피상적이며 분절적인 분위기는 극명히 대조적이다. 그리고 이는 우리를 낙심시킨다고 그녀는 말했다. 옛날 가정에서 이루어지던 대화가 지닌 다양한 감각들과 운율의 부재 속에서, 그녀는 자기 자녀들이 '극단적으로 고립된 작은 거품' 같은 디지털 대화를 하며 자라고 있다고 생각한다. 이는 녹음된 배경 음악이 공간을 가득 채우고 있는 것과 같은, 내용 없이 흉내 내는 방식일 뿐이다. 그녀 부부는 일상적으로 대학생 자녀들에게 문자 메시지를 보내고 있는데, 그 나이에 그녀가 자신의 부모님과 했던 대화보다 양적으로 훨씬 많다. 빨리 재담을 나누고 반응도 바로바로 오지만, 여기에는 무언가가 빠져 있다고 그녀는 생각한다. 그리고 여기에서 빠진 것은 아이들에게 그녀가 말하는 것이 무엇에 관한 것인지 알아차릴 단서를 주지 않는다.

한 세대 전의 어머니들은 아이들이 가족 대화에 흥미를 보이지 않는다는 점을 불평했다. 하지만 그녀는 아이들의 '극단적으로 고립된 작은 거품'이 가족만이 아니라 친구들과의 직접적인 만남과 대화에도 적용된다고 생각한다. 아이들이 대화의 기술을 배우고 습득해나가는 변치 않는 방식은 서로의 이야기를 듣고, 문장으로 대화를 만들어나가며, 사건과 감정 들에서 의미를 찾아내려고 하며, 주고받는 대화 속에서 감정을 공유하는 것이다. 그 이상 더는 없다. 하지만 아이들은 대신 문자메시지와 온라인 게시글들로 돌아섰고, 제대로 된 대화에 참여하고자 하는 욕구를 잃고, 대화 기술들을 습득하지도 못하며, 심지어 이런 기술을 잃기도 한다. 많은 사람들이 앉아서 이야기를 듣는 능력이 없고, 문자메시지 없이는 가족과의 대화에도 참여할 수 없다. "너무 느려요. 지나치게 지루해요."라고 아이들은 불평한다.

지난 4년간 600명 이상의 10대들을 대상으로 한 포커스 그룹 면담에서 아이들은 문자메시지가 가장 중요한 커뮤니케이션 방법이라고 말했다. 10대들은 더 이상 전화 통화를 염두에 두지 않았다. 만약 당신이 10대 자녀에게 전화를 하고자 한다면 지금부터는 먼저 문자메시지를 하고 나서 전화를 하는 편이 더 나을 것이다.

피상적이고 분절적인 문자메시지와 온라인적 메시지에 익숙한 채 자라면서, 아이들은 자연스럽게 일어나는 대화를 꺼리게 되었다. 아이들은 당신과, 친구들과, 그리고 누구와도 '대화'를 피한다. 심지어 아이들은 친구와도 전화 통화란 "너무 힘들"고, "거슬리는 것"이라고 표현했다. 누군가에게 전화하고, 목소리를 통해 직접적으로 접촉하는 것은 매우 어렵고, 강제적이며, 너무 노골적인 느낌이 든다고 말이다. 이들에게 전화 통화나 직접 대화는 큰 모험으로 느껴진다. 이것은 아이들에게 다른 사람이 말하고자 하는 바를 결코 확신할 수 없는 것이자, 그 즉시성으로 인해 바로 반응해야 하는 입장에 놓이게 만드는 일이다. 문자메시지의 경우에는 상대가 자신의 감정적 반응을 볼 수 없고, 실제 대화보다 상처를 입는 일도 훨씬 덜하다. 그리고 메시지를 보내기 전에 생각할 수도 있고, 아예 대답하지 않을 수도 있다. 소통 부재 속에서 아이들은 실제로 커뮤니케이션한다는 것이 무엇을 의미하는지 이해하는 능력에 심각한 장애를 겪고 있다. 목소리를 듣고, 메시지를 받아들이고 전달하는 과정을 처리하고, 그런 방식으로 누군가와 직접적으로 접촉하는 법 말이다. 그 결과 대화를 나눌 때 직접적인 심리 상태를 표현하거나 혹은 다른 사람과 친밀하게 지내는 것을 조심스러워하고 망설이게 되었다. 이와 유사한 이유에서 10대들은 이미 오래전부터 이메일을 사용하지 않는다. 친구에게 이메일을 보내는 일에 대해 10대 후반의 한 청소년은 내게 "너무 이상하고, 너무 개인적이잖아요."라고 말하기도 했다.

사랑하고, 깊은 관계를 맺고, 감정적으로 교감하는 것의 토대가 되는 커뮤니케이션의 근본이 좀먹고 있다고 느껴질 때, 이런 비연결성을 가장 중요하게 고려해보아야 한다.

대학교 2학년인 루시는 이렇게 말했다. "여기에서 모순은 우리 세대가 하루 종일 문자메시지나 화상채팅, 페이스북으로 연락하고 지내면서도, 정작 친밀하게 지내는 일은 못 한다는 거예요. 정말 슬픈 일이죠." 디지털 소통의 감정 분리적 특성은 이제 하나의 표준이 된 것이다.

어쨌든 청소년기는 힘겨운 시기이며, 사회적으로 불안한 아이들은 어느 시대건 전화 통화를 싫어했다. 따라서 많은 아이들이 더욱 안전하게 느껴진다는 이유로 문자 대화를 이용한다. 하지만 문자메시지를 주로 이용하는 아이들은 먼저 용기를 내어 자발적으로 누군가와 직접 대화하는 법을 연습할 기회를 잃고 있는 셈이다. 두 사람이 한 소파에 나란히 앉아서 서로 문자메시지를 주고받으며 대화하다니! 이전에는 불가능했던 일이다. 10대건 성인이건 문자메시지가 습관화된 사람들은 지나치게 빠른 감정적 충돌들에서부터 감정적 친숙함을 억누르면서 의도적으로 무심하게 구는 태도로까지 치닫는 커뮤니케이션 방식을 취하고 있다. 이런 사람들이 이렇듯 빠르게 전환되는 커뮤니케이션 방식으로 인해 모든 관계를 위태롭게 만드는 모습은 점점 더 많이 나타나고 있다.

엄마의 목소리에 대한 영아의 반응을 연구하는 사람들은, 아주

갓난아이일지라도 엄마의 실제 목소리와 녹음된 목소리를 구별할 수 있으며, 실제 엄마의 목소리에 더욱 반응한다고 말한다. 이렇듯 실체를 지닌 대상에 관한 인지는 과학 연구의 새로운 한 영역이지만, 우리는 직접 대화가 지닌 울림이 서로의 경험에 깊이 새겨지며, 더욱 편안하고 자신감 있게 대화할 수 있게 해준다는 것을 경험으로 알고 있다. 문자메시지가 실제 대화를 대체할 때, 우리는 뇌의 언어와 대화 중추가 피상적인 소통 방식을 새롭게 익히도록 훈련하는 셈이 된다. 어린 문자메시지 중독자들처럼 이런 훈련이 일찍 시작된다면, 어린 나이부터 그것에 익숙해진다. 그럼으로써 갓 태어난 아기가 무언가를 잃고 그것에 대해 불평하는 법을 선천적으로 알고 있는 것과 달리, 테크놀로지에 적응한 아이들은 자신들이 무엇을 잃었는지조차 알지 못한다.

또한 많은 아이들에게서 문자메시지와 즉흥적 커뮤니케이션에 관한 충동이 내면의 소통, 즉 숙고하는 능력을 대체하고 있다. 홀로 앉아서 무언가에 대해 생각하고, 그에 대한 관점을 확립하는 법을 잃어가고 있는 것이다. 이들에게 자신의 동료인 고독을 즐기는 법은 익숙지 않고 때로 불편한 경험일 뿐이다.

나는 문자한다, 고로 나는 존재한다

어느 날 학교 상담 기간에 만난 15세 여학생 리사는 학교에서 지원하는 협업 캠프에 친구들과 함께 참가한 일에 대해 화를 냈다.

그 캠프에서는 휴대전화가 금지되어 있었다. 그녀는 친한 여자아이들과 자신들만의 비밀 온라인 잡지, 온라인 채팅, 문자메시지 등을 통해 모든 것에 대한 생각을 즉각 공유하곤 한다. 때문에 테크놀로지가 금지된 경험은 매우 지루하고 불안했다고 말했다. 특히 '고독 체험'이 싫다고 했는데, 캠프 참가자들이 숲 전체에 흩어져 따로 떨어진 채 바위 위에 앉아 홀로 있는 체험이었다.

"친구가 있는데, 문자메시지도 할 수 있는 상황에서 자연 속에 혼자 있는 걸 좋아할 사람이 어디 있겠어요?"

리사는 '자연 속에서 혼자 있는' 자신의 무기력함을 체험하는 일이 바로 학교가 과잉접속 세대들에게 주고자 한 바로 그 경험, 자신이 관찰한 것과 자신의 시각을 내면으로 갈무리하는 능력을 키워주기 위한 경험이었다는 내 설명을 듣지 않았다. 리사는 자기 자신과 고요하고, 창조적이고, 의미 있는 소통을 할 경험을 제대로 활용하지도 못했고, 그것을 해보는 법을 배우지도 못했다.

내가 상담한 다른 많은 아이들처럼 리사도 자신이 느낀 것들을 친구들에게 문자메시지로 전달할 수 있기를 바랐다. 그녀에게 문자메시지는 비록 외향적 욕구이기는 하지만 종종 자기 인식을 이끌고 내면의 목소리에 귀 기울이게 하는 매개물이기도 하다. 아마도 그녀는 "저는 '그녀에게' 제가 느끼는 것이 무엇인지 알고 있다고 문자메시지를 해요."라는 식으로 말할 것이다. 마치 친구에게 문자메시지를 보낼 때까지는 자신의 경험이 내면에 기록되지 않는다는 듯이 말이다. 실제로 그녀는 이런 종류의 시각과 오프라인 세계에서의 자기 인식을 만들어내는 데 어려움을 겪고 있다. 최근 그녀는 자기 자신과의 연결을 강화하고 자신의 동지가 되는 법을 배우기 위해 스스로에게 문자메시지를 보내는 요법을 시도하고 있다.

키보드로 문자를 두드리는 중독적인 자극과 결합된 커뮤니케이션을 향한 신경 자극은 매우 참을 수 없는 종류의 것이다. 이것은 다른 사람에게 연락을 취하기 전에 일단 멈춰서 생각(전화를 해야겠어, 내가 하고 싶은 말이 뭐지? 편지를 써야겠네, 내가 하고 싶은 말이 뭐지?)을 했던 이전 시대의 과정을 무시한다. 문자메시지를 작성하는 행위는 커뮤니케이션의 신경적·심리적인 과정에 직접 연결된다.

광범위하게 인간성이 부재한 디지털 문화에서 사려 깊은 대화는 우리의 경험을 인간적으로 만들어주는 한 가지 방식이다. 그것은 부모들이 아이들에게 필요하지만 테크놀로지로부터는 얻을 수 없는 것을 제공한다. 아이들은 부모에게 보살핌과 인생에 대한 솔직한 대화를 기대한다. 어른의 인생뿐만 아니라 아이의 (전혀 작다고만 할 수 없는) 작은 인생에도 개인적이고 개별적이지만 큰 문제와 장기적 계획들에는 모두 하루에 겪은 수많은 일들이 집약되어 있다. 각각의 뉘앙스와 다양한 감각들을 지닌 이런 종류의 대화들, 숙고와 곱씹음은 테크놀로지가 제공할 수 없는 것이다. 그 몫은 부모들에게 있다.

아이들은 가족과 둘러앉은 저녁 식탁에서 혹은 함께 이야기를 나눌 때 집중하여 눈을 굴리고, 돌아가며 자신의 하루에 대해 이야기할 것이다. 대화하는 관례를 계속하는 동안 아이들은 연결이 끊어졌을 때 상실을 느끼게 될 것이다. 한 중학교 남학생은 "저희 가족은 좀 바빠요."라고 말했다. "아빠는 늦은 시간에도 일을 하시고,

엄마는 하루 종일 일을 하세요. 엄마는 일을 마치셔도 저녁을 요리하고, 세탁을 하고, 집안일을 하세요. 그러면 저는 숙제를 하죠. 각자 일을 다 마치고 모이면 꽤 어색한 시간이 돼요. 우리 가족은 서로 말을 많이 하지 않거든요. 그래서 우리가 매우 가깝다는 건 잘 못 느껴요."

가깝다는 감정은 중요하다. 이는 연결되어 있다는 진실한 느낌으로, 무엇으로도 대체할 수 없다. 우리는 집 밖의 문화를 통제할 수 없지만 부모로서 가족과 지역사회 내부의 문화는 선택하고 만들어낼 수 있다. 이제 우리가 그 역할을 시작하고, '무엇이 최선인지 아는' 부모의 영역을 되찾고, 해결 방안을 찾으려 노력하고, 이용 가능한 자원들을 우리에게 도움이 되도록 이용해야 한다. 이것이 우리 아이들에게 필요하다. 특히 오늘날의 테크놀로지 중심 문화에서 친밀함을 키우는 것은 가족과 공감, 놀이할 자유가 있는 아동기, 숙고와 대화 시간이 만들어내는 인간적인 자질들이다.

우리가 아동 발달의 구조와 내부 설계에 대해 더 많이 배울수록, 각 연령대별 발달 단계에 존재하는 기회와 취약성의 창들을 더 많이 보게 될 것이다. 최근의 흥미로운 연구에 따르면 뇌는 우리가 나이 들수록 계속해서 새로워질 수 있다고 한다. 또한 오랫동안 지속적으로 이루어지고 있는 연구에 따르면, 태어나서 며칠, 몇 달 동안 뇌는 일생의 배움을 위해 깊고 특정한 방식으로 스스로를 조직한다고 한다. 그 창들은 활짝 열려 있다.

CHAPTER **TWO**

아이의 뇌를 망치는 디지털 기기들

신경학적 · 사회적 · 감정적 발달에 미치는 영향들

아이의 뇌는
부모와 맺는 상호작용으로 형성된다.
우리는 전자기기 사용 시간을 줄이기 전에
먼저 물리적이고 상대적인 세계에 존재해야 한다.

_**대니얼 시겔**, 소아정신과의사

캐스린이 태어나고 몇 초 동안 간호사가 그녀를 들어 안아 씻겼고, 베스티는 남편을 바라보며 무언가를 이야기했다.

20년 후 그녀는 그때 자신이 남편에게 무슨 말을 했는지 기억하지 못하지만, 막 태어난 딸아이의 반응은 여전히 생생하게 기억한다. "캐스린이 얼굴을 돌렸죠. 분명 제 목소리에 반응한 거였어요. 전 무척 놀랐고, 바보 같이 들린다는 건 알지만, 제가 생각하기론, 몇 달 동안 캐스린은 제가 말하는 걸 제대로 들었어요. 그렇게 인지한 순간은 찰나였지만, 아이는 분명히 절 알았죠. 전 그때 제가 아이에게 밀착되어 있는 만큼 아이도 그렇다는 걸 알았지요."

학교 상담을 하면서 나는 종종 부모들에게 자기 아이와 사랑에 빠진 가장 최초의 순간을 기억해보라고 요청하며 상담을 시작하곤 했다. 30세의 앤절라는 첫딸 린다를 가지기 전까지 몇 차례 유산을 경험했고, 때문에 아이가 태어났을 때 처음으로 느낀 것은 안도감이었다. 그날 밤 침대맡 요람에 아이를 뉘고, 앤절라는 린다가 자는 소리를 들으며 감사한 마음이 들었다. "아이가 여기에 있고, 살아 있으며, 그 아이는 제 아이라는 사실에요." 몇 년이 흐른 뒤 둘째 딸 로리가 태어났다. "제가 아이를 품에 안자 아이는 작디작은 손을 빼내서 제 가슴 위에 얹고 그대로 있었죠. 그 순간 전 아이가 의지할 곳은 저라는 걸 느꼈어요."

많은 부모들이 아이에 대한 자신의 사랑은 아이가 자궁 안에 있을 때부터 시작된다고 말한다. 또 다른 경우에는(입양 부모들을 포함하여) 첫눈에 혹은 아이가 자신에게 파고들었을 때라고 말하기도 했다. 특히 이 경우에 있어 몇몇 부모들은 아이에게 의학적 문제가 있거나 수유 문제를 겪는다거나, 산고의 고통이나 극한의 탈진을 경험하는 등 시작이 힘들 때 이를 걱정하며 지냈던 순간에 대해 묘사하면서 자신이 결코 아이와 유대를 맺지 못하리라고 생각했다고 말했다.

처음 클로디아가 태어났을 때 아이는 첫 주에는 항생제를 맞으며 인큐베이터 안에 들어가 있었다. 엄마인 블레어가 클로디아를 받아 안았을 때 블레어 역시 40도가 넘는 고열을 앓고 있었다. 모유를 먹이는 일은 복잡하고 서툴었으며, 처음 이틀 동안 그녀는 완전히 지치고 심란했다. 셋째 날 아이의 허약한 몸은 그녀를 완전히 녹다운시켰으며, 그녀는 흐느껴 울었다. 블레어는 5년이 지난 후에도 그때의 눈물이 새록새록 떠올랐다고 한다. "저는 아이를 보호하고 치료해줘야 한다는 본능에 완전히 압도되어 있었지요. 얼마나 많은 사랑의 감정이 돌연 제 위로 무너져 내렸는지, 그 사랑이 담요처럼 제 위로 덮였는지는 말로 표현할 수 없습니다."

55세라는 적지 않은 나이에 처음 아빠가 된 재러드는 첫 아들 브랜던이 태어나던 그 주에 무엇보다 새로 태어난 아들과 아내에 대한 강한 책임감을 느꼈던 일을 생생하게 기억했다. 아내 앤은 힘겨운 출산의 고통을 견뎌내고 모유 먹이기라는 새로운 도전에 착수하고 있었다. "저는 의자에 앉아서 두 모자에게 《해리 포터》를 읽어주고 있었는데, 매 시간," 하고 제러드는 말을 꺼냈다. "'8년 후'라는 대목에 이르러 그것을 생각하자니 목구멍에 콱 뭔가가 걸린 것 같았지요. 그 순간에 완전히 존재한다는 감각에 압도된 것이지요. 그건 분명 매슬로가 말한 '절정 경험'이었습니다." 그는 심리학자 에이브러햄 매슬로의 용어를 이용해 살아 있음에 대한 경외감을 느끼는 초월적 순간을 묘사했다. "처음 브랜던의 기저귀를 갈아 채우던 순간을 기억합니다. 전 그게 메스꺼울 거라고 생각했지만, 그 행동에서 순수하게 즐거움을 느끼는 저 자신을 발견하고 매우 놀랐지요."

이렇듯 아이에게 처음으로 무언가를 느낀 순간을 기억해보라. 자궁 안에서 아이가 처음 태동했을 때, 처음으로 아이의 눈을 응시했을 때, 아이가 당신의 가슴에서 잠이 든 모습을 처음 보았을 때, 처음 아이의 숨소리를 들었을 때, 아이의 볼에 흥건한 침으로 셔츠가 젖어들었을 때 등이 떠오를 것이다. 아마도 이는 깜짝 놀랄 만한 순간이며, 어둡고 거무튀튀한 경험일 수도 있다. 하지만 한 아버지의 말처럼, 아이의 삶이 지닌 연약성을 견뎌내기 힘들어질 때 그 곤경은 말을 넘어선 유대를 만들어주는 강력한 경험이 된다. 어쩌면 이 중 무엇도 당신에게는 전혀 자연스럽게 느껴지지 않을 것이다. 여기에 있어서는 친구, 이웃, 아이돌보미는 당신에게 완벽한 조언자가 될 수 없고, 당신이 우러러보는 다른 부모들의 행동을 관찰하는 것으로는 당신과 당신 아이에게 필요한 것을 알아낼 수도 없다. 눈을 감고 그 느낌을 다시 되살려보라. 그러면 아이가 24개월이 될 때까지 아이의 삶에서 테크놀로지를 쫓아내야 할 의학적, 과학적, 심리학적, 기타 아동 발달 단계와 관련된 의견들에서 공통적으로 말하는 가장 가능성 있는 이유를 찾아낼 수 있을 것이다. 인생을 청정하게 하고, 당신을 각인시키며, 아이가 당신의 얼굴을 보고, 목소리를 듣고, 손길을 느끼고, 시선을 맞추게 하라. 테크놀로지가 당신보다 더 아이에게 필요한 것을 줄 수는 없다.

테크놀로지와 나, 아이의 삼각관계

아이들은 유대에 관한 본능을 타고 태어난다. 우리는 아이와 부모 간의 유대가 건강한 성장과 발달의 근본임을 알고 자란 아이들과 그렇지 않은 아이들에 대한 연구들을 익히 알고 있다. 아이가 태어난 순간부터 우리는 아이가 일반적으로 외부적·내부적 환경을 체계화하는 감각을 통해 아이의 세계를 규정하게 된다. 어른들이 행동하고 아이들과 놀아주는 방식들은 자연스럽고도 놀랍게 아이들에게 영향을 미친다. 돌보기, 달래기, 목욕시키기, 기저귀 갈아주기, 노래 불러주기, 산책하기, 책 읽어주기, 놀이하기 같은 이런 단순한 상호작용들은 3세, 4세, 5세, 그리고 이후의 학습 능력에 이르기까지 각각 다음의 인지 발달 단계로 넘어가는 기본 토대가 된다.

우리가 아이가 보내는 시선, 키득거림, 배고픔, 편안함, 호기심 등의 신호에 대한 반응을 되돌려줄 때, 미러링(심리학에서 거울처럼 상대의 행동 혹은 말과 표정 등 모델을 그대로 반영하여 따라하는 일—옮긴이) 교환이 일어난다. 이는 말로 표현하지 않고도 상대의 감정이나 존재적 측면—조사자로서 신경학적 통계를 세우게 하는—을 상호 소통할 수 있게 해주는 것으로, 모든 상호작용의 발달과 발전에 관계한다. 이 연결이 안정적이고 지속적이며 안전하고 조력적이라면, 아이와 부모는 소위 '견고한 애착'을 형성한다. 이것이 질적으로 약화되거나 상실되면 이 애착은 위태로워진다. 이런 감정적 연결이 강할 때 어린 뇌는 새로운 경험에 진입하게 된다. 달콤한 우유 냄새, 빙글빙글 돌아가는 모빌의 모습, 박제 동물의 촉감과 같은 것들을 감각하는 것이다. 이런 사회적인 뇌는 부모나 양육자에게서부터 시작되어 대가족, 아이돌보미, 이웃들로 확대되는 인간관계를 발달시키는 데 필요한 것과 동일한 감정적 기초를 필요로 한다.

아이가 당신으로부터 배우는 첫 번째이자 영속적인 교훈은 자신이 존재한다는 것이다. "내 존재를 아는 누군가가 있어.", "나는 이 우주에 존재하고 있어.", "나는 가치 있어.", "누군가가 내게 주목하고 관심을 가져주고 있어!"라는 것 말이다. 이것이 아이에게 자신이 존재한다는 감각, 외부 환경에 대한 안전함과 보호받는 느낌, 부모에 대한 기초적인 애착을 심어주며, 자라면서 주변 사람들에 대한 신뢰를 확장시키게 만든다. 영아의 뇌는 인간관계에 고착하여 발달하는데, 이것이 생존과 학습을 위한 가장 근본적인 '연결'이기 때문이다. 그리고 가장 중요한 단일 관계는 바로 아이가 당신에게서 발견하는 관계이다.

당신이 일상적으로 전자기기, 헤드셋, 태블릿, 컴퓨터 등에 마음을 빼앗기고, 주의를 분산시키거나 완전히 사로잡혀 있는 모습을 본 아이의 시각이 어떨지 생각해보라. 빈번하게 이메일이나 페이스북을 확인하는 당신의 모습을 본 경험은 아이의 내면에 박히게 된다. 또한 당신이 아이를 달래기 위해, 돌보거나 교육시키는 데, 혹은 여차했을 때 당신의 대리인으로 각종 화면 달린 전자기기나 애플리케이션을 사용할 때, 이것은 아이에게 어떤 의미일까? 아니면 당신이 아이의 관심을 당신에게서 떼어놓거나 아이를 보는 동안 스트레스나 지루함을 떨치고자 혹은 스스로를 진정시키고자 이런 것들을 사용하는 일은 어떤 의미일까? 테크놀로지는 부모와 아이 관계의 상징적인 그림을 변화시키는 것뿐만 아니라 관계 그 자체를 바꾸어놓는다.

엘런은 생후 6개월 된 아들 헨리를 두고 있다. 그녀는 아이가 거실에서 놀고 있을 때나 아이를 안고 있으면서 아이패드를 가지고 일하곤 했다. 이 모습을 본 헨리의 반응을 보고 나서 그녀는 걱정스러워졌다. 우리들 대부분처럼 그녀도 종종 자신이 해야 할 온갖 일들에 신경을 쓰고 있을 때 헨리가 자기만의 작은 놀이 세계에 몰두해 있다면, 그녀는 아이가 알아차리지 못하기를 바라며 태블릿을 조심스럽게 가지고 온다. "아이는 이곳에 누워 놀고 있었고, 저는 아이패드를 가지고 있었죠. 갑자기 아이가 놀이를 멈추고 저를 바라보았어요! 무슨 말이냐면, 매우 많은 순간을—그 시간의 90퍼센트를—전 아이가 어느 시점에서 놀이를 그만두고 저를 바라보기 시작했는지 모른다는 거예요. 그건 제 마음을 아프게 했죠. 얼마나 오래 아이가 저를 응시하고 있었는지 제가 몰랐으니까요. 그러니까, 애가 무슨 생각을 했을까요? 저는 매우 죄책감을 느꼈죠. 제가 그 순간 실질적으로 아이와 함께 있지 않았다는 데, 그리고 아이도 그걸 알고 있다는 데 대해서요. 식기세척기를 정리하면서는 아이와 대화할 수 있죠. 그건 뇌를 사용하지 않아도 되지만 이메일은 그렇지 않아요. 이런 일을 할 때는 두 가지를 할 수 없죠. 제가 아이에게서 분리되어 있었다는 걸 아이가 알고 있다는 사실을 저는 알죠. 그 사실을 아이의 눈만 봐도 알 수 있죠. 한 공간에 있으면서도 제가 아이와 함께 있어주지 않았다는 사실이 아이에게 어떤 의미일지 아시겠어요?"

그것이 헨리에게 어떤 의미인지 실제로 알 방법은 없다. 6개월 난 아이는 우리에게 말로 설명할 수 없기 때문이다. 그러나 엄마의 목소리와 표정에 대한 영아의 반응에 관한 오랜 연구들은, 헨리가 자기 엄마와 분리되어 있다는 사실을 실제로 감지할 수 있음을 알려준다. 또한 아기들은 안정감이나 연결감을 느끼고자 부모를 쳐다보았을 때, 부모가 딴 데 주의를 팔거나 자신에게 관심을 두고 있지 않는 경우 고통을 경험한다. 또한 어머니가 감정을 드러내지 않을 때 특히 고통스러워한다. 어떤 점에서 이는 우울증에 걸린 양육자와 연관 지어 생각할 수도 있다. 문자메시지를 가만히 내려다보고, 멍한 시선으로 전화 통화를 하고, 온라인 활동을 하면서 전자기기 화면을 멍하니 바라보고 있을 때 우리가 짓는 표정 없는 얼굴은 그들의 얼굴과 무섭도록 유사하다. 최근 뇌 이미지 영상촬영을 이용한 연구들은, 영아들의 학습과 언어 발달에 관계된 뇌 부분이 엄마가 아이에게 말을 걸어주면서 완전히 함께 있다는 충족감을 안겨줄 때 가장 높은 수준으로 활성화된다는 사실을 보여준다. 엄마와의 근접성에 변화가 생기면 뇌의 반응에도 역시 변화가 생겼다.

우리가 사용하는 전자기기에 대한 우리 아이들의 열정은 우리가 보내는 신호에 반응한 결과이다. 예일대학교《뇌와 문화: 신경생물학, 이데올로기, 사회 변화Brain and Culture》를 쓴 정신의학자 브루스 웩슬러Bruce Wexler는, 우리가 특정 대상에 더 많은 관심을 쏟을수록 아이들도 그 대상을 원하게 된다고 말한다. 아동 발달에서부터 인류학 분야에 이르기까지의 연구들은 아이들이 부모가 쉽게 접촉하는 대상이라면 무엇이든 빨리 받아들인다는 것을 보여준다고 그는 지적한다. "만약 영아에게 어른이 다루고 있는 물체와 가까이에 있는 유사한 물체를 가지고 놀도록 선택하게 한다면, 아이는 어른이 가진 물체를 선택하고 유사한 물체는 치워버립니다. 6개월까지 영아들의 절반 이상이 엄마의 시선을 좇고, 12개월이 될 때까지 거의 모든 것을 그렇게 합니다."

웩슬러에 따르면, 그 행동이 선천적이든 후천적이든 혹은 양쪽 다의 특성을 조금씩 가지고 있든, 결과적으로 우리는 물질적인 것을 모으고 아이들에게 주는 인간의 습관에서 나온 양육 방식을 통해 아이들이 무엇에 주목해야 할지, 무엇을 가장 중요하게 여기고,

가장 익숙하게 여기며, 가장 많이 생각해야 할지에 영향을 끼치고 있다. 쿠키든 컴퓨터 모니터든 책이든, 부모가 주목하는 대상이 아이들이 욕망하는 대상이 된다는 것이다.

따라서 우리는 헨리의 시선이 이런 본능적인 호기심에 따른 것임을 추측할 수 있다. 엄마가 화면을 들여다보며 시선을 움직이는 모습을 바라볼 때 헨리가 무엇을 생각하든, 아이는 자주 그것에 대해 생각하게 될 것이다. 엄마 엘런의 말처럼 이런 방식으로 함께 있는 시간의 90퍼센트를 사용하고 있다면 그 90퍼센트의 시간 동안 말이다. 헨리가 생각하는 것이 무엇이든 그것은 아이의 어린 마음속에 강한 힘을 미치게 된다. 장난감과 자발적인 놀이에서 반복적으로 아이의 주의를 분산시키고, 엄마와 엄마가 바라보는 화면에 시선을 고정하게끔 만든다. 아마도 아이는 멋져 보이는 엄마의 화면 혹은 엄마가 그것에 도취되어 있는 모습에 단순히 호기심이 일고 끌리는 것일 수 있다. 그리고 그것을 자신의 모델로 삼을 수도 있다. 혹은 엘런의 우려처럼 그것으로부터 의미를 끌어내고, 그것으로 인해 엄마와 분리되고 엄마가 자신과 함께 있지 않다는 것을 알고, 또 엄마가 그 사실로 인해 불안해한다는 것도 알고 있을 수 있다.

엘런은 헨리가 무엇을 생각하는지 알지 못한다. 하지만 아들과의 감정적 연결 및 분리에 관한 그녀의 예민한 감각은 대니얼 시겔이 주창한 '마인드사이트'(mindsight, 내면에서 일어나는 작용을 스스로 탐색하는 일종의 주의집중 상태—옮긴이)의 좋은 예시가 된다. 시겔은 부모가 지각 가능한 기본적인 신호들을 통해 자녀의 마음을 보는 능력을 키울 수 있다고 말한다. 부모와 아이들은 모두 눈맞춤, 표정, 어조, 몸짓, 반응 시간과 강도라는 비언어적 메시지를 통해 언어보다 더 직접적으로 내적 과정을 드러낸다. 이는 부모가 아이의 마음 상태뿐만 아니라 자신의 마음 상태에도 집중하는 것을 의미하며, 이에 따라 그것들에 휩쓸리지 않고 현재 일어나고 있는 감정을 인식할 수 있다.

엘런은 자신과 배우자 아미가 헨리의 감정적인 토대가 되며, 자신들이 헨리에게 온전히 집중하고 감정적으로 함께 하는 의미 있는 시간을 보내는 데 아이의 삶의 질이 달려 있다는 사실을 알고 있다. 그녀는 테크놀로지와 아이 사이에서 양방향 커뮤니케이션을 한다. 즉 자신의 생각들과(이메일을 확인해야 하는데, 헨리를 무시하는 건 아닐까, 하지만 이메일에 신경이 쓰이는데.) 그 순간 헨리의 상태가 어떨지에(난 조금 화가 나. 엄마는 이따금 나를 신경 쓰지만 그렇지 않을 때도 많아.) 대해서도 신경을 쓰는 것이다. 무언가를 읽으며 전자기기 화면을 응시하는 것은 세탁물을 개키면서 옆에 있는 헨리에게 말을 거는 것과는 다른 느낌을 안겨준다. 이는 헨리에게 더욱 강하고 더욱 분명하게 느껴지는 것이다. 전자기기 화면을 통해 아주 간단한 일을 할 때조차 우리의 주의력과 시각, 그 밖의 감각들은 주위의 사물과 사람 들을 배제하는 방식으로 그것에만 귀속된다. 멀티태스킹을 한다 해도, 전자기기 화면과 관계 맺는 잠시잠깐에 우리가 주변 대상들에게서 분리된다는 사실은 뚜렷이 드러난다. 당신도 그런 감각을 알고 있을 것이다. 옆 사람에게 "1초만, 잠깐 이것 좀 확인할게."라고 말하면서 기다리게 한 적은 없는지 생각해보라.

엘런은 아이와 함께 있을 때 주의를 기울여 아이의 옹알거림이나 다른 비언어적 신호들에 반응해주고, 자신과 소통하려는 아이의 시도를 격려해주어야 한다는 것을 알고 있다. 또한 6개월 난 자기 아이에게는 엄마와 연결되어 있다는 느낌이 필요하며, 엄마가 전자기기 화면에서 고개를 들기를 기다리면서 일상적으로 엄마와 분리된 감각을 느끼는 일이 반복되어서는 안 된다는 것도 알고 있다.

3세 혹은 4세까지 아이들은 더욱 독립적으로 놀이하고 커뮤니케이션하게 되지만, 태어나서부터 2세까지는 우리에게 완전히 의지하고, 상호작용을 하는 동안 우리가 온전히 자신과 함께 있다는 느낌을 필요로 한다. 우리의 주의가 분산되었을 때 아이들이 무언가를 이야기할 수 있다. 우리는 아이들의 눈을 속일 수 없는데, 이 사실을 알면서도 이미 고착화된 테크놀로지 습관들을 떼내기는 힘들 수 있다.

내게 상담하러 오는 많은 부모들이 처음 부모가 된 시기 혹은 가족을 이루어나가는 데 필요한 일들에 적응하는 데 상당한 어려움을 겪고 있다. 이 모든 방식에서 테크놀로지는 그들에게 유용한 한편으로 문제가 되기도 한다. 변기 사용 훈련, 편식, 형제간 라이벌 의식, 지긋지긋한 아침잠 깨우기와 같은 문제들에 더해 오늘날 우리의 대화는 필연적으로 젊은 가족의 삶에서 테크놀로지의 존재와 역할로 넘어가게 된다.

마인드투마인드 양육 연구소장인 임상심리학자 도나 위크Donna Wick는 막 부모가 된 사람들에게 그녀가 소위 '반영적 양육reflective parenting'이라고 일컫는 방식을 계발할 수 있도록 돕고 있다. 이는 내용적인 측면에서는 마인드사이트와 유사하다. 인생의 매우 짧은 어느 시기에 부모들은 자기 중심 혹은 부부 중심적 삶에서 아이 중심적 삶으로의 극적 전환을 이루게 된다. 도나 위크는 "양육에서 가장 중대한 시기는 첫해 혹은 그다음 해입니다. 이 시기 당신은 자신이 부모의 책임을 지게 되었음을, 그리고 아이에 대한 모든 책임을 지고 있음을 깨닫게 되지요. 당신 자신은 두 번째 자리로 밀려나며, 이는 매우 혹독한 교훈이기도 하죠."라고 말한다. "테크놀로지는 이런 책임감과 자기희생 단계를 회피하고자 하는 충동을 부추깁니다. 하지만 당신은 그럴 수 없죠."

여기에는 일과 놀이를 위해 컴퓨터를 사용하는 시간이 포함된다. 또한 부모의 TV, 휴대전화, 문자메시지 습관을 비롯해 이 모든 것들에 아이가 일상적으로 간접 노출되게 만드는 것도 포함된다. 그러면 당신의 아기가 전자기기 화면에 달라붙어 시간을 보내게 되는 일은 시간문제이다. 그리고 이런 일은 이미 TV, 휴대전화, 태블릿, 각종 놀이용 전자기기 장난감들을 통해 일어나고 있다. 현대의 가정에서 전자기기 화면이 완전히 치워진 모습은 찾아보기 힘들어졌다. 카이저 가족재단의 연구에 따르면, 2세 이하 아이들의 74퍼센트가 TV를 시청하며, 59퍼센트가 일평균 2시간 이상 TV를 시청하고, 3세 미만의 아이들의 30퍼센트가 자기 방에 TV를 가지고 있다. 2011년 《육아Parenting》 지와 블로그허 퍼블리싱 네트워크Blogher Publishing Network의 조사에 따르면, 70년대 중반에서 90년대 중반에 태어난 Y세대 엄마들 3분의 1이 2세의 자녀에게 스마트폰을 사용하도록 했다. 짐작건대 비디오를 보고 게임을 하는 것도 허락했을 것이다. 〈새서미 스트리트〉 워크숍이 지원한 또 다른 연구는 3세 이하 아이들의 60퍼센트 이상이 온라인으로 동영상을 시청한다고 결론 내렸다. 또한 부모의 나이가 젊을수록 아이들이 테크놀로지를 사용하는 연령이 어려졌다.

더 중요한 것으로, 전자기기 화면 이용 시간과 여타 테크놀로지 습관이 부모들에게 긴장과 불안을 안겨주고, 아이들에게 성급함이나 과도한 자극 증상을 끌어내는 불규칙한 수면 패턴을 만들어낸다는 것도 몇 차례 발견되었다. 사람들은 자녀가 놀고 있는 모습을 봐주면서 TV를 보거나 컴퓨터를 사용하는 것은 문제가 없다고 생각한다. 하지만 그렇지 않다. 아이들은 부모들이 그것에 접속해 있는 것을 간접적으로 보고 듣는다. 부모들은 자신들의 테크놀로지 사용에 대해 말할 때 죄책감을 느끼면서 동시에 방어적인 태도를 보였다.

- "제 동료보다는 덜 사용할 걸요."
- "그럼 나만을 위해 쓸 수 있는 시간은 언제죠?"
- "어떻게 모든 사람들과 관련된 사항이나 스케줄들을 다 알 수 있겠어요?"
- "8개월 된 제 아이는 제가 전화를 들자마자 칭얼거리기 시작해요."
- "지금 제가 아이패드를 사용할 수 있는 단 한 가지 방법은 다른 방에 가는 거예요. 아기가 자꾸 그것을 달라고 심하게 조르거든요."
- "제 팔 안에 아이를 안고서 온라인 활동을 하거나 이야기를 하는 것 정도는 괜찮지 않나요?"

테크놀로지와 그 사용 방식에 관한 이런 질문들은 우리를 가족들에게로 연결시켜줄 수도 분리시킬 수도 있으며, 아이의 발달을 발전시킬 수 있는 방식이자 저해하는 방식이기도 하다. 또한 이는 유치원 시기 이전의 아이들에게서도 나타나고 있으며, 학교와 지역사회라는 보다 넓은 범주에까지 들어오기 시작했다. 현재 이런 우려들은 신생아를 둔 집에까지 들어왔다. 이는 특히 문제가 된다. 테크놀로지의 유용성은 어른들에나 해당되며, 아이들이 잘 자라는 데 필요한 모든 것은 오프라인에, 전자기기 화면 바깥에서 일어나기 때문이다. 태어나서 2세까지 아이들이 주변 환경에서 필요로 하는 것은 모두 사람 그 자체, 사람과의 관계, 주변 환경과의 상호 소통—물리적인 탐구와 놀이, 기어 다니는 행위, 다른 이들과의 소통 등—에서 나오기 때문이다. 우리가 아이들과의 관계를 테크놀로지를 포함시킨 삼각관계로 만들 때, 우리는 근본적인 아이들과의 유대를 테크놀로지와 맞바꾸는 셈이 된다.

멀티태스커 부모의 문제

각종 화면 달린 전자기기, 휴대전화, 디지털 태블릿, 기타 전자제품들이 어떻게 우리의 대화 속에, 어린 자녀와 함께 하는 휴식 시간 속에 늘 제3의 존재로 자리하고 있는지 살펴보기 위해서는 멀리까지 갈 필요도 없다. 아이의 유모차를 끌고 가면서 다음 날 만나면 될 사람과 휴대전화로 열심히 통화하는 부모를 몇 번이나 보았나?

"오늘은 아이와 공원에 갔을 때 휴대전화를 꺼두고 아이에게 온전히 관심을 주어야지." 하고 스스로 약속하고, "한 번만." 하며 그 약속을 미뤄두고 다시 휴대전화를 꺼내 든 적은 없는가?

자녀와 함께 하는 애정 어린 순간, 관계적인 우뇌가 활성화된 순간에, 업무 관장자인 좌뇌(대니얼 시겔이 신경계적 "연결 마법사"라고 부르는)는 우리가 작업 완료, 숙련, 주문, 예측을 추구하게끔 이끈다. "그들은 모두 좌뇌적 꿈들이다. 그것이 좌뇌가 활동하는 주된 목적이다."라고 대니얼 시겔은 말한다. 한밤중에 엄마의 우유가 아이를 달래는 것처럼, 기진맥진하고 잠을 못 자는 부모들에게 이메일을 확인하는 것은 매력적이며 충족감을 안겨줄 수 있다. 그 일이 비록 새벽 2시에 아이를 보는 동안에 이루어져도 말이다.

우리는 모두 충동에 저항하기가 얼마나 어려운지 알고 있다. 특히 아이가 무언가에 완전히 몰두해 있는 것처럼 보일 때는 더욱 그렇다. 컴퓨터 앞에 앉아 이메일이나 페이스북을 확인하고 있을 때 무릎 위에 아이를 안고 있는 것, 식사 시간에 주방으로 노트북 컴퓨터를 가지고 오는 것, 당신이 전자기기 화면에 시선을 두고 있을 때 아이가 장난감 화면을 가지고 놀게 하는 일은 해가 되지 않는 듯이 보인다. 다른 방으로 들어가거나 문 밖에 나가고자 아이를 데리러 갈 때 주머니에 휴대전화가 없거나 아이패드가 가방 안에 없는 것은 위화감을 불러일으킨다. 우뇌의 상대적인 자아는 "아이를 데리러 가."라고 말한다. 좌뇌의 멀티태스커는 "둘 다 해야지. 휴대전화를 집어."라고 말한다. 하지만 아기가 유대를 맺어야 하는 대상은 우리이지 전자기기가 아니다.

이런 초기의 삼각관계는 우리뿐만 아니라 아이들에게 있어서도 관계라는 게임을 변화시키는 요소가 된다. 부모 노릇이란 상호적인 과정으로, 이 과정에서 자녀와 양육 행위는 우리가 누구인지를 형성해나간다. 연결 과잉의 디지털 문화에서 부모와 아이 간의 유대가 '두 사람 사이'의 유대라는 단순한 사실을 잊기 쉽다. 우리는 사람이 된다는 것의 의미에 대한 아이의 이해를 형성하며, 아이들은 우리에게 부모가 된다는 것의 의미를 가르쳐준다. 아이들은 '주의를 기울이는 동료'로서 우리를 필요로 한다. 우리는 아이들의 율동, 기질, 성격, 기분, 신체 언어, 자극, 욕구와 한계 들을 배워나가야 한다.

갓난아이와 영아는 매우 많은 방식에서 우리에게 의존한다. 우리는 때로 아이들이 얼마나 영민한 스승이 되는지, 그리고 아이들이 태어난 순간부터 우리에게 부여한 임무들이 얼마나 많은지를 간과하곤 한다. 우리는 사랑의 기술을 계발하고, 아이들에게 더 큰 세계를 배울 수 있도록 준비시켜주는 효율적인 부모가 되어야 하는 등의 임무를 지닌다. 태어나고 나서 오래지 않아 아이들은 언어적 표현을 사용하기 시작하며, 우리에게 부모가 되는 법, 직관을 다듬는 방법을 가르쳐주고, 자신들의 필요와 바람, 그리고 삶의 방식을 이해하도록 가르친다. 짜증스러운 칭얼거림, 크게 뜬 눈, 갑작스런 미소 등과 같이 말을 하기 전의 언어들을 통해 아이들은 자신에게 무엇이 중요한지를 우리에게 보여주고, 우리가 정답을 맞추었을 때 우리를 북돋아주며, 우리가 다시 정답을 맞추도록 유도한다.

이런 것들이 부모로서 우리의 남은 삶에서 우리가 필요로 하고 원하는 기술들이다. 지금부터 수년 후 아이와 우리의 관계가 하이테크 장난감들이나 자녀가 아기였을 때 우리가 쥐여준 애플리케이션으로 측정되어서는 안 될 것이다. 이는 아이들이 태어나고 수년간 우리가 함께 만들어온 유대감으로 측정되어야 한다. 이것이 바로 우리가 유대라고 부르는 인간의 사랑에 기반한 연결, 애착, 그리고 최적의 뇌 발달을 자극하는 조정 장치이다.

아이와 우리의 상호 소통은 영아기의 학습 과정이기도 하다. 언어, 읽기, 놀이, 운동 등 모든 것이 우리와 우리가 만들어낸 유대관계에서 시작되며, 태어나서부터 초기 몇 년 동안의 자양분이 된다. 테크놀로지는 이런 일을 할 수 없다. 그러나 테크놀로지는 부모와 아이 둘 사이에 끼어들 수 있고, 그렇게 된다면 막 형성되기 시작한 영아기 뇌의 몇몇 중대한 부분들을 망칠 수 있다.

영아의 지각기관

아이가 우리나 벽 한쪽에 시선을 고정시키고 있을 때, 처음 우리에게 미소를 짓거나 우리의 손가락을 움켜쥐었을 때, 어떤 소리에 놀라거나 짧은 다리를 펄쩍 들어 올렸을 때, 까꿍 놀이를 하면서 기쁨에 차 꺅꺅거릴 때, 우리는 발달 과정에서 일어나는 기적의 목격자가 된다. 이런 행위들은 모두 신경경로와 신경 네트워크들, 소위 지각기관이라고 부르는 것—감각 정보를 받아들이고 처리하고 해석하는 뇌의 수용 능력—의 초기 발달 과정에서 일어나는 일들을 시각적으로 보여주는 것들이다. 지각기관의 이런 면모는 매우 환상적으로 들린다. 이런 방식으로 그것은 존재한다. 아이가 보고, 듣고, 맛보고, 손으로 느끼는 모든 것, 아이가 내는 모든 소리와 아이의 모든 움직임, 아이가 표현하는 모든 감각과 감정—그리고 우리가 아이와 상호 작용하는 모든 것—이 지각기관의 건강한 발달에 기여한다.

뇌는 생애의 첫 2년 동안 생애 그 어느 시기보다 극적으로, 엄청나게 성장한다. 뇌 전체 용적은 생후 1년 동안 2배로 커지며, 이는 성인 뇌 용적의 70퍼센트에 해당한다. 또한 2세 때까지 아이의 뇌는 성인 뇌 용적의 85퍼센트 수준으로 성장한다. 이 시기에 아이의 뇌는 구조적·기능적 연결성을 바쁘게 구축하고, 인생과 학습을 돕는 근본적인 신경구조를 만들어낸다. 어느 연령대이든 테크놀로지가 지나치게 개입되면, 특히 그것을 너무 빠른 시기(만 2세 전)에 접하면, 그 시기에 수행되어야 할 발달이 다 이루어지지 못하고, 모든 방면의 발달에 필요한 지각기관의 경험도 뒤섞여 일어나게 된다. 테크놀로지의 영향은 아이의 신경계 및 심리적 발달에 예측 불허의 요소가 된다.

"뇌는 자연적인 인간의 상호작용과 놀이를 통해 모든 부분이 발달하도록 고안되어 있습니다. 아이를 전자기기 화면 앞으로 밀어놓음으로써 우리는 아이의 뇌를 바꾸고 있는 것입니다."라고 발달심리학자 조앤 딕JoAnn Deak은 말한다. '뇌의 신병 훈련소' 시기, 즉 영아기와 걸음마기에 아이가 테크놀로지를 접하지 않고 자라는 것이 지닌 가치는 분명하다. "유아기와 가족생활의 과제는 지각기

관의 모든 부문들이 완전히 발달할 수 있는 기회를 주는 것, 모든 부문들이 그 과업을 해낼 수 있을 만큼 강건해지게 만드는 것입니다. 만약 가진 능력을 모두 발달시키지 못한 부분이 남게 된다면, 그 결손은 평생 지속될 것입니다." 뇌가 그저 흐르는 대로 내버려 둔다면—예컨대 터치스크린에서의 반복적인 활동—역시 불균형이 생길 것이고, 이는 일생 뇌 기능을 저해하게 될 수 있다. "이것이 전자기기 화면을 치워버리고 없애야 하는 이유입니다. 컴퓨터 게임을 하거나 이미 만들어진 프로그램을 그저 받아들이기만 하는 동안, 아이들은 매시간 스스로를 위해 무언가를 하는 기회를 잃어가고 있습니다."

특히 이 시기에 지각기관에서는 이야기를 만들어내는 회로망이 발달하는데, 이는 후일의 읽기 능력과 관련된 언어 발달과 신경계의 토대가 된다.

발화 능력 및 언어 능력 발달과 달리 뇌는 발생 직후부터 신경 회로망을 갖추기 시작하는데, 여기에 읽기를 위한 회로는 준비되어 있지 않다. 이런 신경경로와 신경 네트워크들은 수년에 걸쳐 계발되며, 수년간 층층이 쌓인 학습의 결과로 하나의 회로망이 만들어진다. 매리언 울프의 설명에 따르면 이는 아이들이 읽기 초기 단계에서 하는 행위, 즉 '해석'을 관장하는 부분에서부터 발생해 회로망을 통해 '이해'의 단계에 도달하는 과정을 말한다. 울프는 이를 "가장 깊은 사고가 일어나고, 통찰력과 계시로 이끄는 장소"라고 일컫는다. 우리가 아이와 이야기를 나누고 아이에게 책을 읽어주면서 보낸 시간은 이런 신경경로들을 강화하는 많은 단계들에서 작용한다. 테크놀로지는 이곳에서 일어나는 '연결' 과정을 방해하거나 약화시킬 수 있다.

상업적으로 고안된 교육용 프로그램들이 우리에게 심어주는 믿음과 달리, 우리는 미디어 콘텐츠, 장난감, 혹은 전자기기 들이 아이의 발달상 적절한지에 대해 이야기할 때 영아들이 그 장치를 다룰 수 있는지 혹은 그것을 보는 동안 가만히 앉아 있는지 여부에 대해서는 이야기하지 않는다. 우리는 아이들이 그것을 할 때 무엇을 하는지에 대해서만 이야기한다. 아이가 터치스크린을 건드려 그림을 바꿀 수 있다는 것은, 아이가 해야만 하는 일, 그리고 그것이 아이의 발달에 유용하거나 적절한 활동임을 의미하는 것은 아니다. 실제로 연구 결과들은 터치스크린이나 키패드를 누르는 과정들이나 전자기기 화면을 통한 활동들은 그 자체로 뇌 발달을 다른 길로 이끈다는 사실을 알려준다. 그리고 이는 아이의 읽기, 쓰기 및 후일의 고차원적 사고를 계발하는 데 필요한 기초적인 다른 신경 연결 발달을 저해하는 방식으로 이루어진다.

퍼트리샤 쿨과 동료 연구자들이 수행한 연구는 아이들이 인간의 상호 소통을 통해 가장 효과적으로 언어를 습득한다는 것을 보여준다. 광고주들이 제시하듯(그리고 때로 우리 자신의 희망적인 생각처럼) 오디오나 비디오 프로그램, 오락 애플리케이션, TV 방송이 아니라. 매개체를 통한 연결은 전혀 다른 행위이다. 그것은 시각적 자극으로 언어 발달에 도움이 되지 않으며, 오히려 부정적인 영향을 주고, 집중력 지속 시간에도 부정적인 영향을 끼친다. 또한 이와 관련된 연구들은 매개체를 통한 연결이 언어와 인지 발달에 필요한 특정 신경 연결회로들을 자극하지 못한다는 사실을 보여준다. 영아의 뇌에서 특정한 학습 중추는 실제 사람, 물리적 존재와 물리적 주의를 끄는 대상에만 반응하며, 특히 자신과 애착 관계를 형성하고 있는 부모나 양육자와의 소통에 반응했다.

영아들의 언어 발달을 관장하는 뇌가 '체화된 연결'이라고 일컬어지는 것에 반응한다는 사실은 분명하다. 보통 이런 신경 연결들은 부모와 아이 사이의 면대면 소통에서 자연적으로 만들어진다. 비디오나 아이패드 앞에 아이를 앉혀두는 것은 언어를 가르치지 못하며, 매개된 연결이 인간적 연결을 대체할 때 신경학적으로 인간적 연결에서 오는 이득이 상실되거나 감소된다.

매리언 울프는 과학적으로는 복잡해 보일지 몰라도 자신이 부모들에게 하는 조언은 매우 단순하다고 말한다. 그녀가 '할머니 법칙'이라고 부르는 것으로, 요약하자면 "당신이 아이와 이야기를 나누길 바란다면, 이야기를 나누라."이다. 아이에게 책을 읽어주고 싶다면 그렇게 하면 된다. 그렇게 할 때 아이는 언어의 구조와 말의 억양, 궁극적으로 이야기의 맥락과 관계의 맥락 읽기, 풍부한 상상력이 담긴 이야기 만들기, 재미있는 소통을 경험한다. "어린 아기는 부모가 읽어주는 이야기가 주는 모든 환경들을 사랑합니다. 당신은 사랑하는 사람의 목소리가 읽어주는 그 울림을 듣고, 그들은 당신의 목소리를 듣는 걸 사랑합니다. 내가 말하는 건 그 안에서 모든 것이 이루어진다는 것이 아니라, 그것이 존재하고, 강력하며, 그것을 간과하는 것은 불합리한 낭비라는 점입니다."

울프는 2세 이하의 아이들을 대상으로 한 비교연구를 언급했다.

부모가 비디오나 기타 보조 언어학습 도구들을 이용하게 한 아이들과 이런 도구 없이 언어를 학습한 아이들을 비교해본 결과, 도구 없이 학습한 아이들이 더 나은 언어 발달을 이루었다. "언어 발달에 있어 사람들과 대화하는 것, 인간의 언어보다 더 나은 것은 없습니다."라고 울프는 말한다.

언어 발달 전문가 리디아 소이퍼Lydia Soyfer는 언어와 인간 커뮤니케이션 간의 주요 연결뿐만 아니라 본래 타고난 동기마저 상실되고 있다고 말한다. 아이들이 최고로 언어를 습득하는 곳은 대인관계 혹은 생생한 관계 역학에 있다.

"온라인 언어 프로그램들은 단지 도구일 뿐, 역동성이 충분히 담겨 있지 않습니다. 실제로 지식의 기초는 소리에 있고, 소리를 통한 발화 혹은 억양 패턴, 끊어 읽기, 강세, 단어를 엮는 패턴이 어떤가에 달려 있습니다. 우리는 이런 방식으로 의미를 다르게 전달합니다. 인간의 역동성이 존재하지 않는 곳에서는 소리가 언어, 의도, 문맥에서 분리되어 나옵니다. 아이에게 책을 읽어줄 때 이런 기술들을 기반으로 읽어주는 법을 터득하는 것이 좋습니다. 하지만 어떤 특정한 동기를 가지고 아이에게 책을 읽어주고 싶다면, 휘슬 소리로 보상을 주지 말고 감정적으로 풍부한 피드백을 하는 게 좋습니다. 그런 아이들에게 일어나는 일들 중 하나는 휘슬에 중독되는 것일 뿐이라고 나는 생각합니다."

아이들의 뇌에 미치는 테크놀로지의 영향과 관련된 이런 초기 증거들은 신경 과정을 변화시켜 아이들의 지적·사회적·감정적 발달에 변동을 일으킨다는 것을 암시한다. 뇌에 미치는 이런 테크놀로지의 영향 중 일부는 어떤 아이들에게는 도움이 되기도 한다. 예컨대 일반적으로 조금 더 나이가 들고, 비언어적 학습 장애나 기타 신경학적 결손(혹은 차이)을 지녔다고 의학적으로 진단받은 경우에는 특수 화면을 기반으로 한 활동들로부터 도움을 받을 수 있다. 그러나 그렇지 않은 모든 아이들에게는 전자기기 화면에 달라붙어 있는 시간이 뇌 발달에 불균형을 초래한다. 화면 기반 활동들은 다른 지각기관들보다 시각적 과정에 훨씬 강한 자극을 준다고 알려져 있다. 이와 동시에 아이들을 화면 기반 활동에 집중하게 두는 것은 아이들이 부모와 자녀 관계, 가정과 바깥세상에서 이루어지는 실제 삶의 경험들이라는 가장 기초적인 학습 환경에서 테크놀로지로 주의를 흩트리게 하는 것이다. 또한 아이들은 잠재적인 위험이 있는 콘텐츠에 노출되기도 한다.

1970년대부터 이루어진 광범위한 조사들은 미디어상의 폭력이 불안과 무관심, 공격성 증가에 기여한다는 이론을 확립했다. 유아들에게 폭력적인 미디어 콘텐츠는 장기간 지속되는 공포 반응을 촉발할 수 있다. 이는 외상후 스트레스장애PTSD로 이어질 수 있으며, 한 번의 노출로도 일어날 수 있다. 무서운 TV 방송이나 프로그램된 컨텐츠를 보는 것은 미취학 아동들에게 심장 박동을 빨라지게 하고, 외상후 스트레스장애를 유발할 수 있다고 여겨진다. 수면장애는 가장 공통된 증상 중 하나이며, 최근 연구들에서는 평소보다 일평균 30분 정도를 잠 못 이루는 아이들은 전형적인 주의력결핍 과잉행동장애적 행동을 보일 수 있음이 밝혀졌다. 우리는 아직 이들 사이의 연관관계를 밝혀내지 못했지만, 그 결과들을 특정한 근거로 고려해야만 한다.

누구도 자기 자녀가 분노조절 문제, 공격성 증가, 주의력 문제를 겪게 되기를 바라지 않는다. 아이들이 수면 박탈 상태를 겪게 되길 바라지도 않는다. 하지만 전자기기 화면의 힘은 우리들이 의도치 않게 자녀들에게 집 안에서 해를 입히는 대상에 노출되도록 만들고 있다.

이와 관련된 연구들은 하나같이 우리에게 아이들이 테크놀로지를 이용하게 되었을 때의 위험성, 특히 2세 이전에 접할 경우의 위험성에 대해 경고한다. 우리의 경험뿐만 아니라 연구들 역시, 옆에 아이들을 둔 채로 TV나 여타 전자기기 화면들을 보고 있을 때 성인들은 아이들과 평소의 집중도, 속도, 억양, 감정적 상태로 직접 소통하지 않으며, 영아의 건강한 신경적·사회적 발달을 자극하는 즉각적인 연결도 이루지 못한다.

전문가들은 수십 년간 지금 언급한 대부분의 이야기들을 해왔지만, 여전히 부모들은 TV가 아이들의 학습에 미치는 위해보다 도움을 주는 측면이 더 클 것이라는 믿음을 어느 정도 가지고 있다. 이는 12개월에서 18개월 된 아이들이 한 달 동안 한 주에 몇 차례 인기 있는 DVD를 시청하면서 새로운 단어를 몇 개나 습득했는지를 조사한 연구 결과로 설명할 수 있을 듯하다. 연구 결과 DVD를 본 아이들이 DVD를 전혀 접하지 않은 아이들보다 더 많은 단어를 습득하지는 못했다. 더욱이 높은 수준의 학습은 DVD를 시청하지 않고 부모들이 일상적인 활동들을 통해 동일한 단어들을 학습시킨 아이들 집단에서 일어났다. 결정타는 연구자들이 부모들에게서 발견한 사실이다. DVD를 좋아하는 부모들은 영아용 DVD의 학습 효과를 지나치게 과대평가하는 성향이 있었다. 영아들은 영아용 미디어로부터 상대적으로 적은 내용을 습득했으며, 부모들은 때때로 아이들이 습득한 것을 과대평가했다.

보이는 것이 전부가 아니다

TV가 미국 가정을 지배한 1960년대부터 컴퓨터와 휴대전화가 일상용품이 되기 전에, 전문가들은 지나치게 오랜 시간 TV를 시청하는 것의 위험성을 경고하고, 아이들과 가족들이 TV에서 떨어져 있는 시간이 얼마나 중요한지에 대해 설파했다. 심지어 그 시대 부모들은 아이를 봐주는 것으로서 신뢰할 만하고 교육적인 이득을 주는 것으로서 TV에 의존하기까지 했다. 당연히 경고의 목소리가 나왔지만 이는 광범위하게 무시되었다. 그러나 최소한 TV는 문 밖까지 우리를 따라오지는 않는다. 아이와 함께 식료품점이나 공원에 갈 때 혹은 교통 체증에 걸리면 우리는 즉흥적으로 대처해야 한다. 이때 우리는 노래를 부르거나 끝말잇기 게임을 할 수 있다. 아이는 차나 유모차, 혹은 자신을 안고 걸어가는 부모의 몸의 움직임을 느끼면서 안심하고 잠이 들 것이다. 언젠가 유아용 침대에 매달린 테디베어에 가상의 까꿍 놀이부터 자장가에 이르기까지 모든 것을 제공하는 터치스크린, 디지털 음성, 애플리케이션이 달리게 될 것을 상상해본 적이 있는가? 혹은 아이와 어른이 서로 함께 지내는 시간보다 전자기기 화면이나 온라인 세상에 더 많은 시간을 보내는 것이 보편화된 세상은?

오늘날 우리와 함께하고, 언제 어디서든 아이에게 손쉽게 넘겨줄 수 있는 전자기기 화면의 편의성은 대화 측면에서 새로운 위험을 덧붙인다. 한 아빠는 식료품점에서 칭얼대는 아기에게 〈앵그리버드〉 플래시게임이 켜진 아이폰을 넘겨주고 조용히 시킨다. 한 엄마는 12개월 난 아들을 차로 어린이집에 데려다줄 때 업무상 통화를 하면서 카시트에 앉은 아이에게 아이패드를 건네고 아이가 가장 좋아하는 〈파워레인저〉 DVD를 틀어준다. 또 다른 엄마는 2살 난 딸에게 읽기의 즐거움을 알려주려고 터치스크린 이야기책 애플리케이션을 쥐여준다. 이들은 모두 테크놀로지가 그 순간 자녀에게 대처할 수 있게 해주고, 놀이와 학습을 돕는다고 추측한다.

우리는 테크놀로지와 관계된 아이들의 열망 혹은 조용해지고 집중하는 모습을 보고, 그것이 아이들에게 조용히 있는 법, 집중하는 법을 배우게 한다든지, 읽기와 그리기 등 그 시기에 습득해야 하는 것들을 학습시키는 효과가 있다는 것을 의미한다고 생각한다. TV와 테크놀로지가 생후부터 2세까지 특히 위험한 한 가지 이유는, 그 자극-반응 상태(즉시적인 만족감)를 보고, 우리가 그것에 대한 아이들의 날카로운 흥미가 '학습 중'인 것이라고 여기는 실수를 쉽게 저지른다는 점이다. 심리적·교육적으로 전혀 다른 종류의 학습이 진행되고 있는데 말이다.

영아기의 스마트폰 사용이 아이에게서 빼앗아가는 것

아이에게 집중할 대상 혹은 놀이 대상으로 터치스크린을 건넬 때 아이는 자기 자신과 관계 맺을 기회를 잃게 된다. 내면의 자아 및 감정들과 접촉하고, 그 순간을 배우고 받아들이는 과정을 잃게 된다는 말이다. 영아기와 아동기에 일어나는 핵심적인 학습 과정은 인간의 감각과 목소리를 통한 상호작용, 커뮤니케이션의 운율과 속도의 범주에서 일어난다. 막 태어난 아이가 물리적 자아의 경계를 습득하는 것이 기본 토대인데, 쉽게 말해서 자신의 살갗과 엄마 아빠의 살갗을 구분 짓는 것이다. 이는 "당신이 존재한다.", "나는 당신을 위해 여기에 있다."라는 감각이다. '타인'의 편안함을 느낀다는 것은 안전과 안정성, 보호 감각을 느끼는 원천이 된다. 아이가 당신의 팔 안에 안겨 있을 때, 이런 포옹이라는 육체적 접촉 안에서는 많은 일들이 일어난다. 목소리, 말, 신체적 경험, 얼굴, 응시하는 시선, 소곤거림, 인간의 편안함과 낙관성에 관한 주변 소음들은 "이 느낌을 알고 있지? 그 느낌을 알면 그걸 다룰 수도 있게 되지. 넌 괜찮아질 거야."라는 말을 전달한다. 이는 아이들에게 자기 조절력을 습득하게 하는 방식의 시작이기도 하다. 즉 자기 자신의 감정적 상태를 읽고 자기위로 능력을 키우며 감정적 안정성, 낙관성, 회복탄력성의 기초를 다지는 방법인 것이다.

우리는 아이의 욕구를 충족시키기 위해 우리의 반응을 조정하는 방식으로 아이들을 가르친다. 먼저 종일 아이를 안고 있다가 우리는 아이가 보내는 신호들 사이의 차이를 감지한다. 우리는 아이를 진정시키려고 노력한다. 아이에 대한 직관은 점점 나아지고, 그 직관을 따라 우리는 아이에게서 곧 반응이 오리라는 것을 믿고 잠시 멈췄다가 자기위로하는 법을 연습하도록 가르치기도 하고, 조금 기다렸다가 반응하는 것이 더 나은 때를 식별할 수 있게 된다. 우리는 13개월에서 14개월 된 자녀가 넘어졌을 때 상처 입은 표정, 당황한 표정을 내보여서는 안 된다. 차분하고 안심시키는 표정을 보여주어야 한다. 그래야만 아이도 넘어졌을 때 당황할 이유가 없음을 배우게 된다. 화가 났을 때 역시 마찬가지이다. 그 감정에 규정되기보다는 그 느낌을 지켜보라. "화가 느껴져."와 "난 화가 났어." 사이에는 우리가 누구인지를 규정하는 데 있어 큰 차이가 있다. 우리는 끊임없이 아이들에게 어조에 실린 감정적·언어적·표현적 신호들을 내보낸다. 이는 아이들에게 좌절과 고통, 생각을 다루는 법, 자기조절을 하는 법을 가르친다. 이런 기술들은 화를 억제하는 일 이상을 한다. 이것들은 결과적으로 아이들이 생리적 현상을 통제할 수 있게 하고, 화장실을 사용하며, 신발끈을 묶고, 재킷 단추를 채우며, 공유하는 법을 배울 수 있게 하는 발전적 디딤돌이다. 각 발전 단계에서 자기 자신을 달래고, 진정시키며, 충동을 다루고, 좌절을 갈무리하고, 권태를 창조적 디딤돌로 만들며, 잠자는 것에서부터 깨어나고 놀이하고 먹는 것에 이르기까지 이런 수용력은 연습을 통해 발달된다. 아이들의 장래 학업의 기초가 되는 기본 교육은 매일매일의 일상에서 일어나는 인간 대 인간의 상호작용들에서 이루어진다.

테크놀로지가 삶의 속도를 앞지르다

테크놀로지는 우리에게 즉시적인 충족을 기대하게 한다. 애플리케이션이나 게임의 즉각적인 응답과 자극, 빠르게 흘러가는 TV 쇼는 영아의 뇌를 적중시키고, 상대적으로 보통의 삶의 속도가 느리고 둔하게 여기게끔 만든다. 한 인기 있는 유튜브 동영상은 평소 아이패드를 가지고 노는 데 익숙한 영아들에게 활자화된 잡지를 주었을 때 영아들이 그것을 '작동시키기 위해' 고군분투하는 모습을 보여준다. 아이들은 그림을 바꾸기 위해 책장을 두드리거나 그 위에서 손가락을 움직이거나 툭툭 때린다. 물론 작동할 리가 없다. 아이들은 아무 일도 일어나지 않자 좌절을 느낀다. 영아기의 아이가 이런 종류의 소통 방식을 당연시 여기게 되면, 이 아이들은 핑, 휙 하고 가볍고 빠르게 필요한 것으로 넘어가지 않는 대상에 대해 재미와 흥미를 느끼지 못하고 심지어 그것이 작동하지 않는다는 인식을 만들어내게 된다. 블록 쌓기, 독서, 퍼즐을 '실제로' 하는 일은 아이들에게 매력을 잃었다. 크레용으로 색칠하기는 '터치와 드래그'로 색칠하는 것보다 더 많은 노력과 조합이 필요하며, 테크놀로지적 소통을 더욱 즐겁게 만드는 전자기기 화면의 반응 음향들도 없다.

자잘한 손기술과 손재주, 손과 눈의 협업을 계발하는, 느리고 직접적인 연습은 사라졌다. 감각 체험, 즉 만지고, 냄새 맡고, 놀이하는 데서 오는 산발적인 재미도 사라졌다. 우리가 영아들에게 애플리케이션이나 게임을 쥐여줄 때, 아이들은 자신이 생각하거나 바라는 것이 무엇인지조차 집중하지 못하고, 배우지 못한다. 우리가 일상적으로 아이들에게 전자기기를 가지고 놀도록 건넬 때(혹은 TV 쇼를 보게 할 때), 아이들은 스스로 재미있게 노는 방법을 배우지 못한다. 이런 순간들은 아이들이 창조적으로 생각하고, 문제를 해결하는 법, 혹은 막 걸음마를 시작한 영아들에게 필요한 주요 과업—쌓기, 만들기, 분류하기, 찢기, 밀기, 당기기, 쏟기, 파내기—을 수행하는 법을 배울 기회를 잃는다. 아이들의 발달에 대한 최고의 응답소리는 터치스크린 속 음향이 아니라 그들이 새로운 발견을 했을 때 우리가 함께 기뻐해주는 것이다.

물리적 활동을 통해 배우고 자라는 아이들

테크놀로지 활동은 자극적이지만 주로 앉아서 하는 활동이다. 아이들은 움직임의 기쁨을 느껴야 한다. 아이들은 물리적 활동을 통해 배우고 자란다. 물리적 활동은 근육을 구축하고, 식욕과 수면, 자신감, 세계를 다루는 감각에 긍정적인 영향을 미친다. 아이들은 물리적 활동을 좋아한다. 우리 무릎에서 몸을 흔들고, 유아용 침대에서 몸을 뒤틀거나 마루로 나오고, 몸을 일으켰다가 눈에 들어오는 것은 뭐든 집으려 손을 뻗는다. 몸을 흔들고, 달가닥거리고, 구른다. 헝겊책의 입체감 있는 책장들을 홱 넘기기기도 하고 맛을 보기도 한다. 걷고, 기고, 오르기를 좋아한다.

걸음마를 떼기 전에도 아이들은 자신의 신체 발달 단계를 뛰어넘으려고 애쓰는데, 이는 때로는 성공하고 때로는 실패한다. 우리는 이런 아이들의 행동을 격려하고, 박수쳐주고, 위로해준다. 그러면 아이들은 다시 시도한다. 아이들은 노력에 대해 배운다. 이 과정에서 아이들은 자신의 신체적 자아를 계발하는 것뿐 아니라 실패하고 다시 일어서는 자신의 능력에 대한 우리의 격려와 신뢰를 내면화한다. 이런 것들이 삶을 살아가는 데 필요한 회복탄력성, 투지, 낙관주의의 뿌리가 된다. 우리가 아이들과 이런 순간을 더 많이 공유하고 매일매일의 새로운 모험에 기뻐해줄수록, 아이들은 자신의 발달 단계에서 또 다른 측면을 향해 새로운 고지에 도달하려는 모험가가 된 듯한 기분을 느끼게 된다.

전자기기 화면의 한 구역에서 아이는 누구와 있는가

영아기의 아이는 구피 만화나 소위 교육용 프로그램에 매혹되어 그것을 빤히 응시하기도 하는데, 모든 아동용 프로그램이 아이들에게 적합한 것은 아니다. 특히 영아기에는 더욱 그렇다. 아이들을 TV 앞에 앉혀두고 '그 구역'으로 관심을 전환시키면, 우리는 샤워를 하거나 방해받지 않고 일을 할 온전한 시간을 얻게 된다. 하지만 우리는 매혹적인 화면 혹은 테크놀로지 구역이 영아들의 뇌에 어떤 의미가 되는지, 장차의 심리적 건강, 중독, 약물 등의 성향과 어떤 관계성을 가지는지, 그 자극이 후일의 인생에서 필요한 것인지 등에 대해 완전히 파악하고 있지 못하다. 그러나 우리는 아이들이 TV나 게임 앞에서 떠나는 데 어려움을 겪는다는 것은 알고 있다.

미 소아과학회는 2세 이하의 영아에게는 화면 달린 전자기기를 주어서는 안 된다는 권고안을 확립했는데, 이는 테크놀로지가 지배하는 시대에서 비현실적인 규범이라는 비난을 받고 있다. 이런 권고 규범들은, 우리가 전자기기 화면으로 아이를 바쁘게 하는 것에서부터 우리 자신이 아이를 옆에 데리고 화면을 들여다보고 있는 것까지 포괄하며, 아이들이 무엇을 보고 있는지 극도로 까다롭게 점검해야 하고, 아이들이 그런 방식으로 보내는 시간 역시 매우 주의 깊게 관찰해야 한다는 것이다. 아이들을 둘러싼 세계가 친절하고, 희망차며, 격려로 가득하다는 것을 가르치는 프로그램들을 선택하라. 반항적이고, 빈정대며, 빠르고, 위협적인 것이 아니라. 미디어 조사 목록을 참고하여 과도한 자극을 주지 않고, 그 어조가 늘 영아의 발달 수준에서 감정이입이 되는 콘텐츠인지 확인하라. 2세 미만의 영아에게는 안전한 미디어 목록에 2세 이상의 아이에게 질적으로 적합하며 가장 좋아하는 콘텐츠이자 가장 안전하고 확실한 콘텐츠로 꼽힌 〈로저스 씨〉, 〈새서미 스트리트〉, 〈블루스 클루스〉를 보여주라. 아이를 집에 두고 나가야 할 때 아이돌보미를 신중하게 고르듯이 미디어 노출 역시 신중하게 고르라. 기억하라. 아기들이 본능적으로 시선을 두는 곳은 우리가 보기에 화려하고 멋진 피셔 프라이스나 디즈니의 장난감이 아니라 우리이다. 우리가 황금률이다.

영아들에게 디지털 기기가 특히 더 위험한 이유

터치스크린 안의 음식물이 실제 음식물을 대체하는 것을 상상할 수 없듯이, 제아무리 복잡하고 섬세하게 만들어진 목소리라 해도 오디오, 디지털북, 읽기 게임 등이 우리가 아이에게 책을 읽어주는 목소리를 대체할 수 없다. 앞서 우리는 아이에게 책을 읽어주는 행위에 대해 언어 발달 단계 및 훗날의 읽기 능력을 위한 신경적 기초를 세우는 단계, 즉 뇌 발달의 너트와 볼트라는 관점에서 살펴보았다. 함께 책을 읽는 것, 아이에게 큰 소리로 책을 읽어주는 것은 우리에게 심리적 친밀감과 행복을 안겨준다. 이는 또한 대화를 촉구하는데, 엄격한 견지에서 아기가 아직 대화를 할 수 있는 단계가 아니더라도 그러하다. 매혹적인 영아용 그림책《런어웨이 버니》(아기 토끼와 엄마 토끼가 주고받는 대화체로 이루어진 동화—옮긴이)는 단순히 영구히 이어지는 사랑에 관한 이야기가 아니라 우리와 자녀 사이의 상호 교류를 일으킨다. 우리가 책을 읽어주고, 놀아주고, 아이의 반응에 귀 기울이고, 반응하는 것, 즉 소통이 이루어지는 것이다. "어디에서, 와, 아기 토끼가 어디에 있지? 우리 아가가 내 아기 토끼인가?" 그러면 아이는 우리의 목소리와 손길, 관심에 손짓하고, 활짝 웃고, 키득거리고, 즐거워한다.

킨들이나 기타 전자책 리더기, 디지털 태블릿으로 책을 읽는 시간을 공유하는 것은 어떨까? 아이에게 책을 읽어주는 친밀한 시간이 전자기기 화면을 통한 것인지 실제 책을 통한 것인지 실제로 중요할까? 과학은 이 질문에 대해 아직 간단히 해답을 내놓지 못하고 있지만, 부모로서 우리들은 자신이 알고 있는 것에 근거해 스스로 판단을 내릴 근거를 가지고 있다. 긍정적인 측면을 생각해보면, 어떤 것이든 아이와 함께 시간을 공유하고 큰 소리로 책을 읽어주는 시간이 그렇지 않은 것보다는 낫다. 이는 이야기를 들려주고, 이를 통해 상호 소통하면서 우리가 아이에게 온전히 집중하고 있다는 긍정적인 경험을 포괄한다. 그러나 영아들에게 있어서는 발달적 측면에서 독특한 기회의 창이 있음을 고려해야만 한다. 즉 영아들은 주변 환경 및 물질적인 세계와 직접 물리적인 소통을 통해 발달한다는 특성을 가지고 있다는 점 말이다. 예컨대 전자책은 일반적인 책이 가지고 있는 촉각적 경험을 가지고 있지 않다. 입체 책의 경우, 영아들은 각기 다른 크기의 책들을 보고 만지며 각기 다른 크기의 종잇장들을 넘기는 상호작용을 경험할 수 있다. 책의 각 장, 표지, 무게와 중량 등의 질감을 느낀다. 조명이 들어온 화면보다 인쇄된 책을 통해 활자체나 삽화들을 더욱 잘 눈으로 따라가고, 책의 첫 장을 넘기는 것을 보고, 스스로 그것을 하는 법을 익히게 됨으로써 눈과 손의 협력도 발달하게 된다. 화면을 통해 보는 행위가 발달 중인 유아의 뇌에 있어 신경적 범주를 협소하게 만든다는 연구 결과도 있다. 하지만 이런 부정적인 영향은 나이가 더 많은 아이들에게는 다른 방식으로 나타날 수 있다. 취학 연령 아이들의 경우, 우리는 아이들이 평소 전자기기 화면에 달라붙어 있는 시간이 얼마나 되는지, 그리고 아이들이 얼마나 쉽게 매체를 통한 독서를 습관을 들일 수 있는지에 대해 고려해봐야 한다. 아이들에게 있어 인쇄물은 탐색이나 읽기의 기쁨을 주기에는 어려운 매체가 되었으며, 오히려 이 방식으로만 정보를 취득하고 문학을 접하는 것은 독서 의욕을 꺾기도 한다. 이런 점들 때문에 우리는 아이들과 함께 책을 읽는 시간을 가지기 위해 입체 책을 사용하거나 혹은 의식적으로 최소한이나마 읽기 시간을 두기도 한다.

책 읽는 시간에 부모들이 부재하거나 오디오북 혹은 다른 종류의 책을 읽어주는 매체를 사용한다면, 아이들은 보다 깊이 있는 배움으로 넘어가는 데 필요한 집중력, 인내, 내밀한 감각들을 계발할 기회를 잃게 된다고 매리언 울프는 말한다. "우리의 자녀 세대는 매초 자신들에게 흘러들어 오는 정보의 다양한 조각들을 다루는 데 고도로 능숙한 독자들입니다. 하지만 그들은 가장 깊은 곳에 담겨진 내밀한 의미들을 파악하지 못합니다. 문자 그대로 뇌 안의 가장 핵심 회로들을 결여하고 있는 것입니다."

영아들에 대한 대화에서 이런 부분을 언급하기는 다소 이르다고 여겨질지도 모르지만, 그렇지 않다. 현재 우리에게 말을 걸고 있는 수많은 디지털 기기들, 터치스크린 휴대전화, 식료품점의 셀프 계산대, 장난감, 게임, 책, 영아를 위한 맞춤형 애플리케이션 등은 빠르게 성장할 뿐 아니라 더욱 정교하고 유혹적이 되어 가고 있다. 당신의 아이는 곧 이 문화에 합류하게 될 것이다. 지금부터 TV를 방 밖으로 치우고, 전자기기 화면의 전원을 끄고, 책을 집어 들고, 아이에게 읽어주라. 아이의 플러그를 당신에게 꽂아라.

육아적 환상을 약속하는 목소리에서 떨어져라

광고와 마케팅 캠페인 들, 낙관적인 블로그들, 각종 미디어 메시지들은 우리가 이해받고 있다고 느끼게 하고(당신이 얼마나 지쳤는지 안다. 육아도 흥미롭게 할 수 있다!) 우리의 믿음을 얻고(당신은 당신 아이를 위해 최선의 것을 원한다, 우리가 그걸 할 수 있다!), 부모로서 뭔가를 배워야 한다는 염원과 불안감에 호소하고(아이의 학습 기술을 세워라!), 동의를 얻어낸다(무료 게임입니다. 단 1달러로 더 나은 것을 사려면 클릭!). 도구적 육아를 매우 좋아하는 인간의 본성, 즉 아이들에게 물질적인 것을 주는 행복한 습관은 학교나 동료들 사이에서 아이들이 성공할 수 있도록 준비시키려는 욕구와 연결되고, 우리를 함정에 빠트린다. 우리는 목표 소비자일뿐 아니라 봉이다.

과학, 의학, 그리고 전 세계 육아 전문가들은 우리에게 영아들의 테크놀로지 기기 접촉하는 것을 경고하지만, 광고 전문가들과 우리의 행복한 테크놀로지 문화는 이와는 극명하게 반대되는 메시지들을 큰 목소리로 보낸다. 연약하고 애정 많은 잠자는 부모들에게 다른 부모들과 마케터들은, 내 자녀가 최신 〈베이비 아인슈타인〉 장난감들에 둘러싸이지 않는다면 아이의 기회를 앗아가는 셈이 된다고 말한다. 하지만 〈베이비 아인슈타인〉을 팔기 위한 위협과 경고의 메시지, 가장 잘 팔리는 '교육적인' 디즈니 상품들이 결과적으로 잘못된 약속들을 하고 있다는 사실을 상기시켜주는 이야기가 있다. 미 연방거래위원회FTC, Federal Trade Commission는 2012년 "당신의 아이가 글을 읽을 수 있게 된다!"라고 약속하는 상품 마케팅 행위를 규제하는 규정을 만들었다. 하지만 이런 규정이 사람들의 입을 통해 상품 판촉 메시지들이 전달되는 것까지 막지는 못한다. 마케터들은 자신이 밀어붙이는 상품이 아기들을 더 빨리 똑똑해지고 더 오래 행복해지게 만든다는 광고 캠페인을 하지만, 대부분은 자신들의 주장을 뒷받침하는 신뢰할 만한 근거를 가지고 있지 않으며, 심지어 특정 부분에서 이를 반박하는 연구 결과들도 종종 등장하고 있다. 코먼센스 미디어의 조사에 따르면, 교육적 잠재력을 지녔다고 전문가들이 인증해준 것들조차도 2세 이하의 아이들을 위해 고안된 것은 거의 없으며, 아이들을 더 영리하게 만들어주거나 학업 준비에 도움이 된다고 입증된 것은 아무것도 없다.

이런 목소리들은 단지 물건을 파는 데만이 아니라 삶의 방식을 파는 데도 적용되고 있다. 가장 은밀히 퍼져 있는 믿음, 의심 없이 받아들여지고 있는 관념 중 하나는 테크놀로지가 아이들에게 좋고, 부모들에게는 훌륭하며, 빨리 그 군중들에 합류할수록 부모와 아이가 더욱 행복해지리라는 것이다. 10개월 난 딸은 둔 한 블로거는 이렇게 썼다. 부모로서 우리들은 모두 시시때때로 "내 아이를 행복하게 하는 요술봉"을 가지고 싶어 하며, 아이들을 위한 애플리케이션들은 "우리에게서 아이의 주의를 돌리고 싶을 때 쓸 수 있는 간단하고 안전한 대상"을 제공한다고.

그는 필요할 때 딸에게 일상적으로 자신의 아이폰을 가지고 놀게 한다고 말하면서, 독자들에게 특정 게임이 "재미있고, 다채로운 교육적 기쁨을 제공한다"고 안심시킨다. '재미있다', 아마 그럴 것이다. '다채롭다', 역시 의심할 바 없다. 하지만 '교육적'이다? '안전'하다? 우리는 2세 때까지는 뇌가 생각하는 것뿐만 아니라 생각하는 법을 배워나간다고 알고 있다. 그리고 테크놀로지와 TV는 우리 아기의 건전한 발달에 위험을 초래할 수 있다는 것도 알고 있다. 우리의 경험들은 이 대화가 주도하고 있는 '편리함'과 '소비주의'에서는 한참이나 떨어져 있고, 인기 있는 관점과는 삐걱거린다.

다른 리뷰어나 블로거들은 이 대화를 영아를 위한 최고의 애플리케이션에 관한 대화로 발전시켰고, 스마트폰을 일컬어 아이를 즐겁게 하고 달래주며 교육적인 것이자 스마트한 부모들의 해답이라고 표현했다. 다시 이런 주장이 과학과 전문가들의 경고를 무시한 것이다. 엉성한 조언, 결함 있는 추론, 교묘한 언어를 걸러내면, 우리를 쉽게 꾀어내고, 가능한 빨리 전자기기 화면 앞으로 우리 아이를 불러들이는 무시무시할 정도로 솔직한 메시지만 남게 될 것이다.

- 당신에게 어린 자녀가 있다면, 아이패드의 강한 영향력이 손짓하고 있을 것이다. 터치스크린들은 어린아이들을 위해 만들어진 것이며 그 크기가 클수록 더 좋다.
- '내 스마트폰'은 내가 아이들과 함께 하는 걸 중단하지 않고도 내게

이메일, 일정, 친구들, 소셜 네트워크 서비스를 확인할 수 있게 해준다.

• 이 많은 장난감들은 어린 뇌를 빨아먹을 뿐만 아니라 다른 전자기기 화면에 달라붙게 만든다. 올바른 것을 선택하라. 아이들이 가장 좋아하는 새로운 테크놀로지 장난감은 아이들에게 수학, 과학, 물리학, 디지털 사진 기술, 컴퓨터 프로그래밍을 가르쳐주고, 심지어 밖으로 나가서 자연에 대해 더욱 배우고 싶게 만들어준다.

이는 사실이 아니다. 영아들은 수학, 과학, 디지털 사진 기술에 대한 내용을 이해하고 발전시킬 준비가 되어 있지 않다. 전자기기 화면—대부분의 시각적 자극들—은 후일 그것을 하는 데 필요한 튼튼한 신경 배열들을 구축하지 못한다. '자연적인 것'에 대해 말하자면, 이를 습득하는 가장 좋은 방법은 바깥에 나가서 자연 속에서 시간을 보내는 것이다.

설득력 있는 언어를 정확하지 않게 사용하는 모든 곳에서 생략 행위라는 죄악이 은폐되고 있다. 물론 영아들에게 게임은 즐거운 것, 오락거리가 될 수 있다. 그러나 아이들이 게임을 하는 매분 뇌의 성장은 (우리가 알고 있듯이) 변화를 겪는데, 이것이 손상을 의미할 수도 있다. "자극의 문화이다. 이는 마약과 같다."라고 ADD와 ADHD 전문가인 정신과의사 에드워드 핼로웰Edward Hallowell은 말한다. "자극은 연결을 대체해왔습니다. 내가 생각하기에 그것이 당신이 찾고자 하는 것이죠."

애플리케이션은 '배부른 동물'이나 '음악 모빌' 같이 안전한 주의력 분산 대상이 아니다. 애플리케이션은 영아의 뇌에는 과도한 자극을 주어 결코 안전하지 않다. 부모들이 바라듯이 교육적이지도 않다. 나는 고품질의 교육용 장난감들로부터 이득을 취하기에 적당한 나이인 2세에서 3세의 자녀를 둔 부모로부터, 터치스크린이 주는 재미에 길들며 자란 아이들은 진짜 교육용 장난감들에는 흥미를 덜 느낀다는 말을 들었다. 아이들은 이미 테크놀로지 장난감들이 주는 오디오와 비디오, 빠르게 전환되는 자극을 사랑하는 법을 배운 것이다.

가볍게 손으로 건드리는 행위만으로도 무언가를 전환시킨다는 예측만큼 영아들을 행복하게 만드는 것은 거의 없다. 그러나 우리가 아기들에게 차분하게 주의를 기울이는 대신 자극들을 줄 때, 평범한 삶을 지켜주기보다 그것에서 시선을 돌리게 하는 테크놀로지들을 제공할 때, 우리는 아기들에게 너무 이른 나이에 인생의 고저를 다루는 법을 알려주는 셈이 된다. 그것도 자기조절을 내면으로 갈무리하는 기술들을 계발시키기보다 외부적 자원에 플러그를 꽂는 것으로써 말이다. 평범하고, 현실 세계의 삶이라는 교육 공간이 마케팅 마법사들이 제공하는 마술봉과 경쟁하기란 쉽지 않다. 영아용 전자기기들의 포장에는 솔직하게 이런 문구가 쓰여 있다. "이 제품은 아이의 뇌, 인지적·사회적·감정적 발달 및 부모와 자녀 간의 애착과 유대감, 감정 조율을 발달시키는 데 유해할 수 있습니다." 그날이 올 때까지, 우리는 스스로에게 이 말을 해야만 하고, 또 퍼트려야 한다. 우리는 가능한 한 아이들이 교육받고, 느끼고, 보호받을 수 있도록 해주어야 할 의무가 있다.

이상한 디지털 나라의 앨리스

앨리스는 어린 두 딸에게 테크놀로지를 사용하게 한 자신의 조심스러운 선택이 결국 아이들이 자신에게서 떨어져 디지털 삶이라는 이상한 나라로, "날 사요."의 세계로 통하는 토끼굴 속으로 굴러 떨어지게 만들었음을 깨닫고 나를 찾아왔다.

메인 주의 자연 속에서 평화롭게 살고 있는 앨리스와 남편은 큰 딸 메그가 태어난 후로도 수년간 대부분의 화면 달린 전자기기들에서 벗어난 삶을 영위했다. 앨리스와 메그는 자연 속에서 행복하고 구속 없는 시간을 보냈다. 두 사람은 빨랫감을 개키고, 잡초를 뽑고, 함께 청소기를 밀고 다녔다. 책을 읽고, 요리를 하고, 공예를 하는 것이 과거 두 사람이 가장 좋아하는 실내 활동이었다. 장을 보거나 아이를 놀이학교에 데려다주러 시내에 갈 때 차 안에서 두 사람은 음악을 듣고 노래를 따라 부르고 수다를 떨었다. 집에 컴퓨터가 있었지만 앨리스는 잘 사용하지 않았다. 시간도 없었고, 흥미도 없었기 때문이다.

4년 후 둘째 딸 제니가 태어나자 앨리스는 스마트폰을 구입하기로 마음먹었다. 그녀의 친구들은 모두 스마트폰을 가지고 온종일 서로에게 이메일이나 문자메시지를 보냈다. 앨리스는 홀로 남겨진 기분이 들었다. 또한 스마트폰이 자신이 해야 할 일을 조직적으로 작성하고, 약속과 일정을 정리하고, 아이들과 함께 놀고, 온라인 쇼핑을 하고, 사람들과 지속적으로 연락할 수 있게 도우리라고 상상했다. 스마트폰 수신 감도는 그들이 사는 시골 지역에서는 좋지 않았고, 곧 앨리스는 시내에 나갔다가 집으로 돌아오는 차 안에서 스마트폰을 사용하게 되었다. 때로 그녀는 집에서부터 2, 30분을 더 나가 스마트폰을 사용했으며, 결국 스마트폰 신호가 잡히지 않는 곳에서는 있지 않게 되었다. 이제 그녀는 집에서 더 많이 온라인 생활을 하며, 육아 블로그를 엄청나게 들락거리고, 블로그와 페이스북에서 대화하는 것을 즐기게 되었다.

집에서 사용하는 테크놀로지의 재미와 기능성에 좀 더 개방적이 되면서 앨리스는 딸들에게도 전자기기 접촉 시간에 관대해졌다. 이제 5살 난 메그는 엄마가 동생 제니를 어르는 동안 종종 DVD를 보곤 한다. 그날 하루의 혼돈 지수에 따라 메그는 영화 한 편을 보고 오디오북을 듣기도 하며, 어느 날은 영화 두 편을 보고 오후 시간과 저녁 시간 내내 인터넷으로 게임을 한다. 제니는 담요에 감싸여 있거나 아기 그네에서 놀면서도 엄마가 집안일을 하거나 온라인 활동을 하는 모습을 지켜보곤 한다. 때로 앨리스가 제니와 놀 때 아이는 앨리스가 이메일이나 페이스북, 온라인 활동, 혹은 멀리 떨어진 엄마나 언니와 문자메시지를 주고받는 모습을 바라본다.

이런 날들이 착실히 흘러가 딸들과 함께 하는 시간, 그리고 전자기기 화면에 달라붙어 있는 시간에 엄마와 딸들, 그리고 전자기기들 사이의 3자 소통이 저항 없이 부드럽게 생활 속에 스며들었다. 그러던 어느 날 18개월 난 제니가 옹알이를 하다가 명백히 무언가의 영향을 받은 생의 첫 마디를 내뱉었다. "내 뽄! 내 뽄!" 처음에 앨리스는 제니의 말을 판독하지 못했지만, 이해하고 나서 그녀의 마음은 끝없이 가라앉았다. 제니는 앨리스가 휴대전화를 집어 들 때마다 했던 말을 외친 것이었다. 제니는 엄마가 그 기계에서 눈을 돌리기를 바랐을 수도 있고, 단순히 그것을 가지고 놀고 싶어 했을 수도 있다. 이는 분명치도 않고, 중요한 문제도 아니다. 제니의 첫 말로 인해 그 단어가 가족사로 흘러들어 왔음을 깨달은 앨리스는 이를 터닝포인트로 삼았다. 그녀는 슬펐고, 죄책감을 느꼈으며, 낙담했다.

"전 메그를 키우던 것과 완전히 다른 방식으로 제니를 키우고 있던 거였어요." 그녀가 말했다. "제 관심은 두 딸에게 나눠진 것만이 아니라 거기서 또 반을 나눠 휴대전화에 할당되었지요. 3분마다 문자메시지를 확인하고 이메일을 확인하는 것에요." 그녀는 자신이 두 아이가 재미있어 할 만한 놀이를 생각하기보다 휴대전화를 확인하는 순간이 더 일상이 되었음을 깨달았다고 고백했다. "말도 안 되는 일이죠. 전 전업주부인데요. 아이들과 보내는 시간을 간신히 내고 있었다니요."

"너무 멀어져 버렸어요." 그녀는 처음 메그를 키울 때 소박한 놀이를 하고 자연 속에서 지냈던 몇 해에 대해 말했다. "제가 그 모든 것들을 날려버렸어요." 앨리스는 '모든 것을 날리지' 않았다. 그녀가 변화를 기대하며 내 사무실에 앉아 있는 모습은 그것이 사실이 아니라는 명백한 신호이다. 부모와 자녀가 모두 디지털 시대의 학습곡선 위에 함께 존재한다는 것은 이제 현실이 되었고, 이는 각각의 발달 단계에서 새로운 도전, 매우 다른 딜레마들, 그리고 실수하고 그를 바로잡을 기회들을 가져오고 있다.

앨리스는 자신이 점점 테크놀로지에 의존하게 되었고, 결국 그것들이 자신에게 막대한 영향을 끼치고 딸들에 대한 자신의 행동을 결정짓게 만들었음을 설명하고, 변화를 시도했다. 그녀는 전자기기 화면들이 메그가 일찍이 흥미를 보였던 다른 일들에 대한 욕구를 방해하는 것을 목격했다. 즉 스스로 책을 읽고, 동생과 놀고, 바깥에 나가 여기저기를 탐사하지 않게 된 것이다. 같은 나이 때의 언니보다 훨씬 많이 전자기기들을 사용하는 제니는 탐구 놀이, 엄마 놀이를 하는 기회를 놓치고 있다. 분명한 것은 제니가 많은 것들 사이에서 엄마의 관심을 두고 휴대전화와 경쟁심을 기르고 있다는 점이다.

제니의 외침은 앨리스로 말미암아 그녀가 직관적으로 알고 있는 것에 다시 초점을 맞추고 다시 연결되도록 동기를 부여했다. 아이가 얻어야 할 가장 중요한 메시지는 강력하고 힘 있는, 근본적으로 중요한 '우리'라는 메시지이다. 아이들이 고통스러워할 때 아이들에게 가장 필요한 것, 아이들이 알아야 하는 것은 부모에게 가장 중요한 존재가 자신이라는 사실이다. 아이들이 우리의 눈 속에서 자신의 모습을 발견하고, 자신이 알아낸 것을 우리와 함께 공유하고 싶어 할 때, 아이들은 우리가 자신의 가장 믿을 만한 동반자라는 사실을 알게 된다.

마음과 정신의 새로운 경로

밤마다 아기와 함께 깨어나는 것이 힘든 만큼, 거기에는 자연이 설계한 멋진 구조가 자리하고 있다고 나는 믿는다. 아이들은 태어난 순간부터 부모에게 공유된 고독의 경험을 불러일으킨다. 캄캄한 밤, 우리는 아이를 편안하게 하면서 자신도 위안과 편안함을 찾는 방법을 알게 된다. 좋은 밤을 보냈든 그렇지 않든, 어쨌든 우리는 그 과정을 계속하고 아이들을 사랑하는 법을 배운다. 아기방이든 흔들의자에서든 우리는 아이와 함께 안식을 누린다. 함께 하는 공간은 성스러운 곳이 된다. 우리가 함께 보내는 이 유대감이라는 성찬식의 순간순간은 마음과 정신의 직관을 계발시킨다.

또한 이런 순간들은 우리를 '커다란 무언가'와 연결시켜주는데, 즉 시간이 흘러가면서 우리는 엄마 아빠가 되어가고, 양육이 지닌 영적 측면에 접촉하게 된다. 이는 온라인에 접속하는 것으로는 겪을 수 없는 체험이다. 성인들의 바쁜 뇌는 아기들과 함께 있는 것 그 자체로 깊은 숙고 능력과 관련된 새로운 신경경로를 재발견하고, 계발되도록 재설비될 수 있다. 아기를 가지는 것은 새롭고도 만족스러운 방식으로 우리에게 자기 자신과 교류하는 능력을 재점검하게 만든다.

영적으로 환영받을 수 있는 사제관이 아니라 집 바깥의 안식처들에 모이는 오늘날, 사람들은 종종 "모든 사람들이 유쾌하게 자신의 휴대전화를 끌 수 있는 확신을 주소서."라는 친숙한 기도를 시작하고 있다. 테크놀로지에서 벗어나 완전히 스스로에게 집중할 수 있는 시간과 장소가 있음을 깨닫고, 이를 따라야 한다. 부모로서도 그렇다.

자녀의 방에서 전자기기들을 치워라. 당신 역시 테크놀로지로부터 벗어난 공간을 만들어라. 방해받지 말고 아기에게 책을 읽어주어라. 아기가 기고, 일어서려고 하는 모습을 당신의 눈 속에 담아라. 좌뇌의 멀티태스커가 "그걸 하라."라고 말하면, 우뇌의 이성적인 자아가 "아니라고 말해."라고 반응하게 하라. 당신과 자녀를 위한 의식들을 만들고, 여기에서 당신과 전자기기를 위한 의식을 따로 분리하라. 아이가 당신으로부터 필요로 하는 것, 그리고 방해받지 않고 일할 시간을 스스로에게 주라. 물론 전화를 받고, 이메일을 확인하고, 멀티태스킹을 할 시간이 필요한 때도 있을 것이다. 하지만 아이들을 위해 이런 사실을 마음속에 새겨두고 지속적으로 상기할수록 우리는 '우리'의 근원에 있는 것을 더욱 잘 지켜나갈 수 있게 될 것이다.

CHAPTER **THREE**

디지털 기기에 중독된 유아들

유아기 '마법의 몇 해'를 보호하는 법

내적 삶과 상상의 자아는 아이들 안에서 발전을 계속한다. 이것은 이미 만들어져 있는 외부의 이미지들에 흐려지지 않는다. 이것은 현실의 물질세계에 대한 탐사를 통해 형성되며, 아이들의 내적 시각을 발달시키고, 상상력을 환기시킨다. 이는 테크놀로지가 아이들의 마음에 반드시 나쁜 것만은 아니며, 아이들이 발달 과정에서 이미지 터치, 움직임, 언어를 함께 결합시킨 테크놀로지 시간을 가져야 하는 이유이기도 하다. 그것을 발달시키는 시간도 필요하다.

_**제니스 토벤**, 학교 상담교사

유아기 '마법의 몇 해'를 보호하는 법

4살인 앨리사는 학교에서 집으로 돌아와서 하는 일들 중 자신이 좋아하는 일에 대해 즐겁게 묘사했다. "제가 제일 좋아하는 것은 옷 갈아입히기 놀이예요. 가장 좋아하는 게임은, 음, 레드카펫 게임이고요."

앨리사는 유치원에서 돌아온 후 대부분 소파나 주방 식탁에 앉아서 가족이 함께 사용하는 아이패드를 가지고 그 게임을 한다. 앨리사는 그 게임을 매우 잘한다. 아이템과 색상을 선택하기 위해 이곳저곳으로 움직이는 아이의 작은 손가락은 매우 쏜살같다.

티아러를 씌울까, 머리핀을 꽂을까? 탭! 하이힐을 신길까 샌들을 신길까? 탭! 분홍색을 할까 보라색을 할까? 빨간 허리띠와 파란 허리띠 중에서는? 차양 달린 모자와 선캡 중에서는? 탭! 탭! 탭! 이와 동시에 아이는 게임을 시작하기 전에 틀어둔 TV에서 흘러나오는 타이드 광고나 클라리틴 광고를 귀로 듣는다. 앨리사의 유치원 친구들 대다수가 그렇듯이 그녀도 다양한 애플리케이션으로 게임을 즐기며, 종종 유치원에서 돌아오는 차 안에서 혹은 오빠나 언니가 방과후활동이 끝나고 데리러 오기를 기다리면서도 한다. 집에 돌아와서도 오후에 게임을 더 한다.

앨리사는 옷 갈아입히기 놀이가 가장 좋아하는 일이라고 말했지만, 그녀가 하는 것은 엄밀히 말하면 옷 갈아입히기 놀이가 아니다. 옷 갈아입히기 놀이란 자신이 좋아하는 무언가를 찾으려고 상자를 뒤지는 일이다. 그러니까 신발 한 짝을 꺼내고, 나머지 한 짝을 찾지만 다른 신발짝을 찾게 되는 일이다. 그리고 그것을 가지고 이야기를 만들어나가는 놀이이다. 자신이 공주라는 상상에서부터 이야기를 시작하지만, 마법사의 모자를 찾은 순간 갑자기 마법사로 역할을 바꾸기로 결심하는 일이다. 어쩌면 빛나는 보안관 배지와 장식들이 달린 가죽조끼의 유혹에 저항할 수도 있다. 몇 가지 천의 감촉을 느껴보고, 재질과 색깔을 비교하고 냄새 맡아보며 자신이 좋아하는 종류와 그렇지 않은 종류를 알게 된다. 어떤 이야기 속에 놓인 자신을 상상해보고, 만들어진 이야기의 상황이나 그 안에서의 자기 모습을 좋아하기도 하고 싫어하기도 한다. 거기에 어울리는 다른 신발을 찾지 못할 수도 있고, 그 순간 실망의 고통을 경험하기도 한다. 그러고 나서 포기하기보다 불만스러운 상황을 해소할 만한 대안을 생각해내기도 한다. 친구와 함께 옷 갈아입히기 놀이를 할 수도 있다. 두 사람은 신발이나 윗도리를 교환하기도, 상황에 대해 이야기를 나누기도 하며, 각자 서로의 의상과 생각 들을 교환하고, 서로의 표정 신호들과 몸짓언어를 통한 의사 표현, 놀이 과정에서 느끼는 감정들을 포착한다. 그럼으로써 계속 놀이를 할 것인지 그만둘 것인지 등의 일들을 진행시킬 수 있게 된다. 또한 친구에게 자기주장을 하고, 적정 수준을 넘어서 친구에게 지시하다 좋은 시간을 망치기도 한다. 그러면 아마 엄마나 형제자매가 들어와 무슨 일이냐고 물을 것이고, 그러면 아이는 옷 갈아입히기용 놀이 박스를 풀어헤치면서 이야기를 들려주거나 상자를 내던져버릴지도 모른다.

물건들을 다루고, 그것들이 어울리도록 한데 모으고, 옷을 바꿔 입히고, 가상의 이야기를 만들고, 친구와 의견을 조율하고, 자신의 창작물을 가지고 뽐내고, 평소와 다른 자신의 모습을 그리고, 엄마에게 재잘거리고 감정을 듣고, 그것에 대해 엄마와 이야기를 나누어본다. 이 모든 작은 행동들과 생각들로 충만한 순간들은 아이의 자아상을 발달시키고 주변의 대상 및 사람과 관계 맺는 법을 알게 해준다. 이런 일들이 반복되면서 창의력이 커지고 상상력이 계발된다. 이것들은 아이의 학습 능력 및 학습 유지 능력을 깊게 하고, 새로운 발달 과제를 수행하고 성장하도록 한다.

"아이들은 만지면서 배웁니다. 단순히 수동적으로 마우스를 클릭하는 것과는 다릅니다."라고 92번가 Y간호학교장인 낸시 슐먼 Nancy Schulman은 말한다. 그녀는 3차원적 경험이 지닌 유일무이한 중요성을 강조하고, 어떻게 그 경험이 2차원적인 전자기기 화면상의 경험보다 아이들에게 매우 어렵게 내면화되는지를 묘사했다. "그것이 아이들이 학습하는 방식입니다. 아이들은 그것을 섭취하고, 만지고, 움직이고, 반복해야 합니다." 화면상에서 이루어지는 경험들은 친구나 부모와의 인간적 소통이 결여되어 있는 것이다. 즉 일대일 반응, 눈맞춤, 표정, 목소리와 어조를 지니고 있지 않다. 슐먼과 함께《부모를 위한 실용적인 조언: 미취학 아동의 자기 확신 길러주기Practical wisdom for parent》를 쓴 엘런 비른바움Ellen Birnbaum은 전자기기 화면과 테크놀로지에 관해 이렇게 지적한다. "테크놀로지에는 언어를 확장할 만한 공간이나 아이들이 자신의 감정을 다룰 수 있는 공간이 존재하지 않는다."

어린 시절에 했던 옷 갈아입히기 놀이나 소파와 담요를 가지고 요새를 만들며 놀던 기억을 떠올려보라. 그러면 애플리케이션과 스크린 게임들이 아이의 상상력과 스스로 상황을 만들어가며 놀이할 기회에 대한 빈약한 대체제임을 알게 될 것이다. 앨리사의 언어는 가상 경험을 하는 것, 그리고 가상 경험 그 자체와 관계된 쉽고 괴상한 어휘들이 전통적인 놀이 활동과 관계된 어휘들을 대체해가는 방식을 보여준다. 상상이 지닌 엄청나게 복잡한 특성, 실제 옷 갈아입히기 놀이가 지닌 감각적·사회적·감정적 상호 소통들은 디지털 환경에서의 단순한 찾기와 두드리기 행위를 훨씬 뛰어넘는 것들이다. 앨리사가 가장 좋아하는 기억은 옷 갈아입히기 놀이가 아니다. 스크린 게임이다. 앨리사는 클릭하고 노는 가상 활동에 일주일에 5시간 이상을 쉽게 보낸다.

생후부터 5세까지의 기간은 '마법의 해'라고 불리곤 한다. 영아기 이후 아이는 때때로 일어나는 공포, 환상, 세계에 대해 환상적인 해석을 하며, 이때 특유의 마법적 사고가 일어난다. 아이들의 성장하는 언어 능력과 논리적 사유 능력은 뇌 속에서 만들어진 새로운 경로를 통한 것이며, 그것들은 집에서 키우는 강아지만큼이나 현실성을 지닌 상상 속의 침대 밑 괴물을 만들어내는 마법적 사고와 나란히 존재한다.

'마법적 사고'에서 보다 견고하게 현실 세계를 인식하는 '사고'에 이르기까지의 연속적인 과정은 유아기의 주요 발달 단계에 흔적을 남긴다. 그것은 실제 경험을 통한 것이며, 특히 부모와 가족과의 애정 어린 상호 소통을 통한 것이다. 또한 우정에 관한 첫 번째 체험이며, 장난감을 가지고 하는 상상 놀이이다. 발달 메커니즘에서 각각은 이 시기 동안 극적인 성장을 이뤄낸다. 이것들이 배양하는 이런 사회적·감정적 체험들과 신경경로들은 건전한 발달을 위한 엔진을 창출해낸다.

"사회적 소통에 대한 아이들의 능력, 고차원적 사고, 문제 해결 및 논리적 사고는 아이들이 학교에 들어가기 전에 대부분 세워진다." 아동발달 연구자 스탠리 그린스펀Stanley Greenspan과 스튜어트 샨커Stuart Shanker는 《첫 번째 아이디어The First Idea》에서 이렇게 썼다. 이 책은 언어와 지력이 우리 종을 구별 짓게 하는 방식에 대해 탐구하고 있다. 이들은 "이 거대한 발달 과정의 기초는 조용하게 집중하고 눈을 빛내는 아이들의 능력, 혹은 자기조절 능력이라 할 수 있다."라면서, 생후부터 5세까지는 이런 학습에 있어 임계기(심리학적으로, 발달상 어떤 시기에 적절한 자극을 주면 그 반응이 확립되었다가 후일의 발달에 유리하게 작용한다는 것—옮긴이)라고 한다. 3세까지 아이들은 자기 자신을 표현하고 주변 세계를 이해하기 시작하는 데 언어를 이용하는데, 이 비범한 발달 시기는 어마어마한 복잡성과 잠재력이 일깨워지는 시기이다.

오늘날 3세까지 아이들은 집을 비롯해 가는 곳곳에서 미디어와 테크놀로지의 홍수에 잠겨 있다. 아이들은 놀이 목적으로 그것들을 다룰 수 있는 신체적 능력을 가지고 있다. 아이들은 자신을 즐겁게 해줄 무언가가 등장할 때까지 터치스크린을 두드리고, TV 리모컨 버튼을 누르고, '전송' 키를 누르고, 애플리케이션을 구매하는 행복한 실험을 한다. 미취학 아동이 TV, 미디어, 테크놀로지에 접촉하게 되었을 때, 이에 대해 가장 좋은 방법을 생각하면서 우리가 해야 할 질문은 소비자적 질문(매킨토시냐 일반 컴퓨터냐? 어느 브랜드가 나을까? 어느 게임이 좋을까? 공짜 애플리케이션인가 업그레이드가 되는가?)이 아니라 발달적 관점에서 이루어지는 질문이다. 이 시기는 아이들에게 마법의 해이다. 당신은 이 마법을 운동장에서 이룰 것인가, 아이패드로 이룰 것인가?

미취학 아동의 놀이에서 일어난 미묘한 변화

나는 16년 전, 그리고 20년 전 내 아이들이 다녔던 유치원으로 향하고 있다. 순식간에 나는 시간여행을 하게 되었다. 여전히 친숙한 여름용 오두막이 나타났다. 주변은 막 움트기 시작한 수풀들에 둘러싸이고, 문은 본관 건물 앞 큰 운동장 쪽을 향해 열려 있었다. 과거 15년 동안 많은 보강이 이루어졌지만 그래도 내게는 옛날의 향수를 불러일으키는 풍경이었다. 같은 교실, 따뜻한 조명 아래 컴퓨터가 없고, 안전성이 검증된 장난감 통들도 똑같았다. 새로워 보이는 것은 없었다. 요새 놀이 구조물, 탈의 공간, 그룹 활동 공간이 있고, 5살배기 아이들이 손을 뻗으면 닿을 수 있는 높이로 책들이 방을 빙 둘러싸고 있었으며, 그 위로 아이들의 상상력이 담긴 작품들이 매달려 있었다. 나는 야콥슨 선생님이 아이들과 소통하는 모습을 보면서, 다시 한 번 내 아이들이 저토록 멋지고 현명한 선생님으로부터 '삶에 대해 아이들이 배워야 할 모든 것들'을 배웠다는 데 엄청난 감사의 마음으로 가득 찼다. 야콥슨 선생님의 교실은 한눈에 보기에 내 아이들이 다니던 20년 전과 거의 변하지 않은 듯 보였다.

한구석에는 상자 안에 마블런 교구들이 들어 있었다. 나무 조각들을 아이가 원하는 방식으로 짜 맞추어 길, 경사로, 굴뚝 등이 있는 탑을 세우고, 그 아래로 구슬을 굴려 보내 임시 미로를 통과시키는 놀이 도구이다. 하지만 놀랍게도 아침 내내 누구도 그것을 상자에서 꺼내지 않았다. 내 아이들이 어렸을 때 그것은 교실 안의 모두가 탐내는 장난감이었다. 아이들은 늘 자기 차례를 기다리며 그것을 하곤 했다. 나중에 야콥슨 선생님은 마블런이 팬들을 잃었다고 설명했다. "그것이 실제로 잘 작동하게 만들려면 정교함이 필요한데, 그러려면 많이 연습해봐야 하거든요."라고 그녀는 말했다. 거기에는 '초집중력'이 요구되며, 다른 많은 새로운 장난감들보다 끈기와 좌절을 겪고도 감내할 수 있는 자질이 훨씬 많이 요구된다. "모든 교실에 이것이 있지만, 최근 몇 년간은 거의 사용되지 않았죠."

마그나타일은 새로운 종류의 장난감이다. 이 밝은색의 자석 타

일들은 아이들의 어린 손으로도 쉽게 3차원적 조형물을 만들 수 있다. 아이들은 마그나타일을 좋아하며, 대부분 집에 가지고 있을 정도라고 야콥슨 선생님은 말한다. 또한 기존의 나무나 플라스틱 블록 구조물들과 달리, 자석 타일 구조물들은 무너져도 아이들이 쉽게 다시 쌓을 수 있다. 아이들이 해야 하는 일은 그저 하나의 타일 옆에 다른 타일을 놓는 것이다. 그 조각들은 실용적으로 끼워 넣을 수 있게 만들어져 있기 때문에 기술적으로 필요한 곳에 끼워 맞추지 않아도 되며, 시행착오로 인한 좌절을 겪지 않게 한다.

교실 안은 언제나처럼 밝고 화사하지만, 아이들의 사회적 소통은 내 기억보다 덜 강하고 덜 목적적이다. 나는 서로 재잘대고 있는 한 무리의 여자아이들을 보았는데, 라커룸 주위에서 무리지어 있는 여중생들을 떠올리게 하는 방식으로 시간을 보내고 있었다. 야콥슨은 요즘 아이들의 놀이 시나리오는 이전보다 정교하지 못하며, "냉담하다."라고 말했다. 그녀는 가까이에 있는 한 무리의 아이들을 고갯짓으로 가리켜 보였다. "이처럼 그냥 앉아서 보고 대화하고 뭔가를 만지작거리는 아이들이 있습니다. 그리고 놀이를 열망하고 배우고 싶어 하는 아이들도 있고요." 그녀는 전자의 아이들을 놀란 시선으로 바라본다. 그것은 이 시대의 아이들이 활동이나 창조적인 놀이를 시작하는 데는 흥미가 없는 듯하다는 것을 의미한다. "아이들은 늘 사회적이며, 늘 서로에게 호기심을 가집니다. 이건 변하지 않지요. 하지만 그것은 놀이를 지속할 수 있을 때에 생겨납니다. 저는 아이들이 집에서, 또는 방과 후에 같은 방식으로 놀이한다면, 결국 단지 놀이하는 것을 반복하는 것, 그저 노는 것만 하게 되리라고 생각합니다."

시간이 흐르면서 이런 모든 미묘한 변화들은 문제가 될 만한 패턴을 보여준다. 아이들은 유치원에 있는 동안, 그 연령에 필요한 자유로운 낱말 놀이나 사회적 소통보다 〈스파이더 맨〉이나 〈스트로베리 쇼트케이크〉, 엄마의 스마트폰에 더 익숙해지고 있다. 미취학 아동을 가르치는 교사들은 아이들의 사회정서 발달곡선에서 이와 유사한 정체 구간을 발견했으며, 인내심을 가지고 학습해나가는 능력과 독창적인 사고와 관계된 자질이 있는 3~5세의 유아는 훨씬 적어졌다고 말한다. 이전보다 훨씬 많은 아이들이 교사의 지시를 기다리며 가만히 있고, TV와 게임에 등장하는 아이디어를 사용하며 다른 아이들과 함께 놀이를 만들어나가기 위한 매뉴얼을 필요로 한다. 아이들의 놀이에서 독창성과 창조성 수준은 점점 저하되고 있으며, 정교한 사고 과정과 상상력 역시 마찬가지이다.

"아이들은 계속 서로와 충돌하며, 놀이하는 동물과 같이 보입니다. 마치 비디오 게임과 만화책 속에 등장하는 액션 장면처럼 행동하고, 보다 복잡한 구조물보다 단순한 구조물만 만들고, 연습한 대로만 하지요."라고 야콥슨은 말한다.

교사들은 체계화되지 않은 자유로운 놀이에 끼기를 주저하는 아이들을 돕고, 그렇게 함으로써 그 안에서 자신감과 창의성을 끌어내려고 노력한다. 그런 한편 지나치게 아이들을 위해주는 일은 피한다. 문제는 성인용 및 성인들이 조직한 활동과 오락거리 들에 있다. 이는 아이들이 스스로를 위해 무언가를 하는 법을 배우는 데 방해가 된다. "어른들은 아이들을 돕고 싶어 하며, 아이들이 유해한 방식, 안락하지 못한 상태에 놓이기를 원하지 않습니다. 하지만 아이들이 문제를 해결해야 하는 상황에 놓였을 때 우리는 아이들이 불편을 느껴도 그대로 두어야 하며, 대신 문제를 해결해주어서는 안 됩니다."라고 야콥슨은 말한다.

많은 어린아이들이 학습 시 불편을 다루는 내면의 자질이 부족하다고 교사들은 말한다. 하지만 본래 학습이라는 것은 불편한 순간들로 가득 찬 것이다. 실제로 아이들이 자기 자신을 알아나가는 데 있어 가장 가치 있는 순간들은 문제를 해결하기 위해 불편함을 참아내고 스스로 행동할 때 온다. 아이들은 운동화끈을 묶고, 옷의 지퍼를 채우며, 퍼즐 조각을 찾아낸다. 그리고 다음에 무슨 일을 해야 할지를 생각해낸다. 서투르지만 이런 발견과 깨달음의 순간들이 아이들에게 불편함을 다루고, 그것을 통과해나가게 하며, 아이들의 마음속에 크게 자리 잡는다. 이것은 심리적 발달에 중대한 순간이다. 아이들은 스스로에 대한 책임을 받아들일 때에야 그 책임을 온전히 갖출 수 있게 된다. 아이들은 도전, 갈등, 실수, 불편함을 통해 무언가를 얻어내고 이를 반복해야 한다.

10년 전의 또래들과 비교하여 현재의 미취학 아동들이 충동적인 면은 높아지고, 놀이나 토론에서 자기 차례를 잘 기다리지 못하며, 단체 활동에서 그것을 위해 필요한 역할을 정하는 데 느리다고 교사들은 말한다. 요즘 아이들은 한 가지 활동에서 다른 활동으로 전환하는 것을 더욱 어려워한다. 그리고 교사나 친구들과 눈을 덜 맞추는데, 이는 아마도 자신은 물론 상대의 감정이 어떤 것인지를 규정하는 데 더욱 어려움을 느끼고 있기 때문으로 여겨진다. 감정을 다루기 위해서는 그것들을 읽을 줄 알아야 한다. 다른 사람에게 자신이 어떤 영향을 주는지 이해하기 위해서는 그것들을 읽을 줄 알아야 한다. 이런 기초적인 감정 읽기 능력은 사람들과 함께 지내는 법을 배우는 데 근본적인 것으로, 이것이 다른 사람들과 함께 잘 지내는 것이 취학전 통지표의 세부 내용보다 더 중요한 이유이다. 5세나 6세에 이르기까지 이를 잘 수행할 수 없던 아이는 초등교육이 시작되었을 때 학업성취도가 급격히 하락할 수 있다. 이런 측면은 성인들과 면대면 소통 및 대화를 경험할 때 감정적 수축을 느끼는 아이들에게서 더 두드러지게 나타난다.

5세 유아의 학업 준비 상태에 대한 새로운 조사들은 취학전 평가 시 유치원이나 보육원에서 아이들의 학업 성취도보다 관계 맺기 자질이 더욱 중요하다는 사실을 지적하고 있다. 이와 유사하게 다른 연구들도, 유치원에서 좋은 사회적·감정적 평가를 받는 아이들이 학업 성취가 높은 아이들보다 선생님과 친구들에게 더욱 애정을 받고 있으며, 터치스크린을 두드리며 읽는 일은 매우 잘하지만 사회적·감정적 평가 면에서 부족한 아이들보다 전반적인 면에서 더욱 성공적으로 생활하고 있다고 밝혔다. 또한 터치스크린 조작에 지나치게 능숙한 미취학 아동은 스트레스를 더욱 많이 받으며, 학업에 있어 수동적이고 불안감에 시달린다는 연구들도 있다.

보스턴 외곽에 위치한 언어발달 프로그램 학교LEAP, Language Enrichment Arts Program 교장 로빈 샤피로Robin Shapiro는 이 학교에서는 수업 시간에 교사들의 지도 아래 아이들에게 컴퓨터를 사용하게 하지만, 대신 비디오나 휴대용 전자기기, TV 등 화면 달린 전자기기들은 금지하고 있다고 말한다. 미취학 아동의 발달에 필요한 관점에서 손익을 세심하게 살펴본 끝에, 화면 달린 전자기기 사용이 그것이 기여하는 바보다 아이들에게 빼앗아가는 것들이 더 많다고 결론 내린 것이다. 아이들은 스크린 게임을 하면서 상위 수준으로 올라가는 보상을 받으며 매우 좋아한다. 하지만 스크린 게임은 아이들이 비판적·창조적 사고에 있어서 상위 수준으로 올라가는 데 필요한 과제들을 제공하지 못한다. "모든 어린아이들이 잘 자라기 위한 근간은 그 아이의 세계에 있는 성인들, 즉 부모, 교사, 아이돌보미, 형제자매 들과의 강하고 긍정적인 애착을 발전시키는 것입니다. 안전하고, 보살핌받고 있으며, 안정적이라는 느낌을 받는 것은 아이들에게 집과 학교에서 뭔가를 배울 때 그것이 지닌 위험도 함께 받아들일 수 있게 합니다."라고 그녀는 말한다. 전자기기 화면들은 이것을 할 수 없다.

2차원 영상 위에서 손가락을 두드리는 기술을 그저 익힐 것이 아니라, 그것이 더욱 복잡한 신체적 움직임들과 인지 학습을 발달시키는 실제 삶의 통합된 기술들에 기여하게끔 하라. 스탠리 그린스펀과 스튜어트 샨커는 "생각은 단순히 언어적 혹은 시각적 이미지를 받아들이는 것이 아니라, 이미지를 받아들이고, 그것을 다루고, 다른 이미지들과 조합하며, 그럼으로써 더욱 어려운 수준에서 그것들을 조직하는 것을 의미한다."고 썼다. 〈앵그리 버드〉, 〈베이비 아인슈타인〉, 그리고 스크린 게임들은 그것을 할 수 없다. 사회적·감정적 공구상자는 우리의 5살배기 자녀가 유치원에 들어갔을 때 키패드를 두드리거나 숫자나 알파벳을 외울 수 있는 자신만의 방식을 습득하는지 여부보다 훨씬 더 중요하다. 더욱 중요한 것은 이 작은 공구상자가 우리에게서부터 나오는 것이라는 점이다. 즉 우리가 하는 일상적인 대화, 놀아주는 것, 일상의 행동들, 매일의 습관들을 통해 전달되는 것이다. 미디어와 테크놀로지가 아이의 감정적 삶에서 훨씬 많은 일을 한다는 것은, 부모와 아이 사이의 연결과 집중을 끊임없이 분산시키고 있다는 말이 된다. 이런 일이 발생하면, 우리의 양육 신호는 약화되고 미디어가 그 자신의 메시지를 보내게 된다.

감정적 신호 읽기 능력을 혼돈시키는 미디어 신호들

아이가 기저귀를 떼고 놀이터에서 혼자 점프하고 돌 수 있게 되면, 이미 놀이방과 아이는 미디어라는 우주에서 노련한 탐험가가 된 상태이다. 3세까지의 아이들 3분의 1 이상이 자기 침실에 TV를 소유하고 있으며, 일평균 2시간 이상 TV를 시청한다. TV를 포함해 아이들은 일평균 약 2시간 정도를 다른 전자기기 화면에 투자한다. 2세에서 4세까지의 아이들 29퍼센트가 터치스크린 기기를 사용하는데, 아마 그것을 가지고 노는 것으로 추정된다. 전자기기들은 집과 차 안에서 일상적인 액세서리가 되었으며, 많은 아이들에게 있어 '조용한 시간'—심지어 가장 좋아하는 책과 함께라도—에는 아마도 대부분 화면 달린 전자기기 이용 시간이 포함될 것이다. 아이가 가장 좋아하는 TV 프로그램 속 등장인물들과 아동용 책들은 애플리케이션을 통해 디지털 음성으로 나오고 있을 것이며, 여기에는 이따금 게임이나 이야기에 대한 아이들의 반응을 고무시키거나 업그레이드나 추가 액세서리에 대한 '구매' 버튼 클릭을 유도하는 목소리들도 완비되어 있을 것이다.

가족, 미디어, 그리고 테크놀로지라는 이런 자극적인 환경이 3~5세 유아에게 무엇을 의미하는가? 이 시기 아이들에게 삶에 대해 습득해야 하는 무언가가 주어졌을 때, 미디어와 테크놀로지는 그 그림에 어떤 방식으로 짜 맞추어지는가? 혹은 우리들이 고려되는 방식으로 그것이 변화되는가? 이 짧은 몇 년 동안 아이들의 성장은 경탄스러울 만큼 크게 이루어진다. 기우뚱 걷던 아이가 어느 날 잠시도 가만히 있지 못하게 되고, '싫다'는 첫 말을 뗀 아이가 어느 날은 "엄마 말대로 하지 않을래요!"라며 반항적인 주장을 하기에 이른다. 매일의 경험에서 아이는 끊임없이 정보—경험적 데이터—를 받아들이며, 그것을 자신의 발달 단계에 맞게 소화시킬 수 있도록 한 입 크기로 작게 쪼개고자 분투한다.

3세에서 5세에 이르는 이 시기에, 아이들은 부모의 애정 어린 지도 아래 원기 왕성하고 엄청나게 강한 작은 자아가 지배하는 시기—"화나요!", "엄마 싫어!"와 깨물고 발로 차고 소리 지르고 도망치고 잡으러 다녀야 하는—를 지나 충동을 조절할 줄 알게 되어 도망치지 않고, 성질을 부리는 대신 말로 의사를 표현하는 엄청난 진전을 보이게 된다. 이는 감정을 읽는 초기 단계에 진입한 신호로, 아이는 이를 토대로 자기 감정을 조절하는 법을 발달시키게 된다. 이는 일상 및 학업에서 성공하고, 즐기며 성장하기 위해 아이들에게 필요한 요소이다.

이 시기에 뇌는 신경적으로, 감각기관 경험들의 필수적 토대를 세워나간다. 이것은 야외 활동, 구조물 만들기, 춤추기, 줄넘기, 노래 부르기, 색칠하기, 토론하기, 상상하기 등을 통해 대부분 풍요롭게 발전하는데, 이렇듯 아이들이 자연스럽게 경험하는, 손을 움직이는 실제 삶의 경험들 모두가 아이들에게 주변 환경 및 사람들과의 직접적인 소통을 통해 배움을 얻을 수 있게 해준다. 이렇게 여러 감각들이 함께 작동하면서, 뇌의 언어 발달, 인지 과정, 숙고 능력, 사회적·감정적 지력 중추를 자극한다. 수동적인 TV 시청이나 터치스크린을 두드리는 데 소중한 시간을 사용하거나, 취학전 예비학습을 위해 버튼을 누르는 학습 과정들은 미취학 아동에게 필요한 것, 그리고 실제로 가장 효과적인 학습 방식과는 거리가 멀다. 무엇보다도 부모가 매일 자녀를 보살피면서 만들어내는 연결감과 이 모든 다른 학습들에서 나오는 친밀감과는 거리가 멀다.

부모가 아이를 직접 가르치는 수년간 아이들은 더욱 완전한 인간이 되어간다. 이때 광범위한 감정—놀라운 것—들을 배우지만, 감정이 있는 그대로 움직이게 내버려둔다면, 그 행동은 타인을 상처 입힐 수 있다. 감정적 지력은 우리가 겪고 있는 감정을 제대로 규정하는 것—언제 자신이 슬프거나 화나거나 행복하거나 실망하는지—에서부터 시작되며, 감정들을 이해하는 법을 배우고, 건전하고 생산적인 방식으로 표현함으로써 발달된다.

어린아이들은 모든 대상에 대해 즉각적이고 강한 감정 반응을 하는데, 아이들이 보는 만화나 화면 속 주인공들은 날것 그대로인 감정보다 훨씬 더 걸러지지 않은 감정을 표출한다. 현실 생활에서 우리는 아이들을 위해 경험을 여과하고, 그것에 의미를 부여하는 반응을 한다. 아이들은 감정에 질서를 가져다주는 부모를 믿는다. 아이들은 부모의 반응을 통해 자기 내면의 경험들과 관계 맺는 법을 배운다. 당신은 일상의 작은 사고들을 자연스러운 일로 받아들이는가, 재난으로 취급하는가? 감정을 주고받으며 안심시키고, 그 순간들에 의미를 부여하고, 감정의 톤을 조절하는 방식은 아이들에게 감정 조절의 미묘한 차이들을 가르쳐준다.

감정들을 다루는 것은 아이들에게 감정이 치솟았을 때 그것을 유지하고, 처리하고, 진정시키며, 자기조절을 하는 법을 가르쳐주는 일이다. 슬픔, 화, 좌절, 실망, 흥분 등 우리는 아이가 인간의 온갖 감정들을 체험하고 느끼길 바라지만, 그것들로 인해 혼란스러워하거나 위협받는 것은 원치 않는다. "물론 떠나게 돼서 슬프지만, 곧 괜찮아질 거야. 할머니를 다시 뵙게 될 거야." 또한 아이들은 우리를 통해 타인이 감정을 느끼는 방식을 알게 됨으로써 사회적 인식 역시 배워나가게 된다. "잘했어. 거보렴, 네가 동생에게 그걸 나눠 주니까 얼마나 좋아하니!" 우리로부터 행동과 결과 사이의 연결고리를 이해하는 법을 배우면서 인간관계 기술들을 습득하기도 한다. "삽을 거꾸로 쥐니까 무슨 일이 일어났는지 보렴." 개인적인 의사결정도 배운다. "너희들 둘이 이 모래상자를 함께 가지고 놀려면 어떻게 해야 할까? 모두에게 좋은 방법을 생각해보자꾸나."

나날이 우리가 주는 단서는 아이들에게 내부 협력자의 목소리, 격려와 회복의 목소리가 된다. 그 감각은 "내가 배우느라 고군분투할 때 누군가가 나를 돌봐준다."고 말한다. 영아기 및 취학 전의 이런 수백만 순간들 속에서, 그 신호가 엄마, 아빠, 할아버지, 아이돌보미, 보육교사 누구에게서 왔든, 아이는 안전에 대한 느낌, 어른들이 이것을 알고 있고 자신을 돌봐주며 보호해준다는 느낌을 체험한다. 이는 아이 내면에 존재하는 감정적 좌절과 감정적 지력의 샘의 일부가 된다.

또한 이 연령대의 본능적인 호기심과 상상력, 발달 중인 언어 능력, 놀이하고 친구를 사귀고 싶은 욕구, 어른들이 관심을 둔 대상에 대한 흥미가, 아이들이 미디어나 테크놀로지에 손을 뻗어 관계하고 싶은 열망을 만들어낸다. 당신의 스마트폰에 딱 달라붙어서 그것을 탐구하며 즐거워하는 유아는 3세까지 그것을 탐구하기 위해 더욱 복잡하고 새로운 기술들을 발달시키고, 그것을 사용하고 싶어 한다. 터치스크린을 두드리는 행위, 그리고 재미있는 것들이 들어 있는 물건은 아이에게 매우 강력한 대상이다. 누나나 아빠처럼 컴퓨터를 가지고 노는 일은 재미있고, 자신이 어른이 된 기분을 안겨준다.

4살 난 칼은 스카이프 화상채팅을 통해 핀란드에 거주하는 할머니를 즐겨 방문한다. 이 뉴욕 소년은 두 언어를 사용하며, 핀란드말을 하며 자란다. 아이는 할머니 말레가 1년에 한 번 뉴욕을 방문하는 것을 매우 좋아하며, 그간의 영상통화는 두 사람의 애정을 돈독하게 해주었다. 칼의 가족이 핀란드에 방문하면, 칼은 사촌들과 스스럼없이 어울리고, 다른 것들에도 쉽게 적응한다. 스카이프를 통해 서로 친해졌기 때문이다.

가장 좋은 점은 테크놀로지가 가족의 의미를 강화할 수 있다는 것이다. 칼의 경우처럼 집에서도 온라인에 접속하여 서로의 모습을 보여주거나 함께 하며, 감각할 수 있게 할 뿐 아니라 자신들이 한 가족이며 어디에 있든 서로 접촉할 수 있다는 점을 알려준다. 화면에 나타나 무조건 나를 포옹해주는, 무조건적인 애정을 지닌 할머니, 할아버지, 숙모, 사촌 형제들 만한 것은 없다. 집에 아이들을 두고 일을 하러 간 경우 스카이프나 기타 다른 영상통화 플랫폼들을 이용해 아이들이 잠자리에 들 때 동화책을 읽어주거나 학교에 가기 전 아침 식탁에서 화면을 통해 모습을 보여주는 부모도 꽤 많다. 테크놀로지는 이런 점에 있어 매우 환상적이다.

발달적 측면에서 적절한 교육 프로그램과 콘텐츠들 역시 매우 바람직하지만, 미취학 아동을 대상으로 삼은 것들 중 판매 촉진 수단으로 공격적인 크로스 마케팅 메시지들을 포함하고 있지 않은 것은 많지 않다. 2009년 CBS의 보고서에 따르면, 기업들은 아이들을 대상으로 한 마케팅 비용을 약 170억 달러 지출했으며, 10대 초반과 더 어린 아동을 대상으로 한 광고도 점점 증가하고 있다. 광고주들이 매우 어린아이들을 목표 대상으로 삼는 이유는 아이들이 2세가 되기 시작하면서 브랜드를 인지할 수 있다는 연구 결과 때문이다. 그리고 자녀는 부모의 주머니 깊은 곳의 돈을 끄집어낼 수 있는 가장 직접적인 대상이다. 최근 한 추산에 따르면 부모들이 지출하는 양육 비용은 1500억 달러에 이른다. 상업적인 배경, 브랜딩, 메시지들을 담고 있는 교육용 장난감들과 웹사이트—학교도 포함되며, 이는 점차 증가하고 있다—들은 이미 엄청나게 만연해 있다. 이 연령의 아이들은 상업적인 내용과 비상업적인 내용, 거기에 내포된 동기를 알아차릴 수 없다. 〈로저스 씨의 이웃들〉과 〈스펀지밥〉의 스폰서들은 당신의 4살 난 자녀에게는 똑같이 신뢰받는다.

상업 세계와 마찬가지로, 어린아이들을 대상으로 한 많은 프로그램 콘텐츠들이 지나치게 빠른 시기에 아이들에게 성차별적인 메시지를 전달한다. 어린 남자아이는 어떤지, 어린 여자아이는 어떻게 다른지 하는 것들 말이다. 3~5세 유아는 그 세계 안에서 움직이는 인간들이 보여주는 의미—의인화된 아기들이 자기들과 얼마나 다른지 혹은 전 세계적으로 다른 명절을 보낸다든지 등—를 단순하게 습득하며, 우리 문화가 남자아이 혹은 여자아이에게 기대하는 바를 그대로 받아들인다. 이 연령대의 아이들은 성관념이 고정되어 있지 않으며, 따라서 이때 배운 성관념은 매우 강한 영향을 미친다. 냉혹하고 냉소적이며 여성 혐오적인 성인 문화의 대리인으로서 〈아기천사 러그래츠〉나 〈파워레인저〉에 나타나는 극단적인 묘사들은 어린아이들에게 매우 위험할 수 있다. 이런 등장인물들과 이야기 구조는 시작점에서는 전형적인 인물관을 바탕으로 만들어지며, 그다음으로 아이들에게 인간의 완전한 잠재력을 벗어난 방식에 익숙하게 하고, 한계를 넘어서 움직이게 하며, 때로는 약탈적이거나 틀에 박힌 성역할을 주입하기도 한다.

이런 프로그램들이 교육적이라거나 '그냥 애들 프로그램일 뿐'이라고 생각하기 쉽다. 그러나 아동용 프로그램들은 아이들에게 많은 것들을 가르친다. 가족들이 남성 및 여성의 역할에 대한 관점에서 얼마나 개화되어 있든 관계없이, 미디어와 스크린 게임들은 아이들의 역할 모델 형성에 개입한다. 그곳에서 남성은 힘과 폭력을 통해 지배하고, 여성은 대개 힘이 없으며, 성적 대상으로 묘사된다.

미디어가 제공하는 일반적인 콘텐츠와 스크린 게임 들에서는 공격적이고 충동적이며, 냉혹한 세계에 할증을 붙여, 아동화된 모습을 통해 남성성을 묘사한다. 그것들은 우리 아들들에게 슬픔을 느끼는 것은 괜찮지 않으며, 누군가가 때리면 배로 맞받아쳐야 한다고 가르친다. 무언가를 원할 때 그것을 취하기 위해 무력을 사용해도 괜찮다고 말한다. 일이 제대로 되지 않으면 앞을 가로막고 선 사람에게 위협을 가해도 괜찮다고도 말한다. 9분 미만인 〈스펀지밥〉이 TV를 끄고 난 후에도 공격적인 행동을 이끌어 낼 수 있다는 사실을 밝힌 연구도 있다.

미취학 여자아이들에게는, 주류 미디어 및 스크린 게임의 메시지들은 분홍색—실제로가 아니라 상징적으로—으로 포장되어 전달되는데, 그 색이 문제가 아니라 그 색을 통해 여자아이들에게 표준화된 전형들을 전달한다는 것이 문제가 된다. 예컨대 여자아이들에게 있어 가장 좋은 친구는 외모라든가, 여자아이들이 가장 우선시하는 것은 귀엽게 입는다든가 하는 것들 말이다. 강하고, 영리하고, 자기주장이 강한 여자아이는 그 세계 바깥에 있다. 산길을 탐험하고 다니는 〈도라 디 익스플로러〉의 주인공 도라조차 생일 선물로 매니큐어와 립글로스를 선물받는다. 〈아기천사 러그래츠〉의 안젤리카는 전형적인 심술궂은 여자아이인데, 그녀는 3살밖에 되지 않았지만 냉소적인 대안을 제시한다. 그녀는 어른들에게는 풍자적으로 보이지만, 3~5세의 아이들은 그 풍자를 이해할 수 없다. 미취학 아동들의 마음속에서 안젤리카와 로저스 씨는 똑같이 신뢰받는다.

이야기 책 《배고픈 애벌레Hungry Caterpillar》의 주인공이 먹을 수 있는 것이라면 마주치는 모든 것을 먹어치우듯이, 3~5세의 아이들은 게걸스러운 학생들이다. 경험과 새로움에 대한 갈망은 아이들이 자연스럽게 미디어와 화면 달린 소형 전자기기에 이끌리게 만든다. 일단 즐겁고 취향에 맞는다면 아이들은 더 많은 것을 원하게 된다. 결국 반복과 긍정적 강화가 이루어지고, 크레용으로 색칠 공부 하기부터 용변 훈련까지 어떤 것이든 어린아이들은 그것을 배우게 된다. 신경지도는 늘 새롭고 흥미로운 대상에 열려 있다. 신경학적으로, 놀이는 신경경로가 되며, 이 경로는 그에 해당되는 유사 대상들을 더 좋아하게 만드는, 이른바 선호도를 만든다. 뇌의 패턴은 원래 그 자체로는 외부에서 유입되는 것을 그대로 받아들인다. 포옹이든 컴퓨터 게임이든 말이다. 테크놀로지는 발달 중인 어린 뇌에 '선호' 영역을 재빠르게 만들어내고 그것을 지배하는데, 이는 근본적이지만 느리게 발달되는 다른 연결들, 즉 복잡한 사고나 감정 신호, 인간들이 주고받는 커뮤니케이션과 같은 것들을 희생시킨 결과이다.

어린 자녀와의 소통 구역 보호하기

방과 후 유치원에 아이를 데리러 가는 장면은 매우 친숙하며, 눈여겨볼 만한 구석이 없어 보인다. 10여 년 전의 모습과 비교해보지 않는다면 말이다. 오늘날 방과 후에 아이들을 데려가려고 유치원 앞에 학부모가 차를 주차하고 기다리는 모습을 보자. 많은 부모들이 휴대전화와 태블릿으로 문자메시지를 나누거나 통화하느라 바빠서 아이들이 건물에서 나오고 있는지, 엄마의 차를 향해 잔디밭을 가로질러 오는지도 보지 못한다.

교문 앞에 줄지어 늘어선 차들을 향해 달려오는 교사들은 부모들의 이름을 부르면서 소리치며 한 차씩 떠나 보낸다. 때로 차문을 잠근 채 휴대기기에 집중해 있는 부모에게 신호를 보내려고 차창을 세게 치기도 한다. 나는 휴대전화로 통화를 하는 데 완전히 정신을 잃은 듯 보이는 엄마 때문에 엄마의 차 조수석 문을 두드리는 3살 남자아이를 본 적이 있다. 엄마의 시선은 먼 곳에 고정되어 있었고, 엄마는 아이가 1미터 앞까지 왔음에도 인사도, 반가움으로 눈을 빛내지도 않았다. 후에 한 교사는 내게 아이가 보도를 건너오는 것이 분명히 보이는데도 부모가 작은 기기에 정신이 팔려 아이의 안전을 의식하지 못하는 장면은 '새로운 표준'이 되었다고 말했다. 또한 아이들 역시 일단 안전벨트를 매고 나면 게임기나 스마트폰을 집어 든다. 테크놀로지는 우리의 삶에 현재적이며 필수적이 되어서, 그것과 우리의 관계 역시 점점 눈에 보이지 않는 것이 될 수 있다. 그러나 우리의 주의를 분산시키는 데 그것이 끼치는 영향, 육아에 있어서 그것의 역할, 부모와 자녀가 상호 작용하는 공간에 끼어든 그것의 존재는 점점 눈에 띄게 증가하고 있다.

4세 정도의 아이들을 대상으로 한 포커스 그룹 면담과 인터뷰에서, 아이들은 부모의 관심을 두고 그것과 경쟁하고 있다고 말했다. 그리고 종종 자신들이 두 번째로 밀리는 것을 느끼고 얼마나 낙담했는지를 말하고, 그 모습을 지켜보면서 자신이 느낀 고립감, 외로움, 화, 슬픔에 대해 설명했다. 혹은 잠자리, 식사 시간, 놀이 시간을 통해 부모들의 일상적인 멀티태스킹이 '엄마와 나' 혹은 '아빠와 나' 시간을 약속해준다고도 했다. 이제 테크놀로지는 아이와 부모 사이에 끼어 3자 관계를 만들었고, 아이들 대부분은 집에서 그렇지 않은 방식으로 보낸 시간을 기억조차 못 하고 있다.

앨릭스는 3살 난 아들과 그 위로 두 아이를 두고 있다. 그는 기업 임원으로 일했으나 일 때문에 계속 멀티태스킹을 하느라 아이들과의 시간을 방해받지 않기란 불가능함을 깨닫고 나서, 더 적은 월급을 받더라도 그에 대한 압력에서 벗어나고자 직장을 그만두었다.

"저는 아이들을 눈 속에 담고 대화를 하고 있었지만, 그럼에도 제 머리가 온전히 그 대화에 있지는 않다는 사실을 깨달았습니다. 2퍼센트 정도는 확인해야 할 이메일을 생각하거나, 그밖의 해야 할 일들을 생각하고 있었고, 거기에 중독되어 있었지요. 실제로 제 존재는 현재에 없었습니다. 그리고 그걸 아이들의 눈 속에서 보았지요. 아이들은 제가 실제로는 자신들과 함께 그곳에 있지 않는다는 걸 알고 있었어요. 그건 매우 두려웠지만, 전 그걸 반복했지요.

'오, 미안하구나.' 하고 말하고 전화를 받거나 이메일을 확인하려고 게임 도중에 일어났지요."

그는 그 일에 대해 골똘히 생각했고, 아이들을 위해 감정적으로 함께 있는 것이 '육아적으로 반드시 필요한 일'이라고 결론 내렸다. 일단 깨달음의 순간이 찾아오자, 그는 그 일이 일어나지 않았던 듯이 행동할 수 없었으며, 중요도로 새로 배열해야 했다.

이 시기는 양육에 있어 어려움을 겪는 시기이다. 요구는 높고, 투자금도 많기 때문이다. 어린아이들은 좌절할 수 있다. 용변 훈련에는 시간이 걸리고, 수영복을 입히고 신발을 신기고, 카시트에 앉히고, 벨트를 매주는 일에도 인내가 필요하다. 특히 아이들이 감각적 혹은 주의력 문제를 가지고 있다면 더욱 그렇다. 만약 하루 종일 온갖 일을 하느라 계속 뛰어다녀야만 했다면, 당신은 멀티태스킹 전문가가 되어 있을 것이고, 결국 아이들이 무엇이든 하게 허락했을 것이다. 그리고 아이들에게 이런 일은 대개 늘 일어난다. 부모로서 인내력을 발휘하기는 매우 힘든 일이며, 하는 일 중간에 아이가 사사건건 끼어서 방해를 할 때면 이 작은 아이의 삶에서 내가 누구인지를 기억해내기란 더욱 힘들다. 아이들은 우리의 소맷자락을 잡아당기고, 칭얼거리며, 울고, 주변을 한바탕 뒤집어 놓는다. 어느 순간 우리는 스스로를 진정시키고, 충동을 거부하려는 생각을 못하게 될 수도 있지만, 그래도 '정리해야겠다'고 생각한다. "이 상황을 멈출 수 있는, 내가 할 수 있는 가장 빠른 방법이 뭐지? 그리고 내가 하던 일로 되돌아갈 수 있을까?" 그리고 아이들을 TV나 터치스크린 혹은 다른 전자기기 앞에 앉혀두고, 더욱 까다롭거나 혹은 즐거운 일로 돌아갈 수 있게 된다. 때로 우리 자신이 전자기기 앞에 앉을 수도 있다. 그 순간에는 서로 다른 일에 집중하는 것이 문제를 해결한 듯 보인다. 대신 그 패턴은 우리에게 더 많은 것을 제공할 것이다. 이런 것이 불가피한 해결책일 수 있을까? 물론 그럴 수 있다. 만약 우리가 아픈 아이를 돌보거나 일시적으로 집중력을 요구하는 특별한 헌신을 하고 있다면, 모든 예상들은 빗나갈 것이다. 그 위험은 한 번만이 아니지만, 이런 빠른 해결책이 기본이 되는 패턴을 만들어내게 될 것이다.

진짜 주의력 문제와 가짜 주의력 문제

수전은 43세로, 두 아이를 둔 엄마이다. 그녀는 5살 난 아들 루크의 유치원 교사로부터 루크가 주의력결핍 과잉행동장애ADHD의 징조를 보이는 듯하며, 치료가 필요할 것 같다는 이야기를 듣고 공황 상태에 빠져 내게로 왔다. 수전은 손을 문지르고, 차분하게 앉아서 세세한 이야기들을 조직적으로, 분명하게 표현했다. 남편은 오랜 시간 매우 힘든 일을 하며, 때문에 두 사람은 다소 전통적인 가족 규범을 가지고 있었다. 즉 아이 양육을 주로 그녀가 맡은 것이다. 게다가 그녀는 은행 행정 부서에서 파트타임 일을 하며, 아내이자 엄마로서의 역할도 하고, 나이 든 노부모를 보살피기도 해야 했는데, 친정아버지는 파킨슨 병을 앓고 있었다.

그녀는 집에서 루크의 충동적이고 분노를 참지 못하는 행동으로 곤란을 겪고 있었지만, 아이에게 의학적 조치가 필요하다는 담당 교사의 전화를 받고 나서 빨리 조치를 취해야겠다고 생각했다. 첫 번째 방문에서 그녀는 담당 교사가 이야기한 아들의 행동 사례를 쓴 목록을 내게 주었다. 루크는 인내심 있게 이야기를 듣고 지시를 따르는 데 어려움을 겪었으며, 종종 가만히 앉아 있지 못하고 수업을 방해했다. 특히 아침에 엄마가 유치원에 데려다주고 떠날 때 크게 힘들어했으며, 엄마가 떠난 후에는 자제심을 찾을 때까지 한동안 힘든 시간을 보냈다. 수전은 아들에 대해 애정 어리게 묘사했지만, 그녀는 아들을 이해하고 싶어 하며, 어떻게 하면 더 아들에게 잘하는 엄마가 될 수 있을지 몰라서 고통스럽다고 했다. 나는 그녀의 가족들이 보통 어떻게 지내는지 말해달라고 요청했다.

수전의 일상은 보통 끝없이 저글링을 하는 것과 같았다. 루크를 유치원에 데려다주고 데리고 오고, 안나를 탁아소에 맡기고 나서 일을 하러 가며, 또한 아버지를 위해 건강 문제를 찾아본다. 자신의 삶에서 벌어지는 수많은 일들을 메꾸면서, 그녀는 아버지가 쇠약해짐에 따라 어머니가 집에서 아버지를 돌보기 힘들어지자 이 일까지 도와야 했다. 의학적 문제들을 끊임없었고, 그녀는 모든 것을 책임지는 사람이었다. 그 결과 그녀는 아이들을 돌보면서도 많고 다양한 일들을 처리하게 되었다. 아침에 아이들의 옷을 입혀주면서 온라인 검색을 했고, 루크를 학교까지 걸어서 데려다주면서 남편이나 야간 간병인에게 문자메시지를 보냈다. 늦은 오후 아이를 데리고 집안일을 하면서는 이메일을 확인했다.

덧붙여서 수전은 요리를 하거나 청소를 할 때 아이들이 집중할 대상으로 TV 만화와 비디오, 동영상 엔터테인먼트, 휴대용 게임기에 의존하게 되었다. 그녀는 종종 아이들에게 뇌물을 주었는데, 아이들에게 다음 순간의 보상으로 관심을 유도하는 우회적인 대화를 하게 된 것이다. "엄마가 통화할 동안 차 안에서 조용히 있으면, 집에 가서 비디오 게임을 할 수 있게 해줄게."라는 식이다. 그것은 만화 보기일 수도 있고, 〈클럽 펭귄〉 게임일 수도 있다. 모든 것이 협상이었고, 그중 대부분은 TV나 영화를 보거나 컴퓨터를 가지고 노는 것이었다. 끝없이 주의를 분산시키는 대상들이 제공되었고, 간단한 대화를 할 시간도 거의 없었다.

그녀는 자신의 일상을 묘사하기에 이르러서야 아이들이 테크놀로지 기기에서 눈을 떼는 시간이 오직 밤에 자신이 아이들을 목욕시킬 때뿐임을 깨달았다. 그러고 나면 하루 종일 일하고 집으로 돌아온 남편이 아이들에게 책을 읽어주고 잠자리에 드는 것을 도와주었다. 수전의 삶은 수많은 의무들과 테크놀로지에 대한 의존들에 압도되어 흐릿해져간 것이었다.

이 가족의 환경과 다른 요소들을 고려하여 나는 루크가 ADHD가 아니라고 예측했다. 아이는 단지 엄마의 관심을 받을 시간, 더욱 창의적인 놀이를 할 시간이 더 필요했고, 전자기기 화면 앞에 붙어 있는 시간을 대폭 줄여야 했다. 엄마가 자신을 학교에 두고 간 뒤 문제를 겪는다는 사실은 내게 한 가지 궁금증을 불러일으켰다. 엄마가 자신을 학교에 두고 떠나기 전에도 오랜 동안 엄마의 관심을 받지 못한 좌절감을 아이가 표현하는 것은 아닐까?

수전은 늘 가족과 직장에서 일들을 정리하고 계획하는 역할을 했고, 자신의 양육 방식에 대해서는 삶을 실용적이고 계획적으로 운용하여 "모든 일이 함께 잘 돌아가게 하는 것"이라고 설명했다. 그녀는 아버지를 보살피기 위해 필요한 일들도 효율적으로 해야 한다—사실에 기반하고 결과 지향적이어야 한다—고 여겼다. 이 때문에도 그녀는 자신을 만족시키는 것이 무엇인지를 말로 표현하기를 좋아했다. 하지만 루크는 그렇지 않았다.

그녀는 루크의 문제는 자기 영역 밖이라고 느꼈다. 그녀는 자신의 모성에 자신을 잃었다. 그녀는 루크와 시간을 보낼 때 늘 서두르고, 주의력을 분산시켰으며, 이것으로 인해 루크와의 감정적 연결과 직관을 깊게 쌓지 못했다. 이는 스트레스가 되었다. 그녀는 어떤 종류의 휴식도, 아이들과 함께 즐겁게 놀이를 하는 시간도 가지지 못했고, 부모가 자녀에 대한 직관을 키우게 해주는 감정 섞인 대화를 풍부하게 주고받지도 못 했다. 수전의 부모들은 어린 시절 그녀를 엄격하게 대했고, 감성적인 것과는 동떨어졌으며, 친밀함보다는 예의를 중시하며 길렀다. 수전은 이런 관계보다는 자신이 아이들과 더 가깝고 아이들의 삶에 더 관여하며 지내기를 바랐다. 하지만 그녀는 그 '친밀함'이라는 것을 어떻게 만들어내야 할지를 몰랐다. 그녀는 처음 아이가 태어난 후 예측 불가능한 행동을 하는 유아기의 고된 육아를 견딜 준비가 되어 있지 않았다. 이 일들은 반복적이었으며, 끝없는 인내를 요구하고, 주의를 기울여 아이들을 이끌어야 하는 매일을 만들었다.

우리는 먼저 수전에게 그녀의 일정에 변화를 주자고 이야기했다. 아무리 어렵다 해도 이것이 그녀의 실용적인 부분에도 가닿고,

특히 루크의 감정적이고 격정적인 행동을 일부 진정시킬 수도 있을 것이었다. 그녀는 평소보다 2, 30분 먼저 일어나서 일찍 하루를 시작하기로 했다. 그녀는 처음에는 이 아이디어에 당혹해했지만, 그 의미를 이해하고는 아침에 아이들이 깨기 전에 온라인적 용무들—조사, 이메일, 장 보기, 그 밖에 컴퓨터로 해야 하는 일들—을 처리했다. 시간이 더 필요한 경우에는 더 일찍 일어났다. 7시에 그녀는 아이들을 깨우고 하루를 시작할 준비를 시키며, 그동안 온전히 아이들에게 관심을 주었다. 그리고 다른 시간에도 이런 방식으로 아이들에게 집중하기로 약속했다. 늘 그렇게는 하지 못한다 해도 대부분 그렇게 했다.

루크와 애나는 수전의 이런 관심을 매우 즐거워했다. 아이들은 엄마의 온전한 관심에 둘러싸여 있었고, 보다 자주 그녀를 애정 어리게 껴안았다. 수전 역시 스스로도 루크와 애나와의 소통이 훨씬 좋아졌음을 느꼈다. 아이들과 함께 있을 때 그녀는 아이들의 말을 더욱더 경청하고 그에 반응해주었다. "네가 이렇게 큰 탑을 쌓았다고, 어떻게! 이번에는 파란색 블록을 많이 사용했구나. 정말 어려운 일을 해냈다고 칭찬해주고 싶구나!"

또한 그녀는 자신의 도움이 필요한 과정 속에서 아이들에게 작은 일들을 해주는 순간을 통해 아이들을 이해하고 받아들이는 법을 배웠다. "공들여 탑을 쌓았는데 애나가 부딪혀서 화가 났구나. 얼마나 힘들게 쌓았는지 안단다. 하지만 누나를 때려서는 안 돼. 누나를 때리면, 누나는 슬프고 너에게 상처받을 거야."

그녀는 루크의 독립 욕구, 좌절 등을 인내심을 가지고 살펴보고 아이에게 그것에 대한 해결책을 제시하는 방법들도 실행했다. "루크가 지금 누나를 도왔구나. 착한 동생이구나."

또한 지속적으로 아이와 함께 있는 것을 받아들였으며, 기타 온라인적 업무들은 일찍 처리하고, 몰래 이메일을 확인하고 싶은 욕구나 문자메시지에 대한 충동과 싸우고 아이들과 다시 시간을 보내야 한다는 것을 인지했다. 그녀는 이제 이런 충동적인 확인이 건강하지 않은, 중독 행위의 빨간 신호임을 알고 있다.

오래지 않아 루크는 학교까지 걸어갈 때 먼저 엄마의 손을 잡았으며, 방과 후에 집에 와서 산책하면서 마주쳤던 모든 것들에 대해, 자기가 하고 싶은 일에 대해 수다를 떨었다. 이런 긍정적인 발전이 일어나자, 수전은 학교와 집에서 루크에게 더욱 안정감을 느끼게 해줄 만한 더욱 창의적인 방법들을 찾아내게 되었다. 그리고 이제 아이의 협조를 바랄 때 뇌물을 주는 데 의존했던 자신의 행동을 끔찍하게 여기고 있다. 또한 아이가 스스로를 통제하지 못하고 산만하게 굴 때 자신이 그것을 이해하고 훈육하고 돌려세우고 문제를 해결하게 도우려고 들기보다 아이의 화를 가라앉히고자 전자기기 화면 앞에 앉혀두는 제안을 했음을 깨달았다. 우리는 그녀가 루크와 함께 루크의 감정들에 대해 이야기할 수 있는 방법을 찾고, 아이를 진정시키고, 아이가 스스로를 표현하게 하며, 특히 강한 감정을 느낄 때 적절한 방식으로 그것을 표현하도록 할 방법을 찾았다.

수전은 여전히 루크가 화면 앞에서 지나치게 많은 시간을 보내고 있으며, 자신이 아이의 칭얼거림을 이기지 못하고 TV를 틀거나 비디오 게임을 연결해준다는 사실을 느꼈다. 그녀는 완전히 태도를 바꾸어 지속적으로 아이들에게 그렇게 행동하지 않도록 노력했다. 나는 전자기기 없이 놀이를 할 수 있는 방법을 떠올려줄 대여섯 가지를 목록으로 적어주었다. 그림 그리기, 레고 쌓기, 앞마당에서 놀기, 근처에 있는 엄마와 함께 기억력 게임하기 등이었다. 먼저 수전은 이 목록을 인덱스 카드로 만들어 어디에나 가지고 다니면서 아이의 칭얼거림에 질 것 같을 때 방법을 떠올릴 수 있도록 했다. 마침내는 더 이상 그것을 손에 들고 다닐 필요가 없어졌다. 그럼에도 그녀는 그것을 냉장고 문에 눈높이에 맞추어 붙여두고 더욱 건전한 선택지를 스스로가 떠올릴 수 있도록 했다. 때로 부모와 아이들 모두에게 테크놀로지와 우리의 관계에서 이런 선택을 할 수 있도록 알려주는 대상이 필요하다.

동시에 수전은 온종일 매달려 있던 자신의 테크놀로지 습관 역시 줄이도록 노력했다. 그녀는 루크를 학교에 데려다주기 전에만 전화 통화를 하고 이메일에 답장을 보내는 것으로, 자신의 일과에서 이런 자잘한 시간들을 한 옆에 치워두었다. 그러자 그녀는 오프라인 세상에 좀 더 머물게 되고, 루크를 맞아주는 데서부터 루크에게 모습을 보여주었다. 나중에는 이런 시간이 최소한 45분이나 되었다. 이런 일들은 루크가 간식을 먹고, 엄마에게 일상적인 이야기를 하고, 가방을 풀고, 가족과 집에서 시간을 보낼 때, 그 사이의 시간을 테크놀로지에 현혹되지 않고 보낼 수 있게 해주었다. 언제고 수전은 루크와 애나와 함께 더 오랜 시간을 놀아줄 수 있게 되었다.

때때로 그녀는 어느 날에는 테크놀로지에 대한 필요를 느끼며,

아이들이 영화를 보거나 온라인 게임을 하게 허락해주기도 한다. 그러나 아이들이 언제, 무엇을 보는지에는 더욱 신경을 쓴다. 루크가 과자나 광고에 나오는 장난감들을 사달라고 조르기 때문이다. 그녀는 〈파워레인저〉와 〈스펀지밥 네모바지〉, 패스트푸드 업체가 후원하는 만화들을 보지 못하게 하고, 〈새서미 스트리트〉, 〈블루스 클루스〉, 〈로저스 씨〉, 그밖에 연구 결과 아이들의 감정 발달에 도움이 되는, 어휘력을 확장시켜준다고 추천된 프로그램들로 TV 프로그램 목록을 꾸렸다. 또한 그녀는 다른 프로그램들을 구분하여 선택하는 것도 배웠으며, 이제는 사회정서 교육을 촉진시키는 프로그램들로 눈을 돌렸다. 그녀는 아이들의 발달에 필요한 사회적·감정적 기술들의 모범이 될 만한 이야기와 인물이 등장하는 프로그램들을 고른다. 특히 그 안에서 표현된 분노와 부정적인 감정의 수준을 고려하고, 부정적인 감정이 긍정적으로 변화하고, 그 차이가 좋은 것이라고 전달하는 프로그램들을 고른다. 이제 그녀는 수많은 오락용 게임들이 아이의 발달적 측면에 조직적으로 작용하지 못하며, 인생의 기초적인 기술들을 전달하지도 못한다는 사실을 알고 있으며, 이런 것들을 피하려고 한다.

루크가 화가 났을 때 수전은 그것을 회피하거나 아이에게 화를 내기보다는 거기에 공감하고 관계하려고 한다. 그리고 이제 아이의 화를 변하기 어려운 성격적 결함이 아니라 폭풍처럼 지나가는 한순간의 일로 대하려고 노력한다. 이런 순간들은 아이가 화를 안전하게 경험하게 하고 그것으로부터 배우게 하는 기회가 된다. 우리가 아이의 화를 묵살하거나, 화에 화로 대응하거나, 혹은 그것으로부터 주의를 돌리고 싶은 유혹을 받을지라도, 아이들은 자신의 화에도 화를 드러내지 않는 어른들과의 관계에서 화와 실망, 좌절을 다루는 법을 배운다. 아이들은 자신이 화를 낼 때에도 우리가 자신을 사랑하며, 자신이 좌절했을 때에도 우리가 함께 옆에 있을 것이고, 그에 대해 실망하지 않는다는 점을 알아야 한다. 또한 아이들은 우리가 아이의 화를 붙들어둘 수 있을 뿐만 아니라 아이가 화를 붙들어둘 수 있게 해주고, 아이들을 달램으로써 그것을 해소하고, 그에 대해 아이와 공감하고 있다는 점을 알아야 한다. 좋은 교육용 TV 프로그램들과 기타 미디어들은 이런 메시지를 가르치고 강화해야 하지만, 먼저 아이들은 가까운 사람들에게 있어 자신이 첫 번째이고 가장 중요한 대상이라는 점을 배워야 한다.

마침내 수전은 자신과 가족들에 대한 테크놀로지의 긴급한 유혹으로부터 벗어나는 조치를 취했다. 자신이 컴퓨터를 하는 시간을 조직화한 데 더해, 스마트폰이 필요할 때와 그것이 집중을 방해할 때를 인식하면서 스마트폰과 자신의 관계를 다시 규정했다. 그녀는 이를 잠자리 습관에도 서서히 적용했고, 덕분에 루크와 애나는 잠을 충분히 잘 수 있게 되었으며, 그녀 역시 가족들과 융화될 기회를 더 많이 만들어낼 수 있게 되었다. 집안 분위기도 달라졌다. 더 쉽고, 행복하고, 유대감이 생겨났다. 이는 완벽하지 않고, 완벽할 수도 없었다. 그렇지만 수전은 엄마로서 자신감을 새로 발견했고, 이제 그녀가 바라는 방식으로 아이들과 연결을 유지하면서 삶에서 필요한 일들을 해나가는 데 있어 균형을 유지하는 전략을 가지고 있다.

루크는 계속 의미 있는 발전을 해나가고 있다. 아이는 더 이상 아침에 엄마가 유치원에 내려주고 갈 때 엄마에게 달라붙지 않는다. 유치원 교사는 아이가 수업 시간에 적응해나가고 있다고 말했다. 또한 아이의 발전에 놀라고, 아이가 ADHD를 앓고 있는 듯하다는 처음의 견해를 철회했다.

물론 수전과 루크의 방식으로는 완전히 해소되지 않는 주의력 문제를 가진 아이들도 있다. 하지만 ADD/ADHD에 대한 적절한 진단은 명확한 진단 표준에 따라야 한다. 나는 이해 가능한 심리적 문제로 평가되는 경우 도움을 받을 수 있으며, 이것 역시 진단의 일부로 삼아야 한다고 생각한다. 나는 ADD/ADHD를 겪는 아이들을 대해왔으며, 적절한 약물 치료가 아이들의 잠재력을 발전시키고 학교에서 잘 적응할 수 있는 능력에 차이를 만들어낸다는 것도 보아왔다. 하지만 최근 수년간 ADD/ADHD 진단은 급격히 많아졌으며, 아동의 경우 과잉 진단 논란도 증가했다는 사실을 생각하면, 이에 대해 아직 더 많은 연구가 필요한 것도 사실이다. 그럼에도 아동의 자기조절력, 주의력, 공격적 행동, 수면, 놀이 유형에 미치는 미디어와 전자기기 화면의 부정적인 영향을 다루는 연구들을 우리는 이미 많이 알고 있으며, 그 사이에 연관성이 있으리라는 점도 무시할 수 없다.

루크의 주의력 문제는 수전이 집에서 일으킨 변화, 그리고 부모와 아이가 함께 보내는 시간에 대한 주의 깊은 숙고로 인해 해소되었다. 아이가 이미 주의력 문제의 신호를 내보내고 있든, 부모로서 아이에게서 그런 위험 요소를 모두 없애고 싶어지든 간에, 거기에는 우리가 할 수 있는 일들이 분명히 있다. 첫 단계는 느긋하게, 실제로 자기 아이의 개인적 특성(독특한 리듬, 이해력, 주변 환경에 대한 민감성, 개인적인 상호작용 방식)에 대해 완전히 이해할 수 있도록 뜯어보고, 아이의 감정들 혹은 물리적 감각들이 어떻게 내적으로 갈무리되고 있는지를 이해해야 한다. 아이들은 모두 다르다. 우리는 아이의 하루나 집에서의 공간, 우리의 소통 방식을 이에 맞추기 위해 몇 가지 방법을 생각해내야 한다. 가족의 생활에서 다른 방식의 타협점이 필요하다 할지라도 말이다. 이는 아이가 그것을 하는 방식 즉, 자기조절 방식, 내적 작용을 건전한 방향으로 주변에 적응시키는 방식, 자신의 행복한 삶을 지탱하기 위한 선택을 하는 방식을 알게 해주는 기회이다.

당신의 아이가 지닌 개인적인 욕구가 무엇이든, 화면 달린 전자기기 사용 시간을 제한하고, 충분한 육체적 활동(일상적인 1인 놀이부터 팀 스포츠까지)을 시키고, 사회 활동(취미나 개인적 관심사)에 충분한 시간을 들이도록 하고, 반복적으로 자기 관리를 강화하게 하고(잠자리 정돈, 이 닦기, 자신이 먹은 그릇 치우기와 같은 특히 지루한 일상적인 일들에서), 아이들에게 사회적 기술들(대화할 때 눈을 맞추고, 방해하지 말 것)을 조언하는 일 등을 통해 일반적인 방식으로 아이를 지지해주는 가정환경을 조성해야 한다. 가족 간의 의례, 개인적·실용적 일상생활 규칙들을 만들어내고, 감정 발산 수단이 있고, 건전한 놀이를 할 기회를 만들기 위해 의식적으로 노력하지 않는다면, 테크놀로지는 유아의 건전한 발달을 약화시키고 압도하는 경험을 통해 가족의 관계를 쉽게 무너뜨릴 수 있다. 집에서 일으킨 변화가 깊은 차이를 만들어낼 수 있었던 루크와 수전의 사례는, 우리가 우리 아이들에게도 그렇게 노력해보아야 한다는 사실을 알려준다.

"이제 엄마를 그만 찾으렴"

당신의 테크놀로지 습관이 아이에게 하는 말

우리가 생각하기로, 우리가 원하는 최고의 부모, 아이들에게 되고 싶은 부모란 아이와 감정적 소통을 주고받는 데 완전히 몰두하고, 아이와 함께 완전하게 현재를 살아내면서 즐겁게 교류하고 탐구하는 부모이다. 이를 위해서는 우리의 테크놀로지 습관이 아이들의 그것보다 중요하다. 우리가 자주 컴퓨터 화면 속으로 사라지고 아이들과의 대화 도중에 빠져나온다면, 그것은 부모로서 꾀를 부리는 것이다.

유아기 자녀를 둔 부모와 상담치료를 하거나 대화하다 보면 이런 문제가 점점 커지고 있음을 분명하게 알 수 있다. 테크놀로지는 우리들에게 놀이하고, 쉬고, 식사하고, 잠자리에 드는 등 좋은 일상을 위한 이 연령대의 아이들이 지닌 욕구를 대충 처리하게 만든다. 많은 부모들이 아이들의 나쁜 습관이나 문제적 행동을 큰 그림의 일부분—자신들이 객관적으로 그것을 복원하기 위해 잠시 시간을 필요로 할 때—으로 설명하며, 여기에는 부모들이 저녁 시간 이메일을 확인하거나 TV를 보는 편의를 위해 아이들에게 기본적으로 필요한 욕구들을 한 켠으로 치워둔 일도 포함된다. 부모들이 두려워하는 일에는, 이 연령의 자녀가 자신의 감정적 반응을 조절하는 법을 습득하지 못하는 것뿐만 아니라 테크놀로지와 전자기기 화면에 대한 조직적 이용과 애착을 통제하지 못하며, 현실 세계의 과업을 처리하지 못하게 되는 일이 포함되어 있다. 직장에서의 시간과 가족과 보내는 시간의 경계가 거의 없어진 이래로 이제 목욕 시간, 저녁 식사 시간, 심지어 잠자리에 드는 데까지 이런 일들이 파고들어와 해야 할 일들 간에 경쟁 구도를 형성하게 되었다. 부모의 관심을 두고 벌이는 아이들의 경쟁과 그로 인한 양측의 긴장은 악영향을 끼친다. 이 연령의 아이들은 부모의 좌절, 분노, 화, 집착을 마음속에 강력하게 새기기 때문이다.

3~5세 유아는 자기 자신을 표현할 능력이 부족하고, "아, 상사와 시간이 달라서 엄마가 보고서를 마쳐야 하는구나."라는 것을 이해할 수도 없다. 아이들은 당신이 상황을 설명하고 자신을 한 옆에 가만히 있게 하면 그저 짜증내고 괴팍스럽게 굴 뿐이다. 아이들에게는 그저 어쩌고저쩌고로 들릴 뿐이다. 그리고 그것이 최선이다. 아마도 당신은 먼저 조용한 목소리로 "1분만."이라고 말했을 것이고, 몇 분이 지나자 "엄마가 1분만 기다리라고 했잖니."라고 다소 날카롭게 말했을 것이다. 때로 "엄마를 좀 놔두지 않겠니?" 혹은 "제발 좀 울음을 그쳤으면 좋겠구나."가 될 수도 있다. "2분만 좀 나가 있거라."나 "엄마를 계속 방해하면 앞으로 TV를 못 볼 줄 알아라!"가 될 수도 있다.

우리는 모두 이따금 이런 말들을 한다. 그러나 이 말이 지속되면 3~5세 아이의 귀에는 이렇게 들리게 된다. "엄마 옆에서 좀 떨어지렴.", "지금 네가 느끼는 그 감정들을 그만뒀으면 좋겠구나.", "그만 좀 보채렴.", "지금 여기에서 좀 나가렴.", "지금 당장 네게 신경 쓸 여유가 없구나.", "참 성가시구나." 그러니 제발 나가달라는 소리로 들리게 된다.

부모로서 우리들은 머릿속에 스스로를 진정시킬 사회적·감정적인 자리를 찾아내고, 이런 작은 순간들에 때에 따라 다른 방식으로 반응해야 한다. 심부름, 놀이 시간, 잠자리에 이르기까지 아이들과 소통하는 매일의 일상에서, 우리는 반복적으로 같은 것(자기조절력 및 사회적·감정적 기술들)을 가르친다. 하지만 더 중요한 것은 우리가 진실된 관심을 가지고 온전히 이런 일들에 집중할 수 있어야 한다는 점이다.

'마법의 해'에 일어나는 마법을 보호하라

3세에서 5세까지의 유아가 상상 놀이를 통해 삶에서 배운 모든 것들을 통합한다는 사실을 우리는 알고 있다. 아이들은 의사가 되기도 하고, 소꿉장난을 하며, 때로 영웅도 되었다가 도둑도 된다. 또한 인생이 늘 쉽지만은 않고, 슬프고 상처 입을 수 있으며 험난하다는 점도 배운다. 그곳에는 아픔도 있고, 총성도 있다. 죽음도 있다. 온갖 종류의 일들이 일어나며, 이런 개념들을 이해하는 상상력이 떠났을 때 아이들은 능숙하게 스스로와 보조를 맞추어나가며,

자신이 다룰 수 있는 정보들을 많이 받아들이고 좌충우돌하거나 따라잡기 힘들거나 해를 끼치지 않는 방식으로 서서히 더욱 깊은 이해에 도달해간다. 아이들이 너무 이른 시기에 과도한 시각적 자극과 선악에 대한 어른들의 정의에 노출되면, 아이들은 심리적으로 자신의 발달 단계보다 빠르게 앞서 나가며 그 경험을 스스로 처리하는 데 어려움을 겪게 된다.

《마법의 몇 해》의 저자 셀마 프라이버그는 8세 아이와 5세 아이의 침대 밑에 있는 상상의 악어는 각기 다른 야수라고 지적한다. 그녀는 어느 연령이든 아이들은 개인적이고 고유한 발달상의 판독 능력을 가지고, 그 순간 자신이 받아들일 수 있는 것을 정교하게 상상한다고 언급한다. 우리는 아이가 TV 화면 속에서 본 것 중 무엇이 아이를 압도했는지를 알지 못한다. TV의 기저에는 어른들이 보는 것이 깔려 있기 때문이다. 특히 유아들의 경우 종종 자신을 화나게 하거나 두렵게 한 것에 대해 언어로 설명할 능력이 부족한 경우가 많다. 우리는 수면, 주의력, 성마름, 공격성, 분노와 같은 모습으로 표현된 아이의 모습만 본다. 때로 한 가지 행동이 백 마디 말보다 많은 말을 하곤 한다.

강도도, 영웅도 될 수 있는 아이

내 친구 캐시는 교사이자 두 아이의 엄마로, 어느 날 눈물이 맺힐 정도로 몹시 화가 나서 내게 전화를 걸었다. "믿을 수가 없어!" 그녀는 4살 난 아들 잭에 대해 고함치며 불평을 했다. 잭이 구입한 지 얼마 되지 않은 3,000달러짜리 신상품 평면 TV에 엄마의 아이폰을 집어던진 것이었다. 할부도 끝나지 않은 것이었다.

"어떻게 그럴 수 있지? 그것보다 더 제대로 행동할 줄 알았는데!"

나는 잭을 안다. 아이는 생생한 상상력을 가지고 있고, 표현력이 풍부했으며, 놀랍도록 애정이 충만했고, 읽는 것을 좋아했으며, 원기 왕성하게 세계 속에서 자신의 자아를 감각하는 법을 배워나가고 있었다. 일반적으로 파괴적인 성향을 내보인 적이 없었다. 캐시의 설명에 따르면, 잭은 디즈니 만화영화인 〈101마리 달마티안〉을 보고 있었고, 대형 TV로 영화를 보던 중에 엄마의 신상 아이폰을 집어 들었다. 아이가 종종 가지고 놀던 것이었다. 마녀 크루엘라 드 빌이 요란하게 등장했을 때, 잭은 TV를 향해 그것을 내던졌고, 0.1초 만에 TV는 박살났다.

이해할 수 있을 테지만 캐시는 부서진 TV와 아이폰에 대해 화를 낸 것이었다. 하지만 잭은 휴대전화를 가지고 놀면서 화가 난 것이 아니었다. 아이가 던진 것은 테디베어나 주스 깡통이 될 수도 있었다. 자신이 본 것과 발달 단계상 다룰 준비가 되어 있지 않은 감정에 압도된 것으로, 잭의 행동은 유아가 지닌 마법적 사고의 한 징표였을 뿐이었다. 많은 유아들이 크루엘라 드 빌에 공포를 느끼는데, 특히 책에서보다 TV 속에서 본 것에 더욱 놀란다. 아이들에게 그 마녀는 갑작스럽게 튀어나온 무시무시한, 살아 있는 존재이다.

지면과 화면은 매우 다른 체험을 안겨준다. 특히 유아들에게는 더욱 그렇다. 미디어와 아동건강 연구소의 마이클 리치Michael Rich는 성인들은 폭력적이거나 위협적인 등장인물이 실제 삶으로 튀어나오는 TV 화면과 동화책 지면상의 모습을 구분 지을 수 없다고 설명한다. 하지만 "아이들은 자신의 삶의 체험을 있는 그대로 상상하기에, TV에서 폭력을 보는 것과 책에서 이미지화된 폭력을 구분 지어 상상한다."

지면 위의 크루엘라는 정지 상태에 있다. 목소리도 가지고 있지 않다. 주도적인 역할을 하는 것은 엄마의 목소리이며, 엄마는 공포감의 정도에 따라 목소리를 조절하는 법을 알고 있다. 엄마와 아빠, 아이돌보미는 직관적으로 무서운 것들을 각색하거나 목소리의 톤을 조절하고 때로 귓속말을 하기도 한다. 영아들도 자기 주변 성인들의 의도를 직관하는 능력을 가지고 있다는 것을 밝힌 연구들이 있음을 상기해보고, 3, 4세 유아가 크루엘라를 실제보다 더 거대하게 받아들이는 그 모습을 상상해보라. "바로 저기 거실에 있어."라고 말이다. 그러니 잭에게 그 모습이 어떻게 비쳤을까?

그리고 이것이 요점이다. 나는 화면 속 크루엘라의 모습이 아이의 상상력이 예상하는 범주를 뛰어넘어 얼마나 크고, 공포스러우며, 위협적이었을지, 그리고 거대 악을 마주한 잭의 모습을 그려보았다. 즉각적인 감각 과부하 속에서 마녀의 소리와 외양은 4살 난 아이를 위협하고 온몸으로 반응하게끔 촉발했을 것이다. 7살 난 아이의 반응은 이와 다르다. "너무 무서우니 TV를 꺼야지."라거나 "무섭지만 저건 실제가 아니잖아."라고 생각한다. 하지만 4살짜리에게는, 공포에 떠는 잭은 그렇게 이해하기에 충분히 나이를 먹지 못한 상태였다. 크루엘라는 매우 악독했고, 현실을 이해하고 휴대 전화를 집어 던지지 않을 만큼 자제력을 가지기에는 아이가 너무 어렸다.

우리는 잭이 그토록 거친 반응을 했을 때 그 마음속에서 무슨 일이 일어났는지 정확히 알 수 없지만, 그 행동이 못된 아이의 생각 없는 행위가 아님은 알 수 있다. 연구 결과들은 우리가 아직 이해하지 못하는, 아이의 발달 측면에 미치는 테크놀로지의 영향에 대해, 그리고 테크놀로지와 발달 중인 어린 두뇌 사이에 일어나는 부정적인 영향의 잠재성에 대해 신중하게 접근해야 함을 알려준다. 우리의 3, 4세 자녀들에게서 일어나는 미디어와 테크놀로지에 대한 경이로움을 탐구하기 시작하면서, 우리는 옷 갈아입히기 게임을 실제 게임이 되게 하고, 우리 아이들이 자기만의 마법을 만들어 낼 수 있도록 우리 스스로를 일깨워야 한다.

CHAPTER **FOUR**

초등학교를 침공한 디지털 세상의 그림자

우리가 생각하는 초등학생적인 것은 없다

아이들은 안에 앉아서 아이패드를 가지고 노는 데 완전히 사로잡혀 있다. 이것은 무용한 일이다. 6살 난 내 사촌을 보면, 그 애는 소파에 앉아서 친구와 함께 아이패드로 〈스쿠비 두〉 게임을 한다. 좋았어, 이크. 내가 6살 때 나는 테디베어를 문설주에 묶거나 베란다 난간 바깥으로 던지는 방법을 찾아내는 데 골몰했었다. 나는 자매들과 내가 할 수 있는 재미있는 일들을 생각해냈는데, 나와 내 사촌은 이에 대해 분명 다른 생각을 할 것이다. 그 아이들에게 재미있는 것은 소파에 앉아 화상채팅을 하는 것이기 때문이다. 내 사촌에게는 유년 시절이 없다.

_**수잔나**, 13세

10살 트레버는 모든 것을 즐기면서 봄방학을 보냈다. 이메일을 확인하고 자신을 기다리고 있는 이상한 메일 한 통을 발견했을 때까지는 그랬다. 메일 발신자의 이름은 '추잡한놈XYZ'였다. "전 무작위로 보내진 메일일 거라고 생각했어요. 그러니까 스팸메일이요. 아니면 뭐 장난이거나요."라고 트레버는 말했다. "누구에게도 말하지 않았어요. 즉시 지웠고요."

약 1달 후 같은 발신자로부터 2통의 메일이 올 때까지 트레버는 이 일을 완전히 잊었다. 이번에 '추잡한 놈XYZ'는 그를 'X 같은 더러운 놈'이라고 지칭하면서 그의 성기를 빗댄 멸시적이고 성적인 비아냥을 퍼부었다. "누군가가 할 수 있는 한 제 기분을 상하게 하려고 했다는 생각이 들기 시작했어요."라고 트레버는 말했다. "전 정말로 질겁했어요. 뭘 해야 할지도 모르겠더라고요. 그러니까, 처음에 저는 거기에 반응하지 않았어요. 누구나 말하는 그런 종류의 스팸메일이라고 생각했으니까요. 하지만 그건 집요하게 제게로 보내졌어요. 저는 방 안을 서성거리면서 뭘 해야 할지를 생각했어요. 한 5분 동안 저는 마음을 가다듬고, 이건 부모님께 말씀드려야 하는 문제라고 생각했어요."

아이의 부모는 학교 교장에게 해당 이메일을 보여주었다. 교사들은 학생들끼리 알고 있는 소문들을 듣고 한 주 안에 '추잡한 놈 XYZ'를 찾아냈다. 그 인물은 10살 여학생으로, 몇 차례 통학 버스에서 트레버가 공공연하게 자신의 어눌한 말투를 놀린 데 원망을 품고 있었다. 여학생은 친구들에게 "트레버에게 끔찍한 일을 겪게 해줄 거야."라고 말했다고 한다. 하지만 그들 중 누구도 그녀가 어떤 짓을 할지는 생각지 못했다. 결국 그녀가 한 일은 친구의 이메일을 사용하여 성적 공격이 담긴 이메일을 보내는 것이었다.

"영화에서 보면 주인공이 무너질 때 모든 것이 슬로 모션으로 보이잖아요, 전 그걸 느꼈어요." 엄마와 함께 처음 내게 상담을 받으러 온 날 트레버가 말했다. 아이는 분노와 우울에 시달리고 있었다.

마지막 메일이 오고 범인이 밝혀진 지도 1년이 되었지만, 학생들을 비롯해 학교에서 이 이야기는 아직도 조용히 대화 사이사이에 등장하고 있다. 학교와 온라인 세상에서는 비밀을 지키기가 어렵다. 그 여학생은 며칠 동안 정학을 받았고, 학교로 돌아왔을 때 트레버에게 가까이 접근하지 않았다고 한다. 하지만 그녀의 패거리들은 계속 그녀 주변에 모였고, 그녀에 대한 학교의 태도는 근본적으로 변화하지 않았다. 반대로 트레버는 계속 고통에 시달렸다. 그 일이 일어난 후로 그는 화가 치밀었다가 불안해했다가 수업에도 집중하지 못했다. 좋았던 성적은 떨어졌다. 그 전에는 학교에 가는 것을 좋아했지만 이제는 싫어하게 되었다. 이메일을 확인할 때마다 진저리를 내며 그곳에 자신이 원치 않는 이름이 있는지를 먼저 확인하곤 했다. 그 여학생과 학교에서 거리를 두고 지낸다 해도 트레버가 이미 겪은 일들은 변하지 않으며, 그에 대한 끔찍한 대화들은 사이버 공간에서 계속될 것이다. 성적 모욕감을 담은 이메일은 대부분의 성인들에게도 끔찍한 경험이 될 수 있다. 그리고 그것은 10세 아동의 삶에서 아이나 아이의 부모가 대비했어야 하는 일도 아니다.

이 초등학교에서 1,500킬로미터 정도 떨어진 곳에서는 어린 학생들에 대한 테크놀로지와 테크놀로지 인터페이스의 밝은 측면을 보여줌으로써, 학생들과 전자기기 화면들에 대한 안심되는 시각을 제공하고 있다. 24명의 초등학교 2학년 학생들이 이야기 시간을 위해 모여 있다. 아이들은 전략적으로 배치된 의자에 앉아 떠들며 벽에 걸린 화이트보드를 주시하고, 데이비스 선생님은 이야기 하나를 큰 소리로 읽어줄 준비를 하고 있었다. 조용하고 환대하는 듯한 태도, 아이들 각각에게 사려 깊게 반응하는 그녀의 모습은 '로저스 씨'가 보통 보여주는 태도와 유사하다.

이 학생들은 이야기 시간 동안 배경으로 옛날식으로 편안한 구석이나 화이트보트를 선택할 수 있으며, 종종 컴퓨터 화면을 선택하기도 한다. 아이들은 둘 다를 좋아하지만, 자유 시간에는 이전 세대 아이들이 그랬던 것처럼 가장 좋아하는 책을 찾아 책꽂이 앞에 모인다. 하지만 부모들 대부분이 그 연령대에 했던 것과 달리, 아이들은 각자 개인적인 온라인 서고를 가지고 있으며, 자신들이 표시해둔 책장을 찾을 수 있고, 대출 기한도 확인할 수 있다. 또한 온라인 자료들에 접속해 이용할 수도 있다. 이날 이후 4학년 학생들은 수업 시간에 조사 자료들을 찾고 인용했다. 저작권의 의미와 표절을 피하는 법을 포함해 온라인 자료 조사 방법에 대해 간단하게 토론한 후에 아이들은 컴퓨터실로 가서 로그인한 후 다 하지 못한 과제를 위해 각자 할 일을 했다.

미디어와 테크놀로지 교육과정을 갖춘 대부분의 학교들에서는 읽기와 문헌 조사 기술, 영리하고 책임감 있는 테크놀로지 사용법에 대한 프로그램들을 유치원부터 5학년생에게까지 가르치고 있다. 이런 식의 초등 교육과정은 전반적으로 컴퓨터, 인터넷, 과제를 위한 소셜 미디어 활용 및 모든 목적에서 그 이용 방식을 배우게끔 짜여 있다. 아이들은 디지털 사회의 좋은 시민이란 무엇인지를 배우고, 어떻게 하면 테크놀로지 사회가 자신들에게 안전하고 시민의식으로 가득한 곳이 될 수 있는지 그 행동 규범을 검토하게 되어 있다. 많은 아이들이 이미 가정에서 테크놀로지의 오락적 사용에 익숙해 있다. 그리고 그중 소수의 아이들만이 부모와 디지털 시민의식 및 네티켓에 대해 논의한 적이 있었다.

미디어 센터의 조용하고 조직화된 공간, 그리고 아이들의 발달과정에 맞추어져 짜인 교육과정은 전 학년을 대상으로 아이들과 테크놀로지 간의 상호작용이 최선의 방향이 되도록 하고 있다. 하지만 트레버의 경우를 비롯해 많은 사례에서 볼 수 있듯이, 많은 아이들이 학교가 제공하고자 애쓰는 주의 깊게 통제된 환경에서 벗어나고 있다. 옛날식 정보 통로는 추월되고, 또래 사회는 확장된다. 이는 필연적으로 아이들을 방대한 온라인 세상으로 이끈다. 때때로 초등학생들까지도 자신이 본래의 삶의 영역이 아닌 다른 상황들에 놓여 있음을 발견하는데, 여기에는 그래서는 안 되는 상황도 많이 포함되어 있다. 미숙함은 문제를 유발한다. 유치한 생각과 무모한 행동을 수반하기 때문이다. 부모들은 양육자로서의 일반적인 역할 외에도 게이트키퍼로서, 테크놀로지의 감시자로서, 지지자로서, 사이버 생활의 심판관으로서 이런 새로운 방식들을 따라잡기 버거워하고 있다.

전통적으로 그리고 선천적으로 이 연령기 아동 발달의 많은 부분은 다른 사람들과, 흥미로운 세계 너머와 연결되고 싶어 하는 아이들의 열망에 의해 움직인다. 늘씬하고, 눈에 띄며, 성숙해 보이고, 영리해지고, 멋져 보이고 싶어 한다. 컴퓨터가 아이들의 새로운 놀이터가 되었다면, 우리는 이제 아이들이 그곳에서 무엇을 하며, 누구를 만나고, 무엇을 배우는지에 대해 질문해야 한다. 온라인은 이웃의 멋진 놀이터보다 확실히 빠르고 복잡하다. 아이들이 그곳에서 찾는 모든 '좋은 것'들은(스크린 게임과 상업 광고창부터 유튜브에 이르기까지 영향력을 미치는 것들을 비롯해 소셜 미디어, 온라인 성인물 등) 아이들에게 발달 단계상 이해할 준비가 되어 있지 않은 이미지와 정보 들을 소개한다. 이는 멋져 보이는 것, 눈에 보이는 성인등급의 멋진 모습을 흉내 내는 아이들의 타고난 열망과 조합되어 아동기를 무너뜨린다. 초등학교 2학년생들이 섹시한 10대의 모습을 흉내 내고, 4학년생들이 자신들보다 훨씬 나이 많은 게임 동료들을 온라인상에서 '친구'라고 부르며 함께 많은 시간을 보내는 모습을 본 적이 있을 것이다. 6세에서의 10세까지 삶이 그 연령의 발달 단계상의 일반적인 이해 능력을 넘어선 인위적인 시대정신을 받아들이고 있는 것이다. 지금 언급한 일들은 겉보기에 피상적으로 보일 수 있지만, 실질적으로 아이들은 너무 이른 시기에 근본적으로 발달상의 성장을 쥐어짜내면서 질식하고 있다.

초등학생적인 것은 아무것도 없다

부모, 교사, 학교 관리자 들이 위협적이고 통제할 수 없는 상황들에 대해 이야기를 나누고자 내게 전화를 걸었다. 그들은 좋은 학생들, 좋은 학교, 좋은 부모들에 대해 설명하는 것으로 말을 시작했다. "한데, 지난주에 말이죠……." 그들은 어린 학생들 사이에서 새로 나타난 문제 행동이나 태도에 대한 이야기를 시작하기 전에 늘 이렇게 말을 꺼낸다. 그리고 모두들 어떻게 그런 일이 일어났는지, 무슨 일이 벌어진 것인지 이해하려고 고투한다.

"저희는 한 소녀의 아버지를 살해하겠다고 위협한 1학년생 남자아이를 퇴학시켜야 했습니다."라고 교장은 말했다. "그 아이는 TV나 영화에 과다 노출된 데서 비롯된 것이 분명한 폭력적인 언어를 사용하고, 학교 문화에서 받아들일 수 있는 정도를 넘어선 강한 심리적 특성을 보이고 있었습니다."

"버스 통학도 말도 못 할 정도로 힘듭니다. 이제 아이들은 통제를 벗어난 것처럼 보입니다." 다른 학교 관리자가 말했다. "5학년생이 2학년생에게 휴대전화로 외설적인 유튜브 동영상을 보여주기도 했습니다. 그게 재미있다고요. 하지만 아이들은 그렇지 않았지요."

"제 4학년짜리 딸이 동급생 남자아이에게 '넌 너무 섹시해'라고 쓰인 이메일을 한 통 받았습니다."라고 한 엄마가 말했다. "딸은 그 남자아이에게 '네가 이런 말을 하는 것이 싫다'고 말했답니다. 저는 딸이 남자아이에게 왜 그 내용이 자신을 불편하게 했는지에 대해 설명하는 이메일을 쓰는 걸 도와주었지요. 하지만 이제 딸은 그 남자아이와 친구로 지내기 싫다고 합니다. 그 아이와 있으면 불안하다고요. 그 아이는 제 딸과 개인적으로는 결코 대화하지도 못할 것이고, 제 딸과 삐걱거리고 있다는 걸 느끼겠지요."

이전 시대에는 아동기의 근본 수칙이 상당히 단순했고, 특히 이 연령에서는 더욱 그랬다. 숙제를 해라, 공정하게 놀이를 해라, 부모님 말씀을 잘 들어라, 가족을 공경하라. 이 시기는 우정을 노래하고, 정의감이 움트고, 잘못된 것으로부터 올바른 것을 배우는 나이였다. 존중, 친절, 나눔과 같은 가치를 실행하면서 자부심을 가졌다. 이것이 성숙함을 대표하기 때문이다. 아동기는 향수 어린 추억으로 묘사할 만큼 결코 단순하지 않으며, 5세부터 10세까지의 시기는 안전한 가정에서 학교와 사회라는 더 큰 사회로 아이를 이끄는 중대한 발달적 이행이 일어나는 시기이다. 에릭 에릭슨Erik Erickson은 이 연령대를 학교에 들어가고 난 후 아이의 내적 단계에서 '삶으로 들어가는 입구로 가는 모든 것이 그를 위해 형성되는 시기'로 보았다. 학교에 간 첫날 5, 6세 아이는 용감하고 기대

만만하게 학교생활을 시작하며, 나날이 자신감과 개성을 갖추어나간다. 때로는 경탄스러울 만큼 놀라운 순간을 우리에게 선사하기도 한다. 어느 날 아침 안녕의 손짓을 하고 두 번 뒤를 돌아보지 않게 된다. 부끄럼 많던 아이가 어느 날 새로운 친구를 집으로 데리고 온다. 자기 우선적이었던 아이가 힘들어하는 학급 친구에게 동정 어린 손길을 내밀어 주고자 잠시 선다. 여기에서부터 5, 6세 아동들은 도덕의식, 자아상, 감정이입, 굳건한 단체의식을 지니는 청소년기로 이행할 준비를 갖추는 것이다.

이 시기의 건전한 인식과 사회적·감정적 성장은 손을 많이 사용하는 놀이, 호기심, 상상력, 가족·사회·우정으로 확장된 영역에서 이루어지는 경험들의 층위들이 쌓이면서 그 토대가 닦여나간다. 아이들은 새로운 아이디어를 탐구하고자 열망한다. 발레, 곤충, 야구 등 개인적 흥미를 가진 대상에 완전히 숙달되기를 바란다. 더 넓은 사회 집단, 스승과 새로운 관계를 만들어나가기도 한다. 테크놀로지는 본능적으로 유혹적일 수밖에 없다. 아이들은 부모를 당황시키는 어려운 문제들을 탐구하는 두려움 없는 사상가이자 항해사이다. 그러나 활동 반경이 넓어졌다고 해도 아이들은 여전히 부모, 가족, 친구들, 지역사회에 대한 중대한 애착을 형성해나간다. 가족의 중요성과 가치, 자아 발견, 주변 세계와 사람들에 대한 본능적인 호기심을 위한 강력한 토대가 구축되는 시기인 것이다. 아이들은 삶과 관계를 맺는 자신만의 능력을 계발시켜야 한다. 그것이 회복탄력성과 자기동기부여를 계발시켜나가는 방식이다.

또한 이 시기는 도덕성 발달에도 중요한 시기이다. 도덕성이 형성되는 5세에서 10세까지의 기간에 아이들은 옳고 그름의 문제와 사투를 벌이고, 자신의 말과 행동이 다른 사람들에게 미치는 영향에 대해 책임을 지고, 자신만의 개성을 알아가고 그에 대한 자신만의 동기와 이유를 깨달으며 자란다. 아이들은 양심이라는 어려운 문제를 해결하려고 노력하는 정신적 근육을 가지고 있다. 너무 이른 시기에 컴퓨터, 휴대전화, 온라인 활동이 안겨주는 정보들로, 초등학교는 이제 아이들에게 서로 테크놀로지를 통해 관계 맺는 법을 가르쳐주는 훈련의 장이 되어가고 있다. 아이들이 효과적으로 직접 소통하는 법을 배워나가야 할 발달 단계에서, 테크놀로지로 매개된 환경은 인간을 적절하게 대체할 수 없다.

내면의 비평가

운동장에서 벌어지는 놀이가 제아무리 험하다 해도, 학교 생활에서 벌어지는 사회적 난투극이 제아무리 힘들다 해도, 아이들을 가장 힘들게 하는 경쟁은 매일매일 또래집단을 통해 이루어지는 평가이다. 8세 전후로 아이들은 더욱 경쟁적인 방식으로 또래들과 자신을 비교하기 시작한다. 내면의 비평가의 목소리가 커지는 것이다. "나한테는 정말 좋은 친구가 없어.", "나는 느려.", "저 애가 나보다 더 잘 읽어." 이런 일은 새로운 것이 아니지만, 미디어와 온라인 생활은 아이들이 자기평가를 하는 데 있어 성인의 논법을 도입시킨다. 아이들이 그곳에서 보는 행동들, 멋지고 귀엽고 용감하고 대담하다고 여겨지는 행동들은 아이들의 연령과 삶의 단계를 생각해볼 때 적절치 않은 것이다. 이런 식의 혼재에는 대형 쇼핑몰과 이메일에서의 청소년, 성인, 악명과 명성을 오가는 유명인들에 대한 미디어 보도들, 지긋지긋한 정치가들, 10대 잡지들, 빅토리아 시크릿과 같은 것들이 포함된다. 내면의 비평가의 존재는 더욱 거대해지고 목소리가 커진다. 그리고 더는 아이들의 머릿속에서만 울리는 존재가 아니게 된다. 그것은 온라인 채팅방, 문자메시지, 이메일, 광고, TV 프로그램, 비디오 게임, 일주일 내내 온종일 켜져 있는 방대한 미디어 환경 등 어느 곳에나 존재하며, 아이들의 내면의 무대에서 북적거린다.

내면의 비평가가 커질수록 부모들은 필연적으로 내면의 동맹자의 목소리가 되어야 한다. 그 목소리는 아이들에게 가장 내밀한 자아에 대한 감각에 균형을 맞출 수 있게 돕는다. 부모의 긍정적이고 꾸준한 격려는 아이들에게 내면화된다. "나는 이걸 다룰 수 있어.", "나는 좋은 친구야.", "나는 좋은 사람이야.", "나는 잘못을 통해 올바른 일을 배울 수 있어.", "나는 나 자신을 아낄 줄 알아.", "나는 사람을 잘 도와." 같은 목소리를 가지게 되는 것이다.

이런 견고한 자아감각과 자기평가, 이 시기에 형성된 정체성의 중심 부분은 발달되기 위해 시간이 필요하다. 1학년 때와 5학년 때의 차이를 생각하면 매우 놀랍다. 아이들이 나날이 지적·감정적으로 자신들이 체험한 것을 처리하고, 자신들이 체화한 지식과 경험에 새로운 정보를 통합시키기 위해서는 시간이 필요하다. 이 모든 것을 굳히는 데는 시간이 필요하며, 그리하여 아이들은 그것들에 의미와 타당성을 부여한다. 이상적으로 아이들은 부모와 함께, 가족과 지역사회의 가치관 안에서 이 일을 수행한다. 이 일은 방과 후에 엄마나 아빠와 함께 간식을 먹으면서, 혹은 수업 시간에 선생님과 함께, 아이돌보미나 혹은 집에 있는 다른 보호자와 함께 수다를 떨면서 이루어진다. 저녁을 먹으면서 그날 있었던 일에 대해 가족과 함께 대화하면서 지지받거나 혹은 개인적 판단이 개입되지 않은 말들을 나누면서 스스로 생각해보기도 한다. 잠자리 독서 시간이나 의례적인 일상생활들도 조용한 공간에서 숙고할 수 있게 해주며, 그날의 일들을 조용히 마무리할 기회를 준다.

이 모든 일들을 할 시간은 디지털 시대 이전에는 손쉽게 낼 수 있었다. 자유로운 놀이 시간이 줄어들고 미디어와 테크놀로지에 몰두하는 발달기를 보내면서, 우리 아이들은 숙고, 대화, 특히 부모와 가족들과 함께 할 시간을 보장받지 못하게 되었다. 대신 아이들은 학교에서 집으로 차를 타고 오면서 휴대용 전자기기를 들여다보고, 사진을 돌려 보고, 친구들에게 문자메시지나 이메일을 보낸다. 집에 도착할 때까지 아이들의 소셜 네트워크는 다음 단계로 계속 나아가고, 아이들은 여전히 그것으로 친구들과 대화를 주고받는다. 아이들은 더는 학교에서 일과를 마치고 집으로 온 것이 아니다. 학교생활, 그리고 훨씬 더 큰 온라인 커뮤니티를 집으로 끌고 왔다.

"과도하다는 기분이 들어요."라고 한 엄마가 말했다. 그녀는 차로 학교에서 아이들을 데려오는 시간 동안 아이들과의 대화를 기대했으나 결국 전자기기 화면 속 다양한 활동들에 아이들을 빼앗겼다. "제가 운전하는 동안 일어나는 일들과 뒷좌석에서 들리는 아이들의 목소리는 모두 유튜브를 보고 하는 말이에요. 그럼 저는 '에라 모르겠다' 하고 생각하지요. 그러니까 제 말은, 부모가 그런 일을 어느 정도나 감시하고 중단시킬 수 있겠어요?"

냰시는 2학년인 딸 앨릭스에 대해 걱정하고 있었다. 앨릭스는 자기를 뒤에 남겨두고 아동기를 떠난 또래들로부터 압박을 받고 있었다. 앨릭스는 아직 공책에 이빨요정에 대한 글을 쓰지만, 다른 친구들은 이미 화장법과 10대 중심의 웹사이트, 언니오빠가 보는 TV 쇼들에 대한 이야기를 나누고 있다. "그 아이들은 앨릭스가 아직 그에 대해 알 준비도 되어 있지 않은 것들에 대해 이야기를 나눠요. 물론 앨릭스는 그 아이들과 친구로 지내고 싶어 하고요." 낸시가 말했다. 부모로서 낸시가 느끼는 덫에 걸린 듯한 기분은 놀라운 일도 아니다.

발달 단계를 뛰어넘게 만드는 테크놀로지

아이들의 학습과 내면 활동에 관해 장기간 확립된 관점들은 속도에 대한 추구가 가장 중요한 방식에서 자연스러운 발달 속도를 망가트린다고 말한다. 빨리 자라야 한다는 압박 혹은 아이들의 발달 범주를 넘어선 콘텐츠나 영향력 들에 아이들을 노출시켜야 한다는 압박은 아이들을 영리하게 만들지도, 곧바로 아이들의 이해력을 증진시켜주지도 않는다. 대신 아이들이 발달 과정상의 중대한 단계들을 뛰어넘게 만든다. 초등학교 첫 번째 의무는 사회적으로 약속된 규칙들을 가르치는 것이다. 더 큰 사회집단 안에서 자신만의 방식을 찾는 법, 친구를 사귀고 친구가 되는 법, 공정하게 경쟁하고, 사회적 신호들을 읽고, 학교 내 소년/소녀 문화에서 자신의 영역을 찾는 법을 가르치는 것이다. 테크놀로지로 매개된 통신을 통해 하는 많은 일들은 놀이 분야를 변화시키고 이 시기의 발달 과업을 상당히 복잡하게 만든다.

문제를 겪는 아이를 돕기 위해 혹은 염려를 가지고 학교를 방문해보면, 종종 이렇듯 발달 과정을 빨리 뛰어넘게 만드는 테크놀로지의 효과가 한 가지 역할을 하고 있음을 알 수 있다. 때때로 아이들이 특정한 관계적인 체험을 놓친다는 것이다. 즉 공유하고, 성질부리지 않고 상대의 의견에 반대하며, 눈을 맞추고, 다른 사람들을 깎아내리거나 부적절한 손찌검을 하지 않는 법을 배우지 못하는 것이다. 또한 아이들은 자신의 감정을 표현하거나 행동으로 옮길 때 어떤 것이 괜찮고 어떤 것은 안 되는지에 대한 중요한 메시지들을 듣지 못한다. 때로 아이들은 자신들이 시청한 인기 있는 TV 프로그램이나 인기 있는 유튜브 장난들을 모방하는 행동을 한다. 아이들은 아직 아이들일 뿐이고, 아이들이 행동하고 반응하는 근본적인 방식은 영원히 유지된다. '나쁜 아이'나 감정적으로 혼란스러운 아이들에게만 해당되는 것은 아니다. 한 3학년 남자아이는 자신이 좋아하는 여자아이를 옷장으로 데리고 들어가 서로 셔츠를 끌어 올리고 서로의 유두에 키스를 했는데, 그것은 남자아이가 전날 밤 컴퓨터에서 본 행동이었다. 4학년 남자아이는 인상적으로 보이고 싶은 마음에 한 여자아이에게 노골적으로 성적인 랩 가사들을 보내기도 했다. 자신을 당황시킨 데 대한 보복으로 트레버에게 성적 모욕이 담긴 이메일을 보낸 10살 여자아이도 있다. 이 아이들은 이런 종류의 아이디어나 가사 들을 스스로는 꿈에서도 생각해내지 못한다. 단지 만연되어 있는 미디어와 온라인 환경에서 이런 콘텐츠들을 주워섬겼을 뿐이다. 지금 아이들은 힘에 부친 상태이고, 어른들의 도움이 필요하다.

발달적으로 이 시기의 아이들은 충동을 길들이는 법을 배우기 위해 부모와 교사들의 도움을 필요로 한다. 즉 자신의 차례를 기다리고, 새치기하지 않고, 학급 토론 시간에 소리 지르지 않는 것 말이다. 행복함을 느끼고, 혼자 있는 능력을 기르기 위해서는 스스로와 관계 맺고, 다른 사람들에게 공감할 줄 알아야 한다. 인생에는 배우기 위해 반드시 해야만 하는 몇 가지 일이 있고, 받아들여야만 하는 일도 많이 있다. 자전거를 타는 법을 배우고, 내면의 개성적인 자질을 계발하고, 계획한 것을 실제 삶에서 실행하는 것 등 말이다. 이렇듯 습득하여 배워나가는 과정 없이 전자기기 화면에 달라붙어 있는 시간은 이런 중요한 사회적 기술과 공감 능력의 기반을 약화시킬 수 있다. 연구들은 이미 미디어와 소셜 네트워크가 외로움, 우울증, 주의력 장애, 청소년들 사이의 테크놀로지 중독에 한 역할을 하고 있음을 제시하고 있다. 미디어 노출이 어린 아동들 사이의 충동성과 공격성에 영향을 미친다는 연구 결과들도 많다. 소통에 대한 인간의 본능적인 끌림과 새로운 학교 환경에서 아동의 세계가 확장되는 가능성을 전자기기 화면 사용 시간과 맞바꾸는 것은 저학년 시기의 끔찍한 낭비라 하지 않을 수 없다.

국립 신경장애 및 뇌졸중 연구소의 인지-뇌과학 연구소장이자 뇌발달을 위한 다나기금 연구협회의 회원인 조던 그라프먼Jordan Grafman은, 인지 발달처럼 감정적·사회적 발달도 테크놀로지의 '신중한 사용'으로부터 이득을 얻을 수 있다고 한다. "하지만 무분별한 유행을 좇아 사용하게 되면, 뇌는 부정적인 방식으로 생각을 형성하게 된다." 그라프만과 동료 연구자는 다나기금의 연구보고서에서 "신중한 사고는 전두엽에서 이루어지는데, 문제는 이것이 10대가 되기 전에 형성 과정이 이루어진다는 것이다. 이 과정이 이루어지는 사이 테크놀로지에 대한 끌림은 매우 일찍부터 아이들을 사로잡고, 이 시기의 아이들은 대개 그것에서 물러나거나 적절한 혹은 필요한 만큼만 사용하도록 결심하지 못하며, 어느 정도가 과도한 것인지도 알지 못한다."라고 쓰고 있다.

바이로 의과대학 신경과학 부서장이자 다나 싱크탱크의 회원인 마이클 프라이드랜더Michael Friedlander는, 미디어와 테크놀로지가 아이들에게 미치는 장기적인 영향에 대해 말하면서 아직 명백히 밝혀진 사실들이 부족하다고 언급했다. "이 관점에서 우리가 할 수 있는 최선은 더욱 통제된 환경에서 그 행위가 이루어지고, 아이들의 현실 세계가 이런 테크놀로지들과 상호 소통할 수 있도록 과학에서 그 방법을 찾아야 한다."

나는 아이들이 테크놀로지와 소통하는 그 현실 세계에 깊게 관계하며 일하고 있다. 그러면서 이런 빨리감기 현상이 초등학교 아이들에게 10대 전체에 걸쳐 더 크게 문제를 일으키게 만드는 4가지 근본적인 방식을 알게 되었다.

- 그 어느 시대보다 어린 나이에 아이들이 파괴적인 성규범을 접하기 시작하는 일이 증가하고 있다.
- 사회적 학대가 유행처럼 번지고 있으며, 소셜 미디어를 통해 이런 현상은 더욱 강해지고 있다.
- 대중문화는 폭력의 일반화, 성적 착취, 외설물, 성인사이트 등으로 아이들에게서 아동기를 없애고 있다.
- 이 연령대의 아이들은 자신의 능력으로 다룰 수 있는 내용 이상의 것들 혹은 테크놀로지 오용의 결과에 대한 예측을 훨씬 뛰어넘는 수준으로 테크놀로지에 접촉하고 있다.

어느 시대보다 빨리 강한 성규범과 공격성에 노출되는 아이들

초등학생 자녀 셋을 둔 타라는 7살 난 딸로부터 어느 날 쉬는 시간에 일어났던 이야기를 들었다. 여자아이들은 소녀 밴드들과 소년 밴드들 사이에서 〈아메리칸 아이돌〉을 흉내 내며 "난 섹시해요. 난 알아요."라는 노래를 불렀다. 학급 아이들은 서로 몸을 맞부딪치고 비비고—성인들의 성적 행위를 흉내 낸 몸짓이었다—군중의 야유를 독촉하는 밴드 아이들에게 환호했다. 아이들은 자신들의 야유에 눈물을 흘리다시피 하는 남자아이에게 더 야유를 보냈다. 그 단어가 무엇을 의미하는지 완전히 이해하지 못한 채 그 남자아이에게 발기 부전이라는 암시가 섞인 "서지 않아."라는 말을 던진 것이다. 여자아이들도 그 단어가 의미하는 바를 알지 못했다. 아이들은 단지 자신이 들은 노래 가사를 통해 그 단어를 알고 있었을 뿐이다.

아이들이 동화책을 읽던 이전 시대에 남자아이와 여자아이 들은 서로를 구분하고, 스스로를 규정하도록 해주는 일상적인 방식들, 대중성과 성정체성에 관한 성규범에 익숙했다. 얼마 전까지만 해도 아이들은 〈꼬마 예술가 라피〉에 몸을 흔들고 부모로부터 훈육의 합창을 들었다. 하지만 갑자기 인생에 성인등급 뮤직 비디오들과 가족 신문에는 넣을 수 없는 가사의 대중가요들이 등장한다.

아이들은 친구들과 소셜 미디어 등에서 들은 넘쳐나는 자료에 근거해 학교에서 대화를 나눈다. 학교 운동장에서, 심지어 7살 여자아이들에게까지도 '섹시함'이 '귀여움'을 대체했다. 몇 살이든 소녀들은 마른 몸을 유지하려고 한다. 미디어의 성적 인식과 이미지가 미치는 영향에 대한 한 연구는, 3세까지의 아이들이 뚱뚱함을 부정적으로 인식하고, 여자아이들 사이에서 유행하는 무료 온라인 컴퓨터 게임은 패션, 뷰티, 옷 갈아입히기 게임으로, 육체가 가장 중요한 자산이라는 메시지를 강화한다고 밝혔다.

프랜은 10살 난 딸 섀넌이 매일 거울 앞에 서서 자신의 배를 쥐는 모습을 보고 당황하고 우려스러워하며 내게 전화를 걸었다. 섀넌은 자주 "엄마, 나 뚱뚱해?"라고 물었다. 그리고 가장 좋아하는 음식을 조금 먹지 않고, 학교 점심시간에 나온 샌드위치를 반쯤 남겨 가지고 집으로 왔다. 아이는 〈아메리칸 넥스트 톱 모델〉에 푹 빠져 있었고, 슬금슬금 "어떻게 해야 빨리 살을 뺄 수 있지?"라고 말하기 시작했으며, 패션 웹사이트들을 검색했다. 가족 내에서 섭식 장애의 역사가 시작된 것이다. 나는 어느 날 오후 섀넌을 만나 무슨 일이 일어나고 있는 것인지 가늠해보았다. 분명히 아이는 섭식 장애로 이어지는 혼란스러운 생각들을 하는 초기 단계에 놓여 있었다. "좋은" 음식과 "나쁜" 음식을 구분 지었고, 뚱뚱해질까 봐 두려워했다. (종종 컴퓨터로 편집된) 잡지 속 소녀처럼 생긴 인기 있는 학급 친구와 자신의 몸을 머리칼, 다리, 허리로 구분 지어 비교했다. 이런 행동의 기저에는 사회적 분노, 대두되고 있는 완벽주의, 불안의 전조가 깔려 있었고, 이는 치료를 통해 드러내고 직접적으로 다루어야 할 문제였다.

불행하게도 여자아이들이 자신이 지닌 힘의 주요 원천이 육체와 외모라는 가르침을 받는 것은 새로운 일이 아니다. 하지만 브리트니 스피어스가 등장하기 전에는 대부분의 여자아이들이 10세까지는 자전거를 타고, 자신의 몸을 에너지, 움직임, 자신감, 기술을 닦는 원천으로 여기고 단련했다. 유치원 여자아이들을 위한 티팬티, 어린 여자아이들을 위한 스타일 브라, 6세에서 9세 여자아이들을 위한 액세서리로 립스틱이나 립글로스가 등장하고, 초등학생 남자아이들이 '마담뚜'라는 문구가 새겨진 티셔츠를 입지 않았다.

남자아이들 역시 압박에 시달리기는 마찬가지이다. 남자아이들은 전 시대의 슈퍼맨들보다 더 생생하게, 가학적으로, 성적 폭력성을 띤 채로 묘사되는 오늘날의 이상화된 엄청난 근육질 몸매에 부합해야 한다. 여기에 표현되는 동성애 혐오증적 태도와 빈민가 이미지는 소년 문화의 공통 부분이었지만, 지금의 남자아이들은 좀 더 이른 시기에 여성적인 모든 것을 경멸적으로 바라보고, 점점 더 여자아이들에게 성적으로 매력적인 모습으로 비춰야 한다.

이 시기는 발달상 '나로 있는 것은 어떤 의미인가'를 형성하는 때로, 이는 신체적 상태, 뇌와 학습 방식, 좋고 싫음, 두려움과 꿈들을 배우고 연습함으로써 수립된다. 아이들은 성역할에 구애되지 않고 자유롭고 융통성 있는 시도를 하며 최선을 다한다. 즉 여자아이들이 스케이트 보드를 타고 아이스하키를 하며, 남자아이들이 그림을 그리고 춤을 추고, 이성친구와 '데이트'의 의미를 함축하지 않은 상태에서 즐겁게 놀 수 있다.

그러나 미디어의 이미지들이 아이들에게 전달하는 메시지는 그렇지 않다. 인디애나 대학 연구원 니콜 마틴스Nicole Martins와 크리스틴 해리슨Kristen Harrison은 TV 시청이 아이들의 자기 평가에 미치는 단기적 영향, 성에 의한 비교 결과를 연구하고, TV 시청이 백인 남자아이들에게는 스스로를 우월하게 느끼게 하고, 백인 여자아이와 흑인 여자아이, 흑인 남자아이 들에게는 그보다 하위라는 느낌을 가지게 한다는 사실을 알아냈다. 백인 남자아이들은 남성에 대해 '좋다'고 평가할 때 미디어의 이미지에 비교하여 "힘이 있는 지위, 일류 직장, 고학력, 대저택, 미인 아내"를 쉽게 받아들이고, 이 모든 것을 한데 묶어 생각했다. 여자아이와 여성 들은 미디어에 비교하여 여성을 더욱 단순화하고 제한적인 역할에서 생각했다. 여성들이 이룬 성과에 대해서는 그들이 한 일, 생각하는 것, 그곳에 도달하기까지의 과정이 아니라 그들이 어떻게 생겼느냐에 초점을 맞추었다. 흑인 남자아이들 역시 미디어 속에 비친 모습을 통해 자신들을 부정적으로 바라보았으며, '범죄자, 폭력배, 익살꾼'

외에 다른 선택은 없는 제한된 역할로 자신들을 규정했다. 연구자들은 비디오 게임들 역시 성별과 민족에 대한 묘사에 있어서 최악의 정보 제공자라고 말했다.

TV 콘텐츠 대부분은 전통적인 성규범에 따른 전형성을 강화하는데, 뉴미디어는 이런 성별 특성 중 일부를 훨씬 강조한다. 남성들은 그 무엇보다 공격적이고, 여성들은 때로 강하기도 하지만 늘 엄청나게 성적인 대상으로 그려진다(빅토리아 시크릿 속옷 모델과 싸우는 〈워리어 우먼〉의 캐릭터를 생각해보라. 연구자 캐런 딜Karen Dill과 캐스린 실Kathryn Thill은 컴퓨터 게임 잡지와 대중적인 컴퓨터 게임 잡지에서 취한 남성 및 여성의 이미지를 분석하고, 다른 연구들을 종합하여 섭식 장애, 마른 몸에 대한 이미지, 이상화된 외모를 얻기 위한 건강하지 못한 습관 등의 파괴적인 결과들뿐만 아니라 "폭력적인 미디어 노출과 공격성 간에 명백한 관련성이 있다."고 결론 내렸다. "미디어에서 제공하는 특정하게 정형화된 성규범을 충족시키지 못하면, 사회적으로 바람직한 것이 무언지를 느끼는 감각이 무너질 수 있다."

초등학교 활동에서의 성규범 교육

한 작은 초등학교에서 교직원, 부모, 4~6학년 학생 들과 함께 상담을 해달라는 요청을 받은 적이 있다. 교직원들은 새 학기가 시작하기 2개월 전에 일어난 몇 가지 사건들에 대해 우려하고 있었다. 여학생들은 경쟁하듯 점심 식사를 하지 않고, 몇몇 남학생들은 동성애자를 모욕하는 어투의 언어들을 구사했으며, 다른 학생들이 두 남학생을 '헛똑똑이 병신'이라고 놀렸다. 운동장에서는 성적으로 문란한 행위를 암시하는 농담들, 인터넷 외설물상의 대화들이 오갔고, 몇몇 학생들과 교사들은 이에 당혹해하고 불편함을 느꼈다.

학교 컨설턴트로서 내 일의 대부분은 학교 문화, 교육과정, 사회정서 교육 기회들을 평가하는 데 중점을 두고, 학교와 부모 들이 아이들의 발달에 필수적인 이런 부분들에 대한 새로운 접근법을 계발할 수 있도록 돕는 것이다. 이 학교의 교직원과 부모 들은 더 심각한 문제가 발생하지 않기를 기다리고 희망을 가지기보다, 보다 빨리 그 우려들을 주도적으로 다루고 조언을 받고자 했다. 병설 유치원까지 포함된 이 초등학교의 교육과정은 특정한 사회정서 교육 요소들로 미리 짜여 있었는데, 때문에 현재 일어나는 문화적 영향을 반영하여 그때그때 필요한 내용을 지속적으로 보완하기 힘들었다. 최근의 연구들을 살펴보면, 이 주제에 관한 집단대화 과정을 갱신하고, 학교 교육과정을 강화해야 할 때임을 알 수 있다.

내가 이런 우려들에 조언을 하고, 아이들을 위해 유치원부터 8학년까지 지속되는 포괄적인 사회정서학습 교육과정을 고안하기 위해 이곳에 왔다는 것을 아이들은 알지 못했다. 내 수업은 '미디어 읽기 연습'으로, 미디어와 테크놀로지와의 관계에 있어 아이들에게 자율권을 주는 것이었다. 아이들은 모두 자신의 미디어 및 테크놀로지 경험에 관한 전문가이고, 그에 대해 이야기하는 것을 좋아했다.

교실에서 6개의 테이블 주위에 40명의 학생들이 모여 90분간 자신의 화면 달린 전자기기 사용 체험을 이야기했다. 모두들 자신들이 일상적으로 매주 어느 정도 TV를 시청하며, 그중 대부분이 최소 하루에 1시간 이상을 시청한다고 말했다. 몇몇은 이미 휴대전화를 가지고 문자메시지를 보내는 특권을 가지고 있었지만, 대부분은 그렇지 못했다. 모두가 인터넷을 사용했으며, 많은 수가 소셜 네트워크 사이트를 매일 이용한다고 대답했다. 우리는 얼마나 많은 것들이 미디어의 게시글에 영향을 받는지, 그리고 우리가 늘 광고와 기타 콘텐츠들을 통해 어떻게 메시지를 받고 있는지에 대해 이야기했다. 나는 내가 수집한 켄 인형(바비 인형의 짝으로 나온 남성 인형—옮긴이)들을 가지고 수업에 들어갔다. 우리는 1961년에 처음 출시된 원래의 켄 인형이 얼마나 매끈하고 단조로운 몸매—정말 근육이라고는 전혀 없었다—를 지녔는지, 그리고 지금의 켄이 스테로이드제라도 맞고 근육을 키운 듯한 복근 있는 몸집을 자랑하는지를 보고 웃음을 터뜨렸다. 아이들은 자신들이 매료된 성규범이나 인식이 미디어 및 온라인 생활에 맞추어 발전해왔다는 사실을 직접 눈으로 보았다.

아이들은 성규범과 근육질 남성 및 여성성 측면에서 미디어의 이상화된 모습을 모두가 어떻게 느끼는지에 대해 이야기하고자 했다. 활기찬 대화가 이루어졌고, 모두가 대화에 참여하고 서로의 말에 귀를 기울였다. 아이들은 최선을 다했다. 한 그룹은 자신들에게 중요한 어떤 것에 대해 인덱스카드에 적고, 큰 소리로 읽었다. "남자아이를 매력적으로 만드는 것—스포츠, 액션, 배기바지, 지배력, 강함, 터프함, 공격성, 비디오 게임, 비열한 말투, 유쾌한, 폭력, 근육, 패션은 아베크롬비, 지적인 대상에 대한 반발, 지적인 남자는 전혀 매력적이지 않음, 보호하기, 총, 교육적 가치가 없는 것, 알코올, 늘 남자들끼리만 어울리는 것, 여자에게 무례한 것, 액스 데오드란트." "여자아이를 매력적으로 보이게 하는 것—깡마른 몸매, 유혹적인, 자신의 몸에 대해 쑥스러워하는 것, 연약함, 자기중심적인 태도, 남자아이들을 바라는 것, 서로에게 빈정대기, 선탠, 태도, 인기 있는, 귀여운, 가슴 사이즈, 깜찍함, 섹시함, 성적 매혹, 분홍색, 옷, 고상한 척, 있는 그대로 좋아하지 않는 것." 우리는 자신의 몸을 좋아하기가 얼마나 어려운지에 대해서도 이야기했다. 남자아이들은 엄청난 운동으로 식스팩을 만들고 그것이 성적 매력임을 과도하게 강조하는 이미지들이 얼마나 자신들을 위축시키는지 이야기했다. 여자아이들에게 빅토리아 시크릿의 모델들이 하는 것처럼 말이다. 여자아이들은 섭식 장애와 그것이 어떻게 상처가 되는지에 관한 주제에서 손을 들었다. 나는 다이어트 압박이 너무 지나친 나머지 스스로를 더 낫게 느끼고자 건강하지 않은 일들을 한 사람에 대해 이야기했다.

그러고 나서 이렇게 물었다. "이런 미디어상의 관념들이 놓치고 있는 것은 무엇일까요? 지금 여러분이 그곳에서 놓친 건 어떤 자질일까요?" 남자아이들이 본 미디어가 간과하고 있는 자질, 즉 아버지, 삼촌, 남자 선생님에게서 본 자질은 무엇일까? 여자아이들의 경우 역시 미디어의 정형화된 모습이 간과하고 있는 자질, 즉 엄마나 자신의 삶 속에 있는 여성들, 그리고 스스로에게서 발견할 수 있는 자질은 무엇이라고 생각할까? 아이들은 다시 의견을 나누었다. 아이들은 스스로를 존중받을 만한 사람으로 바라보았다. 교육, 기분 좋게 하는 자질, 창의적, 좋은 사람, 예의, 건강함, 명민함에 높은 가치를 두었다. 그리고 자신들의 교육, 예의를 갖추고, 관대하고 사랑하며, 창조성을 지니는 것에 가치를 두었다.

아이들의 사회정의 감각을 다룰 때는 아이들이 비판적인 시각에서 볼 수 있도록 해주고, 수동적으로 있기보다 스스로 통제할 수 있도록 자율권을 주어야 한다. 자신들이 어떻게 스스로를 거짓되도록 조종당하고 있는지를 알게 된다면, 화가 나고 자기 행동을 진실되게 바라볼 수 있다. 빈정거리고 영양가 없는 대화, 체중 감량에 대한 조언, 외모나 영리함, 그리고 다른 아이들에 대한 모욕적인 언사를 할 때 아이들은 자진하여 서로를 깎아내린다. 우리는 성적 코드가 어떻게 수많은 사회적 모욕, 불건전한 태도와 행동, 관계의 근거가 되는지에 대해 이야기했다. 이런 일상적인 가학성은 오늘날의 미디어로 인해 촉발된 것은 아니지만, 어디에나 존재하는 미디어가 그 어느 때보다도 이를 훨씬 공격적인 형태로 만든 것은 사실이다.

우리는 아이들이—미디어가 아니라—어떻게 자신이 속한 학교라는 사회에 책임감을 가져야 하는지에 대해서도 이야기를 나누었다. 미디어가 이끄는 방식대로 행동한다면, 그곳은 안전한 장소가 아니게 된다고 말이다. 아이들은 학교에서 자신들만의 문화를 되찾을 수 있는 방법들을 쏟아냈고, 현재 주류 문화가 아이들에게 '매력적'인 행동이라고 말하는 '나쁜 방식들'에 반기를 드는 문화를 마련했다. 나는 아이들이 이런 대화를 할 수 있다는 사실에 매우 감동받았고, 아이들에게도 이 사실을 말해주었다. 내 말은 아이들이 스스로 학교를 안전하고 좋은 곳으로 느껴지게 하는 방식 하나를 만들어냈음을 확신시켜주었다. 우리는 아이들이 함께 만들어낸 시각들을 토대로 행동하는 방식들을 제안하면서 수업을 마쳤다. 이제 아이들이 이런 문제들로 고통받는 친구를 본다거나, 누군가에 대해 고민하고 있거나 친구를 형편없이 대하는 다른 친구를 보면 어떻게 할까?

"어떤 친구에 대해 상스러운 말을 하는 아이를 본다면 거리낌 없이 뭐라고 말해주겠어요."라고 5학년 남학생이 말했다.

"누군가를 밀칠 때도요."라고 다른 남학생이 말했다.

"모두 그렇게 할 수 있다면 우리는 차이를 만들 수 있을 거예요."라고 4학년 여학생이 말했다.

그리고 아이들은 스스로에게 하는 메시지를 만들었다. "이것은 내가 가진 타고난 아름다운 모습이며, TV가 내게 말해주는 것이 아니다."라고 5학년 여학생이 말했다. "나중에 커서 몸매가 훌륭해지면 괜찮아질 것이다."

후일 문제가 될 만한 초기 징후가 나타났을 때, 그것이 위기를 몰고 올 때까지 기다리기보다 먼저 대화를 나누고자 '멈춤' 버튼을 누른 학교가 있다. 우리의 대화 시간은 아이들에게 성규범과 관련된 메시지들을 여과하고 더욱 건강한 사회 환경을 위해 그것을 수정하는 법에 대한 의미 있는 토론의 기회가 되었다. 그것은 수업이 아니라 진실된 대화였고, 행동을 촉구하는 일이었다. 이런 종류의 연수회와 사회정서학습 교육과정상의 체험 활동은 아이들에게 복잡한 문제들을 분해해보고, 도덕적으로 생각하며, 스스로를 친사회적 행동가로서 생각해보도록 가르쳤다. 아이들이 스스로에 대해 좋은 일을 할 수 있는 힘을 가진 사람이라고 생각할 때, 학교와 가정에서 이런 대화가 일어난다. 학교와 가정에서는 아이들에게 올바른 일이 무엇인지 인식하고 그것을 행했을 때 보상받는다는 것을 체험시켜주어야 하며, 또한 자신들이 올바른 것을 시행할 수 있다는 사실을 아는 것에 자부심을 느끼게 해주어야 한다. 아이들은 올바른 일을 행한다고 확인받음으로써 좋은 기분을 느끼고, 타인이 그 사실을 인지해주는 것으로 개인적인 힘을 얻고 능률적으로 이를 수행할 수 있게 된다. 이것이 '책임감'에 대해 체험하고 습득한다는 것이며, 아이들이 인성을 쌓아나가는 방식이다.

기회가 주어질 때 아이들은 문화적으로 정형화된 관념을 뛰어넘는 법을 배울 수 있다. 하지만 이런 친사회적이고 긍정적인 방식을 지속적으로 강화해야 한다. 우리 문화에서 남성 혹은 여성이 어떤 의미인지, 그리고 미디어가 제공하는 방식보다 더욱 존중받을 만한 기준으로 타인과 자신을 규정하는 방법에 대해 짧고 의미 있는 대화를 나누면서, 우리는 아이들이 이런 편향된 시각으로부터 벗어날 수 있도록 했다. 이것이 실제로 작동하는 도덕 교육이다.

운동장에서 블로그로 옮겨 간 괴롭히기 문화

한 초등학교 3학년 여학생이 밤에 잠자리에 들면 소셜 네트워크에서 같은 반 여학생으로부터 받은 메시지가 계속 머릿속에 떠올라 잠을 이루지 못한다고 말했다. "너는 인기 없어. 아무도 너를 좋아하지 않아. 우리는 모두 비밀 이름을 가지고 있고, 점심을 먹을 때 너를 끼워주지 않을 거야. 우리는 더 이상 네 친구가 아니야. 내 친구 목록에서 널 지웠어."

"그 애가 제게 했던 정말로 비열한 짓들을 모두 지웠지만, 그 아이들이 그것들을 지웠는지 제가 어떻게 알죠?"라고 아이가 물었다. "그 애들이 이제는 비웃지 않고 자기들 사이에 끼워주지 않으며 자기들끼리 모여 파티하면서 속닥이지 않는다는 걸 제가 어떻게 알죠? 저는 그것을 멈출 수 없어요. 그게 칠판에 쓰인 것처럼 선생님이 그걸 지워주셨으면 좋겠어요. 하지만 매일 밤 저는 침대에서 그 애들이 빈정거린 말들을 생각해요."

〈심슨 가족〉, 〈사우스 파크〉, 〈패밀리 가이〉(모두 미국의 인기 만화영화들로, 가족과 또래집단 사이에서 벌어지는 일을 그린다—옮긴이), 리얼리티 TV 쇼, 유튜브는 가족과 아이들의 TV 시청을 재규정하고 있다. TV 쇼들은 일반적으로 사회적 규범들을 반영하고 있는데, 아동기에 대해서는 성인이 되기 전에 보호받아야 할 시간이라는 가치를 담고 있다. 유튜브, 텀블러, 마이스페이스, 폼스프링, 애스크 이용은 선택 사항이 아니며, 소셜 네트워크에서의 사회 관계에 시간을 들이는 일도 마찬가지이다. 우리는 아이들의 무신경한 행위, 욕설, 성적 농담이나 드라마, 서로에게 굴욕감을 안겨주며 즐기는 행동을 볼 수 없다. 이제 그것은 클릭 한 번이면 되기 때문이다. 그 결과 온갖 비열한 말들(창피 주기, 가학성, 잔인함, 편견에 기초

한 말들)은 그 강도가 더욱 높아졌고, 이는 놀림의 강도와 아이들 사이의 힘 겨루기에도 변화를 일으켰다.

초등학교 2학년짜리에게는 누군가의 얼굴을 마주보고 심술을 부리는 것이 매우 어려운 일이지만, 온라인상의 무언가를 읽는 일—그 말들이 어떻게 들리는지 생각할 때—은 훨씬 허풍스럽게 할 수 있다. 그 말이 사라지지 않기 때문이다. 그것은 아이의 어린 마음에 매우 다른 방식으로 새겨지게 된다. "난 널 지울거야." 잔인하게 구는 것이 멋져 보이는 시대적 분위기는 학교생활 초기에 이루어져야 하는 중요한 발달적 측면인 공감 능력 발달을 저해한다. "그 여자아이가 어떤 기분일지 생각해봤니?"라고 아이들에게 하는 가장 일반적인 말 중 하나는 우리 입에서 사라졌다. 먼 거리에서 혹은 익명으로 행동할 때, 우리는 사회적·감정적 학습의 중대한 조각들을 제거한다. 즉 자신의 행위가 누군가에게 미치는 영향을 고려하는 방법 말이다. 이는 공감 능력뿐 아니라 이해하고 책임지는 능력이 발달되는 것을 저해한다. 나아가 누군가가 잔인한 글을 보낸다면, 그것이 오프라인상에서 사라진다 해도, 희생자는 그것을 떨구어내거나 반박할 방법 없이 그 상처를 간직하고 홀로 남겨진다. 서로 싸우면서 우리는 어떻게 싸움을 확대하고 진화할지, 무엇이 상황을 더 좋거나 나쁘게 하는지 등 싸움의 흐름과 치고 빠지는 방식을 배운다. 이런 공유된 체험은 의미 있는 학습 경험이다. 버튼을 누르고 보내고 송신을 마치는 세계에서, 아이들은 이런 것을 행할 수도 없고, 가장 중요한 것을 놓치게 된다.

이 연령을 고려하고, 쉽게 사람을 신뢰하는 경향이 있는 아이들의 취약성을 생각할 때, 이렇듯 뺑소니치듯 이루어지는 잔혹한 말들은 그 말이 원래 제시하는 것보다 아이들에게 훨씬 깊은 상처가 될 수 있다. 만성적인 공포를 연구한 쥐 실험은 '예측하지 못한 충격은 예측된 충격보다 훨씬 더 공포를 발생시킨다'는 사실을 보여준다. 예측하지 못한 충격을 받은 경험은, 비록 안전할 때에도 그렇다는 사실을 결코 알지 못하게 만들기 때문이다. 비방받는 아이에게 비열한 헛소문을 전달하는 것 혹은 초대받지 못한 아이에게 파티 계획을 알려주는 온라인 게시글, 온라인상에 게시된 아이의 외모나 능력을 놀림거리로 삼은 글귀나 사진 들은 아이를 잠 못 들게 하고 학교나 집에서도 편안함을 느끼지 못하게 한다. 테크놀로지를 통한 갑작스런 공격은 아이에게 훨씬 극심한 영향을 미친다. 심리적으로 아이들은 점심시간이나 운동장에서 싫어하는 아이가 갑작스레 달려드는 것을 보았을 때와 같은 방식으로 스스로를 보호할 수 없기 때문이다. 훨씬 놀라고 훨씬 더 많이 영향받는 것이다. 심지어 악의적인 행동이 아닌 경우에도 그렇다. 좋아하는 친구가 우습다면서 보여준 뭔가가 아이에게 깊은 상처를 주는 경우도 있다. 문제는 자신이 신뢰하는 누군가로부터 좋지 않은 것을 보았을 때의 충격이며, 아이는 그 공격을 피하거나 걸러낼 능력이 없다.

실제 내용에 노출되는 일도 있다. 그것은 종종 가학적이거나 외설적인 경우도 있다. 때로 아이들은 그것을 잊고 넘어갈 수 없다. 자녀가 조부모나 강아지, 우정을 잃고 얼마나 슬퍼했는지, 아이가 단계적으로 그 경험에 대한 감정을 극복하는 데 시간이 얼마나 필요했는지를 생각해보라. 특히 이 연령의 아이들은 그 경험을 자기 내부에 갈무리하기 위해 거듭하여 처리하는 과정을 거친다. 한 번의 대화로는 안 된다. 무언가에 충격을 받고 정신적 외상을 입었을 때 그것을 반복적으로 되새기고 통합하는 뇌의 능력은 훨씬 큰 도전이라 할 수 있다. 아이들에게 있어 그것은 공격적인 이미지를 마음의 눈으로 반복해서 떠올리고, 거듭거듭 다시 체험하는 것을 의미할 수 있다.

부모로서 우리는 자녀가 언제 정신적 외상이 될 만한 대상에 노출되는지 결코 알 수 없을 것이다. 특히 우리가 아이가 보는 미디어들을 감시하지 않을 때는 더욱 그렇다. 한 번은 10살 난 남자아이와 이야기를 한 적이 있다. 그 아이는 보통 수준의 호기심을 가진 아이로, 호기심에서 자신이 처리할 수 있는 내용 이상의 콘텐츠를 접하게 되었다. 아이는 학교에서 또래 남자아이들이 '외설물'이라고 언급한 단어에 호기심을 느껴 그것을 인터넷으로 찾아보았다. 그러나 그곳에서 혼란스러운 무언가를 보고, 이후 몇 달 동안 악몽을 꾸고 자기 방에서 혼자 잠들지도 못했다.

이 아이는 그 일을 엄마에게 말했지만, 대부분의 아이들은 그렇게 하지 않는다. 아이들은 대개 자신을 불안하게 만드는 내용을 보아도 우리들에게 그것을 말하기를 주저한다. 부모가 이전에 그 주제를 언급한 적이 없다면, 부모의 반응이 어떨지 두렵기 때문이다. 바깥은 날것의 세상이며, 부모가 그 사실을 알고 있다는 것을 아이들에게 알려주어야 한다. 만약 아이가 홀로 그것에 맞닥뜨렸을 때 우리와 그것을 공유하도록 준비시켜두지 않았다면, 아이는 부끄러워하거나 걱정을 하게 될 것이다. 이는 지식과 현실 사이의 발달적 차이에 관한 하나의 사례로, 그 차이가 아무리 넓다 해도, 어떤 연령이라 해도, 우리는 한 가지 메시지로 그 사이에 다리를 놓을 수 있다. "늘 내게 말해도 된다.", "네게 결코 화내지 않으마.", "만약 네가 의도하지 않은 온라인상의 어떤 곳에 방문한다 해도, 그것을 내게 말해주는 것이 훨씬 더 중요하다.", "내가 받아들일 수 없는 것, 네가 내게 말할 수 없는 것은 아무것도 없다." 아이들은 유치원 시기부터 이런 메시지를 반복적으로 들어야만 한다. 연령에 따라 하나의 메시지를 각각 다르게 받아들이기 때문이다. 하지만 그것은 항상 아이를 안심시키고, 아이가 우리에게 도움을 청하러 가는 것을 더 기껍게 여기도록 만들어 준다.

사회적 괴롭힘은 새로운 것이 아니다. 못생겼다고 놀려서 상처 입히는 행동은 늘 있었고, 그것이 공공연한 사실이 되리라고 예측하는 일만으로 상처 입는 일도 늘 있었다. 쪽지 한 장이 가지 말아야 할 아이들의 손으로 건네지고, 교실 안에 돌아다니는 일만으로도 그렇다. 이는 잊히지 않으며, 그런 상처주는 말들이 인터넷상에 영원히 남겨지게 되리라는 것을 아는 일은 정신적 외상이 될 잠재력을 내포하고 있다. 아이들이 서로를 위협하는 말은 예나 지금이나 변하지 않았지만 말이다. "난 그걸 지워버릴 거고, 넌 우리 무리에 낄 수 없어."

어떤 의미에서 성적 조롱이 담긴 이메일을 받은 트레버의 이야기는 성인등급 스릴러 대본에서 직접 온 것이라고 할 수 있다. 익명의 행위, 적의, 충격과 굴욕감을 주도록 선택된 노골적인 성적 언어. 그러나 가해자는 10세 여자아이이고, 피해자는 10세 남자아이이며, 이는 사실상 공공연하게 자신의 말투를 지적하여 공격한 남자아이에 대해 여자아이가 복수를 실행한 이야기이다. 여자아이의 선택은 남자아이가 했던 모욕적인 행동에 직접적으로 맞서는 대신 익명으로 이메일을 보내고, 상스럽고 성적인 언어로 정서적 혼란을 야기하는 것이었다. 그러나 이 사건은 단순히 그것을 오용한 한 아이에 관한 이야기라기보다는 우리가 아이들을 위해 만들어낸 문화에 대해 더 많은 말을 하고 있다.

폭력·외설물이 초등 저학년에게 미치는 실제 영향

문화인류학자 미미 이토는Mimi Ito 미국과 일본의 젊은이들 사이에서의 뉴미디어 이용에 초점을 맞춘 최첨단 연구를 수행하고 있다. 그녀는 오늘날의 미디어가 디지털이 등장하기 전에 가능했던 것보다 더 어린 나이에, 더 광범위하게, 아이들이 성인 세계의 냉혹하고 추악하며 위협적인 측면에 접촉하는 속도를 가속화시키고 있다고 본다. 지나치게 어린 나이에 인생의 어두운 측면을 접하면, 아이는 즉시 그 세계의 이미지와 개념 들에 사로잡히고, 때로 자신이 본 것에 크게 겁을 집어먹거나 압도되기도 한다.

화면상의 생생한 폭력과 외설은 우리 문화에서 일반화된 한 부분이 되어가고 있다. 우리는 아이들—대개 여자아이보다 남자아이들—이 지나치게 어린 나이에 화면을 통해 폭력적인 장면을 보는 것을 알고 있다. 많은 아이들이 그것에 중독된 듯 느낄 때가 있고, 그것을 놀라운 것으로 여기지도 않는다고 말한다. 비디오 게임을 하는 행위는 뇌의 도파민 분비를 촉발하고 이를 2배로 증가시킨다. 대략 마약 복용과 유사하다고 할 수 있다. 많은 비디오 게임 및 온라인 게임은 살인하고, 강간하고, 폭력을 구사함으로써 이기게 되어 있다. 많은 남자아이들이 4학년 이전에 외설물을 보고, 청소년기에 들어서기까지 점점 더 많이 외설물에 접촉한다.

어린 아동들이 발달 단계상 자신들이 받아들일 수 있는 것 이상의 이미지나 대화 들을 의식적으로 인식하지 못한다는 관점은 틀린 것이다. 아이들은 우리와는 다른 방식으로 그것을 경험한다. 그것을 경험하지 않는다는 의미가 아니라, 그것에 자신들만의 의미를 부여한다는 말이다.

예컨대 작년에 4명의 남성이 성행위를 암시한 동작을 취하며 샤워를 하는 유튜브 동영상이 여러 학교에서 돌아다닌 적이 있다. 나는 전국에 걸쳐 여러 학교들과 부모들로부터 도움을 요청받았다. 이 사례에서 남학생들은 여학생들만 아니라 다른 남학생들에게도 이 동영상을 전송했다. 하지만 이는 성적인 뉘앙스를 품은 행동이 아니었다. 그저 놀라운 것을 보여주고, 최신 자료를 공유하고, 자신들이 본 가장 별난 것을 보낸 행동이었을 뿐이다.

앤드리아와 그녀의 남편은 5학년인 딸 올리비아가 이메일을 사용하게 허락하면서, 아이가 아는 사람, 신뢰하는 사람으로부터 온 것이 아니라면 결코 링크를 열어보지 못하도록 지도했다. 올리비아는 이 규칙을 잘 따랐다. 때문에 어느 날 알고 지내던 남학생이 자신에게 보낸 링크를 클릭하는 데 주저하지 않았다. 남학생은 제목 줄에 "과제 관련 자료. 확인해줘."라고 쓰기까지 했다. 그 남학생은 올리비아에게 반해 쫓아다니는 중이었고, 올리비아는 그 이메일을 열어 보지 않을 이유가 없었다. 그리고 링크는 열었을 때 '샤워를 하는 네 남자' 동영상이 열렸다. 그것은 그녀를 크게 분노하게 했다. 내 상담을 받은 아이들 중 이런 방식으로 성적 이미지에 노출된 다른 아이들처럼 그녀도 너무 놀라서 이후 몇 달 동안 분노와 공포심에 시달렸다.

잠자리에 들기를 몹시 두려워하는 여학생도 있었다. 아이가 잠을 자러 2층에 있는 자신의 방으로 가고 나면 아버지는 일상적으로 거실에서 폭력적인 액션 영화를 보았고, 때문에 아래층에서 총성, 비명, 울부짖음, 분노나 공포에 질린 목소리들이 들려온다는 것이었다. 아이는 아버지가 자신에게 화를 낼까 봐 두려워하며 간신히 TV를 꺼달라고 말했다고 한다.

어느 날 4학년과 5학년 포커스 그룹 면담에서 두 4학년 여학생이 폭력적인 게임들과 몇몇 온라인 콘텐츠들을 보고 문제를 겪고 있다고 말했다. 카타리나와 친구 코라는 자신들이 보고 싶지 않은 것들을 보았다고 했다. 대개 남학생들이 하는 폭력적인 게임들인데, 오빠를 둔 친구의 집이나 학교에서 본 것이다. "그런 나쁜 것을 볼 때마다 구역질이 나요."라고 코라가 말했다.

4학년 마튼은 종종 LA 폭력배들의 삶을 기반으로 한 게임인 〈갱스터〉를 하는데, 작년 어느 날 오후 거리 한모퉁이에서 2명의 10대 청소년들이 실제로 주먹다짐을 하는 모습을 보고 난 후로는 게임을 할 때 복잡한 감정을 느낀다고 했다. 폭력적인 영상을 보거나 게임을 할 때면 "메스껍고 조금 겁이 나기도 한다."라고 그는 말했다.

다른 아이는 침착하게 듣고 나서, 부모님이 운전하는 차 안에서 목격한 거리 싸움에 대해 이야기했다. 아이는 사람들이 그 싸움에 개입하기보다 그냥 지나쳐 가는 것을 보면서 혼란을 느꼈고, 자신과 가족이 차를 타고 그 자리를 지나간 것에도 죄책감을 느끼게 되었다. 몇 달이 지난 지금도 아이는 그날 자신이 본 실제 폭력과 화면상의 폭력 장면을 연관시키고 있었다. 그룹 면담에서 그것을 직면함으로써 아이는 자신의 감정들을 계속해서 다루고 있었다.

이 연령의 아이들은 무엇이 실제이고 가상인지를 알고 있지만, 가상현실의 체험은 실질적인 느낌을 주며, 몇몇 아이들에게는 불안감을 안겨준다. 가상현실과 실제 삶의 체험 사이의 연관성은 완전히 밝혀져 있지는 않지만, 외설적·폭력적인 영상이 아이들에게 영향을 주지 않는다는 관념은 "21세기에 너무나도 순진하기 그지없는 생각이다."라고 연구자 잭슨 카츠Jackson Kats는 지적한다. "달리 생각하면, 판타지 세계에 살고 있는 것이죠. 미디어는 우리의 정신과 판타지적 생활을 구조화하고 형성합니다."

카츠는 우리가 폭력적인 영상과 외설물에 대한 반복적인 노출에 관해서만 생각해야 한다고 믿는다. 아이들이 점차적으로 그것에 둔감해지는 듯 보이기 때문이다. 그는 전형적인 시나리오를 언급했다. "당신이 이런 장면을 보았다고 합시다. 9세 아동이 영화관에서 엄청나게 잔혹한 장면을 보고 눈도 깜빡이지 않고, 심지어 그곳에 앉아서 누군가의 내장을 꺼내는 모습을 본 사실을 떠벌립니다. 그것도 바로 정면에서 보았다고요. 그리고 컴퓨터 동영상은 실제로 일어난 일처럼 사실적으로 정교하게 만들어져 있다고도요."

이 분야 연구자들 대부분이 그렇듯 카츠도 아동기를 거치면서 디지털 혁명이 발전되어감에 따라 폭력성의 영향에 대해 더 알고자 노력하고 있다. "인간 역사상 선례가 없는 일입니다." 폭력적인 비디오 게임에 대한 이야기를 하던 중에 그가 말했다. "때문에 우리는 매시간 어린 소년들이 폭력적인 비디오 게임을 할 때 받을 수 있는 영향에 대해 파악하려고 하고 있습니다. 그 안에서 아이들은 간접적으로 야만적인 행위들을 저지르는데, 그 결과는 단지 '점수를 더 얻으시겠습니까?', '다음 단계로 넘어가시겠습니까?'입니다. 하지만 폭력과 잔인함, 여성 혐오증적인 관점이 현실의 삶에서 나타난다면, 당신은 게임을 꺼버릴 겁니다."

이제 질문은 이런 체험이 현실의 폭력에 대해 엄청나게 관대해지거나 때로는 아예 용인하게끔 만드는지 여부로 넘어간다. 연구자들은 아이들이 폭력 행위를 하는 비디오 게임을 할 때 뇌의 일부에서 공감 능력이 비활성화된다고 말한다.

이에 대해 다른 관점들도 있다. 많은 사회학자들은 우리가 길거리에서의 총기 사용 증가를 간과하고 있으며, 폭력성은 단순한 주제가 아니라고 지적한다. 먼저 우리는 공공장소에서의 총기 폭력이라는 훨씬 더 끔찍한 일들을 실제로 겪고 있다. 학교, 쇼핑몰, 영화관, 심지어 길거리에서도 운전자 폭행과 경찰에 대한 모욕이 자행되고 있지 않은가. 그리고 이런 종류의 총기 사건이 발생하면 즉각적으로 모든 택시, 휴게실, 온라인, 아이들이 볼 수 있는 공공장소들로 뉴스—때로 참고 화면도 있다—가 방송된다. 더욱이 교사, 심리학자, 학부모 들은 온갖 폭력에의 노출이 아이들을 비열함, 사회적 도발을 담은 행태들, 부모의 레이더망 아래에 있는 천박한 행위(즉 일반적인 상황에서 더욱 공격적인 행동, 반사회적 행동이 미치는 영향에 대한 이해 능력과 공감 능력 결여에서 오는 행위들) 등에 둔감하게 만드는지 여부를 고려한다. 하지만 단지 총기 폭력 증가에 관한 통계만으로는 오락으로서 폭력적 영상을 보는 것이 영향력이 없다는 개념을 정당화하기에는 충분치 않다.

디미트리 크리스타키스는 그가 '고레노그래피'(폭력과 외설물의 초현실적인 하이브리드 동영상)라고 부르는 생생하고 감각적인 형태들이 현실 세계에서 화면 속 폭력을 모방하는 위험을 증가시킨다고 말한다. 그는 최근 홍보 중인 게임 예고편을 예로 들어 '미화된 폭력, 아름답고 클래식한 음악이 흐르는 배경, 이례적으로 현실감을 지닌' 고레노그래피로 규정했다. 여타 연구자들이 초현실적인 화면 속 폭력과 외설물이 아이들에게 미치는 영향을 더욱 명확하게 규정하려고 하는 반면, 크리스타키스는 부모들이 행동을 취해야 할지 말지를 고민하고 기다려야 할 이유가 없다고 본다. 일부 부모들은 "이미 아이들이 화면을 통해 폭력물·외설물과 많은 관계를 맺도록 두었고, 그중 많은 부모들이 아이들의 이런 행동에 관여하기를 포기할 만큼 지쳐 나가떨어진 상태이다. 혹은 아이들과 이를 두고 싸우는 것이 불가능하다고 느끼고, 그것이 해롭지 않을 것이라고 믿는 편을 선택했다." 크리스타키스는 이렇게 말하는 한편으로 아버지로서 어떤 부모도 할 법한 질문을 한 가지 던진다. "당신이 진정으로 바라는 것이 아이들을 게임으로부터 떼놓는 것입니까?"

몇 년 전 아이들에게 무엇을 보게 해도 될지에 대해—비록 폭력성이나 성적 묘사와 관계 있는 콘텐츠라 할지라도—"당신의 본능적인 거부감을 믿어라."라는 주장이 있었다. 이는 타당해 보이며, 나는 여전히 그렇게 말하고 있다. 하지만 미디어가 이런 콘텐츠들을 일반화하는 방식은 부모 입장에서 아이가 10대로 진입하고 성장하면서 진정으로 보고 듣기를 원하는 바를 떠올리는 데 불리하게 작용할 수 있다. 현대의 가족 TV—우리가 즐겁게 보는 프로그램들을 포함하여—를 보면서, 줄거리, 액션 장면, 일상적으로 튀어나오는 성적 농담들, 때때로 나오는 적나라한 말투나 장면들, 등장인물들 간의 신체적 혹은 관계상의 학대에 대해 객관적으로 본 일이 마지막으로 언제인가? 성규범, 인종, 성적 특징에 대해 정형화된 표현은 말할 나위 없을 것이다. 만약 우리가 거기에서 불편함을 느끼지 않는다면, "그냥 TV 쇼잖아."라고 생각하며 아이들의 시청을 대수롭지 않게 여길 것이다. 그것이 야기할 결과를 생각하지 않아서가 아니라, 중요하지 않다고 여기기 때문이다.

대중문화를 반영한 테크놀로지와 미디어의 규범들은 늘 관련 연구조사를 앞질러 간다. 하지만 매일매일 더 많은 연구들과 우리 자신의 경험들은 이것이 해로운 것들임을 말해주고 있다. 따라서 의구심이 들면, 주의하라. 부모만이 자기 자녀의 감수성을 알 수 있고, 자기 자녀가 나이에 맞지 않는 문화 콘텐츠를 모방할지 아닐지를 판단할 수 있다. 세심하게 주의를 기울이고, 자녀가 발달상 어느 단계에 있는지를 명확하게 생각하여, 그 준거를 토대로 아이가 보아도 괜찮다고 여겨지는 콘텐츠들을 골라라.

너무 어린 나이에 이런 콘텐츠들에 노출되었다는 것, 다른 아이들보다 '먼저 도착'했다는 것은 '상처입는 것'을 의미하지, 무언가를 얻었다는 의미가 아니다. 과다 노출 혹은 적정 발달 연령보다 앞선 시기의 노출은 결코 이익이 아니다. 아이들의 활동 범위가 광범위하다는 점은 가족들에게 특히 힘든 부분으로 작용한다. 나는 각기 다른 발달 단계에 놓인, 즉 연령이 다른 아이들이 있는 가정의 경우 이런 방식으로 아이들의 아동기를 보호하기가 어렵다는 점에 특히 동정적이다. 이 말은 당신이 가장 윗자리에서 가장 큰 애가 책임감 있게 전자기기 화면에 접촉하도록 해야 한다는 것이다. 여기에는 큰 애들이 어린 동생들에게 나이 어린아이가 보기에 적당하지 않은 것들을 보여주지 않아야 하는 일도 포함된다. 큰 애들은 어린 동생들의 아동기와 가족 구성원들을 보호하는 역할을 일부 가지고 있다. 우리는 이런 관점을 아이들에게 말해주어야 한다.

전자기기에서 손을 뗄 수 없는 아이들, 그리고 어른의 역할

포커스 그룹 면담에서 어맨다는 7살 난 남동생 클레이와 Wii 게임과 관련된 크리스마스 이야기를 들려주었다. 두 사람은 아주 이른 아침 함께 부모님들로부터 받은 선물 상자를 열어보기는 했지만, 그 후 종일 어맨다는 가족과 친구 들과 함께 다른 재미있는 일을 했다. 부모님 두 분 역시 바빴다. 클레이는 열정적으로 Wii 게임 포장을 풀고, 설치법을 찾아보고 게임을 시작했다. 어맨다는 거실을 지나갈 때 클레이가 온종일 게임을 하는 것을 보고도 놀라지 않았다. "보통 그런걸요."라고 어맨다는 말했다. "재미있는 새 비디오 게임이 있으면, 클레이는 너무 어린데, 엄청 흥분해요. 완전히 중독된 것 같다니까요."

가족들은 그날 자정이 지나서까지 함께 둘러앉아 이야기를 하고 놀면서 깨어 있었다. 한번은 엄마가 아직 클레이가 게임을 하고 있는 것을 알아차리고 잠자리로 돌려보내려고 했다. 그리고 호기심에서 Wii 게임기상에 기록된 내역들을 살펴보았는데, 클레이는 무려 8시간 동안 게임을 하고 있었다.

아이들은 테크놀로지 사용법을 매우 빠르게 습득한다. 때문에 제한 시간을 설정하고 현명하게 사용하는 법에 있어서는 대부분의 초등학교 학생들(그리고 많은 어른들)이 보다 더 감정적으로 성숙하고 자기통제를 할 줄 알아야 한다. 아이들은 스스로 사용 시간을 점검한다거나 적절한 콘텐츠가 무엇인지, 폭력 장면에 대한 노출이나 중독 가능성에 대해 우리와 같은 방식으로 생각하지 않는다. 그러나 아이들의 말을 가까이에서 들어보면, 미디어와 전자기기 사용이 그들에게 어떤 영향을 미치는지, 아이들에게 그것을 제대로 볼 수 없게 하는 때가 언제인지 알 수 있다.

"그만두기가 정말 어려워요." 포커스 그룹 면담자 중 하나인 4학년 카타리나가 말했다. "늘 게임 레벨들을 계속 깨고 싶어져서요. 그리고…… 무척 재미있어요. 게임을 중단할 수가 없어서 그만두기가 어려운 거예요. 상대를 쓰러뜨릴 때까지 계속 계속 계속 하게 돼요."

4학년 라이언은 "제가 하는 비디오 게임들은 대부분 폭력적이에요."라고 으스대며 말했다. "사람들은 그것을 따라 하는 데 대해 제 뇌가 점점 무감각해지고 있다고 말해요. 하지만 전 그렇지 않아요. 총을 쏘고 담장 위로 달려가는 사람을 보고 좋아하지 않으니까요. 물론 그렇게 할 수는 있지만요. 전 미치지 않았으니까요."

이렇듯 아이들은 자신이 하는 게임이 지닌 폭력성과 성적 묘사에 무감해질 수 있다. 하지만 이 사실이 (연구자들이 말하듯이) 반복적인 노출이 공격성과 주의력 문제를 다소 증가시킨다는 것을 의미하지는 않는다. 그렇다고 잭슨 카츠와 디미트리 크리스타키스의 말처럼 '무감각해질 위험'을 고려하지 않아도 된다는 말도 아니다. 이는 그저 라이언 나이의 아이들이 이런 우려 속에서 적절한 것만 보는 일을 기대할 수도, 스스로 전자기기 화면 이용 시간을 줄이는 것을 기대할 수 없다는 사실을 의미할 뿐이다.

아이오와 주립대학 심리학 분과장인 크레이그 앤더슨Craig Anderson은 폭력적 영상과 비디오 게임이 아동에게 미치는 영향에 관한 최첨단 연구를 하고 있다. 앤더슨은 이런 무감각화 효과에 덧붙여 게임의 즉각적인 보상 시스템으로 인해 아동의 게임 중독이 우려할 만한 수준으로 증가하고 있다고 말한다.

"이 아이들은 스스로 능력이 향상되었다고 여기고, 게임을 제대로 하기 위해 미디어의 온갖 강화책을 취합니다. 나쁜 놈들을 총으로 쏘는 것이든 더 나은 롤러코스터를 만드는 것이든, 어떤 종류의 게임이든 중독 상태로 이끄는 즉각적인 보상 요소를 가지고 있습니다."라고 그는 말한다. 세계 반대편에서는 인터넷 중독이라고도 부르는 테크놀로지 중독은 아동과 성인 모두에게 심각한 우려 대상으로 부상하고 있다. 한국을 비롯해 많은 나라에서는 현재 테크놀로지에 중독된 5세 수준의 어린아이들을 위한 치료 프로그램도 마련되어 있다.

부모들과 함께한 포커스 그룹 면담에서 6세와 8세 두 아들을 둔 한 엄마는 아들들이 허락한 시간을 넘어서 계속 게임을 하는 것 때문에 자신과 남편이 골치를 앓고 있다고 말했다. "게임을 하지 않을 때는 게임을 하게 해달라고 조릅니다. 완전히 중독되어 있어요. 아이들은 한번 게임을 시작하면 멈추지 않고, 저희는 아이들을 어떻게 해야 말릴 수 있을지도 모르겠어요. 닌텐도를 치워도 봤는데, 꼭 알코올중독자에게서 술병을 빼앗은 것 같더라고요." 새로운 연구들은 비디오 게임을 하는 아동 8명 중 1명이 중독 증상을 보이고 있다고 말한다. 그리고 그 사용 패턴이 발달 중인 어린아이의 뇌에 어떻게 영향을 미치는지도 설명한다.

"신경촬영법으로 촬영한 결과, 아이들이 폭력적인 비디오 게임을 할 때 내측 전두엽 피질이 덜 활성화되었습니다. 이 부분은 감정의 균형을 맞추고, 공감하고, 사려 깊은 결정을 내릴 수 있게 하는 부분입니다."라고 마인드사이트 연구소의 육아 부문 연구소장이자 《영재훈련The Whole-Brain Child》의 공저자인 티나 페인 브라이슨Tina Payne Bryson은 말한다. "이와 동시에 편도체는 더욱 활성화되었습니다. 이 부분은 생각하기 전에 행동하고, 한자리에 있고, 반응하도록 하는 곳입니다. 뇌의 반복적인 활성화는 뇌가 고착되는 방식에 영향을 미친다는 것을 염두에 두십시오. 뇌는 반복적으로 습득한 것을 발달시킵니다. 하지만 그 내용이 중요합니다. 아이들의 눈과 정신이 노출된 쪽이 아니라, 뇌가 어떻게 활성화되고 고착화되는지 그 순환 방식에 달려 있습니다."

최근 부상되고 있는 아동의 테크놀로지 중독은 전형적인 게임 중독자들의 사례와 부합하지는 않는다. 아이들에게 휴대전화와 컴퓨터, 광범위하게 감독받지 않고 무제한적인 시간이 부여된다면, 아이들은 우리들처럼 테크놀로지에 의존하게 될 것이다. 아이들은 어느 곳(학교, 침대, 목욕탕)에나 휴대전화를 가지고 갈 것이며, 그렇게 하지 못하거나 배터리가 떨어져간다거나 혹은 그것을 사용하기 힘든 장소에 있을 때 다소 초조해하게 될 것이다. 이것은 일종의 디지털 시대의 독특한 '분리불안'으로, 테크놀로지 사용 시간을 관리하는 데 주의를 기울이지 않으면 테크놀로지 없이 살 수 없게 된다는 문제를 가지고 있다.

초등학교 시기 아동들은 충동적이며, 적절한 연령이 언제인지에 대한 감각도 희미하고, 자신들이 고른 전혀 순수하지 않은 콘텐츠를 이용하는 순진한 실수를 하기도 쉽다. 아이들이 실수에서 올바른 것을 배울 수 있는 단 하나의 방법은 그들을 돌보는 부모와 교사들에게 있다. 이 연령의 아이들은 스스로를 적절하게 보호할 수 있는 방법이 없다. 이 시기 아이들에게는 실질적인 제한들과 부모의 감독이 필요하다. 자기감시를 할 수 없는 나이이기 때문이다. 부모들은 아이들의 일반적인 실수에 대해 화를 내지 말고, 사려 깊고 차분하게 감독하고 제한 범위들을 만들어주어야 한다.

시간과 경험이 반드시 필요한 발달 문제들

발달심리학자 조앤 딕은 '슈트르델'(Strudel, 여러 겹의 얇은 페이스트리 반죽에 과일을 얹어 말아 구운 독일식 과자–옮긴이) 이론이라고 불리는 자신의 이론에서, 본능, 양육, 인생 경험, 그리고 이 모든 것을 통합하고 굳히는 시간이 켜켜이 쌓여 어떻게 아이들에게 독특하고 중대한 특질을 형성하는지 설명했다. "우리는 시간에 따라 층층이 쌓인 경험을 통해 아이들이 강하고 정신적 회복탄력성을 지니고 자랄 수 있게 도울 수 있습니다."라고 그녀는 말한다.

우리는 자신의 인생 경험을 통해 시간이 말 그대로 절대적으로 중요하다는 사실을 알고 있다. 케이크에 달려들면 케이크가 떨어진다. 급하게 몰아치는 아동기에 개인적인 속도에 맞추어 하나씩 학습하고 쌓아나갈 시간은 영원히 사라졌다. 되돌아갈 시간은 없다. 우리가 이 연령의 아이들을 돌보는 방식은 매우 중요하다. 우리가 이 시기의 아이들과 유대를 쌓는 본질적인 일을 하고, 그것을 느긋하게 해나가지 못하면, 테크놀로지가 우리 대신 아이들을 기를 것이다. 우리들은 테크놀로지를 수단이자 업무 관리자로 사용하면서 일과 생활의 속도를 따라잡아야 한다는 압박에 더 많이 시달리고 있다. 더 많은 사람들이 더 많은 것을 요청하고, 스스로에 대해서도 더 많이 요구하며, 종종 자신이 알고 있는 수준이 자신에게 적합하지 않은 경우도 있다.

속도는 모두에게 관계 맺기와 반대되는 방식으로 작동한다. 그러나 연구조사 결과들은, 특정 발달 단계에 있는 아이들에게는 현재 발달 중인 사회적·감정적 핵심 기술들 및 전반적인 교육들이 고등학교 성적이나 수학능력평가를 포함해 아이들을 대학에 들여보내주는 다른 요소들보다 더욱 강하게 학교와 인생의 성공을 규정한다고 말한다. 우리는 아이들에게 자연스러운 발달 속도에 필요한 시간을 주기 위해 멈춤, 정지, 리셋 버튼을 눌러야 한다. 우리의 도전은 이런 것이다. 의도적이고 철저하게 사회적·감정적 기술들을 가르치고, 집에서, 학교에서, 지역사회에서 아이들이 성공에 필수적인 심리적 단단함과 회복탄력성을 발생시키는 인성 특질들을 계발할 기회를 만들어주어야 한다.

자, 이제 부모들은 가정환경, 아이가 사용하는 테크놀로지들, 5세에서 10세까지 아이들이 보는 콘텐츠에 대해 대단한 통제력을 다시는 발휘하지 못한다. 또한 아이들의 사회적·감정적 생활에 크게 개입할 수 없으며, 아이들의 친구, 친구들의 부모, 교사, 상담사, 우리의 노력을 돕는 다른 사람들과 가까운 관계를 유지할 수도 없다. 우리의 상상보다 아이들은 훨씬 빨리 10대로 진입할 것이고, 아이가 선호하는 대상을 우리가 결정할 기회도 사라지게 된다,

우리는 자녀가 이 연령일 때 아이가 우리에게 늘 손을 뻗을 수 있고, 우리가 아이 곁에 있는 경험을 제공하기를 바란다. 또한 부

모로서 아이들을 깊이 알 수 있도록 열려 있고, 아이들이 테크놀로지라는 새로운 세계에서 경계선을 넘거나 나쁜 일로 인해 문제를 겪을 때 부모로서 아이를 이끌어줄 수 있다는 경험을 심어주고 싶어 한다. 이런 확신은 6학년에서 8학년 정도의 아이가 문제를 겪을 때 부모에게로 가도 된다는 확신을 심어주는 가장 좋은 방식이다.

아이가 10세 미만이고, 사소한 문제들을 겪는 어린아이일 때는 그가 10대가 되어 마주치게 될 다양한 어려움들을 예측하기란 어렵다. 미래의 학업적·직업적 성공을 위해 가능한 어린 나이에 아이들을 서둘러 준비시키면, 감정적 강인함과 회복탄력성이 최고의 보호 장치가 될 미래의 위험들을 간과하고 지나치기 쉽다. 문제 '결과들'—완곡하게 표현해 깊은 문제를 겪는 청소년기나 대학 시절의 아이들—이 음주 사고, 약물 남용, 분노조절 장애, 우울증, 섭식장애, 성폭력 등 성 문제, 커닝, 기타 깊이 우려되는 다른 행위들이 될 것이라고는 분명히 말하기 어렵다. 우리는 아직 초등학교 저학년 시기 아동의 깊이 있는 학습들 간의 관계를 연결하지 못하고 있으며, 이 아이들에게 미치는 미디어와 테크놀로지의 강력한 영향, 그리고 진실되고, 건전하며, 애정 어리고, 책임감 있고, 만족스러운 인생을 만드는 데 이 모든 것들이 아이들의 내면적 자질들에 어떻게 영향을 끼치는지도 밝혀내지 못하고 있기 때문이다.

CHAPTER **FIVE**

온라인 사회화와 가짜 성숙의 덫

발달 과업을 생략하고 청소년기로 이행하는 아이들

13세가 되기 전에 아이의 방에 컴퓨터를 두지 마라.
아이가 어릴수록 당신은 아이를 보지 못하게
될 것이다. 나는 내 동생이 자기 방에 컴퓨터를 둔 이후로
거의 한 해 내내 그 아이를 보지 못했다.
정말 슬픈 일이다. 내 동생은 이제 6학년이다.

_**데이브**, 15세

발달 과업을 생략하고 청소년기로 이행하는 아이들

얼마 전 한 엄마가 딸 다니엘르와 딸의 친구 케이티에 대한 이야기를 했다. 두 아이는 책임감 있는 6학년 아이들로, 어느 날 점심을 먹으러 동네 피자가게에 가기로 했다. 아이들끼리만 음식점에 가는 것은 특별한 일로, 중학교 입학을 기념하여 허락받은 것이었다. 부모들은 아이들이 이 일을 기뻐하리라는 점은 알고 있었다. 하지만 부모들이 알지 못했던 것은 두 아이가 여름 캠프에서 만난 앨리라는 친구에게 그곳에서 만나자고 문자메시지를 보낸 것이었다. 오는 도중에 앨리는 친구인 세 남자아이를 마주쳤고, 그들과 함께 왔다. 점심을 먹는 동안 에릭이라는 남자아이가 휴대전화로 여자아이들의 사진을 찍었다. 누구도 이 일에 대해 어떤 다른 생각을 하지 않았다. 아이들은 그날 종일 셀프카메라를 비롯해 서로의 사진을 찍었다.

그러나 나중에 에릭이 다니엘르와 케이티, 앨리(아이들은 11살이었다)의 사진에서 얼굴만 오려내어 인터넷에서 찾은 여성의 누드

사진 위에 붙였다. 그리고 이 사진을 같은 학교에 다니는 6명의 남자아이들에게 보냈다. 누군가가 그 사진을 또 다른 남자아이의 페이스북에 올렸고, 순식간에 사진 속 아이들을 알고 있는 모두가 그 사진을 보게 되었다. 그중에는 여름 캠프에서 여자아이들을 알게 된 한 남자아이도 있었다. 이 남자아이가 자기 엄마에게 이 사실을 말했고, 이 엄마는 케이티의 엄마에게 전화를 걸었다. 여자아이들은 이 일로 엄청난 충격과 상처를 받았다.

그동안 여자아이들의 부모들은 자신들이 해야 할 일, 그리고 누구를 비난해야 할지로 고통스럽게 싸웠다. 앨리와 그 부모들은 에릭의 가족과 친분이 있었고, 에릭이 좋은 가정에서 자란 좋은 아이라고 주장했다. 아이는 단지 어리석은 짓을 저지른 것뿐이었다. 반대로 케이티의 아버지는 완전히 분노해서 에릭의 집으로 곧장 가 "아이를 밝은 햇빛 속에 살지 못하게 할 것"이라고 위협하고, "경찰과 에릭의 학교 교장을 부르"기를 원했다. 이 논쟁은 며칠 동안 이어졌고, 이 사건에 대한 소문이 그들이 사는 동네에 모두 퍼졌다. 10대 초반 아이들(preteen, 10~12세 사이로 사춘기를 겪기 직전의 시기—옮긴이)의 평범한 유년 시절의 일상인 피자가게에서의 점심 식사로 인해 일어난 소란이었다.

중학교는 초등학교와 고등학교 사이의 과도기적인 이행 구간이라고 여겨진다. 이 3년은 아이들이 8, 9세에 하던 생각이나 행동들을 더는 하지 않고, 그렇다고 해서 14, 15세보다는 복잡하고 추상적인 생각들은 하지 못하는 악명 높고 복잡한 시기이다. 이 연령기의 아이들은 다루기 어렵고 불확실하다. 집에서 부모들에게 파고

드는 시간은 잠깐이면 지나가고 다음에는 부모들을 싫어하는 기간이 온다. 중학교는 호르몬으로 인해 완전히 뒤바뀐 아이들의 세계이다. 사춘기는 아이들의 신체를 완전히 바꾸어놓고, 호르몬으로 뇌를 씻어내는데, 이것이 아이들이 그 순간을 어떻게 생각하고, 어떤 감정으로 물들이는지에 영향을 미친다.

사춘기 이전 시기는 고통스럽게 자의식이 형성되고, 아이들이 가장 잔혹하게 굴 수 있는 때이다. 상처받기 쉽고, 혼란스러우며, 감정적으로 변덕스러운 특징이 혼재되어 있어서, 몇몇 선생님들은 중학교를 애정 어린 투로 '저장 탱크'(오수 탱크라고도 한다)라고 부르기도 한다. 이 시기 아이들은 학업적으로 노력하는 한편 신체적·감정적 혼란에도 힘겹게 대응해나가는데, 중학교는 이렇듯 아이들이 사춘기로 이행하는 것을 관찰하기 위해 고안된 교육적 목적의 공간이기 때문이다. 또 다른 사람들은 초등학교와 고등학교의 발달 영역 사이에 있는 '다리'라고 지칭하기도 한다. 한 교육 관계자는 "교육의 버뮤다 삼각지대"라고도 부르는데, "호르몬이 온 사방 위를 날고 있기" 때문이다.

이 연령은 도전적인 시기이기도 하다. 학교 댄스 시간과 피자가게 데이트들은 10대 초반의 사회적 의제에서 새롭고도 가장 흥미로운 일이자, 여자아이들과 남자아이들이 호기심, 충돌, 남녀 사이의 사회적인 시시덕거림에 대한 어색한 마주침에 용감하게 대면하는 곳이며, 부모로부터의 사회적 도피처이기도 하다. 여름 캠프는 처음으로 남녀간의 댄스를 접하는 곳이다. 어린 청소년들은 또한 교회나 사찰에서 삼삼오오 모이기도 한다. 이런 것들은 남자아이와 여자아이 들이 보호자의 그늘에서 함께 어울리게 하는 잘 만들어진 기회이다. 아이들은 10대 초반으로, 청소년기 '이전'pre시기이며—청소년기teen는 아니다—이들의 사회적 소통은 그것을 반영한다. 이 모든 일들은 아이들을 위해, 그리고 부모들을 위해 어느 정도 관리된 상태에서 이루어진다.

인터넷은 이런 저장 탱크의 문을 날려버리고, 우리 모두를 사이버 바다로—즉 10대들, 전자기기 화면들, 제한 없는 새로운 버뮤다 삼각지대로—쓸어낸다. 이제 컴퓨터와 스마트폰, 문자메시지, 음란채팅, 소셜 네트워크로 인해, 신체적·사회적·감정적·발달적 변형으로 향하는 예측할 수 없는 통과 의례들은 전통적인 방식에서 실질적으로 이루어지는 데서 온라인상의 관전으로 넘어갔고, 우리들은 모든 통제력을 잃었다.

아동과 10대 청소년 간의 경계가 무너진 형태의 이 새로운 10대 초반 시기의 아이를 겪으면서 우리가 통제력을 잃으면, 아이들은 부모가 자기들의 삶에 정해놓은 한계들을 극복해나간다는, 청소년기 이전 시기에 이수해야 할 근본적인 경험들을 겪지 못하게 된다. 우리는 아이들에게 "숙제를 하는 동안에는 이메일을 하지 말거라.", "수업 중에는 J. 크루 사이트를 보지 말거라.", "사적으로 하지 못할 말은 인터넷상에 어떤 것도 쓰지 말거라."라는 말을 한다. 그러나 많은 일들이 그렇게 진행되지 않으며, 아이들은 그 말에서 쉽게 벗어난다. 우리가 아이들을 멈출 수 없기 때문이다. 아이들은 초기 발달기에 얻어야 하는 도덕성에 관한 교훈들을 내면화하지 못한다. 즉 "그건 잘못된 거야.", "그건 하면 안 돼", "(그런 일을 하면) 잡힐 거야.", "부모님이 날 가만 두지 않으실 거야."와 같은 생각들을 습득하지 못한다는 것이다. 부모의 경고들은 아무 영향도 끼치지 못하고 어디론가 사라진다. 직접 경험해야만 내면화가 이루어지는데, 지금 아이들이 겪는 경험은 그것들에서 멀어져버린 것이다.

우리는 아동기와 청소년기 두 세계 사이에 위치한 발달적 단계를 '10대 초반'(tween, 10세~12세 사이로, 아동과 흔히 10대 청소년 teenage이라고 일컬어지는 10대 중후반 사이—옮긴이)이라고 부른다. 그러나 실상 두 세계에 대한 관념은 구닥다리적인 것이다. 온라인 세계와 소셜 미디어 접속은 성인의 세계로 들어가는 보호받지 못한 '10대 초반'을 폐기했다. 아이들은 아이들이 늘 그래왔던 것처럼 투지 있게 자신만의 길을 만들어나가고 있다. 그러나 자아를 규정하는 요소들—우정, 흥미, 성—이 수시로 변화하는 디지털 문화에서, 아이들은 심리적으로 훨씬 복잡하고 종종 혼란스러운 도전들에 직면한다. 페이스북이나 온라인 채팅으로 자신에 대한 이야기를 읽을 때, 무심하지만 상처를 주는 공개적인 모욕은 일반적으로 훨씬 더 크게 느껴진다. 19세 미만 관람불가 등급의 콘텐츠를 포함해 성에 관한 인터넷상의 정보는 혼란스럽고, 판단을 그르치게 하며, 때로 중독적이기까지 하다. 인간관계 기술을 발전시켜나가야 하는 초기 발달 단계에서 10대 초반 아이들은 사회적·감정적으로 알아나가는 직접 소통에서 줄행랑치고, 대신 피상적인 문자메시지와 스크롤로 이루어진 온라인적 관계를 선택한다.

우리는 이제 아이들이 사고를 당할 때까지 아이들이 겪는 모험을 전혀 듣지 못한다. 또한 아이들이 겪는 모험에 대해 전혀 알지 못하고 있다가, 우리가 통제할 수 없는 경로들에 대해 분통을 터트리게 되기도 한다. 중학교 시절 종종 일어나는 일로, 아이가 마음이 누그러졌다면 그것은 집에서 우리와 함께 있으면서 압력이 완화되기를 기다리고 있기 때문이다. 이제 아이들은 서로에게 하루 24시간 일주일 내내 완전히 접속하고 있는 미증유의 사태에 처해 있으며, 더 이상 자신의 일을 보고하려고 우리를 기다리지 않는다. 아이들은 친구들, 혹은 친구의 친구, 그리고 온라인상의 수많은 친구들과 함께 대화하라고 말하는 문화 속에서 자라고 있다. 인터넷은 수백만 10대 초반 아이들이 성, 인간관계, 약물, 약물중독에 대해, 어떤 행동이 멋져 보이는지, 그리고 인생의 모든 굴곡들을 다루는 방법에 대해 배우러 가는 주요 원천이다. 페이스북에만도 13세 이하의 미국 아이들 750만 명의 방과 후 공부 모임이 있다(자기 페이지를 만들 수 있는 법적 연령이 13세였을 때의 일이다). 하지만 불행하게도 아이들이 페이스북 혹은 온라인 어디에서나 배울 수 있는 것들은 우리가 아이들에게 허용해줄 수 있는 것이 아니다. 하지만 여전히 많은 부모들이 그것을 허용하고 있다. 변호사인 한 어머니는 "그것이 아이에게 법률을 위반하는 행위에 대한 도덕 불감증을 유발한다는 생각을 치워두고, 아이가 페이스북 계정을 만드는 걸 허용했습니다. 이제 12살인데요. 아이의 친구 모두가 계정을 가지고 있거든요."라고 말한다.

아이들 역시 자신들이 부모와는 이야기를 많이 하지 않는다고 말했다. 일부는 부모님들이 직장에서 전화를 받기가 곤란한 경우가 있어서 전화를 하기 어렵고 문자메시지가 더 편하다고 말했다. 또 다른 아이들은 부모님들이 일상적으로 일이나 취미, 혹은 온라인 활동들에 몰두하고 있거나 바깥에 나가 있다고 했다. 몇몇 부모들은 내게 자신들이 집에 있으면서 아이들과 함께 하려고 해도, 아이들의 문제와 불만들, 자기들이 한 일에 대해 예민하게 반응하는 모습을 보게 될까 봐 걱정된다고 했다. 또한 명백히 위험해 보이는 것들을 염두에 두지 않는 아이들의 태도를 걱정하는 반면으로, "이 온라인 세계가 우리 세계예요."라는 아이들의 고집에 침묵할 수밖에 없다고 했다. 이런 부모들은 자신의 무지 혹은 자신이 도움을 줄 수 없다는 사실을 드러내는 것을 당혹스러워했고, 질문이 폭풍우를 불러일으키는 불씨가 될까 봐 우려했다. 때때로 부모들이 아이들을 보호하고자 영웅적 판단을 내리고 행동을 취한다 해도, 아이들을 엄청나게 흉포하게 만들 수 있는 바이러스성 이메일을 멈추는 데는 속수무책이다.

학교와 종교단체들은 대개 발달 과정 사이에 통과의례를 가지고 있다. 바르미츠바(유대교에서 13세가 된 소년의 성인식—옮긴이), 견진성사, 청년회 활동 같은 것들 말이다. 이 연령대 아이들의 교육과정에 있는 문학 작품들은 모두 영웅의 모험이나 한계를 극복하는 이야기이거나 명료함과 용기를 핵심 가치들로 하는 경험을 통해 인성이 확립되는 과정을 다룬다. 걸스카우트와 보이스카우트 배지들은 이 연령에 대한 상징이다. 통과의례에는 명확한 시작, 중간 과정, 결말이 있어야 한다. 하지만 지금 10대 초반 아이들은 미디어와 온라인 세계에서 방황하면서 통과의례에 함축되어 있는 의례적 학습과 준비 없이 청소년기로 직접적으로 번져 들어가고 있다. 이와 관련된 이야기가 다시 쓰이고 있는 것이다. 자아 발견을 위한 온라인상의 여정은, 이제 새롭고 노골적인 유튜브 동영상들에서 찾을 수 있는 사람들을 보는 것 혹은 온라인상의 적—드래곤이든 자신을 공개적으로 모욕하는 아이이든—을 끌어내리는 것과 같은 일상적인 경쟁 행위가 되었다. 하지만 디미트리 크리스타키스와 잭슨 카츠 같은 연구자들은 사춘기 이전 아이들의 인성은 가상 경험이 아니라 실제 삶의 온갖 경험으로 형성된다고 지적했다.

소셜 네트워크에 도사린 위험들

우리가 자신의 휴대전화와 컴퓨터에 대해 사생활을 잘 지키고 있고, 아이가 6학년이나 7학년이 될 때까지 스마트폰을 사용하지 못하게 한다 해도, 아이들이 기본적인 게임과 온라인 생활에 접속할 기회들은 존재한다. 2012년 포Pew의 인터넷 및 미국인의 생활 프로젝트 조사는 12세부터 18세까지의 청소년들이 일상적으로 성인전용등급AO나 성인등급M 게임들을 익숙하게 다루고 있다고 밝혔다. 부모들의 4분의 3이 늘 혹은 때때로 자녀가 하는 게임의 등급을 확인해본다고 했음에도, 이 연구는 절반 이상의 남자아이들이 자신들이 좋아하는 성인전용등급 혹은 성인등급 게임들의 등급에 의문을 표하고 있다는 것을 밝혔다. 여자아이들의 경우 이 비율은 14퍼센트에 불과했다.

아이들은 최신 휴대전화나 태블릿, 혹은 게임이나 애플리케이션을 가진 친구나 동급생에게서 결코 떨어지지 않는다. 집이든 친구의 집이든 어느 곳에서든 컴퓨터나 태블릿이 무방비로 노출되어 있는 곳에서, 아이들은 온라인에 접속하길 바라며, 원하는 어느 곳에서든, 대개 원하는 때 언제든 접속한다. 일단 아이들이 위험한 상업적 콘텐츠들을 찾아내거나 순전히 우연하게 그쪽으로 발을 헛디디면, 과거의 낡은 감각으로는 아이를 보호할 방도가 거의 없다. 학교에서는 아이들에게 책임감 있는 테크놀로지 사용을 교육시키려고 노력하고 있는데, 부모 역시 교육과 예방에 대한 임무를 지녀야 한다. 즉 가족들이 아이에게 바라는 것과 네티켓에 대해 이야기해야 한다. 명확한 지침과 가족과의 접촉, 그리고 규칙들을 세우고, 가능한 한 아이들의 테크놀로지 사용과 미디어에 대한 접근을 모니터링하고, 책임감 있고 안전하게 사용하는 방법을 지도해야 한다. 충분히 혹은 부득이하게 그렇게 하지 못한 경우, 손실에 대한 통제라는 다음 단계로 넘어가서 실수에 대한 책임을 지고, 실수로부터 무언가를 배울 수 있도록 아이들을 지도해야 한다. 아이들에게 더욱 책임감이 필요해졌을 때, 적어도 성인으로 향하는 작지만 첫 발자국을 떼기 시작할 때, 즉 스스로에 대한 책임을 지는 법을 연습해야 할 나이에 이 일을 하려면 훨씬 어려워질 수 있다.

내 친구 하나는 자신의 세 딸의 경우처럼 테크놀로지가 "상대적으로 좋은 도구, 새로운 방식으로 흥미 있는 일을 할 수 있게 해주는 것"이라고 믿었다고 말했다. "하지만 실제로는 모든 게 달랐지. 나는 내가 학교에서 친구들과 매일, 온종일 교환했던 쪽지보다 더 많이 메시지를 교환하고, 집에 갈 때만이라거나 밤새 친구들과 전화로 시간을 보내는 것 정도로만 생각했지." 그녀는 13살 난 딸 앨릭사가 우연히 수년 전 4학년 댄스파티에서 한 번 만난 적이 있는 남자아이와 메시지를 교환한 사건이 일어날 때까지 그렇게 생각했다. 앨릭사는 휴대전화가 울렸을 때 모르는 전화번호로 온 문자메시지를 보았고, "누구니?"라고 툭 물었다. 그리고 알지 못하는 사람이라고 여기고 그 전화번호를 수신거부 목록에 등록하고는, 다시 "근데 너 누구야?"라고 쏘아붙였다. 그러고 나서 자신을 크레이그슬리스트(Craigslist, 미국의 온라인 벼룩시장—옮긴이)로 보내버리겠다고 욕하는 무례하고 알 수 없는 문자메시지 상대와 짜증스러운 문자를 교환한 뒤, (물론 문자메시지로) 그에게 핀잔을 주고 휴대전화를 꺼버렸다.

그다음 며칠 동안 앨릭사는 미친 듯이 수많은 문자메시지를 받았다. 크레이그슬리스트에 성적인 제안을 담은 여성의 사진과 함께 그녀의 전화번호가 올라가 있었고, 그녀가 딱 이틀 동안 시내에 있겠다는 메시지가 쓰여 있었다. 앨릭사는 "저는 그 일이 끝난 것이라고 믿었어요. 한데 다음 날 일어나보니 36개의 문자메시지와 12개의 부재중전화가 와 있었어요. 거기에는 모두 셔츠를 벗은 남자의 사진이 첨부되어 있고, 대개 '안녕 예쁜이, 널 만나고 싶어……'라는 취지의 말이 있었죠. 그래서 전 공황 상태에 빠졌고, 그 일이 제 능력 범위를 넘어선 일이라고 느끼기 시작했어요."

그녀는 부모님에게 전화를 걸었지만 부모님들은 비행기를 타고 집으로 오는 중이라 받지 못했고, 그래서 다시 두 언니들에게 전화를 걸었다. 먼저 18살인 스텔라에게 했는데, 스텔라는 매우 걱정하며 그 일을 심각하게 받아들였다. 앨릭사는 스텔라와 함께 21살인 큰언니 로즈에게 전화를 걸었다. 그리고 자신의 수신목록에서 그 전화번호를 찾아서, 그 번호가 자신이 4학년 때 만났던 남자아이의 것임을 확인했다. 로즈는 그 번호로 전화를 걸어서 남자아이과 그가 한 일에 대해 말했다. 그리고 그 전화번호가 이제는 앨릭사가 만났던 남자아이의 것이 아님을 알아냈다. 전화선 반대편에 있는 낯선 인물은 로즈에게 엄청나게 화를 냈다. 앨릭사가 수신거부한 사람은 성전환한 매춘부였고, 그는 앨릭사의 문자메시지에 불쾌감을 느끼고 그녀에게 교훈을 주기로 결심한 것이었다. 이후 성인용 코미디에 나오는 실수가 시작되었다. 그날이 다 가기 전에 앨릭사의 전화번호는 로스엔젤레스의 성전환자 매춘부 서비스 웹사이트에 게시되었다. 부모님이 집으로 들어와서 이 드라마를 전해 듣고 그 막을 내리는 일에 착수했다. 부모님들은 앨릭사의 전화번호를 바꾸고, 그녀가 다시는 우연히라도 그 전화를 돌리지 못하게끔 휴대전화에 비밀번호를 보안 설정했다. 결과적으로 앨릭사는 교훈적인 경험을 한 셈이다. 앨릭사는 이렇게 말했다. "전 누군가를 비난하거나 화나게 할 일은 하지 않았어요. 누군가에게 벌거벗은 사진을 보내지도 않았고요. 단지 제 통제를 벗어난 일이 일어진 것뿐이에요. 이 일은 제게 온라인상에서는 상황이 얼마나 빨리 제 통제를 벗어나는지, 인터넷과 소셜 네트워크에서는 얼마나 많이 사람들이 정체성을 숨길 수 있는지를 알게 해줬어요. 전 그동안 온라인상에서 50살이나 먹은 아저씨를 만난 여자아이들한테 어떻게 네가 대화하고 있는 상대가 누군지도 모를 수 있느냐고 비웃었어요. 하지만 저도 제가 대화하는 사람에 대해 전혀 몰랐죠."

"제 탓이에요. 완전히 제 실수예요. 아이들끼리 주고받는 쪽지나 아이들용 공주님 전화랑은 전혀 다르다는 걸 알았어야 했어요."라고 나중에 그녀의 엄마는 말했다.

앨릭사의 경우 실질적인 해는 입지 않았다. 무섭다기보다는 재미있는 측면도 있었다. 하지만 상황이 늘 이렇지는 않다. 코네티컷 주에 사는 신디는 1년 반 동안 위스콘신 주에 사는 자기 또래라고 생각된 남성과 친구로 지냈다. 실질적으로 매일 오후와 저녁 시간 동안 두 사람은 온라인 채팅을 했다. 신디는 남자에게 그날 있었던 일들을 이야기하고, 신뢰하기 시작했으며, '러스티'를 가장 친한 친구 중 하나로 생각했다. 여름이 다가오고 캠핑철이 시작되면서, 신디도 한 여름캠프 모임에 참가했다. 여행은 엄청난 사건이었고, 목적지는 늘 그랬듯 스릴을 위해 공개되지 않았다. 목적지가 발표되었을 때—브리티시 컬럼비아 안에 있는 도시였다—신디는 이 흥분되는 소식을 러스티에게 이야기했고, 예상한 대로 러스티는 모든 내용을 세세하게 알고 싶어 했다. 언제, 어디에 도착하는지, 여행 일정은 어떻게 되는지 말이다. 여학생들과 지도교사들이 목적지에 도착했을 때, 그곳에는 러스티가 있었다. 그는 그녀 또래의 남학생이 아니라 나이가 더 들었고, 어딘지 위험한 구석이 있었으며, 또한 질 나빠 보이는 친구들을 두 사람을 더 달고 있었다.

신디의 캠프 친구들과 지도교사들은 이 지저분한 방문자들에게 질겁하고 신디를 맹렬히 비난했다. 자신들이 어디로 향하는지 낯선 사람들에게 말하는 것이 얼마나 어리석은 짓인지, 한 번도 만난 적이 없는 온라인상의 친구를 두고, 또 그 친구에게 일상생활을 미주알고주알 털어놓다니 무슨 생각이냐고 말이다. 남자아이들은 다른 곳으로 보내졌고, 캠프는 계속되었지만 신디는 점점 화가 났다가 우울해졌다. 그리고 한 번도 그런 적이 없었지만 식사를 남겼고, 점점 식욕부진 상태에 빠졌다. 여행에서 돌아온 후에도 그녀는 그때 일어났던 일로 인해 침울한 상태에서 벗어나지 못했고, 그 일이 두려웠다. 친구들은 화가 나서 그녀를 도와주지 않았고, 어른들도 어떻게 그런 일이 일어날 수 있는지 이해하기 어려워했으며, 상담교사들도 여학생들을 안전하게 지켜야 한다는 데 대해 걱정했다. 이 일은 신디에게 남은 여름을 완전히 바꿔놓았고, 자기 자신에 대한 감각을 뒤흔들어놓았으며, 매우 좋지 않은 방식으로 그녀의 세계를 닫아걸었다.

우리는 아이들에게 "낯선 사람은 위험하다."라고 말하지만, 아이들을 이용하는 사람들은 아이들을 아는 사람인 경우가 훨씬 많다. 이런 방식에서 테크놀로지는 러스티가 신디를 집중 겨냥했듯이, 위험한 사람들이 아이에 대해 알 수 있는 네트워크가 되어가고 있다. 더 나아가 페이스북, 소셜 네트워크, 온라인 마케팅을 둘러싼 사생활 침해 문제들은 누가 우리 아이에 대해 어떤 정보를 가지고 있는지를 알기 어렵게 만들고 있다. 10대 초반 아이들이 더 큰 세계로 나아가고, 그 세계와 연결되고 싶어 하는 경향은 자연스럽고도 놀라운 것이다. 건전한 온라인 모임들은 아이들도 이용할 수 있으며, 이때 우리는 10대 청소년 자녀에게 자동차 열쇠를 건넬 때 언제, 어디에서, 누구를, 무엇하러 만나냐는 식의 질문을 하듯이 더 어린아이가 키보드를 만질 때 이런 것들을 물어야 한다.

미 정신과의사 협회 아카데미의 2011년 보고서는 "이 세대의 사회적·감정적 발달의 큰 부분은 인터넷과 휴대전화에서 발생한다."고 지적한다. 이 보고서는 강화된 사회적 연결과 소통을 소셜 미디어가 주는 잠재적인 이익으로 묘사했다. 그러나 이 보고서는 청소년기 이전 아이들의 건전한 발달에 필요한 것과 일상적으로 미디어 및 테크놀로지를 많이 사용하는 데 따른 영향 사이의 간극을 지나치게 낙관적으로 보고 있다.

많은 10대들이 태평하고, 낙관적이고, 상대적으로 복잡하지 않게 온라인 생활을 한다. 과다 사용하지도 않고, 장중한 드라마를 만들지도 않는다. 부모가 이해할 수 있는 사회적·감정적 교육을 했다면, 의미 있는 드라마가 만들어지는 일을 감소시킬 수 있다고 연구들은 확인해준다. 그러나 아무것도 아닌 상황에도 문제는 잠재되어 있을 수 있다. 어느 날 저녁 라일라가 친구와 함께 숙제를 하고 있을 때 일어난 일처럼 말이다.

라일라는 8학년 학생으로, 유치원 때부터 친하게 지내는 두 친구 폴라와 멜라니와 온라인상으로 함께 숙제를 하고 있었다. 아이들은 종종 스카이프나 아이엠 애플리케이션으로 채팅하며 숙제를 하곤 했다. 화상채팅을 하고 있는데, 라일라가 부모님이 주말에 밖에 나가신다는 이야기를 했다. 다음과 같은 채팅이 이어졌다.

폴라 너희 집에서 파티하자, 하하.

멜라니 좋은 생각인데!

폴라 그럼 내가 지금 모두에게 말할게.

라일라 하지 마!

폴라 하지만 정말 멋질 거야!

멜라니 엄청 재미있을 거야!

라일라가 다시 한 번 "하지 마."라고 미처 입력하기 전에 폴라가 온라인상의 친구들에게 초대 메시지를 발송했다. "토요일 8시 라일라네 집에서 파티. 부모님 안 계심."

폴라와 멜라니가 잊은 것은 자신들이 페이스북과 아이엠, 구글 채팅상으로 라일라의 엄마와 친구를 맺고 있다는 점이었다. 따라서 라일라의 엄마는 50명 이상의 8학년 학생들과 함께 그 초대 메시지를 받을 수 있었다. 저녁 시간 컴퓨터로 무언가를 보고 있던 엄마는 즉각 메시지를 받았고, 위층으로 올라가서 라일라가 친구들과 온라인상으로 싸움을 하며 소리치고 있는 모습을 보았다. 엄마는 채팅을 중단시키고 친구들에게 딱 잘라 말했다. "너희들 그 메시지 당장 삭제하는 게 좋겠구나. 어떻게 라일라에게 이런 짓을 할 수 있니? 정말 실망스럽구나. 당장 이 일을 수습하렴. 학교에는 말하지 않으마."

아이들은 그렇게 했다. 하지만 라일라에게 사과하는 대신 복수를 했다. "너네 엄마한테나 가버려!"라는 식으로 빈정댄 것이다. 라일라가 "네가 바보 같게도 우리 엄마한테 그 메시지를 보낸 거잖아."라고 설명하자 다시 사과 대신 씩씩거리며 화를 냈다. 그다음 3주 동안 라일라는 학교에 가기 전에 매일 울었다. 매일 폴라와 멜라니가 대놓고 상처 주는 방식으로 라일라를 따돌렸기 때문이다. 친구 관계를 다시 회복하려는 라일라의 시도도 소용없었다. 언어 폭력—아이엠으로도 물론—은 계속되었고, '소녀들의 싸움'식의 유튜브 동영상 같은 일이 채팅창에서 벌어졌다. 우정, 신뢰, 기대하지 않았던 배반의 경험을 한 라일라는 몇 주 동안 화가 치밀어 오르는 상태로 지냈다. 이 일은 우리 모두에게 온라인의 연결성이 사회적 역학에서 얼마나 빠르게, 얼마나 분노를 재촉할 수 있는지에 대한 교훈이 된다.

소셜 네트워크상의 10대, 친절함, 가혹한 행위에 관한 2011년의 연구를 보면, 어떤 인구통계학적 집단을 막론하고 10대들이 일반적으로 소셜 네트워크상에서 서로에게 대하는 데 있어 긍정적인 경험을 한 것과 달리, 10대 초반의 어린 여자아이들(12세에서 13세)의 경우 상당히 두드러지게 사람들이 대체로 불친절했다고 말했다. 소셜 네트워크를 이용하는 10대 초반 여자아이 셋 중 하나는 자기 나이의 사람들은 대개 소셜 네트워크상에서 서로에게 불친절하게 군다고 말했다. 이와 비교하여 소셜 미디어를 이용하는 12세에서 13세의 남자아이들은 9퍼센트가, 14세에서 17세의 남자아이들은 18퍼센트가 그렇다고 답했다. 아이들이 언급한 불친절함은 상대의 머리 모양을 비웃는 것에서부터 폭력적인 언어 모욕, 굴욕적인 일을 폭로하는 데까지 이른다.

온라인상에서 빈둥거리기의 두 얼굴

나는 미미 이토와 동료 연구자들의 "세 가지 기본 목적에서 이루어지는 아이들의 테크놀로지 사용"에 관한 묘사를 좋아한다. "서성거리고, 빈둥대고, 열중하는 것"이다. 아이들을 대하는 일을 하면서 나는 건전한 사회화, 게임, 오락, 특별히 흥미 있는 것을 탐구하는 행위에서 이런 세 가지 패턴을 보았다.

이토는 "서성거림"에 대해 "지속적으로, 가볍게 사회적 연락을 취하는 것"이라고 하면서, 이는 친구들과 연결되고, 약간이나마하게 부모, 교사, 어른의 세계로부터 독립되는 체험을 하게 해준다고 설명했다. 아이들은 그곳에서 시간을 보내고 자신들만의 사회를 만들어낸다. 여기에는 그들만의 문화의 언어(음악, 영화, 문화적 참조물들)가 포함되어 있을 뿐만 아니라, 아이들 자신만의 발달적 과업이 진행된다. 아이들은 관계를 통해 좌절과 승리를 경험하고, 책임감을 습득하며, 그 나이에 걸맞은 감정적 강화를 겪는다.

온라인 세계에서 서성이는 것은 친구들과 나누는 대화의 일부분을 보다 쉽게 만들어준다. 몇몇 10대 초반 아이들의 경우, 특히 학교에서 또래들로부터 고립되어 있다고 느끼는 아이들에게 온라인은 건전한 소통을 할 수 있게 해주며, 고통스럽게 놓쳐버린 소속감을 주고, 구명해줄 수 있다. 또한 온라인에서 서성거리는 것은 오늘날 아이들이 사회화되는 한 방편으로, 아이들은 그 공간에서 동료들로부터 규칙과 가치 들을 배운다. 소셜 네트워크 시스템은 아이들이 소셜 네트워크 사이트, 친구의 블로그, 유튜브 게시물 등에 합류함으로써 배움을 위한 창의적인 공간을 제공한다.

특히 이 나이에 종종 특별한 흥미를 가지고 온라인에 열중하는 아이들은 자신들이 찾는 내용의 원 출처들, 관련 전문가들, 혹은 유사한 흥미를 지닌 동료들에게 끝없이 빠져든다. 내 딸 릴리와 친구들은 그곳에서 우스꽝스러운 영화를 만들고, 몇 시간이고 영화 극본을 쓰면서 자기들끼리 즐긴다. 중학생들은 종종 테크놀로지를 엄청나게 창조적으로 사용하기도 한다. 예술 작품들, 동영상, 이야깃거리를 수집하는 멋진 방식을 소개하고, 자신들이 보는 대로의 세계를 기록한다. 10대 초반인 당신의 자녀가 독특한 아이라면 온라인이 그런 기회를 제공하는 멋진 장소임을 의심하지 않을 것이다. 그곳에는 아이들(그리고 많은 성인들)이 하는 복잡하고 전략적인 대체 현실 게임ARG, alternative reality games이 있고, 도시계획, 물과 기름이 제한된 경우 생존하는 법 같은 현실 세계의 도전적인 과제들을 해결하도록 고안된 것들도 있다. 이 지적인 콘텐츠들은 매우 수준이 높으며, 친사회적 윤리를 담고 있고, 끝없이 〈워크래프트〉를 하는 시간보다 훨씬 더 강하고 분명한 방식으로 협동하는 경험을 하게 해준다.

온라인에서 빈둥거리는 것에 대해 말하자면, 우리는 모두 그것이 무엇인지, 그리고 우리가 얼마나 그렇게 시간을 보내는지 알고 있다. 한 중학생 남자아이는 내게 부모님들이 아이패드에 푹 빠져 있다고 불평하면서, 엄마나 아빠와 함께 더 많은 시간을 보내고 싶지만 컴퓨터 때문에 그렇게 하지 못한다고 설명했다. "엄마 아빠는 위선적이에요."라고 아이는 말했다. 부모님은 자신에게 컴퓨터를 하는 시간을 제한하면서 스스로는 무제한적으로 온라인에서 시간을 보내고 있다는 것이었다.

이 연령의 아이들을 위해 온라인상에서 서성거리고, 열중하고, 빈둥대는 모든 행위에서 건강한 미디어 다이어트가 이루어져야 한다. 또한 심리치료사로서 나는 또 다른 어두운 면을 본다. 10대 초반의 아이들은 신체 이미지 문제들로 인해 고통받고, 더욱 대담하게 때로는 익명으로 잔혹한 일을 행하는 데 자신의 사회적 힘과 능력을 발휘하는 연습을 한다. 다음의 몇 줄은 내 환자들이 겪은 일이다.

> 모든 사람들이 네 친구가 되는 노력을 그만두었다. 얼마나 많은 너의 새 친구들이 널 싫어하는지 보이지도 않니? 네 뒤통수에 눈이 달려 있다면 네가 이야기를 할 때마다 아이들이 무슨 표정을 짓고 있는지 볼 수 있을 텐데. 넌 난잡한 놈이야.

'서성거림'은 친구들에게 계속 메시지를 보내는 방법으로, 늘 긍정적이지만은 않다. 비록 도움을 주는 좋은 친구 사이일지라도 말이다. 다른 사람들이 늘 보고 있고, 늘 답신을 기다리고, 늘 빠르게, 때때로 자기 스스로를 가다듬고 있어야 한다는 생각은 자그마한 기대라도 짊어지고 있다는 의미이다. 지속적으로 누군가와 계속 연락을 해야 한다는 것은 그 자체로 스트레스이며, 어린 청소년들이 발달시켜야 하는 견고한 자아감, 숙고 능력, 내면과의 대화에

반하여 작동한다.

10대 초반 아이들은 인간관계에서 새로운 방식의 어려움을 겪고 있다. 하나는 삶이라는 3차원적 방식을 더욱 풍요롭게 해주는 직접적인 우정을 때때로 거북스럽게 여길 가능성이 있다는 것이다. 다른 한편으로는 한 10대 초반 소녀가 내게 말한 것처럼, 아이들은 온라인이라는 2차원 세상에서 더욱 더 속에 있는 이야기를 드러낼 수 있다는 것이다. 그녀는 온라인상에서 두 남자아이를 친구로 두고 있는데, 이들은 각자 그날그날 속상했던 일들을 나누고 있었다. 온라인상에서 모든 것을 서로 이야기하면서 그녀는 "우리는 정말 가깝다."라고 말했다. 그리고 곧 사람들과 직접 관계 맺는 것을 거북스러워하고 있는 자신을 발견했다.

"내가 말하는 건, 내가 당신에 대해 많이 알고, 당신도 나에 대해 많이 알고 있지만, 우리는 이 대화를 얼굴을 맞대고 할 수 없단 거예요. 하지만 당신은 실제로 존재하고, 당신은 내 모든 비밀을 알고 있어요. 나는 정말로 유약하게 느껴지고, 그래서 당신에게 달려들 거예요…… 당신이 대화하고 있는 사람이 실제로 존재하는 한 사람임을 깨닫는 것, 그리고 당신이 온라인에서 이야기했던 사람이 실제 삶 속의 사람보다 훨씬 완벽하다는 것을 깨닫는 일과 같은 거예요. 온라인상에서 서성대는 일은 우리에게 어떤 페르소나나 정체성, 혹은 어떤 사람을 만들 수 있게 해주는데, 그것이 꼭 현실의 자신과 일치하지는 않아요. 우리는 그 정체성을 다루는 방법을 알지만 현실 세계에서 실제 사람을 다루는 법은 몰라요."

아이들은 때로 자신이 만든 페르소나의 덫에 걸렸음을 깨닫고,

학교라는 실제 삶에서 그 페르소나답게 살아야 하는 결과를 맞이하여 곤란을 겪게 되기도 한다. 학교 내 계층에서 하찮은 존재로 취급받는 한 내성적인 남학생은 온라인에서 건방진 만화 속 주인공의 페르소나를 만들어냈다. 무례하고, 상스럽고, 빈정거리기를 잘하며, 기꺼이 누군가를 비웃거나 단지 충격만 안겨주는 말을 지껄이고, 다른 사람들이 그렇지 않은 것을 지적했다. 이 남학생과 초등학교 시절부터 알았던 한 관찰력 있는 학급 친구는 내게 이렇게 말했다.

"인터넷은 그 애를 자기가 만든 페르소나의 덫에 빠지게 했어요. 모든 사람들이 그 애가 가장 극악한 말을 하고, 자신들을 비웃는 엄청나게 무례한 말을 하길 바라요. 그리고 그 애가 모든 사람들이 좋아하는 것과 다른 식으로 행동하면 '우우우 너 지금 뭐하니?', '우리가 널 이곳으로 초대했는데, 넌 변하면 안돼!' 하고 야유해요. 누구도 그 애가 좋은 사람이 되는 것을 원치 않아서 그 애는 덫에 걸린 거예요. 6학년 때 그 애는 더 괜찮은 애였는데, 저는 그 애 주변에서 '미안하다'고 말하는 사람이 없다면, 이 모든 쇼를 더 많은 사람이 본다면, 사태는 더 나빠질 거라고 장담할 수 있어요."

열중과 중독을 구분하기

신입 직원에서 고위 임원 혹은 CEO로 차근차근 승진하는 기회를 상상해보라. 매일 일하러 가는 것이 즐겁고, 업무는 완벽히 끝내며,

목표들은 쭉쭉 뻗어나가고, 성공은 당신의 것이다. 이 모든 일들은 12세에서 13세까지 일어난다. 이것이 많은 아이들이 가지고 노는 스크린 게임의 매력이다. 아이들은 게임을 무척 많이 하는데, 이를 걱정하는 부모의 기준에서는 특히 그렇다. 하지만 게임이 아이들의 생활에서 일부분을 차지할 뿐이라면, 즉 전자기기 화면으로 놀이하는 것 외의 활동과 관심사를 가지고 있고, 좋은 친구가 있으며, 학교와 성적에 책임감을 느끼고 신경을 쓰며, 신체적·심리적 건강 상태를 좋게 유지하는 생활 습관을 가지고 있으면서 게임을 하는 것이라면, 그것은 괜찮을지도 모른다. 나는 이제 직업 세계에 발을 들이거나 대학원생이 된 젊은 청년들—내 아들 대니얼처럼 게임 1세대인 청년들—과 이야기를 나누어봤는데, 이들은 전자게임은 단순히 즐길 만한 사회적 활동이며, 집이나 학교에서보다 훨씬 더 자신들이 할 수 있는 일이 많고 스스로 운명의 주인이 되는 곳이라고 했다. 페이스북과 소셜 네트워크 역시 게임과 유사하다. 아이들은 글을 써서 게시하고, 놀고, 사회적 자본을 모으며, 동등한 입장에서 누군가를 도와주거나 벌을 줄 수 있다. 재담을 나누고, 좋아하는 것들과 소문을 말하고, 빈정거릴 수도 있다. 언어는 그 영역에서 통용되는 통화通貨이며, 동료를 만들 수도, 적을 벌줄 수도 있는 수단이다.

합리적이고 건전한 사회적·오락적 경험들을 넘어서서 전자기기 화면과 소셜 미디어에 몰두하는 시간은, 아이들에게 있어 보다 일찍 찾아오는 청소년기라는 높은 압박을 다루는 대응 방편이 되기도 한다. 건전한 대응 전략은 삶의 크고 작은 스트레스들을 더욱 효과적으로 다룰 수 있게 해준다. 그러나 10대 초반 아이들의 대응 메커니즘이 TV나 전자기기 화면, 문자메시지, 소셜 네트워크 등에 과도하게 혹은 충동적으로 달라붙어 있는 방향으로 나아간다면, 재미있고 유용한 취미로 시작한 것이 돌연 삶을 강탈할 수도 있다. 테크놀로지 사용에 따른 문제를 연구하는 데 있어 우리들은 최근까지 10대 후반 청소년들을 중심으로 다루어왔다. 하지만 이제 우리는 더 어린 나이의 아이들에게 시선을 주어야 한다. 중학교 시절 시작되는 10대들의 테크놀로지 중독에 관한 임상적 경험을 바탕으로, 우리는 테크놀로지 사용이 더 많고 그것에 쉽게 의존하게 하는 습관을 계발하는 지금의 10대 초반 아이들에 대해 배워나가야 한다.

제이콥의 사례—열중이 좋은 예가 될 때

제이콥의 엄마는 13세인 아들이 온라인 취미들(과학, 전 세계에서 출판된 뉴스들)에 지나치게 열중하는 것을 우려하여, 알코올중독자 가족을 지원하는 단체인 알아논Al Anon으로부터 아이를 더 교화적으로 다룰 수 있는 방법을 습득할 수 있게 해주는 자료들을 얻었다. 그리고 나서 그녀는 내게 전화를 걸었다. 그녀는 아들의 컴퓨터 사용을 관찰하고 거기에서 몇 가지 위험 신호를 목록으로 적었다.

"컴퓨터 없이 오랜 시간을 견디기 힘들어합니다. 아이는 컴퓨터를 켰을 때 자기 기분을 조절하고, 신체의 화학 반응과 관련된 무언가를 할 수 있다고 생각해요. 무엇이 중독이냐고 말하면 아이는 '절 믿으세요'라고 말할 거예요. 늘 신뢰를 말하죠. 저는 그것이 신뢰에 관한 한 가지 방식임을 이해하고 있지만, 또한 아이가 무언가를 감추고 있다는 신호일 수도 있다고 생각합니다."

동시에 그녀는 이와 다른, 특정 측면에서 제이콥에 대한 신뢰가 그런 행동을 다르게 보이게 한다는 것을 알고 있다. 아마도 이것이 더욱 합리적인 측면일 것이다. "제이콥은 매우 명민해요."라고 그녀는 말한다. "그리고 제가 결코 이해할 수 없는 세계에 관한 것들을 이해하고 있지요." 이는 진실이다. 제이콥은 어떤 학술적 잣대로 봐도 엄청나게 영리한 소년이며, 세계 뉴스와 과학에 열정을 가지고 있다. 아이는 늘 이런 열정들을 가지고 있었지만, 그것들을 위해 엄청나게 온라인을 이용하는 행태는 몸이 아파 꽤나 오랫동안 학교에 가지 못하고 집에서 공부했던 시기부터 시작되었다. 그 기간 동안 아이는 자신의 인생을 극적으로 변화시킨 운명의 전환점에 대해 다소 침울해했다고 제이콥의 엄마는 말했다. 이제 아이는 학교로 돌아갔고 잘 해내고 있지만, 집에 돌아오면 매일 몇 시간씩 컴퓨터 앞에 딱 달라붙어 있다. 아이가 그래도 괜찮을 것 같다고 생각되는 시간 이상이라고 엄마는 말한다.

"전 멀티태스킹이 걱정돼요. 제이콥은 늘 수많은 윈도창을 열어놓고 있죠."라고 그녀는 말했다. "제가 무언가를 배울 때 어떻게 했는지를 생각해봤어요. 제이콥은 뭔가를 찾아내는 일에서는 완전히 궤도에 올라 있어요. 한데 꾸준히 계속해서 한 가지 일을 해야, 발견한 것에 대해 계속 집중력을 기울여야 어느 순간 깨달음이 찾아오지 않나요? 저는 제이콥이 내용을 깊이 있게 분석하는 법을 배웠으면 해요." 그녀는 지나친 컴퓨터 이용 행태가 제이콥의 그런 능력을 앗아갈까 봐 걱정하고 있었다.

얼마 지나지 않아 나는 제이콥을 만나서 엄마가 우려하는 일에 대해, 그리고 아이 스스로 테크놀로지와 자신의 관계를 어떻게 생각하는지에 대해 토론해보았다. 아이는 엄마의 생각을 알고 있었지만, 자신이 중독 성향으로 나아가고 있다고는 느끼지 않았다. 아이는 이렇게 설명했다.

"전 학교에서 제 컴퓨터를 매우 많이 사용해요. 그건 실제로 제 머릿속에 잠깐 들어왔다 나가지는 않아요. 전 컴퓨터에 정신이 팔려 있고, 그걸로 숙제도 해요. 전 시간을 놓치긴 하는데, '너무 오래 하고 있다'는 생각은 안 들어요. 시간을 확인하지도 않고요. 그냥 제 눈이 피곤해지면, 대체로 그게 신호예요. 그러면 컴퓨터에서 잠시 눈을 떼요."

나는 제이콥에게 평소 일과를 말해달라고 했다. 온라인 생활과 또 다른 테크놀로지 기기를 다루는 시간을 포함해서 말이다. 많은 학생들처럼 제이콥 역시 전형적으로 4시에 학교를 마치고, 대략 45분 정도 친구들과 놀다가 5시경에 집에 돌아왔다. 강아지에게 왔다고 인사를 하고, 컴퓨터 앞에 앉았다가 부모님과 함께 저녁을 먹고 몇 가지 잡다한 일들을 할 때 잠시 그 앞에서 벗어난다. 그러고 나서 다시 8시부터 10시 반까지 컴퓨터를 하고 나서 잠자리에 든다. 컴퓨터를 사용하는 시간에 아이는 뭘 하고 있을까? 숙제는 대개 3시간 정도 걸리는 분량이라고 아이는 말하지만, 그 시간 사이사이에 아이는 다른 일들을 여럿 하고 있었다. 평균적으로 30개의 뉴스 사이트에 들어가 보고—아이는 뉴스 중독자였다—, 〈진실

혹은 거짓〉을 시청하고, 사소한 게임을 몇 가지 하고, 유튜브 게임 쇼를 '아주 잠깐' 본다. 그리고 TV도. "전 제 컴퓨터로 주요 TV 프로그램들을 보고, 훌루(Hulu, 미국의 동영상 사이트로, 영화 및 TV 프로그램들을 제공한다—옮긴이)에서 3개에서 5개 정도의 쇼 프로그램을 봐요." 아이는 또한 아이폰을 가지고 있으며, 이것으로 친구들을 부르고, 온라인상에서 함께 게임을 하며, 문자메시지를 보내고, 사진 작업도 한다.

제이콥이 자신의 건강과 관련한 이야기들을 비롯해 그것이 자신에게 신체적으로 어떤 영향을 미쳤는지에 대해 더 많이 이야기하자, 아이가 감정적인 도전에 직면해 있으며, 컴퓨터의 전원을 켜는 것이 하나의 도움이 되는 대응 메커니즘으로 작용하고 있음이 명백해졌다. 세계에서 일어나는 사건들에 대한 제이콥의 열망은 매우 깊었지만, 눈에 띈 내용을 깊이 읽지 않고 그냥 훑어보고 있었는데, 이 사실은 본인 역시 알고 있었다. 그렇다 해도 내가 아이의 이야기를 듣고 느낀 것은 아이가 비판적 사고 능력을 타고났다는 점이었다. 냉철하고, 창의적이며, 지적 능력이 뛰어난 소년이었다.

함께 테크놀로지 사용과 의존성, 중독에 관해 이야기하자, 아이는 상당한 시간을—의존의 신호로 보일 수 있는—그런 활동에 투자하고 있었지만 상황에 따라 필요하다면 거기에서 빠져나오는 데 문제가 없어 보였다. 컴퓨터가 없을 때 어쩔 줄 몰라 하지도 않았으며, 그것을 간절히 갈망하지도 않았고, 부모님과 함께 시간을 보내기 위해 컴퓨터를 두고 일어나는 일 역시 쉽게 했다. 손목 통증이 반복적으로 나타나면서 증상이 심해지면, 그 증상이 사라지기까지 한 달 동안이나 게임을 하지 않기도 했다. 또한 온라인상의 친구만이 아니라 직접 만나서 노는 좋은 친구들도 있었으며, 그 아이들을 제쳐두지도 않았다. 자신이 테크놀로지를 사용하는 시간이나 학업에 방해가 되는 활동을 하는 시간에 대해서도 거짓말하지 않았다. 어머니가 잠깐 컴퓨터를 끄고 와보라고 하거나 저녁을 먹으러 오라고 하면 그 말에 따랐다.

나는 제이콥과 같은 남자아이들 몇몇과 상담해본 적이 있다. 아이들의 테크놀로지 의존은 학교에서 사회적으로 고립되어 있다거나 익숙한 일상이 바뀌면서—예컨대 질병이나 상해, 이사, 혹은 친한 친구가 이사를 가버리는 상황에서—환경에 적응하기 힘들 때 일어나는 일시적이고 유용한 것이었다. 제이콥은 고등학교에 들어가는 일을 매우 기대하며 준비했으며, 이는 아이가 고등학교 생활에 완전히 몰두하게 되리라는 좋은 징후였다. 뉴스와 정책에 쏟는 아이의 열정은 궁극적으로 고학년 학생들과의 토론, 혹은 국제관계나 정책에 관해 이야기함으로써 궁극적으로 그 자신을 차별시켜주는 일일 터였다. 어쩌면 어느 날 밤 나는 CNN 뉴스에서 제이콥을 보게 될런지도 모른다. 제이콥의 경우처럼 많은 중학생 남자아이들에게 있어 온라인 생활은 자신이 흥미를 가지고 있는 대상에 접속하거나 그것들을 공유한 누군가를 만나기 위한 세계이자, 구명줄이기도 하다.

캐런의 사례—컴퓨터 중독이 대응 메커니즘으로 작용할 때

캐런은 늘 가족 선동가였다. 캐런은 태어난 후부터 늘 극복해야 할 상대였다고 어머니 로나는 말했다. 젖 먹이는 것도, 밤에 재우는 것도, 하루를 행복하고 무난하게 보내는 것도 힘들었다. 캐런이 어린 시절 내내 전업주부로서 로나는 무척 힘겨웠다. 초등학교 시절 로나는 TV 앞에 캐런을 앉혀두는 일이 쉽다는 것을 알았다. 그 일은 캐런을 행복하게 만드는 몇 안 되는 일 중 하나였다. "하지만 지금은 그것이 좋게 느껴지지 않아요."라고 로나는 말했다. "그것을 아주 끝까지 경험해보셨다면, 그것의 기능은 아이가 저를 가까이하지 않게 한다는 것임을 아실 거예요. TV 앞에 앉아 있을 때 캐런은 여동생과 싸우지도 않고, 남동생을 잡아 뜯지도 않으며, 집 안에서 소란을 일으키지도 않아요. 하지만 그건 대단한 이유는 아니죠." 매우 이해할 만한 일이다.

그녀는 자신이 둘째 아이를 가졌을 때 얼마나 도움을 받지 못했는지를 이야기하고, 그렇게 힘든 상황에서는 집에서의 테크놀로지 이용에 관한 영향을 생각조차 할 수 없었다고 설명했다. 캐런이 중학교에 들어갈 때까지 그 집에는 TV가 4대나 있었다. TV와 컴퓨터 게임은 구원자가 되어갔다. 그러면서 캐런은 로나가 그 문화에서 싫어하는 모든 것들—쓰레기 같은 프로그램들, 저급 가치들, 비속어, 무례한 태도들—에 노출되었다. 로나의 딸이 가장 최근에 사로잡혀 있는 것은 〈4차원 가족 카다시안 따라잡기The Kadashians〉이다.

"13살짜리 제 딸은 〈카다시안〉이 매회 어떻게 끝났는지 알고 있어요. 전 아이가 그 프로그램을 보는 매순간, 그들이 이야기하는 것들, 그리고 그 프로그램에 나오는 도덕에 관한 내용들을 모두 쓰레기통에 처박고 싶어요."

캐런이 7학년이 되었을 때 학교에서 노트북 컴퓨터 사용이 허가되면서 상황은 더욱 악화되었다. 그 즉시 아이는 컴퓨터에 더욱더 온 관심을 쏟게 되었다. 방과 후에도 컴퓨터에 딱 달라붙어 있었으며, 숙제를 한다고 주장했지만, 그러면서 동시에 명백히 비교육적인 웹사이트, 채팅창, 소셜 네트워크창들을 띄워놓고 있었다. 학교에서 엄마에게 온라인으로 메시지를 보냈으며, 아이패드를 가지고 함께 게임을 하자고 엄마를 졸랐다. 학교는 일과 시간 내에도 학생들의 컴퓨터 사용을 감시하지도, 통제하지도 못했다. 로나는 한계를 넘었다고 느꼈으며, 이제 딸에 대해 엄청나게 걱정되기 시작했다.

캐런은 자신의 행위에 대해 다소 방어적인 태도를 보이며 상담을 시작했다. 아이는 엄마가 대개 과민반응을 한다고 생각했다. 그리고 상담 시간 내내 꼼지락대고 안절부절못했으나, 자신의 몸이 순간순간 어떤 행동을 취하는지 알지 못하는 듯 보였다. 눈은 크고 인상적이었는데, 0.000001초마다 빛이 비쳤다 광풍이 불었다. 제이콥과 달리 캐런은 중독의 초기 징후를 보이고 있었다. 아이는 컴퓨터를 켰을 때 자신의 기분이 어떻게 변화하는지 이야기했다. 행복해진다는 것이었다. 부모님이 컴퓨터를 끄라고 압박하면 화를 냈다. 그리고 그것을 사생활 침해라고 여겼다. 진단학적 용어로—그리고 어떤 부모에게는 상황을 인지시키는 실용적인 용어로—그녀는 합리적인 방식으로 컴퓨터에서 다른 곳으로 옮아갈 수 없는 상태였다. 또한 가족이나 친구와 함께 하는 어떤 비테크놀로지적 활동보다 테크놀로지를 선호했다. 로나가 TV를 얼마나 보았냐고, 온라인 활동을 얼마나 했느냐고 물으면 그에 대해 얼버무릴 것이었다. 또한 침대로 노트북 컴퓨터를 살그머니 가져가서 보았는데, 종종 늦은 밤 저절로 잠이 들 때까지, 다음 날 학교 수업을 듣기가 어려워질 때까지 그렇게 했다고 시인했다.

우리가 만나고 얼마 지나지 않아서 나는 신경심리학 테스트를 받을 것을 추천했고, 캐런은 ADHD 진단을 받았다. 부모는 아이의 컴퓨터 중독에 자신들이 일조했다고 여기면서 집에서도 굉장히 긴장한 채로 아이를 지켜보게 되었다.

아이들의 주의력 문제 혹은 기타 학습 장애에 있어서 전자기기 화면들은 아이의 짜증이나 불안을 달래줌으로써 매우 빨리 중독에 이르게 할 수 있다. 캐런의 ADHD 치료 계획에는 아이의 미디어 및 컴퓨터 이용 시간에 건설적인 주의를 기울이는 일이 포함되어 있다.

전자기기 화면에 딱 달라붙어 스트레스를 푸는 아이들의 경우 부모, 친구, 가족과의 대화나 소통을 못 하게 되는 위험이 내포되어 있다. 이는 아이들에게 필요한 자기통제 기술 및 사회적·감정적 시각들을 계발시켜나갈 수 없게 한다. 아이들이 기본적인 문제, 종종 불분명한 문제들에 대처하는 데 컴퓨터에 의존하면 할수록, 이런 의존이 중독으로 발전할 가능성은 훨씬 커진다. 아이들이 지나치게 많이 온라인에 접속하는 것, 이런 종류에 몰두하는 것은 일종의 고립이 되기도 한다. 우리는 이 연령대의 아이에게 견고하고 좋은 우정과 부모로부터의 지지가 얼마나 중대한 것인지 알고 있다. 컴퓨터가 이런 개인 간의 연결을 방해할 때 재부팅되어야 한다.

생각보다 훨씬 일찍 사춘기에 돌입하는 아이들

한 교사는 13살 난 아들이 숙제를 하는 동안 목욕탕에 들어가면서도 노트북 컴퓨터를 가지고 들어간다고 말하면서 얼마나 자랑스러웠는지 이야기했다. "정말 열심히 숙제를 하는구나, 라는 생각이 들었거든요." 하지만 얼마 후 그녀는 아들이 목욕탕에서 온라인으로 포르노 동영상을 보면서 자위행위를 하는 모습을 보게 되었다. "그래서 이제 더 이상 그것을 감춰두기만 할 때가 아니라고 생각했지요."

아이들은 점점 일찍 사춘기에 돌입하고 있으며, 몇몇은 10세 혹은 그보다 더 빠르기도 하다. 식습관이든 여타 환경적 요소들로 인한 호르몬 문제든 아니든, 많은 아이들이 부모 세대보다 빨리 신체적 변화를 경험한다. 아이들은 성인들의 성적 세계에 과다 노출되고 있는 시대에 이런 일을 경험하고 있다. 음란메시지나 사진을 주고받으며 풋사랑이 이루어지고, 인스타그램과 페이스북상에서 사회적 자본을 두고 경쟁하며, 첫 번째 댄스파티에서 서로의 몸을 비빈다. 이렇듯 10대 초반 아이들을 지나치게 빨리 성장시키는 모든 것들이 아이들을 혼란스러운 메시지로 가득 찬 세계로 인도한다.

인터넷은 놀라우리만큼 학술적으로, 그리고 일상적인 정보들로 가득 찬 주요 원천일 뿐만 아니라 명백히 성교육 측면에서도 주요 원천이 되고 있다. 이는 가족들과 늘상 사랑의 모든 측면, 성행위나 성적으로 좋고 나쁜 것에 대해 긍정적으로 대화하고 있다 해도, 여전히 가족들과 이런 대화를 나누기는 불편한 아이들에게 특히 그렇다. 그리고 대단히 많은 가족들에게서 이런 일이 일어나고 있다. 모순적이게도 우리는 성적인 것들로 둘러싸인 문화 속에서 살고 있지만, 부모들은 10대 초반 자녀들과 성 문제에 대해 이야기하기를 꺼리며, 이에 대해 이야기하는 일에 대해 마음속에 지나치게 음흉한 생각들로 차 있다는 듯이 군다. 그러는 동안 중학생들은 음란메시지, 성관계를 유도하는 전화, 섹스친구와의 대화를 유창하게 구사하는 상황이 되었다. 아이들은 우리와 함께 앉아서 아름다운 여성이 거품 목욕을 하면서 자신의 사진을 문자메시지로 전송하고, 그것을 본 남성이 사다리에서 떨어지는 슈퍼볼 광고를 본다. 그리고 모두 웃음을 터뜨린다. 대중문화는 아이들을 사실상 무제한적으로 성적 행동, 실제가 아닌 대단한 것들, 종종 불건전하고 감정적인 상처, 학대, 폭력적인 행동에 노출시킨다. 부모들은 그것을 어떻게 다루어야 할지조차 모른다고 느낀다. 우리 중 극히 일부만이 자신의 부모들과 오늘날 자녀를 갖는 일에 대한 대화를 하고 있다.

오늘날 아이들은 과거의 세대보다 훨씬 이른 나이에 성에 대해 훨씬 많이 알게 되며, 종종 부모들보다 성적 지식을 더 많이 가지고 있기도 하다. 이는 아이들이 TV—소위 가족의 TV라고 불린다—, 유튜브, 그리고 친구들이 보여주는 웹사이트들에 노출된 덕분이다. 성에 대해, 아이들이 온라인상에서 보는 것, 친구에게 듣는 것들에 대해 솔직한 대화를 거부할 때, 아이들은 자신들을 돌봐주는 어른들과 함께 성적 발달에 대해 사려 깊게 이야기할 기회를 잃게 된다. 그리고 우리는 아이들이 스스로 건전한 성적 호기심을 발달시켜나갈 수 있도록 보호할 방법에 대해 이야기할 기회를 잃게 된다. '안전한 성'은 콘돔 그 이상의 것을 의미한다. 대화가 없이는 아이들을 미디어나 청소년 문화에서 성적 내용에 노출되는 일에 대해 심리적으로 보호해주지 못한다.

심리학자 마이클 톰슨이 몇 년 전 〈아들 심리학〉이라는 PBS의 다큐멘터리를 위해 일군의 고등학교 남학생들을 인터뷰했을 때, 아이들은 매일 상당한 양의 포르노 동영상을 보고 자위행위를 한다는 이야기를 거리낌 없이 했다. 부모들이 그 영상을 보았을 때 "부모들을 낙담시킨 것은 아이들이 초등학교 3학년이나 4학년 때 포르노를 본 경험을 이야기한 일이었습니다. 미국 아이들이 외설물을 접하는 시기는 평균적으로 11세이며, 부모들은 아이가 13세, 14세가 되어도 여전히 그 일에 대해 아이들과 대화하지 않습니다. 따라서 아이들은 성인의 지도를 받지 않고 정보를 습득하지요. 그 결과 부모들은 아들들이 포르노를 보지 않는다고 생각하고, 그 일을 건너뛰고 거기에서 멈추지요."

인터넷 포르노는 매우 접근이 쉽다고 그는 지적한다. "남자아이들은 모든 것을 보고 있으며, 모든 것을 일찍 접합니다. 흥미로운 것을 보고, 금지된 것을 봅니다. 당신이 10살이었을 때, 당신은 부모에게 가서 '노골적인 사진을 봤는데, 매우 흥미로웠지만 당황스럽고 압도되는 기분이었어요.'라고 말했습니까? 당신은 누구에게 이야기했나요? 아마 친구나 아는 형들이었을 겁니다."

지금 또래 문화는 성적 방종을 멋지다고 받아들이게 하고, 음란 메시지 교환을 유행인 듯 보여주며, 마케터들은 성적 환경을 촉구하고 그것을 표현하는 것들을 점점 더 많이 제공한다. 10대 초반 아이들은 핼러윈 날 '섹시한 간호사'나 '섹시한 여전사' 혹은 매춘부나 스트리퍼처럼 보이는 복장으로 분장한다.

남자아이들과 함께 오랜 시간 상담해오면서 마이클 톰슨은 가족 문화와 부모들—특히 아버지—의 힘이 좋은 영향을 미치는 것을 보았다. "외설물들은 남자아이의 판타지를 찌르지요. 그것이 모든 남자아이가 장차 성범죄자가 되는 데 일조한다고 보십니까? 그렇지는 않습니다."라고 그는 말한다. "사랑받고 잘자란 남자아이들은 여성을 착취의 대상으로 보지 않습니다. 이런 아이들은 자기 삶 속에서 아버지나 다른 남자들이 여성을 존중하는 모습을 보고 자라지요. 아이들은 판타지를 가지고 있지만, 그것이 농담인지 그저 판타지일 뿐인지 다 이해하고 있다고 저는 생각합니다." 아들들이 온라인으로 가학적인 음란물을 보고 있는 것을 발견한 한 사려 깊은 아버지와 대화를 나눈 적이 있다. 그는 아들들에게 서로 존중하는 관계에서 폭력적이지 않은 방식으로 이루어지는 여성의 에로틱한 사진들을 보고 즐길 수 있도록 해주었다.

한 연구는 많은 남자아이들이 판타지와 현실, 오락물과 착취를 구분하는 데 어려움을 겪고 있으며, 리얼리티 쇼의 시대에 TV 쇼들은 10대들이 서로에게 무례한 행동을 하는 성인들을 보고 즐기게 하고 있다고 밝히고 있다. 7학년 학생 1,430명을 대상으로 한 조사에서, 많은 아이들이 신체적·심리적 혹은 온라인상에서의 데이트 폭력을 경험해보았다고 답했다. 10대의 데이트 폭력과 학대는 전국적으로 산재한 주요 공중보건 문제이자, 공중보건에 있어 우선적으로 예방을 시행해야 하는 문제라고 이 보고서는 말한다.

훅업 문화(hookup culture, 인터넷 접속hookup을 기반으로 주로 소통하며, 전통적인 의미의 데이트보다 가벼운 관계를 선호하는 남녀관계를 의미한다—옮긴이)는 유행으로 보이지만, 괜찮은 것은 아니다. '섹스친구'('이익 관계인 친구friend with benefit'라는 아이들의 용어. 이 책 전반에 걸쳐 FWB라고 지칭되었으나, 내용 및 편의상 섹스친구로 표현했다—옮긴이)는 대개 남자아이들이 여자아이들을 어떤 대가나 인간관계 없이 자신들에게 오르가슴만 안겨주는 대상으로 인식하고 있다는 것을 의미한다. 상호적인 것이냐고 물으면, 여자아이들은 종종 "우웩, 절대요!"라고 말하며 자신들의 실질적인 심리적·사회적·성적 발달을 드러낸다. 건전한 성적 관심과 배려하는 관계 사이의 분리, 자신이 누구인지와 자신이 하고 있는 일이 무엇인지 사이의 괴리는 눈에 띄게, 우려스러울 정도로 일어나고 있다. 성인들이라면 일상적인 성관계나 즐기기 위한 성관계는 선택적인 것이다. 하지만 이것은 우리가 사춘기도 안 된 아이들에게서 발달되기를 바라는 가치는 아니다. 또한 이것은 합법적인 것도 아니다. 미성년 여자아이와 성적인 행위를 맺은 남자아이는—그것이 합의하에 이루어진 것이든 그렇지 않든—범죄에 대한 책임을 져야 할 위험을 안고, 성범죄자라는 영구히 지워지지 않을 기록을 남기게 될 가능성을 가지게 된다. 섹스친구 관계에서 이득을 얻는 사람은 누구인가? 아마도 남자아이 쪽일 것이다. 하지만 한 걸음 물러나서 생각해보자. 남자아이들에게 여성을 성적 대상으로 대하게끔 가르치고, 성관계에서 얻는 애정과 연애 관계를 수용할 수 없게 되며, 최악의 경우 여자아이들에 대해 노골적으로 모욕하고 폭력을 휘두르게 만드는 문화에서 남자아이들이 과연 실제로 이득을 얻고 있는 것인가? 섹스친구 관계에서 이득을 얻는 사람은 없다. 아이들이 청소년기로 이행하면서 스스로를 성적으로 규정하는 일은 늘 발생하지만, 인간관계의 측면 및 서로를 배려하는 사람들 간의 친밀감을 배제하고 성을 이해하는 문화 속에서 자라는 것은 지금 아이들의 세대가 처음이다. 이런 맥락에서 '친구'라는 단어를 사용하는 것은 (특히 여자아이들에게) 혼란스러울 수 있는데, 대부분의 여자아이들이 이득을 제공하는 '친구'이기 때문이다. 중학교에서 진실된 친구가 다른 친구에게 이런 방식에서 자신을 성적으로 기쁘게 해달라고 요청하는 일이 있는가? 우리는 자녀들과 섹스친구라는 맥락에서 친구가 된다는 것의 의미에 대해 이야기해볼 필요가 있다.

잭슨 카츠는 미디어가 "우리 시대 가장 힘을 많이 발휘하는 교육 도구"가 되어가고 있다고 말하면서, 포르노 문화는 전 연령대 남자아이들의 성 및 여자아이들과 성적으로 소통하는 방식에 대한 이해를 형성한다고 한다. 성에 관한 사려 깊은 토론과 사려 깊은 정보 중심적 교육이 부재한 상황에서 포르노 산업이 범람하고, "남성의 성에 관한 극단적으로 가학적인 형태"가 진행되고 있다고 카츠는 말한다.

10대들의 삶에 존재하는 부모나 대부분의 어른들은 이 문제 주위를 살금살금 찔러보거나, 이 문제를 언급하면 당혹해하거나 회피한다. 우리는 이런 현실을 축소하거나 미사여구 뒤로 숨긴다.

"남자아이들은 '포르노를 찾지 않고' '포르노 비디오를 시청하지 않'습니다. 아이들은 포르노를 보며 자위행위를 '합니다'. '찾거나' '시청한다'는 표현의 범주를 뛰어넘어 더욱 적극적으로 관계하고 있는 겁니다. 실제로 그것으로 오르가슴에 도달하기도 하지요. 다시 한 번 말하지만, 남자아이의 깊이 있는 경험에 대해 생각해보세요. 이제 막 사춘기를 겪는 남자아이에게 실제로 성적으로 활발한지, 인터넷에서 쉽게 그것들을 얻을 수 있는지, 인터넷에서 그들이 찾는 것은 무엇이냐고 말해보세요. 아이들은 여성을 윤간하는 남자의 영상, 남자들이 여자를 '매춘부'라고 욕하는 영상을 접했을 겁니다. 이 모든 것들은 아이들이 성에 대해 생각할 때 아이들의 머릿속을 움켜쥐고, 그들의 손을 성기로 가져가게 하며, 전형적으로 '구강성교를 해달라'고 요구하는 등의 행태를 떠올리게 할 겁니다. 이제 막 성에 눈뜨고 여자아이들에게 이성적 끌림을 경험하는 어린 청소년들이 이런 것들을 규범으로 삼고, 그것에 따라 행동하게 되지요."라고 카츠는 말한다.

이는 남자아이와 여자아이 모두에게 해를 끼친다. 남자아이들을 공격자로서, 여자아이들을 희생자로서 취급하는 메시지에 관해 어른들 사이에서 이루어지는 공적인 대화는 종종 극단적으로 갈리거나 비생산적으로 흐른다. 이런 논쟁은 성적인 콘텐츠가 늘 그 자리에 없었던 양, 그것이 아무런 일도 하지 못하는 양 흘러간다. 이것은 그런 논쟁을 계속할 만한 사안은 아니다. 그러나 이 모든 논쟁에서 간과된 것은 우리 아이들에게 무슨 일이 일어나고 있느냐는 것이다. 바로 이런 것이다. 아이들은 외설물들을 성관계나 사랑에 관한 모델로 삼아 학습하고 있다. 아이들은 모두 푸대접을 받고 있다. 그곳에서 대화를 중단시키는 것, 그리고 남자아이와 여자아이들의 충만한 감정적 삶과 사랑을 추구하고 사랑받고 싶어 하는 욕구를 무시하고, 책임을 지고 진가를 알아보고, 차이를 만들고, 가장 최선의 방식으로 문제를 다루는 것을 무시하는 태도는 부끄러운 일이다.

성에 대한 규범적인 각성과 고레노그래피(gorenography, 오직 성행위에만 초점을 맞춘 하드코어 포르노 영화—옮긴이)는 서로 다른 세계에 있다. 수영복 광고든, 《스포츠 일러스트레이티드》의 수영복 특집이든, 《플레이보이》든, 모델을 보는 것은 12세든 20세든 내면의 판타지 세계에서 에로틱한 생각을 고조시키는 판타지로서 기능할 수 있다. 소년이든 청년이든 그들은 상상력 속에서 이미지를 만들어내고 영화를 찍는다. 이는 영원히 계속된다. 아이가 실제로 본 가학적이고 폭력적인 영화들, 즉 어린 시청자들에게는 발달적·심리적으로 부적절한 성적 묘사가 포함되어 있고 그것을 연기하는 극본을 지닌 영화들은 기초적인 성적 반응들과는 완전히 다른 세계이다. 남자아이들이 자신의 성적 반응 주기를 고레노그래피와 연결시키면, 규범적인 성적 반응을 하는 능력이 망가지게 된다. 남자아이들은 혼란에 빠질 것이다. 13세 남자아이가 어느 날 학교에서 내게 "잘 모르겠어요. 왜 여자가 저렇게 숨 넘어 가듯 하고 있는 건가요?"라고 물은 것처럼 말이다.

다른 종류의 포커스 그룹 면담을 진행하는 학교에서 이루어진 개인 심리 상담 시간에, 나는 아이들에게 포르노그래피에 나타나는 여자아이에 대한 시각, 그리고 여자아이들에게 기대되는 것들에 대한 관점을 질문하고 서로 이야기를 나누게 했다. 아이들은 여기에서 온 이미지들을 바라보고, 그것이 대부분의 여자아이들이 꿈꾸거나 원하는 종류의 애정 관계가 아님을 알아차리지 못했다. 계속해서 그런 것들을 본다면 아이들은 그것이 현실이라고 생각하게 된다. 상담을 하면서 나는 남자아이들이 포르노그래피를 통해 내면화된 자신들의 판타지를 충족시켜주지 못하는 여자아이들로 인해, 혹은 성적으로 폭력적인 극본을 현실에서 거부하는 여자아이들로 인해 놀라고, 실망하고, 혼란스러워하는 모습을 보았다.

내 친구 니나의 딸과 그 친구들이 봄방학 때 해변에서 비키니 수영복을 입고 모델 같은 자세를 취하며 찍은 사진들을 페이스북에 게시했는데, 이때 아이들은 자신들이 영화배우처럼 멋지고 섹시하게 보이는 데 즐거워했다. 니나는 누가 보아도 핀업걸처럼 보이는 딸의 사진을 보고, 그런 사진을 온라인상에 올리는 것은 고려해보아야 한다고 딸에게 말했다. 하지만 딸은 괜찮다면서 "페이스북에만 올렸고, 친구들만 보는 건데 뭘."이라고 말했다. 니나는 아이에게 알려주어야 할 필요가 있다고 결심했다.

"난 그저 '나도 이런 말을 하고 싶지 않지만, 8학년 남자아이들은 그 사진을 자위 대상으로 삼을 거다. 비키니를 입은 네 모습을 보고 자위행위를 할 거란 말이다'라고 말했지. 그러자 사진을 내리겠다고 하더라고. 나는 그 애들이 네 친구들인 걸 알지만, 그 애들이 당장에 그렇게 할 거라고 말했지. 애가 '세상에.' 하고 놀라더라. 어느 정도는 '그런 말씀은 하지 말아 주세요.'라고 하는 것처럼 보이기도 했고."

매일 끔찍한 실수를 저지르는 아이들

어느 맑은 가을날 아침 나는 미드웨스트 지역 독립학교인 중학교 교장 로버트 워런과 함께 앉아 있었다. 네 아이의 아버지인 그는 사려 깊은 남성으로, 늘 자신의 생각을 재고하는 데 열린 자세를 지니고 다가가기 쉬운 사람이었다. 그는 학생들에게 강하고 공정했고, 아이들과 함께 잘 웃었다.

그가 부임하기 직전 그의 학교는 진보적인 계획의 하나로 모든 학생들에게 노트북 컴퓨터 사용을 허용했다. 부임 후 10년 동안 그는 10대 초반 세계의 패러다임 변화를 목격했다. 학생들의 사회적 교류가 이루어지는 공간이 학교, 스포츠클럽, 방과 후 놀이 공간, 인근 쇼핑몰에서 온라인과 소셜 미디어로 전환된 것이다. 거실 안의 이런 혁명으로 인해 워런과 같은 교육자들은 활동 범위를 넓혔다. 아이들과 미디어 문화가 충돌할 때 아이들, 학부모, 지역사회가 그 도전들에서 길을 찾을 수 있도록 돕는 방향까지 고려하게 된 것이다.

노트북 컴퓨터를 허용하는 계획이 처음 시행되었을 때 가장 큰 쟁점은 아이들이 수업 중 비디오 게임을 하려고 하거나 학교 이메일 시스템으로 서로에게 메시지를 보내는 일에 관한 것이었다. 워런은 말했다. "가장 좋지 않은 것은 친구에게 욕설이 담긴 끔찍한 이메일을 보내는 것 같은 일들이었습니다. 그러면 우리는 그다음 날 눈물을 흘리며 그 일에 대해 이야기했지요."

많은 학교에서 일어나고 있는 이런 일들은 학교 역학에서 일어나곤 하는 것으로, 처음에는 노트북 컴퓨터에 갑자기 대화창이 뜨는 수준으로 시작된다. 이런 상황은 온라인상에서 이름을 부르는 것에서부터 더욱 복잡한 문제들로까지 발전할 수 있다. 노트북 컴퓨터를 도입한 처음의 흥분되는 기간이 지나고 나자, 이제 많은 교육자들이 점점 더 중학생 아이들에게 허용된 무제한적인 컴퓨터 사용을 우려하게 되었다. 발달상 아이들이 이런 종류의 책임감을 가질 준비가 되어 있지 않기 때문이다. 점점 더 많은 학교들이 학교 컴퓨터로 할 수 있는 것과 할 수 없는 것들 사이의 교칙, 규약, 약속들을 만들어나가고 있다. 그리고 이런 경우 늘 그렇듯이, 아이들 일부는 규칙을 잘 지키지만 일부는 그렇지 않다.

사춘기 이전 청소년들의 뇌는 이미지와 메시지 들이 1초도 지나지 않아 퍼져 나가는 온라인 미디어에 쉽게 접속하는 데서 오는 결과들 및 발신자와 내용물에 대한 책임을 질 준비가 되어 있지 않다고 워런은 말한다. 인터넷 접속에 규제가 없어지면, "아이들은 매일 끔찍한 결정들을 할 겁니다. 왜 안 그러겠습니까? 훨씬 재미있고, 흥미롭고, 더 많은 것들, 그리고 모든 것들이 있는 걸요. 외설물들을 많이 보게 된다는 이야기를 하는 게 아닙니다. 소셜 네트워크에 대해 이야기하고 있는 겁니다. 좋지 않은 방식으로 소통하는 방법 말입니다."

온라인의 익명성이 비열한 행동의 은폐막이 되어준다는 생각은 진실이지만, 완전한 진실은 아니라고 워런은 말한다. 아이들은 문자메시지나 이메일로 끔찍한 문구들을 보내기가 쉽다는 것을 알게 된다. 그것이 받는 사람에게 어떤 영향을 끼치는지 보이지 않고, 얼마나 상처가 되는지 인지하지 못하기 때문이라는 보통의 생각과는 반대로, 워런은 아이들이 자신이 누군가에게 입힌 상처의 고통을 너무 잘 알고 있기 때문에 오히려 스릴을 느끼는 부분이 있다고 생각한다. "자기가 상처 준 행동이 어떤 영향을 끼치는지 아이들이 알고 있고, 특별히 그런 영향을 줄 수 있도록 그 행동을 한다고 저는 생각합니다. 그것이 아이에게서 연민을 느끼는 능력을 앗아간다고는 생각하지 않지만, 더 쉽게 악화될 수는 있으며, 그런 능력을 앗아갈 가능성이 있고, 더 강하게 영향을 미친다고는 생각합니다."

그의 학교에서 일어나고 있는 좋지 않은 일 중 한 가지로, 학생들이 애스크에 한 여학생을 겨냥한 페이지를 만들어 그녀에 대해 "비천하고, 구역질 나고, 어리석고 못생긴 패배자"라고 묘사하고, 다른 아이들에게 그녀와 놀지 말라고 쓴 일이 있었다. 그 여학생은 사회적 취약자 계층으로, 조부모님과 함께 살고 있고, 친구가 거의 없는 아이였다. 그 가족과 상담을 한 후에 워런은 이 불쾌한 게시글에서 가장 모욕적인 부분을 전 학년과 공유하고, 강한 단어들을 조합하여 요점을 알아듣게 설명했다. 그 게시글은 지독한 결과들을 일으켰으며, 누군가를 공격하고 지역사회 기반을 약화시키는 행동에 대해서 모두가 책임을 져야 한다고 말이다. 무모한 행동이 일상이 되면 아이들은 대담해진다. 교장은 마지못해 아이들이 온라인 게시글을 이용해 소문을 일으키는 일을 생각해보게 하고, 서로에게 상냥하게 대하는 일에 대한 고충들을 게시하게 했다.

또한 워런은 학부모들에게 온라인 사용에 관한 가정 내 규칙과 명확한 지침을 세우도록 촉구했다. 아이들의 전자기기 사용을 제한하는 자녀보호 프로그램을 설치하는 것이 기초 단계라고 그는 말했다. "아이들이 하려는 것이 아이들이 해서는 안 되는 일들이기 때문이죠. 그건 좋지 않습니다."

부모들은 자신에게 아이의 컴퓨터 사용을 제한하는 능력이 없는 것 같다고 내게 말하곤 한다. 아이들은 수많은 이유들을 대며 컴퓨터 앞에 앉아 있고, 자신들이 바라는 대로 하는 듯 보이기 때문이다. 그럴 때 부모들이 보내고 싶은 메시지는 이런 것이다. "이건 네 컴퓨터가 아니란다. 네가 그걸 사용하고는 있지만, 그건 내(혹은 학교의) 컴퓨터란다. 나는 네 부모이고, 거기에서 벌어지는 모든 일들을 볼 권리가 있다. 공개된 장소에서 컴퓨터를 사용해라. 그리고 나는 네가 숙제를 제출했는지 알 권리가 있다. 문을 닫고 네 방에 들어갈 수 없다. 컴퓨터를 가지고 침대 속으로 들어갈 수 없다. 내가 지나갈 때 컴퓨터 화면을 가리지 마라. 우리가 행동 수칙을 만들어 두었으니 그것을 따라야 한다. 투덜대지 마라. 거짓말하지 마라. 다른 사람을 당혹스럽게 하지 마라. 네가 아닌 누군가처럼 가장하지 마라. 네가 가서는 안 될 곳에 가지 마라. 할머니가 좋아하지 않으실 만한 사진을 온라인 상에 게시하지 마라. 내가 허락하지 않은 일은 어떤 것도 하지 마라."

경쟁으로 인한 걱정, 짜증, 스릴이 온라인상에서 남의 불행에 쾌감을 갖는 일을 관전 스포츠로 발전시키고 있다. 이 연령의 아이들에게는 경계선이 필요하지만 디지털 세계에 그런 것은 없다. 아이들이 면대면 소통과 인간관계 경험을 더욱 필요로 하는 시기에 그런 기회들은 줄어들고 있다. 아이들이 더 넓은 세계로 나아갈 수 있도록 준비시켜줄 가족 간의 소통이 있어야 할 시기에 아이들은 점점 더 혼자임을 발견한다. 그래서 아이들은 컴퓨터 앞에 돌아와 앉는다.

우리 문화의 현실과 디지털 환경에서 아이들을 보호할 최선의 한 방은 디지털 문화에서 아이들이 점점 더 독립적이고 활동적인 참여자가 될 수 있도록 빠른 시기에, 지속적으로 교육시키는 데서 온다. 초등학교라는 안락한 세계와 유튜브라는 빠르게 앞질러 가는 세계 사이를 따라잡으려면, 아이들에게는 우리의 시간과 관심, 그리고 우리를 불편하게 하는 주제들에 대한 용감한 토론이 필요하다. 아이들은 가족들과 시간을 보내고, 가치, 사랑, 남녀 간의 시시덕거림과 상처받는 것, 예의와 잔혹함, 그리고 선을 넘는 것이 어떤 것인지에 대해 대화를 나누어야 한다. 10대 초반 아이들은 부모가 세상을 보는 방식, 부모에게 중요한 것과 가치를 실제로 알고 싶어 한다. 아이들은 부모의 과잉 반응이나 과한 설교 없이 모든 정체성들을 시도해보고 싶어 한다. 부모가 호기심을 가지고 분명하게 있어주기를 바라며, 제한선을 정해주고, 융통성 있게 굴기를 바란다. 모든 사람들에게 있어 중간 시기인 것이다.

CHAPTER **SIX**

디지털화된 10대들의 삶

소통 부재, 명성 게임, 사이버 폭력, 그리고 가짜 삶

저희 세대는 전자기기로
소통하는 것은
매우 편안하게 느끼지만,
실제 인간관계는 두려워해요.

_**샬럿**, 18세

소통 부재, 명성 게임,

사이버 폭력,

그리고 가짜 삶

가장 바쁜 고교 시절의 2년 동안 세 여학생은 매일 밤낮으로 서로와 붙어 지냈다. 신입생 때부터 그다음 해까지 힘든 시험들과 10대의 삶에 딸린 피할 수 없는 사회적 드라마들을 겪으면서, 이들은 문자메시지, 채팅, 페이스북 게시글로 서로가 감정적으로 침체되지 않도록 격려했다.

"우리는 모두 극히 가까웠어요. 문자메시지로 정말 많이 소통했죠."라고 마티는 말한다. 질은 늘 대개 문자메시지를 통해 소통했다. 세 소녀 모두 같은 고등학교에 입학했지만, 대화보다 문자메시지를 더 많이 나누었고, 문자메시지 횟수를 상대에 대한 관심의 징표로 여겼다. 하지만 이 절친한 세 친구는 서로 만나서는 중요한 일에 대해서조차 대화를 나누는 것 자체를 힘겨워했다.

"질은 그냥 직접적으로 대화하는 일조차 할 수 없었어요, 그래서 우리는 질이 우리에게가 아니라 생활 전반에서 화가 났다든지 할 때 심각한 대화들도 모두 문자메시지로 하게 되었어요. 그 애와 직접 대화를 할 수가 없어서요."라고 마티는 말했다.

메시지를 보내는 정도에 있어서 이야기의 줄거리는 더욱 더 두터워진다. 질은 지난여름 참가했던 캠프에서 만난 상담교사 앨릭스를 사귀게 되었고, 이 새로운 남자친구와 기쁨과 슬픔을 공유하기 시작했다. 두 친구는 그를 만난 적이 없지만, 그는 1학년이 끝난 다음 여름에 질에 대한 자신의 사랑을 공표했고, 시간이 지나면서 그들의 관계는 세 여자 친구들 사이의 문자메시지와 페이스북 게시글들을 통해 교환되면서 하나의 대서사시로 엮였다.

"질은 이 남자친구를 2년 동안 만났고, 우리에게 두 사람 사이에 있었던 모든 극적인 일들을 이야기해주었어요. 남자친구가 이렇게 저렇게 했고, 두 사람은 깨졌다가, 싸웠다가 다시 합치곤 했다는 거요."라고 마티는 말했다. 나중에는 다소 폭력적인 행동에 대해 이야기하기도 했다.

마티는 질과 그녀의 문제들에 대해 마음을 썼고, 친구로서 그녀의 행복을 걱정했으며, 특히 질이 감정적으로 화를 분출해야 한다거나 도움을 필요로 할 때면 언제든 문자메시지를 하라고, 그녀를 위해 거기에 있겠다며 신경을 썼다. "전 중학교 때 불안정한 시기를 보냈기 때문에 정말 오래 사귈 친구를 둔 것이 행복했어요."

그러던 어느 날 질이 자신이 데이트를 하는 상담교사의 사진을 올렸다. 드디어 수수께끼의 남자친구 얼굴이 공개된 것이다.

"하지만 그러고 나서 어떤 동급생이 '오, 저 사진 속에 있는 애는 내 친구이고, 저 남자아이는 여름 캠프에 왔던 학생이야. 난 저 남자아이를 아는데, 저 여자아이 남자친구는 아닌데.'라고 말했어요." 질은 또한 자신의 남자친구가 어떤 학교에 들어갔다고 말했는데, 그래서 마티는 소셜 네트워크상의 몇몇 탐정 친구들을 통해 그 남자가 그곳에 살지 않는다는 사실을 알아냈다. 결국 두 친구는 질을 추궁했고—물론 문자메시지로—질은 여러 말을 꾸며대다 결국 자신이 거짓말을 했다고 고백했다. 그것은 질의 남자친구 사진이 아니었다. 그저 캠핑 앨범에서 오려낸 것이었다. 또한 그 남자친구는 배려심이 없지도, 폭력적이지도 않았다. 그는 실제로 질과 아무 상관이 없었다. 그에 관한 일들은 모두 꾸며낸 것이었다.

마티는 말문이 막혔다. 자신이 오랫동안 친구를 믿은 일에 대해서도 어리석은 짓이었다고 느꼈다. 질이 말을 얼버무린 적도 있었고, 2년 동안 문자메시지 외에 남자친구의 실체도 없었는데 말이다.

"주로 느끼는 건 배신감이고, 충격도 받았어요. 전 정말 2년 동안 제 삶을 그 애에게 쏟아부었거든요. 그 애는 흥미롭고 극적인 인생을 살았고, 전 그 애가 제 친구인 것이 멋지다고 생각했어요. 하지만 모든 게 기본적으로 거짓말이었죠."

그것이 그 자체로 거짓말은 아니지만, 그것이 오래 지속된 것, 아이들의 우정 안에 극적인 존재였다는 사실은 잘 믿어준 여자친구들에게 자신이 조종당했다고 느끼게 만들었다. 마티는 이렇게 설명했다. "누군가 특정한 사람을 떠올리면서 그 사람이 이런 류의 거짓말을 했다고 (문자메시지를 하기 전에) 생각해봤어요. 그랬다면 그것이 그렇게 오래 지속될 수 없었으리라고 생각됐죠. 왜냐하면 그 사람은 언젠가는 얼굴을 맞대고 이야기하게 될 테고, 그래서 자연스러운 소통이 이루어지면 거짓말을 지속하기가 어려우니까요."

문학에는 잘못 꿴 단추로 인해 벌어진 일이나 사랑에 대한 거짓말 같은 기본적인 설정이 만연해 있다. 가상의 남자친구 혹은 여자친구에 대한 이야기는 내가 종종 듣는 이야기 중 하나이며, 10대의 디지털 세계에서 가장 충격적인 대본도 분명 아니다. 비록 짧은 시간 관찰했지만 말이다. 하지만 평온한 방식으로 이루어지는 이런 기만의 미니드라마는 10대들이 스스로를 규정하고 관계들을 탐구하면서 고군분투한다는 청소년기의 도전과 취약성의 전형적인 예가 될 것이다. 의미, 연결, 관계의 기술들을 찾아가는 여정은 아이들을 청년기로 이행시키는데, 이때 테크놀로지는 그것을 야바위 게임으로 바꾸어놓을 수 있다.

발달상 인간관계 속에서 탐구와 실험, 자아 발견에 열중하는 시기에, 테크놀로지와 10대들의 관계는 그 자체가 이 모든 것들을 체험하는 맥락이자 삶이라는 연극을 상연하는 체험 무대가 된다. 인간 본능은 타인과의 관계 속에서, 면대면 커뮤니케이션, 풍부한 감각 체험, 물리적·감정적·성적·영적으로 각기 다른 개성들을 느끼고 자기 자신을 체험함으로써 체화시키게끔 고안되어 있지만, 이것은 이제 매개된 경험이 되었다. 놀라운 방식으로 삶을 강화시키는 테크놀로지는, 청소년기의 특정 발달 단계에서는 10대들에게 필요한 인간관계를 돕는 데 기여하기보다 이를 모호하고 혼란스럽게 한다. 더 깊은 경험, 이해, 더 깊은 사회적·감정적 습득의 문을 열어주는 대신, 테크놀로지와 소셜 미디어는 자기 자신은 물론 다른 사람들과도 의미 있는 관계를 맺는 데서 멀어지게 하고, 괴리를 느끼게 하는 디지털 우회로가 될 수 있다. 극단적인 경우, 의미 있는 관계들에서 동떨어진 일부 10대들은 자신만의 황량한 세계를 만들어내고, 그곳에서 스스로를 상처 입히거나 인간과의 접촉을 방해하는 중독 상태에 빠진다. 포르노가 성관계를 대신하고, 불안정한 생각들이 테크놀로지에 접촉하면서 테크놀로지를 사회적·감정적 잔혹성을 발휘하는 무기로 변화시킬 수도 있다.

가짜 삶으로 질주하는 아이들

청소년기는 감정적 격렬함, 충동성, 위험감수성, 독립성 획득, 정체성 추구, 애정(성적이든 다른 것이든)으로 특징지어진다. 10대에게 테크놀로지는 완벽한 액세서리이다. 모든 것을 할 수 있는 도구이자, 현대 청소년들의 스위스 아미 만능칼이며, 가장 주요하게 팔리는 상품이다.

테크놀로지는 독립성을 얻고자 하는 청소년들에게 강력한 추진력을 발휘하게 하고, 성인들이 접근하기 어려운 자신들만의 큰 세계를 창조할 수 있게 해주는 온라인과 문자메시지를 통해 그 기회들을 제공한다. 집 밖을 나가지 않고도, 자신들이 쓰고 있는 내용을 대강 내려다보지 않고도, 아이들은 비밀스러운 열정부터 방문자 수를 늘리기 위한 과격하고 열광적인 댓글에 이르기까지 자기들끼리 수다를 떨고, 세계를 배회하고, 자신을 즐겁게 해주는 누군가와 함께 서성인다.

10대들이 더 큰 세상의 삶으로 돌진하면, 테크놀로지는 10대들의 피상적인 인간관계, 터무니없이 공상적인 성향을 부채질한다. 모든 사람들이 아바타를 지닌다. 성장하고, 적응하고 스스로를 규정하기 위한 10대들의 노력은 때로 그 자신들조차 알 수 없을 정도로 아이들을 변덕스럽게 만든다. 페이스북과 다른 온라인 플랫폼들은 사람들이 계속 정체성을 바꾸는 것을 허용한다.

테크놀로지는 10대 청소년들이 타고난 위험감수적 행동들에 대한 완벽한 공범이다. 단 몇 번의 마우스 클릭이 아이들을 재앙으로 몰아넣는다. 아이들은 화상채팅을 통해 스스로를 위험한 진실게임으로 몰아넣을 수 있으며, 그곳에 기록된 것만 발견할 수 있을 뿐이다. 낯선 방문객들을 끌어들이는 게시물을 만들어두기도 하고, 누군가의 정체성을 가로채서 온라인상에서 그 사람인 양 행세하기도 하며, 부모님의 감시에서 벗어나고 싶어 하는 친구를 위해 문자메시지나 휴대전화를 감춰주기도 한다. 이 모든 것은 너무나 간단하고 쉽다.

테크놀로지는 10대들에게 24시간 밤낮없이 드라마를 제공한다. 감정을 자극하는 애플리케이션처럼 테크놀로지는 모든 것들을 연결하고, 활발하게 하고, 고조시키고, 증폭시킨다. 심지어 침묵마저 말이다. 문자메시지, 화상채팅, 음란메시지, 소셜 미디어는 10대들을 위한 일일연속극을 만들어낸다. 모든 사람들이 유명인이자 파파라치가 되는 리얼리티 쇼라는 하위문화의 불꽃이 촉발된다. 이야기 줄거리에는 잘못된 의사소통과 오해, 온라인상의 충격적인 성적 콘텐츠, 문자메시지 교환, 청소년들의 자기비판과 뒤섞인 불안감, 자기회의, 비열한 성향이 반영되어 있다.

오락거리이든 탈출구이든 테크놀로지는 그에 대한 즉효약을 제공한다. 기대에 부합하지 못하리라는 절망, 외로움, 공허함, 거부당한 듯한 기분, 무력감, 분노 같은 감정들에 지속적이고도 강하게 사로잡히면, 10대들은 중독에 빠져들 준비가 갖추어진다. 자기통제력 결여, 충동성, 분노에 대한 취약성, 우울, 기분 장애, 주의력 문제들이 발생할 수 있다.

테크놀로지는 청소년기의 본능적인 성적 충동과 욕망을 움직이는 한편으로, 충동과 행동 사이의 '멈춤' 버튼을 삭제한다. 모든 것이 빠르게 지나가는 테크놀로지의 기조는 무모한 성, 외설, 애정 없는 연락들이 규범으로 받아들여지는 영역을 만들어낸다. 아마도 이것이 다른 어떤 단일 요소보다도 훨씬 더 10대의 삶과 10대가 지닌 위험감수성을 매우 깊게 변형시켰을 것이다. 감정적 교류를 위한 애플리케이션은 없다. 다른 인류(그리고 나 자신)를 깊이 있게, 더 많이 알게 하는 디지털 지름길은 없다. 10대의 시간과 관심을 지배하는 문자메시지와 소셜 미디어 문화의 확대는 아이들에게서 면대면 소통과 직접 대화를 사라지게 하고 있다. 이것이 우정 및 감정적 교류와 관련된 인간관계 기술을 발달시키는 기초적인 요소인데 말이다. 많은 10대들은 의미 있는 인간관계, 그리고 성적인 측면과 사랑이 결합된 건전한 애정 관계에 대한 갈망을 분명히 드러내고 있다. 이런 열망을 표현하지 않는 아이들 역시 혼란스러워하거나 실망하고 있으며, 또 다른 일부 아이들은 이미 사랑하는 대상과의 성과 사랑에 대해 냉소적이다.

진화적으로 말하자면, 10대들은 늘 당대의 주류 문화에 합류하려는 일을 했으며, 따라서 경계를 향해 돌진하는 10대들의 성향은 그다지 놀라운 일도 아니다. 변화한 것은 여기에는 더 이상 그 어떤 경계선도 없다는 것이며, 아이들을 순식간에 압도해버릴 수 있는 파괴적인 요소들을 지닌 주류 문화에 진입하는 시기를 늦춰줄 만한 속도 조절 장치도 없다는 것이다. 10대들은 자신들의 확장된 영역 안에서 성숙한 이미지를 만들어낼 계획을 세우며 좋아한다. 그러나 내가 오랜 시간 도움을 주었던 학교 심리상담사나 교육자들은 아이들이 성숙해져야 한다는 압박을 받고 있으며, 감정적·발달적으로 그렇게 할 준비가 되어 있는 한편으로 진실된 자신의 모습 그대로 있기를 바라는 욕망을 가지고 있고, 그 사이에서 단절감을 느낀다고 말한다. 나는 화상채팅 중에 일어난 이야기 하나를 들은 적이 있다. 두세 명의 여학생이 한 방 안에서 한두 남학생과 채팅을 하다가 마치 보드카 한두 잔을 마신 양 무모한 용기에 완전히 도취되어 갑자기 서로 성기를 내보였다고 한다. 누군가가 그 일을 저장해두었다거나, 한 방 안에 있다거나, 기억해두었다가 기록한다거나, 다음 날이든 다음 해이든 이때 일어났던 일을 발설하리라는 생각은 전혀 하지 못한 것이다.

테크놀로지는 사용하기에 매우 쉬운 듯해 보이지만, 그것이 청소년들에게 현실의 일들을 더 쉽게 하도록 해준다는 것을 의미하지는 않는다. 온라인상에서 우리는 포토숍을 이용해 자신의 모습을 만들어낼 수도 있다. 하지만 실제 현실에서 자신의 모습을 만들어내는 일은, 자신이 누구인지, 자신이 사랑하는 사람과 자신을 사랑하는 사람은 누구인지, 어떻게 사랑하고 무엇을 생각하는지, 자신이 어떤 사람이 되고 싶은지를 발견하는 것이다. 그러고 나서 다른 사람과는 물론 자기 자신과의 관계를 통해 자신이 어떤 사람인지를 그려내고, 자기수용 능력을 기르며, 신체 이미지를 다룬다. 포토숍은 이런 임무를 하지 못한다.

10대들이 내 상담실에 올 때, 나는 아이들이 소파 안에 몸을 파묻고 온라인 세계에서의 모습을 배제한 자기 자신의 모습에 친숙해지려고 시도하는 모습을 지켜본다. 몇몇 아이들은 큰 오토먼 체어에 발을 올려두고 휴대전화를 손에 꼭 쥐고 있다. 손 근처에 스마트 기기가 없이는 완전한 존재로 있을 수 없는 것이다. 고압배선 주위를 둘러싼 희미한 전자음이 웅웅거리듯이 10대들과 그들이 손에 쥔 테크놀로지 기계 주위로 희미하고 저릿저릿하게 에너지가 충전된다. 그리고 다음 순간 당신이 결코 알지 못할 일이 벌어진다. 전원이 어둡 혹은 빛이 있는 곳을 비추면, 녹아버린 퓨즈가 나타날 것이다. 아니면 아이들이 그렇게 되어 있든가.

문자메시지 없이는 의사 표현도 못 하는 아이들

15세의 노라는 바쁘고, 사려 깊으며 재주 많은 여학생인데, 학교에서 한 가지 문제를 겪고 있다. 노라는 잘 알지 못하는 마이크라는 반 친구가 아침 일찍부터 자신에게 보낸 문자메시지를 내게 들고 왔다.

마이크 음, 너 잘해?

노라 무슨 말인지? 뭐라고 말하는 건지 정말로 모르겠는데.

마이크 음, 그러니까 너랑 자고 싶다고. 그럼 넌 최소한 내 여자친구가 될 수 있을 거야.

노라 난 그런 관계를 정말로 잘 몰라. 네가 누구인지 먼저 알아야 할 것 같은데.

마이크 얌전한 척하기는. 나 네가 정말 좋아.

노라 먼저 친구가 되는 게 맞다고 생각해. 난 어떤 것도 할 마음이 없어. 네가 말한 식은 아닌 것 같아.

조금도 과장하지 않고 노라는 낙담해 있었다. 그녀는 영어 노트에 이렇게 썼다. "어리석고 역겨운 교환. 그러니까 친한 여자아이들이 하는 것처럼 나를 좋아하는 건 아님. 내가 답을 할 만한 일도 아님. 이런 게 우리 세대의 연애인가? 정말 싫어. 두 자리 너머에 앉은, 좀 괜찮은 남자아이가 이런 이메일을 나한테 보낼 수 있다는 게, 그게 '괜찮다'고 생각된다는 게 정말 싫어. 그 애가 날 좋아한다는 게 우쭐해할 만한 일인가? 그 애에 대해 아무것도 모르는데. 역겨워. 하지만, 솔직히, 우리 학교 남자아이들은 다 저런 것 같아."

노라는 마이크가 진짜로 좋아하는 것이 무엇인지 어떻게 알 수 있는지에 대해 이야기하고 싶어 했다. 분명 그의 문자메시지는 호감을 깨뜨리려는 것이 아니라 어색함을 해소하려고 건넨 말이었다. 그에게 더 나은 것이 있겠는가? 마이크는 노라를 정말로 좋아한다고 말하려고 했던 것일까? 노라는 마이크가 자신에게 얌전한 체한다고 말했을 때 감정이 상했고, 그의 행동이 역겨웠으며, 치기 어린 듯 보였다고 마이크에게 말할 계획을 세웠다. 그 아이가 그 사실을 어떻게 받아들일까? 노라는 그 일이 노력할 만한 가치가 있는지 눈물을 훌쩍이며 궁금해했다. 내게 이야기를 한 다른 많은 여학생들처럼 노라도 우정과 신뢰가 얼마나 자신의 생명줄 같은 것인지, 자신이 얼마나 남자친구를, 그리고 진짜 관계를 원하는지를 이야기했다. 또한 노라는 문자메시지에 의존하고 소셜 미디어를 즐기는 것만큼이나 테크놀로지가 얼마나 관계를 복잡하고 위태롭게 하는지 알고 있었다. "전 그게 저희 세대들에게 보통 사람들과 사회화하는 능력을 빼앗아 가고 있다고 생각해요."

특히 10대들에게 문자메시지는 역사상 그 어떤 매개물과도 달리 직접적이고 생생하게 대화할 수 있는 매체가 되어가고 있다. 빠르고 끊임없는 대인 소통, 동시에 무제한적으로 수많은 사람들과 대화를 진행할 수 있다는 점, 물리적 거리가 관계없다는 점에서 문자메시지의 능력에 필적할 만한 것은 아무것도 없다. 누구도 매일 온종일 한 번에 전화 한 통을 하는 일을 생각지 않는다. 모두들 문자메시지가 계획을 세우고, 만나고, 마지막 순간에 계획을 바꾸고, 빠르게 단어나 이모티콘을 보내는 데 탁월하다는 점에는 동의한다. 하지만 의미 있는 소통에 있어서라면, 의사 표현이 화면상의 몇 줄 되지 않는 단어로 이루어지는 일은 많은 것을 잃게 한다. 불교의 선문답에서는 "한 손으로만 손뼉을 치면 어떤 소리가 나느냐?"라고 묻는다. 문자메시지는 이에 대한 디지털 시대의 대답이다. 어조도, 감정적인 뉘앙스도 없고, 실질적인 내용이나 의미가 담겨 있지 않은 대화이다. 그것은 자신의 관점이 없는, 추론에 따른 피상적인 언어를 허용하며, 특정한 친밀감 없이도 가능하다.

심리학적으로 문자메시지는 종종 유사친밀성을 촉진하고, 실제 대상을 쉽게 대체한다. 10대들은 상대와 상대의 거절 가능성을 보고 듣는 일에 취약하다. 아이들이 말하기나 읽기 능력을 확립하기 전에 문자메시지를 사용하기 시작할수록, 인쇄된 문자메시지가 인간의 목소리나 표정, 몸짓과 같은 비언어적인 사회적 신호들을 흡수하고 이해하는 일을 대체하게 된다. 문자메시지를 많이 사용할수록 얼굴을 맞대고 대화하고, 만나면서 계발되는 기본적인 인간관계의 기술을 습득할 기회는 줄어든다. 매일의 일상에서 얼굴을 맞대고 소통하고, 생각을 나누고, 직접 느끼려는 시도가 줄어들수록, 인간관계에서 더 크고 복잡한 감정들을 나눌 준비를 하지 못하게 된다.

"우리는 매시간 끊임없이 문자메시지나 화상채팅을 해요. 숙제를 할 때도 결코 혼자가 아니죠." 이사벨은 말한다. "가끔 스카이프 카메라를 켜놓은 채로 잠이 들 때도 있는데, 남자친구가 화상채팅을 하면서 그 모습을 사진으로 저장한 적이 있어요! 그때까지 우리가 함께 있을 때 솔직하게 다 보여주고 있었냐면, 그건 아니에요. 어렵죠. 정말로 중요하고, 정말로 개인적인 것들이라고 말하기는 어려워요. 우리는 '멋지다'라고 문자하곤 하지만, 그건 그냥 과장이고, 비꼬는 말이에요."

어느 날 저녁 식사를 한 후 나는 알고 지내는 몇몇 10대 아이들과 한자리에 앉았다. 나는 아이들에게 테크놀로지와 함께 살아가는 청소년기에 대해, 특히 문자메시지와 그것이 인간관계에 미치는 영향에 대한 경험과 생각을 들려달라고 했다.

19세의 니콜은 애인은 아닌 남자친구와 1만 2,000번이나 문자메시지를 주고받은 적이 있다고 했다. 하루 동안 기차로 여행을 할 때 만났는데, 그 남자아이가 동행이 되어달라고 한 것이다. 내가 두 아이가 나눈 문자메시지의 수에 놀라워하자, 니콜은 논쟁하지 않고 실용적으로 설명했다. "그게 제가 무제한적으로 문자메시지를 하는 이유예요."

문자메시지를 사용해 지속적으로 수다를 떠는 행위는 10대들에게 있어 친교 범위와 그들의 사회에 연결되고 있다는 안도감을 준다고 아이들은 말한다. 그러나 한편으로 많은 아이들은 이런 문자수다가 자신들을 지치게 하고, 문자메시지 알림음이 복종의 북소리처럼 들린다는 것도 알고 있다. 감정적 내용을 담은 메시지에 있어서 문자메시지는 그것을 정확하게 해독하는 데 혼란을 일으킬 수 있다. 의미 없는 농담처럼 읽히는 문자라도 감정적으로 숨겨진 의미들이 가득 담겨 있는 듯이 보일 수 있다. 그러나 많은 10대들이 감정적 상황에 대한 대화—예컨대 싸움 같은—를 할 때 문자메시지를 선택할 것이다. 그것이 더 '쉽게' 느껴지기 때문이라고 섀넌은 설명한다. 그녀는 문자메시지보다는 전화, 화상채팅, 혹은 직접 대화라는 감정이 담긴 대화들을 선호한다. "문자를 할 때는 논점을 이해할 수 없기" 때문이다. 그러나 섀넌은 친구들 대부분이 자신과는 다르게 생각한다고 말했다.

"많은 사람들이 직접 싸움을 하거나 무언가를 하는 것을 이상하게 여겨요. 여자아이들은 '음, 그러고 싶지 않아. 직접 하는 건 좀 많이 뻘쭘하거든.'이라는 식으로 생각해요. 사람들은 '오, 네가 그녀에게 맞설 거라면, 문자로 하지 않으면 안 돼.'라고 말할 거예요. 만일 당신이 누군가에게 직접 혹은 전화로 이야기를 하자고 말하면, 그 사람은 그렇게 하지 않을 거예요. 제가 일전에 누구랑 싸웠을 때 문자를 보내서 '나한테 전화해줄래? 아니면 우리 화상채팅으로 할래?'라고 했더니 그 애가 '아니'라고 답을 보냈어요. 그래서 전 그 애가 아무것도 할 줄 모른다고 생각했죠. 그런 애들에게는 직접 얼굴을 맞대고 무언가를 하는 건 엄청나게 불편한 일인 거죠."

"문자는 훨씬 쉬워요. 자기가 한 생각을 보고 다시 생각할 수 있게 해주니까요." 레인이 끼어들었다. "그걸 통해 한 번 더 생각할 수 있고, 무슨 말을 하고 싶은지 계획을 세울 수도 있고요. 상대의 얼굴도, 그 사람이 거절하는 모습도 보지 않아도 되고요. 그냥 그 사람의 뭐라고 대답했는지만 들으면 되잖아요."

의사소통 방법을 배우는 것은 인생의 가장 큰 도전이자 축복 중 하나이다. 누군가가 자신과는 생각이나 느낌이 달라 화가 났을 때, 자신이 무슨 생각을 하고 무엇을 느끼는지를 알고 전달하는 능력은 인생의 핵심적인 기술이다. 상대방의 반응을 직접 대면하지 않는 것이 상대의 본능적이고 언어적인 반응들로 인해 감정이 상하거나 크게 촉발되는 일 없이 자기 자신의 반응을 놓치지 않고 이어나가기 쉽게 해준다고, 많은 10대들은 말했다. 모두 좋다. 하지만 여기에서 아이들은 자신이 한 말이 상대에게 어떤 영향을 미치는지 볼 능력, 자기 자신과 접촉을 잃지 않고 상대가 어떻게 느끼는지를 파악할 능력, 다음에 어떻게 할지 함께 계획해볼 능력을 잃고 있다. 문자화된 소통은 기껏해야 개인적인 휴지休止를 주고, 생각하고 숙고할 시간을 준다는 것뿐이다. 즉 문자 그대로도, 비유적으로도, 그저 말하기 전에 생각할 시간을 줄 뿐이다. 문자메시지가 현실 생활의 직접 소통을 더 낫게 이끌어준다면 매우 좋은 일일 것이다. 궁극적으로 인간관계에서 '존재한다'는 것은 단순하게 당신과 상대가 '함께 있다'는 것을 의미한다. 그러나 문자메시지의 기본 속성은 종종 문자를 한 사람과 그 메시지를 받게 될 상대에 대해 천천히 숙고하며 생각하는 것과는 대립적이다.

문자메시지가 없애고 있는 것은 10대들이 배워야 하는, 습득해야 하는 것들 그 자체이다. 자신을 진정시키는 법, 스스로를 명확하고 공손하게 표현하는 법, 자신의 말이 다른 사람들에게 끼친 영향에 대해 분노가 아니라 공감하는 마음으로 이해하는 법, 상대의 신체적·감정적 신호들을 그들의 입장에서 듣고 읽어내는 법, 앞으로 어떻게 할지 함께 궁리해보는 법, 자신의 행동과 그것이 다른 사람에게 미치는 영향에 대해 책임을 지는 법 말이다. 감정적인 뉘앙스를 전달하고 싶어도, 공간적 제한들과 문자메시지의 빠른 응답 주기가 매개물을 통한 의사소통 자체만큼 그 일을 방해한다. 문자메시지는 인간의 의사소통이 지닌 복잡성을 다루는 일에서 면제되어 있다.

테크놀로지는 의사소통 방식에 있어서 성적 차이를 증폭시키기도 한다. 여자아이들은 남자아이들이 자신에게 개인적인 흥미를 지니고 있다는 신호를 찾고(그 애가 날 좋아할까?), 남자아이들은 할 수 있는 한 최선의 포커페이스로 게임을 한다. 여자아이들은 화가 난 채 심리상담실에 찾아와서 "뭐해? 미안한데 오늘은 안 되겠어."라는 남자아이의 문자메시지를 내게 보여준다. 그러고는 내게 그 문자메시지의 의미를 묻는다. "이 애가 하는 말이 무슨 의미인가요?", "지금 뭘 바라는 걸까요?", "그냥 오늘 밤에 못 만나겠다고 하는 건가요, 아니면 다른 의미가 있는 건가요?" 애정 결핍처럼 혹은 절박해 보인다거나 그에게 너무 달라붙는 듯이 보이지 않으면서, 어조를 듣고 "왜?"라고 말할 기회를 가지지 못하는 데서 오는 고문인 것이다. 의사소통이 극히 간접적인 방식으로 이루어질 때 자신의 카드로만 게임하는 법을 알기는 매우 어려우며, 오해하기도 극히 쉽다. 때로는 의도적으로 조롱당하기도 한다.

"이 문자가 뭘 의미하는지 정말 헷갈려요."라고 세레나는 말한다. "남자아이들은 파티에서나 파티에 가는 길에 우리에게 문자를 보내거나 파티에 초대했을 때, 우리에게 문자를 계속해야 한다거나 파티에서 우리에게 다가와야 한다는 의무감을 느끼지 않아요. 물론 우리가 '음, 너랑 만나볼까? 섹스친구로'라고 문자에 답을 하면 실제로 남녀 간의 밀고 당기기가 이루어질 때도 있어요."

한 16세 남학생은 내게 남자들은 이런 것을 혼란스러워하지 않으며, 단순히 대화 주제가 다른 것뿐이라고 말했다. "우리는 온라인상에서 여자아이들을 어느 한계까지 밀어붙일 수 있는지를 보면서 스스로 즐거워하는 것뿐이에요. 그게 남자아이들이 하는 거죠. 우리는 우리끼리 서로 깊은 인상을 주고 싶어 하는 거예요."

고등학교 3학년인 17세 라이는 상담을 와서 이렇게 말했다. "오늘 영어 수업을 하러 가는데 죽을 것만 같은 거예요. 후드티를 뒤집어쓰고 소파에 몸을 파묻고서 우울감을 곱씹고만 싶었어요." 그녀는 절망적인 일을 겪었다고 말했다. "주변 모든 사람들과 단절된 기분이 들고, 아무것도 할 기력이 없었어요." 그녀는 사람들을 정직하게 대하는 것이 두렵다고 했다. 내가 친구에게 이야기를 해보는 것이 어떠냐고 제안하자 그녀는 할 수 없다고 말했다. "애들은 더 이상 이런 걸 말로 하지 않아요." 그녀는 단지 자신이 '괜찮다'는 문자를 친구들에게 보냈고, 계속 '일종의 거짓말'을 하고 있다고 말했다. 물론 문자가 그 일을 더 쉽게 해주는 것이다.

10대들의 문자메시지 문화에서 가장 나쁜 것은 전화를 하고 직접 질문하는 것을 받아들이지 못한다는 점이다. 심리학적으로, 이야기하고 듣고 공감하고 질문하는 능력은 의사소통의 기초 토대이다. 문자메시지는 성숙하고, 사랑하고, 감정을 나누는 관계를 열망하는 사람에게는 최악의 훈련의 장이 될 수 있다. 이 능력을 발달시키기 위해서는 자기 자신을 주장하고, 취약성을 인정하며, 자신이 느끼고 생각하는 바를 말하는 방법을 익히고, 다른 사람의 경험에 호기심을 느끼고, 상대의 반응을 겁내지 않고 이해함으로써 깊은 관계를 맺는 방법을 터득해야 한다. 문자메시지 문화망에서 10대들은 가까운 관계들 속에서 스스로를 침묵시키고, 그 연령에 배워야 할 가장 중대한 사회적·감정적 습득을 하지 못하게 된다. 문자 그대로, 그리고 비유적으로 표현하자면, '조용히' 버튼이 눌러진 것이다.

페이스북 혹은 페이크북

최근 대학을 졸업한 스파이크는 여자친구와 헤어진 후에 느낀 혼란과 배반감을 토로했다. 두 사람은 1년간 장거리 연애를 하면서 주말에 만났다. 그리고 고등학교 시절부터 문자메시지와 페이스북 게시물들을 통해 지속적으로 많은 대화를 나누면서 서로를 알아왔다. 그는 늘 자신들이 어떤 면에서 매우 공통점이 많다고 느꼈지만, 시간이 지나면서 삶에 대해 자신이 열망하는 것들, 근본적인 몇몇 측면에서 자신과 여자친구가 원하는 바가 다르다는 점을 분명하게 깨닫게 되었다. 그가 여자친구에게 헤어지자고 하면서 그 이유를 이야기했을 때 그녀는 엄청난 충격을 받았다. 그녀는 울면서 자신이 페이스북에 쓴 것들은 정말로 진실이 아니며, 다른 생각들을 공개한 것이라고 설명했다. 스파이크는 이렇게 말했다.

"저는 망연자실했어요. 그녀는 '하지만 난 정말 그렇지 않아'라고 이야기했고, 저는 '뭐라고? 왜 나한테 그런 말을 하는 거야? 너 지금 진심이니?'라고 말했어요. 그러자 그녀는 '어떻게 말해야 할지 모르겠지만, 지금 네가 나와 헤어지도록 결심시킨 게 뭔지, 그게 겁이 나'라고 말했어요. 그녀가 바로 맞췄어요. 신뢰와 애정이라는 측면에서 그건 제게 의문을 품게 했어요. 제가 말하는 건, 제가 그녀에 대해 알고 있다고 생각한 것, 지금 듣고 있는 이야기가 절 흔들어놓았다는 거예요. 그녀가 자신에 관한 핵심적인 이야기들을 털어놓을 만큼 저를 신뢰하지 않았다면, 우리 관계에서 그게 무엇을 의미하는 거겠어요? 그녀의 문자메시지와 페이스북 게시물, 그리고 우리가 온라인상에서 보낸 시간들은 단지 그녀의 가식이었고, 그녀가 그렇게 해야 한다고 생각하는 것을 보여준 것뿐이잖아요."

스파이크는 20대 초반이었고, 여자친구는 약간 어렸다. 하지만 그녀가 고교 시절부터 대학 시절까지 조심스럽게 잘 유지해온 페르소나는 그녀 자신이 만들어낸 인공적인 것이었다. 그것은 실제로 그녀가 되어야 한다고 생각하는 여자아이의 모습을 대변하는 것일 뿐이었다. 그러나 그녀는 그 모습을 포기하지 않았다. 결국 그녀는 자신의 온라인상의 자아와 진짜 자아 사이의 단절을 겪었고, 결국 온라인상의 정체성을 손에서 놓게 되었을 때에도 자신의 진짜 모습이 어떤지 전혀 감각하지 못했다.

청소년기의 자아 탐색은 완전히 완성되어 있는 대상을 획득하는 것이 아니라, 경험과 그로 인해 얻은 시각을 통해 자신을 형성해나가는 여정이다. 자신이 갈 수 없는 먼 곳을 향한 방 안 여행자가 될 수도 있다. 슬프게도 컴퓨터 화면 속 삶을 비롯해 게시물, 사진, 피상적인 소셜 미디어상에 게재된 내용들로 조합된 자아를 위해 삶의 경험을 우회해 가기도 한다. 10대들이 과장되게 몸치장을 하는 일은 새로운 일은 아니다. 일부 10대들의 경우 온라인상 이미지나 정체성에 대한 강박적인 관심으로 과도하게 매일 그 모습을 거울에 비춰 보기도 하고, 자의식이 강한 연령인 경우에는 주기적으로 강박에 시달리기도 한다. 나는 상담을 하면서 이런 모습을 매우 우려 섞인 눈으로 바라보고 있다. 테크놀로지 과다 사용자들 사이에 최근 두드러지게 퍼져 나가고 있는 우울증과 고독감에 관한 최근의 연구들은 일부 10대들이 하루의 절반 이상(11시간)을 페이스북 프로필에 투자한다고 밝힌다.

"10대들은 자신의 온라인상 이미지를 매우 민감하게 알아차립니다. 그리고 다른 사람들의 사진을 보면서 몇 시간씩을 보낼 수 있지요."라고 코먼센스 미디어의 교육 콘텐츠를 담당하는 켈리 슈라이버는 말한다. "자기 자신을 다른 사람들과 비교하는 것은 매우 자연스러운 경향이지만, 이것이 나머지에 영향을 미쳐서는 안 됩니다. 여자아이들은 다른 사람들의 게시물에서 예쁘게 나오지 않은 자신의 사진에 특히 신경을 많이 쓰고, 종종 자신이 초대받지 못한 행사를 보고 나서 소외감을 느끼곤 합니다. 그들은 마음속 관객들과 함께 사진들을 공유하고, 종종 '와, 너 정말 예쁘다!'라는 식의 긍정적인 피드백을 기대합니다. 나와 이야기한 10대들 상당수가 자신이 친구들에게 '서먹서먹함을 없애보자'라고 말하고, 다른 친구들이 똑같이 해주기를 바라면서 자신의 프로필 사진에 댓글을 달았다고 하더군요."

17세의 클로에는 그것을 10대 생활의 실상으로 묘사했다. 문 밖을 나서기 전에 수없이 거울을 비춰보는 행위가 일상이 되었다고 말이다. 온라인상에서 아이들은 늘 특별한 곳에 가기 전에 옷을 차려입어야 하는 것과 같은 강박을 느끼며, 이것은 결코 끝나지 않는다. "페이스북은 사람들이 외모에 집착하게 만들어요. 프로필 사진으로 무엇을 선택하는지, 자신이 어떻게 보이는지, 무엇을 입었는지, 얼마나 많이 자신을 노출시키는지, 이런 모든 것들이 중요하기 때문이죠."라고 클로에는 말한다. "사람들은 자신이 얼마나 페이스북과 자신이 게시한 사진들을 중심으로 한 소셜 미디어상의 삶에 중점을 두고 있는지 잘 알아차리지 못해요."

이런 온라인 페르소나는 10대들이 서로와 자신을 평가하는 24시간 미인대회 같은 것이 되었다. 늘 친절하지만은 않은.

"모두가 페이스북에 자신의 페이지를 만들고 상당한 양의 생각을 게시하고 있어요." 한 16세 남학생이 내게 말했다. "사람들은 다른 사람들과 같아 보이지 않는, 자기 자신이 될 수 있는 방법에 대해 생각하지요. 제 생각에 많은 사람들이 다른 사람이 자신에 대해 어떻게 생각하는지를 걱정하는 것 같아요. ……그리고 영원히 속일 수 있는 사람은 없으리라고 생각해요. 자신이 멋져 보이길 원하는 부분들이 분명히 존재해요."

10대들은 내게 페이스북이나 인스타그램, 유튜브 혹은 학교 이메일 그룹상에서 보여지는 정체성들을 만들어내는 데 자신들이 보내는 숨은 시간에 대해 이야기해주었다. 여기에는 다른 사람들의 계정에 단 댓글뿐만 아니라 개인 프로필, 사진들, 기타 개인 홈페이지 게시물들이 포함되어 있다. 영민하고, 재미있고, 인기 있고, 비판적이며, 달콤하고, 섹시하게 들리는 것이 중요하다. 어떤 것이든 자신이 얻어낸 사회적 자본 역시 마찬가지로 중요하다. 그것은 따분하고 시간 소모적인 작업이며, 아이들은 반농담조로 그 모든 종합체 안에 담긴 진실에 관해서는 윤리적 딜레마들이 존재한다고 말한다. 진실을 조금 손보기도 하며, 성적 뉘앙스가 담긴 비키니 차림의 핀업걸 같은 게시물을 올리기도 한다. 실제로 겪은 적이 없는 파티에서의 기행에 대해 떠벌리기도 하며, 자신의 사진을 포토숍으로 수정하기도 한다.

실제로 온라인상의 이미지로 인해 섭식 장애나 왜곡된 신체 이미지를 지닌 10대들의 경우 그렇게 되어야 한다는 불안감으로 고통받기도 한다. 거식증을 극복 중인 16세의 컬리는 자신이 거식 강박증에 사로잡힌 여자들의 웹사이트를 다시 뒤지고 있는 것을 부모님이 알았을 때 자신이 어떻게 거짓말을 했는지를 회상했다. (그녀는 부모님에게 '예전에 관계를 끊은 친구'라고 말했다.) 그리고 자신이 페이스북상에서 현재의 모습과 예전의 거식증 상태의 마른 몸매를 비교하면서 얼마나 시간을 보내는지 부모님들은 알지 못한다고 말했다.

"정말 한심한 일이예요. 저도 그렇게 해선 안 된다는 걸 알지만, 멈출 수가 없어요. 거식증에 걸렸던 9학년 때의 제 사진을 보면서 몇 시간을 보내고, 그때처럼 보이면 좋겠다고 생각해요. ……저도 그런 사진을 내려야 한다는 걸 알고 있지만, 그렇게 하지 않고 있어요. 저는 늘 그런 모습을 만들려고 노력해요. 이때 정말 귀엽지 않나요? 왜 더 이상 제 골반뼈를 보여서는 안 되는 건가요? 전 학교에서는 조금 괜찮긴 하지만, 제 아이폰 없이는, 페이스북을 살펴보지 않고 제 사진들을 보지 않는 건 힘들어요. ……그리고 그저 제 자신이 싫어지죠."

여학생들은 한 가지 일에 2, 300장의 사진을 찍고 그중 온라인상에 게시할 3장만 꼽느라고 2시간씩 고민하는 것은 자신들에게는 특이한 일도 아니라고 말한다. 한 여학생은 10대들의 뇌리에서 자신의 모습을 매력적으로 보이게 할 만한 게시물들을 만드는 일이 늘 떠나지 않는다고 주장했고, 이것은 진실이다. 또한 내가 만난 10대들은 이렇게도 말했다. 오늘날 차이점은, 자신들이 게시하는 모든 것이 공중에 이용되며, 다른 사람들이 그것을 저장하면서—잠재적으로 자신에게 대립적으로 쓰일 수 있는—거의 영원히 남게 될 수도 있다는 것 뿐이라고. 이는 자신이 어떤 실수를 저질렀을 때 그것이 아이들에게 영원히 남아 자신을 놀림감으로 삼게 될 것이며, 그 아이들이 실제로 서로에게 심술을 부린다는 점을 생각하면 걱정스러운 일이 된다. "'삭제' 버튼을 누를 수는 있겠죠. 하지만 내가 그랬다고 해서, 누군가에게 그 내용들을 지워달라고 요청했을 때 상대가 그렇게 해준다고 보증할 수는 없죠."라고 한 여학생은 말했다.

사적으로 아이들은 나와 함께 자신의 계정에 올려진 사진들을 훑어보기도 한다. 이때 나는 한 번 이상 이런 이야기를 들었다. "설욕해야 할 순간에 쓰려고 가지고 있는 거예요. 언제 써먹을지 모르잖아요." 이것은 아무도 이긴 사람이 없는 온라인 게임 같다.

새로운 규범이 된 사회적 폭력, 새로운 폭력이 된 포르노그래피

리얼리티 쇼에 반영된 신호들과 대중가요 가사들, 그리고 점점 늘어나고 있는 외설 영상들과 상업 광고, 사회적 가학성, 성적 비하를 담은 말들은 청소년들이 온라인상에서 하는 농담과 문자메시지의 익숙한 후렴구가 되어가고 있다. 자신이 잘 알지 못하는 한 남자아이로부터 노라가 받은 쪽지들 같은 일은 흔히 일어난다. 각기 다른 학년의 10대 남자아이들로 이루어진 포커스 그룹 면담에서 아이들은 10대 남자아이들이 온라인상에서 쓰는 전형적인 댓글들과 허식들을 예로 들었다. 머리는 좋지만 인기 없는 한 남자아이가 다른 남자아이에게 마약중독자라고 부르자, 이 남자아이는 다시 그에게 친구도 없는 정신지체아라고 응수했다. 그 남자아이에게 다운증후군에 걸린 동생이 있다는 것을 알고 한 말이었다. 한 남자아이에게 '동성애자'라고 부르는 것은 오프라인 영역에서는 불분명하고 응답 없는 소리일 수도 있지만, 온라인상에서는 공통의 것이 된다. 16세의 마일로는 자기 학교에서 화제로 떠오르고 있는 난해한 네티켓에 대해 묘사했다.

"저희 학교는 굉장히 동성애 혐오적인 분위기는 아니지만, 약간 그렇기는 해요. 만약 당신이 커밍아웃을 하지 않았다면, 어떤 아이들은—저 말고 다른 아이들요—당신을 동성애자 같은 놈, 혹은 게이라고 부르는 걸 공정한 게임인 양 느끼기도 해요. 이것에 대해 이야기해봤는데, 만약 누군가가 진짜 게이라면 저희는 그 아이를 절대 놀림감으로 삼진 않을 거예요. 하지만 게이처럼 행동하는 데 진짜 게이는 아니라면, 우리들은 그 애를 게이라고 불러요. 끔찍한 애들을 대하는 우리 학년 아이들의 태도인거죠. 저는 말고요."

그렇다면 '게이처럼 행동한다'는 어떤 의미이고, 커밍아웃을 하지 않았지만 게이 같이 군다면 그 아이들을 괴롭혀도 괜찮다는 건 어떤 이유에서인가? 우리는 그런 종류의 생각과 무시하는 행동이 진실로 얼마나 위험한지를 아이들에게 가르치지 않음으로써 아이들이 그런 행동을 하도록 방조했다. 청소년기는 생명이 위급해진다 할지라도, 현실에 대한 자신만의 거부를 하는 시기, 혹은 공공수용소 안에 있는 시기로 알려져 있다.

또 다른 한 남자아이는 온라인상에서 친구들에게 굴욕감을 주는데 대한 무언의 규칙이 있다고 설명했다. 당신은 결코 그렇지 않겠지만, 다른 사람들은 그것이 '공정한 게임'이라고 여긴다고 했다.

아이들에게 있어 친구들의 페이스북을 방문하고 가짜 정체성을 만드는 것은 공공연한 일들이다. 16세의 지노는 지지난 주에 몇몇 친구들이 집에서 자고 갔는데, 자신이 깜빡 컴퓨터를 로그아웃하지 않고 잠이 들었다고 한다. 친구들은 그의 컴퓨터를 보고 그의 페이스북 페이지로 가서, 그가 알지 못하는 150여 명의 사람들과 친구를 맺고, 그의 페이스북 친구들 50여 명에게 굉장히 오싹한 메시지를 날렸다.

"제 친구는 자신이 페이스북에서 발견한, 스페인에 사는 이 사람과 친구를 맺었어요. 그 애들은 그녀에게 '넌 내가 본 가장 아름다운 사람이야. 오늘 밤 내가 널 생각하며 잠드는 데 필요하니까 내 친구의 청 좀 들어줘.'라는 메시지를 보냈어요. 그녀는 눈 코 입이 하트가 되어 웃고 있는 이모티콘을 보냈고요. 그녀는 여자가 아닌 게 확실해요."

하지만 지노는 친구들에게 화가 나지는 않았다. "제 친구들은 그게 제가 아닌 걸 알아요. 말투도 제가 아니고, 누구도 실제로 그렇게 말하지는 않아요. 그래서 그런 일에는 화가 나진 않아요."

일상적으로 음란채팅을 하는 10대들

17세의 캐리가 상담을 하러 와서 이렇게 물었다. "이게 이상한 일인가요? 가장 친한 친구가 벌거벗은 자기 사진을 남자친구한테 보내고, 그 남자아이도 답으로 벌거벗은 자기 사진을 제 친구에게 보냈어요. 이게 정상인가요?"

"넌 어떻게 생각하지?" 내가 반문했다.

"절대요! 그건 정말 이상해요. 하지만, 전 얌전한 체하는 것도 아니고……."

캐리는 남자친구를 가지고 싶고, 성적 호기심도 있었으며, 당연하게도 그런 일이 일어나는 데 대해 혼란을 느꼈다. 우리는 '좋아하고, 관계를 맺고, 자신을 좋아하는 남학생이 있었으면 하고, 자신이 귀엽고 섹시하다고 생각하는' 열망에 대해 이야기했고, 그 순간 잠시 억압을 지울 수 있었다. 하지만 방금 그런 행위를 한 데서 따라오는 자의식의 고통은 없었다. 우리는 페이스북에 올릴 자기 사진을 완벽하게 손질하느라 많은 시간을 보내는 그녀의 친구들이 어떻게 하는지, 갑자기 완전히 벗고 성행위를 연상시키는 사진들을 올리고, 심지어 폭력적인 성적 언어를 참아내는지에 대해 이야기를 했다. 그것이 남자친구—멋지고, 힘 있는—를 얻는 정상적인 방식처럼 제시될 때, 기회는 당신 바로 앞에 제시되며, 충동성은 스릴과 위험감수성과 동화 속 판타지와 결합되어 산출된다…… 그리고 '보내기!' 그러고 나면 현실이 부딪쳐 오거나, 문자메시지 답변이 온다. 친구 지아가 상체를 벗은 자신의 사진을 친구들에게 보냈을 때, 그녀와 함께 화학 수업을 듣는 남학생이 "늘어진 젖가슴이 역겹다."라고 답신을 보낸 것처럼.

사우스웨스트 지역의 한 고등학교에서 600명의 학생들을 대상으로 성적인 문자메시지 전송 행위에 대해 조사한 결과, 약 20퍼센트의 학생이 자신의 성적인 사진을 휴대전화로 전송해본 경험이 있다고 답했다. 휴대전화로 이런 사진을 받아본 적이 있는 학생은 이들의 2배였다. 이들 중 25퍼센트 이상은 자신이 그런 사진을 다른 사람들에게 재전송했다고 말했다. 휴대전화로 성적인 사진을 전송했다고 보고한 아이들 중 3분의 1 이상이 그것과 관련된 심각한 법적 문제 및 그 행위에 따른 다른 결과들을 알면서도 보냈다고 답했다. 연구자들은 "이런 휴대전화를 통한 음란메시지 전송과 관계된 법적·심리적 위험들이 잠재되어 있으며, 청소년, 학부모, 학교 행정가 들은 물론 법률을 제정하는 사람들과 법률을 시행하는 사람들 또한 이런 행동을 이해하는 것이 매우 중요하다."라고 말했다. 나는 여기에다 우리가 그 행위에 대해 대화를 나누고, 교육시키고, 그에 반대하는 실행 규범들을 채택하고 있는 웹사이트를 이용하게끔 해야 한다고 덧붙이고 싶다.

비크는 지난 주말부터 친구들이 자신의 계정—그리고 자신의 정체성—을 이용하여 만나보고 싶은 여학생과 연락하여 일어났던 일련의 대화들에 대해 말했다.

"작업에 대한 본보기 같은 거예요."라고 비크는 말하고는 약간 주저했다. "음, 이걸 읽으시면 웃지 않고는 못 배기실 거예요." 비크는 친구 하나—그 아이를 클라크라고 부르기로 하자—와 또 다른 친구의 대화를 비난하듯 말했다. 두 사람은 비크의 계정으로 자신들이 꾀고 싶은 여자아이의 친구가 되기 위해 평소 알고 지내던 한 여자아이에게 연락했다.

"저는 그녀를 전혀 모르지만요." 비크가 말했다. "하지만 몇몇 이유에서 그 애들은 그녀에게 관심을 좀 가지고 있었어요." 이 두 친구들을 실제로 보면, 당신은 그 아이들이 주변에서 흔히 보이는 괜찮은 녀석들이라고 생각하게 될 것이다. 두 사람은 모두 매우 예의 바르고, 유쾌하며, 학구적인 청소년들이었다. 그리고 이것은 그 아이들의 '작업'에 관한 생각이었다. 미리 경고하건대 이 내용은 생생한 성적 언어를 담고 있다.

클라크 자, 이제 하이디에 대해 얘기 좀 해줘. 너 하이디 친구잖아.

여자아이 좀 이상한데. 하하.

클라크 좀 얘기해봐.

여자아이 흥. 나 지금 나갈거야.

클라크 아니 잠깐만……. 너 그 애와 함께 나랑 놀지 않을래? 그런 의미로 말야.

비크는 내게 그 여자아이가 '다소 남성적'이어서 클라크는 상스러운 말들을 사용하게 되었다고 설명했다.

여자아이 그 앤 너희들과 수준이 달라. 잘 생각해봐. 네가 그 애에게 연락할 방도는 없어.

클라크 도전을 받아들이지. 네 도전은 네가 그 짓을 하지 않고 몇 주 동안 있어 보는 거야.

난잡한 X.

아 농담.

난 네가 좋아. 용서해줘.

네가 안 받아주면 울어버릴 거야.

야 나 울고 있어.

아무도 날 사랑하지 않는구나.

놀랐어.

여자아이 너 누구니? 비크 입 닥쳐. 너 정말 대책 없이 웃기네. 이 상황도 진짜 웃기고 엿 같고.

클라크 농담.

너도 네가 그걸 원하는 걸 알잖아.

하지만 정말 솔직히 말하자면, 너도 실제로 내가 그녀를 꾈 수 있다고 생각하잖아.

여자아이 그럴 가능성은 극히 적지. 그게 내가 원하는 거야. 안녕.

클라크 추신. 내 거기가 네가 원하는 유일한 부분이잖아.

이리 와서 원하는 대로 해봐.

제발…… 아니라고 하진 말고.

여자아이 그리고 그건 작지.

클라크 혼자 그 짓 해봐라. 아주 엿 같은 얼굴일걸. 난 내 식대로 널 따먹을 거야.

여자아이 정말 너무 짜증 나서 웃기기까지 하네. 너 정말 진짜…… 나 다시 너랑 얘기 안 해. 나 다신 안 들어와. 전쟁이야. 너 가만 안 둘 거야.

내가 이 상황을 심각하게 받아들이지 말아야 한다는 것을 알고 있음을 확신하고 비크는 설명했다. "우스운 짓이죠. 기본적으로 실제로 누구인지 알지도 못하는 여자아이랑 저런 일을 한 게요."

"그래서 이게 작업의 본보기라는 거니?" 내가 비크에게 물었다.

"그 애들은 그저 재미있게 하려고 했던 거예요. 솔직히 말해서 그 애들은 자기들이 하고 싶은 걸 했을 뿐이에요. 자기들 페이스북 페이지에서 할 수 있고, 살금살금 움직이고, 일종의 분노를 표출하고…… 음, 어떤 방식으로는…… 실험을 하고 있었던 거죠."

나는 비크에게 그 대화가 왜 욕설로 이어진 것 같으냐고 물었다.

"욕설로 이어진 게 아니에요. 그건 그냥 저희 세대가 하는 표준이에요."

많은 10대들이 상대를 신뢰하는 동안에는 음란메시지가 시시덕거림의 일부이고, 작업의 재미있는 일부분이 될 수 있다고 말한다. 일부 남자아이들은 여자아이가 자신에게 관심을 가지고 있는지를 보기 위한, 그리 당혹스럽지 않은 방법이라고도 말한다.

"저는 그 여자아이한테 바지 위에 손을 올리고 있는 제 사진을 보냈어요. 그 애의 대답이 어떤지 보려고 페이스북 사진에서 하나를 고른 거예요." 한 남자아이가 말했다. "그 '이쁜이'가 돌아왔을 때 전 그 애가 절 좋아하고 있다는 걸 알았고, 그건 그 애랑 자기 위해 시도해봐도 괜찮다는 거죠." 이런 견지에서 그런 사진들이 사적 관계에 속해 있을 때 그것은 10대들의 '구애의 춤'이 된다. 또한 나는 고등학교 남학생과 여학생 들이 상대를 신뢰한다면 음란메시지는 해롭지 않다고 말하는 것을 종종 들은 바 있다. 음란메시지가 임신으로 이어지는 것도, 성병에 걸리게 하는 것도 아니라고 말이다. "헤이, 이건 안전한 성행위야, 그렇지 않니? 예, 네가 정말 그 사람을 믿는다면 말야."

하지만 여기에는 숨겨진 문제점이 있다. 위험의 측면에서 말이다. 스냅사진을 돌려 보는 것과 달리, 가급적 주변에서만 전달되고 복제되는 것이 아니라 메시지들을 전달하는 매개물은 많은 기능들을 수행한다. 사진을 외부로 노출시키고 사용하는 능력에는 더 큰 신뢰가 요구되며 더 큰 위험이 내포되어 있다. 이런 맥락에서 부모들은 자녀들이 신뢰해도 될 만한 신호를 알아볼 수 있도록 돕고, 주요 신뢰 위반의 결과로 자신을 힘들게 하는 일이 일어날 수 있음을 알려주어야 한다. 비밀을 누군가에게 말하는 것은 이런 위험을 수반하고 있다. 하지만 작게 속삭인 비밀은 문자메시지와 사진 속 온라인 증거보다 훨씬 반감기가 짧다.

엘라의 사례—"오늘밤 나는 누군가의 인생을 망치러 간다"

10대의 미디어 노출, 스크린 게임, 온라인 생활 같은 것들에 대해 이야기하거나 우려할 때 우리는 종종 '얼마나 많이'라고 묻는다. 전 연령에 걸쳐, 미디어 노출과 테크놀로지 사용에 따른 부정적인 영향은 아동 시절 처음 접촉한 때부터 계속 증가하는 경향을 보인다는 연구가 있다. 나는 내게 상담을 하러 오거나 혹은 내게 상담 요청을 한 학교에서 이야기를 나눈 전 연령의 아이들이 지닌 문제들에 이 사실이 반영되어 있음을 보았다. 또한 외견상 대수롭지 않아 보이는 미디어 노출이 매우 중대한 영향—때로 충격적인 영향—을 일으킨 경우도 알고 있다. 몇몇 사례들에서 내가 유아들에 대해 설명한 앞서의 장에서 묘사한 것처럼, 아이들에게 어떤 이유에서든지(아이가 발달상 받아들일 준비가 되지 않은 슬픈 영화나 무서운 영화, 충격적인 성적 묘사나 폭력적인 내용이 있는 경우 등) 감정적 상흔을 남길 만한 콘텐츠에 대한 첫 노출은 중요하다.

10대들의 경우 축적된 경험이 그들을 '보복snapping'의 위험으로 몰아가게 되는데, 만약 당신이 그렇다면 '아무 이유 없이'이다. 상담을 하면서 가까이에서 살펴보면, 전형적인 기여 인자들이 밝혀진다. 감정적으로 방치되었거나 부모들로부터 과도한 압박을 받고 있는 10대들이 이 문제에 있어 고위험군에 속한다. 시끄러운 이혼 과정이나 파괴된 가족 역학도 마찬가지 결과를 낳을 수 있다.

폭음, 기타 약물 오남용 혹은 중독(테크놀로지 중독을 포함하여), 회피성 우울, 불안, 사회적 굴욕을 받고 자란 과거, 치료받지 못한 육체적·정신적 건강 문제들, 성적 학대, 외상후 스트레스장애, 상실 경험, 이 모든 것들이 공통 인자들이다. 때로 이런 인자들은 가족과 친구라는 10대의 가까운 교유 범주 안에 존재한다고 알려져 있지만, 때로는 그렇지 않기도 하다. 알다시피 아이들—청소년을 포함하여—은 때로 자신의 고통을 숨기고, 그것에 압도당하거나 수치심을 느낀다거나 주변 어른들과 그 일에 대해 이야기를 나누기를 두려워한다. 알든 모르든 상처 입은 영혼은 문제의 불씨이며, 여기에 기여 인자들이 결합되기만 해도 불꽃은 바로 점화된다.

지난 가을 나는 18세의 대학 신입생 딸을 둔 어머니로부터 황급한 전화를 받았다. 그녀의 딸 엘라는 스스로 선택해서 상위권 대학에 들어갔는데, 막 정학을 당한 상황이었다. 어머니는 활발한 지역사회활동가이며 아버지는 성공적인 비즈니스맨으로, 두 사람은 함께 노력하여 예의 바른 아이를 키워냈다. 엘라는 사랑스럽지만 외딴 시골 마을에서 자라났다. 많은 숙고 끝에 부모는 아이를 기숙학교에 입학시키기로 했고, 그곳에서 그녀는 스쿼시팀 주장으로 뛰어난 자질을 나타냈으며, 시도 잘 썼고, 친구들에게 인기도 많았다. 때문에 어머니는 일어난 일을 설명하는 것마저 간신히 할 수 있었다.

엘라는 동료 학생에게 해를 입힐 악의적인 의도를 가지고 있다는 점에서 정학을 받았다. 한 여학생을 파티에 데리고 가서 술을 잔뜩 먹게 한 후 그녀만 남겨두고 떠났고, 그 결과 매우 심각한 일이 초래된 것이다.

문제는 어린 여학생—크리스티라고 하자—이 엘라에게 파티에서 '난잡한 X'이라는 욕을 하면서 시작된 것으로 보였다. 이것이 엘라의 빗장을 끌렀다. 후일 그녀는 그때 자신이 '폭력적인 방식의 대응'을 해주기로 결심했다고 말했다. 한동안 이 일을 생각하고 있다가 엘라는 〈가십걸〉이라는 드라마를 보게 되었다. 그중 한 회의 줄거리에서 영감을 받아 엘라는 크리스티를 사교 파티에 데려가 술을 잔뜩 마시도록 부추겨서 보복하기로 했다.

파티에서 술에 취해 크리스티는 사이먼과 성관계를 맺었다. 몇몇 사람들이 파티가 열린 저택의 한 침실에서 열린 문 틈으로 크리스티와 사이먼이 관계를 맺는 모습을 보았다. 다음 날 크리스티는 사이먼을 데이트 강간으로, 엘라를 악의적 의도를 지니고 행위를 유도했다는 이유로 고소했다. 사이먼은 무죄 판결을 받았다. 크리스티가 성관계 가능 연령 이상이었으며, 둘 사이에 합의가 이루어지지 않았다는 증거도 없었기 때문이다. 모든 사람들이 크리스티가 좋은 시간을 보낸 것처럼 보였다고 말했고, 강요된 듯한 모습을 본 사람은 아무도 없었던 것이다. 하지만 엘라는 정학 처분을 받았다. 밝혀진 바에 따르면, 파티에 가기 직전 엘라는 자신의 페이스북 상태 메시지를 〈가십걸〉의 해당 회인 "오늘 밤 나는 누군가의 인생을 망치러 간다."라는 문장으로 바꾸어놓았다고 한다.

나는 〈가십걸〉이 엘라의 행동에 어느 정도 책임이 있다거나 페이스북에 올려진 그녀의 의도가 담긴 게시글에 대해 페이스북에도 잘못이 있다고 말하는 것이 아니다. 하지만 우리가 보아왔듯 미디어와 테크놀로지는 때로 청소년들의 행동에 촉매제가 되기도 하며, 엘라의 경우는 주목할 만하다.

나는 엘라와 그녀의 부모를 함께 몇 차례 만났고, 그러고 나서 2년간 엘라만 따로 지속적으로 만났다. 상담을 하는 동안 엘라는 자신을 '난잡한 X'이라고 부른 크리스티에게 왜 그토록 사악하게 반응했는지 밝혔다. 엘라는 누구에게도 말한 적이 없지만 14세 때 기숙학교에서 아는 사람에게 성적인 모욕을 받은 적이 있었고, 때문에 그 일이 엘라의 신경 깊은 곳을 건드렸던 것이다. 성적 학대를 겪은 대부분의 희생자들처럼 그녀도 그때의 수치심을 내면에 간직하고 있었고, 다소 비난받는다고 느꼈으며, 누군가에게 그 일을 말하기를 두려워했다. 그녀는 사회봉사 활동에서 한 소년이 자신에게 다가와 성적인 말을 걸었을 때도 아무에게도 말을 하지 못했다.

심리학적으로 말하자면 엘라는 결코 의논할 수 없는 외상후 스트레스장애의 소용돌이 속에서, 자신을 압도하는 그것의 힘을 깨닫지 못한 채 살아가고 있었다. 그녀는 크리스티에 대한 생생한, 날것의 분노를 느끼고 스스로에게 당황했다. 그러나 이렇게 깊고 고통스러운 감정에 사로잡혀 있다면, 이런 영민하고 창조적인 젊은 여성이 위험한 방식으로 행동하는 것은 전혀 놀라운 일도 아니다. 영리하고, 잔혹하고, 충동에 휘둘리는 10대 여학생들에 관한 TV 쇼를 모델로 삼는 일 역시 말이다. 그녀는 수학능력평가SAT 점수가 700점이 넘는 영민한 두뇌로 〈가십걸〉을 본 것이 아니다. 해소되지 않은 성적 외상후 스트레스장애의 렌즈를 통해 본 것이다. 외상후 스트레스장애가 극에 달한 상태에서, 그녀는 편리하고 유명한 문화적 대본을 따랐을 뿐이다. 청소년들은 이런 방식에 취약하고, 방향감각을 잃은 감정 상태에 강하게 사로잡히기 때문에 성적으로 모욕받아서는 안 된다.

〈가십걸〉은 〈프리티 리틀 라이어스〉, 〈하우 투 록〉, 〈우리는 댄스 소녀〉, 〈제인 바이 디자인〉, 〈뱀파이어 다이어리〉, 기타 모든 '소녀들의 싸움'이 담긴 유튜브 동영상 등 이용 가능한 시청 목록 중 하나였을 뿐이다. 이런 유사한 주제들은 많다. 출세를 위해 고군분투하기, 소녀들의 싸움, 친구를 배신하기, 범법 행위나 규칙 위반 행위, 작업 걸기, 술 취하기 혹은 술에 취하게 하기, 사회 계층도에서 누군가를 끌어내리기 등 말이다. 이것이 단순한 오락거리라고 생각하는가? 우리는 많은 어린아이들이 이런 유형의 쇼들을 보고 운동장과 온라인상에서 그것을 모방하며 노는 것을 알고 있다. 중학교 때까지 아이들은 온라인상에서 허상을 만들어내는 실험을 한다. 실제 자신을 보여주기보다는 자신이 좋아하는(혹은 그렇게 되어야 한다고 생각하는) 아이의 모습과 행동 들을 흉내 내고, 어떤 대가를 치르고서라도 친구들에게 강한 인상을 줄 만한 일을 고안해낸다. 고등학교와 대학교 때까지 아이들은 이런 대본을 실제 삶에서 연기하며, 현실의 인간들이 관계할 때는 현실의 결과들이 발생한다는 사실을 다소 인식하지 못한다.

미디어와 온라인 문화들이 10대들에게 영향을 미치는 범주 안에서 정신적 문제들을 일으키는 역할에 대해서는 알기 어렵지만, 많은 아이들과 비극적인 뉴스들은 우리가 여기에 더욱 많이 주목해야 한다는 사실을 알려준다. 가장 위험한 착각은, 극도의 비하,

굴욕감, 영혼을 으스러뜨리는 방식으로 서로를 대하는 것이 문화적으로 널리 퍼져 있다는 사실을 부정하는 태도, 마치 그것이 중요하지 않다고 여기는 태도이다.

소셜 미디어와 테크놀로지 환경에서 새롭게 부상된 폭력적 관계들

모런의 졸업반 해는 매우 순조롭게 시작되었다. 모런이 원하는 것은 오직 삶을 완벽하게 만들어줄 남자친구였다. 스테판은 그녀의 모든 조건에 부합하는 듯이 보였다. 그는 책임감 있고, 외모가 멋진 청년이었다. 파티를 주최하고, 공부도 열심히 했지만 이 모든 일에서 넘침이 없었고, 은근하고 건조한 유머감각도 지니고 있었다. 그는 그녀에게 관심을 두기 시작했고, 그의 관심은 멋졌다. 그는 자주 문자메시지를 보냈고, 그녀가 하는 일, 그녀가 누구와 있는지에 흥미를 보였으며, 그녀가 기대하지 않은 순간에 깜짝 놀라게 해주려고 나타나기도 했다. 한 달이 채 지나지 않아서 그는 그녀에게 하루에 수백 건의 문자메시지를 보냈는데, 한편으로는 극도로 지나치게 달콤했고, 다른 한편으로는 점점 위협과 통제의 언어를 구사하기 시작했다.

이런 점에 대해 불안감을 느끼기 시작한 지 4개월쯤 되었을 무렵에도 모런은 그 관계에서 빠져나올 방법을 알지 못했다. 이 무렵 그녀가 가족들과 함께 스키 여행을 가자 이에 대해 그가 미친 듯이 화를 내는 일이 일어났다. 그는 그녀가 가족 여행에 자신을 데리고 가야 했지만 그렇게 하지 않았다고 주장하고, 끊임없는 문자메시지로 그녀와 그녀의 가족들을 괴롭히고, 극도로 불쾌한 성적인 말들과 위협을 하고, 그녀의 대답을 요구했다. 그리고 자신이 더는 '좋은 남자' 행세를 하지 않을 테니 조심해야 할 것이라고도 했다. 또한 인기 있는 이별 관련 뮤직 비디오를 조잡하게 따라 만들어 거기에 그녀의 이름을 넣고 온라인상에 게시했다. 그녀는 자신과 헤어졌지만 자신은 그녀와 헤어지지 않을 것이라는 내용이었다.

모린이 자신의 입장을 굳건하게 고수하자, 문자메시지와 이메일을 통한 그의 욕설은 엄청나게 격렬해졌고, 그는 그렇게 격정에 차서 포르노그래피를 이용한 온라인상 게시물을 만들어 올리고 성적으로 생생한 언어들을 구사했다. 그녀의 친구들과 친인척들의 이름을 넣어서 말이다. 또한 그녀의 신체와 외모, 성격, 자신이 알고 있는 그녀의 극도로 예민한 부분에 대해 증오에 가득 찬 글들을 써서 온라인상에 게시했다. 다음은 어조를 살려 발췌한 것으로, 극도로 생생하고 공격적이며 성적인 세부 묘사들은 제외했다. 본래의 내용은 여기에서 인용하는 길이의 5배에 달한다.

> 네 새로운 남자친구가 너의 역겨운 얼굴을 신경 쓰지 않길 바라. ……내가 6명의 여자아이들을 꾀었고, 3명이랑 잤고, 2번 이상 너와 바람을 피우지 않았다면, 나는 더욱 화가 났을 거야. …… 나는 이렇게 했는데, 네가 네 엿 같은 장소에서 해야 한다고 해서야. ……너는 절조 없는 멍청이야. ……난 이제야 네가 완전 걸레라는 걸 알았

지 뭐니. 너와 데이트를 했다는 게 창피해. ……넌 내가 자본 여자아이 중 최악이야. 뚱뚱하고…… 너랑 할 때 너무 놀랐고…… 난 멋진 놈이었는데…… 널 다시는 보고 싶지 않아. 너 때문에 무슨 일이 일어나든 우울해하지 않을 거야. ……그리고 우리 다신 얘기하지 않기로 너한테 약속할 수 있어. ……걱정 마. 난 널 혼자 남겨둘 거야. 난 네가 정말 증오스러워. ……솔직히 다신 너를 보고 싶지 않아. 나한테 짜증 내지 마. 나쁜 X…….

이런 포악하고 굴욕적인 모욕, 혹은 굴욕감을 주는 새로운 문화에 대해 모린을 준비시킬 수 있는 것은 아무것도 없었다. 모린이 처음 부모님에게 이 문자메시지들을 보여주자 부모는 법적인 절차가 필요하다고 판단하고, 판사, 경찰, 학교 관리자 들에게 이를 보여주었다. 이런 것을 아버지에게 보여준 일이 특히 그녀를 괴롭게 했다. 그녀는 몇몇 글들은 아버지가 보지 못하게 막았는데, 아버지가 자신을 그런 방식으로 생각하는 것, 그리고 아버지가 지금까지 받은 것보다 더 크게 상처받을 것을 원하지 않아서였다.

폭력적인 애인들은 늘 상대를 통제하고 겁주기 위해 경시적이고 조롱섞인 말들을 사용하곤 한다. 불행하게도 현대의 남성 문화에는 늘 여성들을 조롱하고 공공연하게 욕설을 하는 행위, 특히 성적인 욕설을 허용하는 것을 포함되어 있다. 미디어의 성과 폭력, 온라인상의 외설물들, 문자메시지, 기타 소셜 미디어들의 조합은 이런 종류의 행위와 그것을 퍼트리는 충동을 정상적으로 보이게끔 한다.

이런 남자아이는 테크놀로지부터 여자아이에게 고통을 안겨주는 일에 이르기까지 가능한 모든 힘을 사용한다. 그녀가 대학을 떠날 때까지 그의 위협과 괴롭힘은 계속되었고, 그 직후에는 그녀의 새로운 인생에 속한 사람들과 사건에 대해 언급했다. 온라인상으로 스토킹을 한 것이다. 그녀는 결국 법원으로부터 접근금지명령을 받아냈지만, 이런 종류의 이야기는 결말이 깔끔하지는 않다. 법원은 그에게 결과에 대한 책임을 지울 수 있지만, 그가 한 행동의 결과로 진정 고통받는 것은 모런이며, 여기에는 그가 온라인상에 게시했던 것들의 수명이 영원하다는 점이 포함되어 있다. 물론 경험 그 자체에 대한 기억도 그렇지만 말이다. 모런은 여전히 상처받고 깊이 고통받고 있지만 밝고, 사랑스러우며, 사랑할 줄 아는 여자아이였다. 하지만 그녀는 온라인에 접속해, 여전히 파티 사진으로 가득 차 있고, 스스로 선택한 대학에서 멋진 시간을 보내는 모습이 중복 게시된 스테판의 게시물들을 보는 일에 저항하기 어렵다.

분명 이 남학생은 극도로 문제를 겪고 있다. 이별을 경험한 젊은 사람들 대부분이 결코 상대에게 독설이나 외설적인 방식으로 분노를 표출하지는 않는다. 그러나 10대의 삶에서 일반화된 포르노 문화는, 더 이상 아이의 범주에 속하지 않는 화와 분노를 지닌 청소년들의 손 안에서, 의사소통의 무기로 사용되고 있는 테크놀로지와 문자메시지 사용의 용이성, 이 연령대의 감정적 강렬함, 도덕불감증의 온라인 문화와 위험하게 결합될 수 있다.

청소년기에는 종종 심각한 심리적 문제가 폭발하기도 한다. 불안과 우울이 표면 위를 살금살금 거니는 때이며, 감정과 걱정을 통제할 수 없게 되고, 유년 시절의 정신적 외상이 다시 표면으로 떠오른다. 몇몇 사례를 보면, 미디어와 소셜 네트워크는 문제를 겪는 10대들이 도움을 청하는 수단, 연락하고 지내는 사람들을 통해 자기 정체성을 규정하려는 수단으로 이용되고 있다. 10대 아이의 자해나 자살적 행위에 대해 밝힌 게시물에 친구가 응답할 때 그의 삶은 구원받을 수 있다. 심지어 전혀 모르는 사람이라 해도 그 아이와 연락이 닿을 만한 성인들에게 경고의 메시지를 보내야 한다는 것을 알고 있다. 한 학교 상담교사는 자신이 맡았던 한 학생이 놓인 상황에 관해 이야기했다. 캘리포니아에 사는 이 청소년은 온라인상에서 영국에 사는 한 또래 아이가 올린 자살과 관련된 글을 보게 되었다. 이 아이는 의도적으로 약을 과다 복용하여 자살을 시도한 영국 남학생과 연락이 닿을 만한 영국 내의 적당한 성인들에게 연락을 했고, 영국 남학생은 제시간에 병원으로 후송되어 목숨을 건졌다. 그러나 정신적 문제를 안고 있는 오늘날의 10대들 중 일부에게 있어 테크놀로지는 자해를 비롯해 더 큰 위험감수 행위의 출발점이 될 수 있다. 또한 컴퓨터 중독 사례들을 보면, 테크놀로지는 자신의 메시지를 보내는 매체로 이용되기도 한다. 내가 맡았던 로스라는 아이는 테크놀로지에 중독된 소년으로, 중독으로 인생을 낭비하는 온갖 증상을 가지고 있었다. 시발점은 부모의 쓰라린 이혼 과정을 견뎌내기 위한 대응 방안으로 스크린 게임과 웹 브라우저를 이용하기 시작한 것이었다. 부모들은 더욱 이기적인 행위를 하면서 바닥까지 내려갔는데, 테크놀로지 중독자인 아들에게 도움이 필요한 순간조차도 계속 싸웠고, 로스는 폭력, 성, 포르노그래피의 환상으로 가득 찬 자기만의 세계 속으로 더 깊이 파고 들어 갔다.

전 연령대의 아이들에게서 볼 수 있는 현상 중 하나로, 고통스러운 순간에 자해 방법으로 그것을 극복해나가는 법을 알려주는 웹사이트의 급증은 아이들을 정신을 불안하게 만든다. 내가 상담했던 10대 청소년들은 내게 자기 신체를 칼로 긋고, 경쟁적으로 다른 아이들의 자해 자국과 자신의 상처를 비교하는 법을 생각해내는 웹사이트를 보여주었다. 섭식 장애를 겪는 여자아이들은 거식증 사이트에 가서 새로운 '굶는' 방법들을 배우고, 다른 아이들과 자신을 비교하면서 거식증의 의지를 더욱 불태웠다.

테크놀로지는 스테판과 같이 문제를 겪는 아이들을 품어주고, 아이들을 자신의 위험한 내면의 장소에서 데리고 나와주기보다는, 오히려 내면의 어긋남을 더욱 증폭시키는 재료들에 접근할 수 있게 한다. 인터넷은 아이들에게 가장 큰 상처가 되는 것들, 독설, 다른 사람들을 목표로 삼는 능력을 가질 수 있게 해준다.

청소년기의 변화하는 정체성, 그리고 미디어와 온라인상의 성적이고 혼란스러운 콘텐츠들은 비인격적 대인 소통 테크놀로지 역학들에 연결되어 있다고 잭슨 카츠는 말한다. "말 그대로 사회적 소통을 비롯해 그것이 의미하는 바가 무엇인지, 소년 혹은 소녀란 어떤 존재인지, 인간관계란 무엇인지에 대한 근본적인 관점을 재형성하고 있습니다. ……성에 대한 사려 깊은 토론, 사려 깊고 정보 중심적인 교육이 부재한 상황에서, 포르노그래피 산업은 우리 아이들을 믿을 수 없을 만큼 악랄한 형태의 남성성으로 이끕니다."

사이버 세상에서 명성 게임에 몰두하는 아이들

명성은 디지털 시대에 스스로 만들어나가는 꿈이 되었다. 유튜브와 소셜 네트워크를 통해 퍼져나가 성공을 만들어내는 스트리밍 동영상 사이트들에는 관객을 열망하는 인디 예술가들이 있으며, 청소년들과 청년들이 명성에 가장 큰 가치를 두고 있다는 사실은 놀라운 일도 아니다. 테크놀로지는 명성에 대한 청소년들의 꿈에 분명한 가능성을 부여하고, 현실을 과장하게 만든다. 10대들은 인기를 끄는 데 테크놀로지를 사용한다는 생각을 좋아한다. 그것이 대중적인 것이든 복수이든 말이다. 테크놀로지는 기존 미디어 콘텐츠를 차용하기 쉽게 해주고, 많은 아이들이 학교나 친구들 사이에서 인기를 얻고 유명세를 타기를 바라면서 인기 있는 동영상이나 음악을 번안하여 온라인상에 게시한다. 하지만 10대들이 판단력과 사회적 인기를 맞바꾸고, 결과에 대한 생각 없이 '전송' 버튼을 누를 때 창조적 영감의 순간은 곧 바이러스성 재앙으로 변할 수 있다.

리암, 휴고, 팀은 학업에 대한 엄격한 기준, 창조적인 교육과정, 강도 높은 학생 통제로 이름 난 교외 지역 한 고등학교의 2학년 학생들이다. 이들은 점수로 환산 가능한 온갖 시험들에서는 평균점 이상을 받았고, 점수로 측정할 수 없는 부분에서도 행복하고 평범한 청소년들이었다. 학교와 지역사회에서 그들은 친구들과 선생님들에게 좋은 평가를 받았고, 마을 어른들 사이에서도 예의 바른 아이들로 평가받았다. 부모들과도 관계가 좋았는데, 그렇다고 해도 이것이 아이들이 부모들에게 자신의 일상생활을 시시콜콜하게 말한다는 것을 의미하지는 않는다. 적어도 그 일들이 광적인 인기를 끌기 전까지는 말이다.

어느 날 오후 아이들은 한 친구가 지난 주말에 한 여학생에서 퇴짜를 맞았다는 이야기를 들었고, 그 세대 아이들이 할 법한 일을 했다. 즉 그것에 대한 노래를 만든 것이다. 아이들은 방과 후에 함께 집으로 가서 기타를 치는 대신 학교 음악실로 갔다. 그곳에서 아이들은 개러지 밴드를 결성해서 디지털 레코딩 프로그램을 이용하여 음악을 만들고, 녹음하고, 인터넷에 올렸다. 아이들은 학교 장비를 영리하게—기술적·예술적으로 말하자면—이용하여, 엄청나게 저속하고 성적으로 폭력적인 대중가요를 자기들식대로 번안했다. 여기에는 친구를 퇴짜 놓은 여자아이의 이름이 담겨 있을 뿐만 아니라 그녀가 경쟁 학교로 가버렸다는 사실도 포함되어 있었다.

아이들은 특출 난 창조적 재능을 비롯해 음악을 흉내 내고 번안하는 데 필요한 문화적인 수완을 이용하면서도, 동시에 1) 온라인상에서 개인적 공격을 하거나 누군가를 규정하는 정보를 드러내서는 안 된다 2) 자신과 가족, 학교, 기타 다른 사람들을 당혹스러운 상황에 놓이게 할 만한 일을 해서는 안 된다는 뇌의 소리를 듣지 못했다. 그저 유머라고 생각하면서 아이들은 여학생의 이름과 학교를 포함시켜 노래를 짜 맞추고, 녹음하고, 인터넷에 올리고, 친구들에게 보냈다. 다음 날 아침이 오기 전에 여학생의 부모들은 그것을 발견하고 공식적인 대응을 하기로 했으며, 그 후 즉시 남학생들은 자신들이 멍청한 짓을 했다는 사실을 깨달았다.

몇 주 후 우리는 라체르 교장 선생님의 사무실 옆 조용한 방에 함께 앉았다. 교장 선생님은 나와 대화를 조율하여 남학생들에게 자신이 한 일에 대한 책임을 지고, 자신들이 이번 일로 배운 바를 반성하게 하고, 아이들이 다른 학생들과 공유하고자 한 메시지를 분명히 설명할 기회를 주고자 했다. 남학생들은 반성하면서, 모든 것이 순진하고 생각 없이 한 행동에서 시작되었다고 말했다.

휴고 그저 단지, 그 순간에는 한창, 아무도 실제로 그 행동이 일으킬 결과를 생각하지 못했을 뿐이에요. 주변에 널린, 그런 걸로 보였거든요. ……우리들끼리 농담이었고, ……전혀 대단한 문제가 아니었는데…… 아시겠지만 저희는 그런 결과를 낼 생각도, 그 여자아이가 우리에게 개인적으로 공격당했다고 느끼게 할 만한 생각도 조금도 없었어요.

리암 그것으로 인해 일어나게 될 일에 대해서는 생각하지 못했을 뿐이에요. 모두가 그걸 재미있어 할 거라고만 생각했다고요.

팀 우리처럼 애들도 그걸 재미있어 했어요.

리암 네, 우리가 생각했던 것보다 잘 만든 유머라고 생각했다고요.

한 여학생의 이름이 들어 있는 모욕적인 노래를 널리 퍼트린 것이 악의적인 방식으로 해석될 수도 있음을 이 아이들은 전혀 고려하지 않았다. 그들의 마음속에는 그런 생각이 결코 들어오지 않았던 것이다. 아이들은 그저 또래 친구들에게 자기들이 썩 괜찮은 녀석, 잘난 친구로 보이길 바랐을 뿐이다. 이것이 자신에게만 몰입하는 청소년기의 뇌가 작동하는 방식이다. 아이들은 개인적 공격이 될 가능성 자체를 보지 못했고, 따라서 스스로 설명했듯이, 그 여학생을 알지도 못했다. 자신들이 그녀의 사생활을 침해했고, 예의와 공정한 게임 규칙의 경계선을 파괴했다는 사실도 알지 못했다. 이내 아이들은 친구들을 탓하기 시작했고, 여학생의 부모는 다시 분노했으며, 여학생도 극심하게 화가 났다. 아이들은 그녀에게 직접 사과하고 상황을 수정할 기회를 날려버렸다. 그들의 마음속에서는 그 노래가 자기 친구에 관한 것이었지 그녀에 관한 것이 아니었다.

여학생 부모의 분노는 합당한 것이었고, 그들은 남학생들에 대한 행동을 취했다. 학교 관리자들과 변호사들이 합류하여 관련 있는 내용에 대한 페이스북 페이지를 검토했고, 현실 상황도 심각해졌다.

팀 제 인생에서 말 그대로 제일 겁먹은 순간이에요.

휴고 그 일이 겁이 났어요. 아, 정말 현실이구나 싶고…… 완전히 저희 손을 벗어난 일이잖아요. ……그걸 세상에 내놓았을 때 무슨 일이 생길지는 선생님도 모르셨을걸요.

여기에서 잠시 살펴보자. 부모와 교사 들은 아이들에게 제아무리 사적인 공간에 게재된 것이라고 해도 온라인상에 한 번 올라간 내용은 개인적인 것으로 남을 수 없다는 점을 분명히 말했다.

팀은 "실제로 퍼진 건 아니라고요."라며 어깨를 으쓱했다.

휴고는 아버지가 자신에게 늘 그런 일에 대해 경고하고 몇 가지 훌륭한 조언들을 해왔다고 말했다. "아빠는 늘 말씀하셨죠. 네가 무언가에 대해 말하지 않고 생각만 한다면, 그건 생각으로만 남을 뿐이다. 만약 글로 쓰지 않고 말로만 한다면, 그저 말일 뿐 기록으로 남지 않는다. 하지만 끝내 그것을 인터넷상에 내놓고 싶어진다면, 그것은 절대 되돌릴 수 없는 일이 된다는 것을 알아두어라."

어쨌든 휴고는 일을 저질렀다. 이제 이 일은 어리석은 선택이 어떻게 심각한 문제를 초래할 수 있는지에 관한 것으로, 남학생들을 디지털 시대의 훌륭한 시민으로 만들어줄 법률적인 대화가 부분적으로 포함된 것으로 발전했다. 휴고는 이렇게 말했다. "이제 저는 뭐든 온라인 게시물을 만들면, 꼭 다시 읽어보고 제가 정말로 그 일이 하고 싶은지 아닌지 생각해봐요."

25년 이상 10대들을 상담하는 동안 아이들은 늘 같은 이야기를 반복했다. "정말 정말 잘못했어요, 엄마 아빠. 그냥 생각 못 한 것뿐이에요!" 남자아이와 여자아이 모두 똑같이 내 상담실에서 울면서 말한다. 자신이 저지른 엄청난 일로 인해 곤경에 빠졌기 때문이다. 이런 아이들이 살고 있는 곳, 다니는 학교, 학년, 흥미, 부모들이 어떤 사람인지는 전혀 상관없다. 청소년기의 뇌가 그런 것일 뿐이다. 아이들은 부모님들이 집을 떠나면 파티를 열어 재미있게 지내고 싶어 하고, 거기에 딸려 오는 중요한 사교적 핵심들, 즉 주말

동안 모든 사람들이 친구가 되고 싶어 하는 '인기인'이 되겠다는 생각에만 집중한다. 그러면서 신뢰, 가족, 사생활, 가정의 신성함을 보호해야 한다는 등의 부모님들과 나눈 온갖 대화들을 잊거나 무시한다. 저항할 수 없는 스릴과 모험이 주는 자극의 순간에서 아이들은 수년간 들어온 부모님들과의 건설적인 대화를 머릿속에서 지워버린다. 10대들은 늘 위험에서 낭만적인 부분만을 바라본다. 아이들의 이런 면모는 오늘날만의 이야기가 아니라 발달심리학적인 과정에서 늘 있어왔다. 하지만 여기에 더해 테크놀로지가 아이들에게 새로운 자동차 열쇠, 새로운 종류의 (남용 가능성이 있는) 중독물질, 새로운 형태의 독립성, 명성과 익명성이라는 환각을 쥐여주었다.

이런 경우 늘 그렇듯이 좋은 아이들은 나쁜 문제로 잘 들어가지 않는다. 다음 장에서는 이런 순간에 직면했을 때 우리가 아이들과 어떻게 이야기를 나누고, 도우며, 가족들이 이 사건의 의미가 세상에 중요한 영향을 미칠 수 있도록 하는 법을 살펴볼 것이다.

CHAPTER **SEVEN**

디지털 세상에서 당황한 부모들을 위하여

자녀가 꺼리는 부모 vs. 자녀가 의지하는 부모

어린아이였을 때는 부모님께 뭐든 이야기할 수 있었고 그것에 대해 걱정하지 않았다. 그러나 이제는 내 친구나 다른 아이들에 대해 부모님이 하는 이야기를 듣게 되었다. 그건 매우 겁나는 일이다. 음, 지금 내가 정말 부모님에게 시시콜콜 이야기를 해야 할까? 당신이 인생 전체를 부모님과 함께 하고, 자신이 무언가를 망쳤던 실수를 이야기한다고 생각해보라. 나는 내 남은 인생 동안 부모님이 나를 나쁜 눈으로 쳐다보시길 바라지 않는다.

_**제드**, 15세

나는 지난 3년간 4세에서 18세까지 1,000명 이상의 아이들을 인터뷰하고, 부모들이 어떻게 하면 아이들과 가깝게 지낼 수 있을지 알아보았다. 나는 아이들에게 부모님의 어떤 행동이 안전하고 든든하게 느껴지는지, 문제가 생겼거나 친구에 대해 걱정스러운 일이 생겼을 때 부모님께 상의하러 갈 수 있게 하는지를 물었다. 결국 아이와 부모 관계의 핵심은 신뢰로, 이는 일찍부터 의사소통을 주고받으면서 아이와 부모가 서로를 읽는 데서 발현된다.

아이들은 우리를 신뢰하려는 욕구를 포기하지 않는다. 우리를 읽으려는 노력을 멈추지도 않는다. 아이들이 자라고 활동 영역이 확장되면서, 아이들의 삶에 종속된 문제는 더욱 복잡해지고 아이들이 우리와 주고받는 대화도 더욱 복잡해진다. 아이들은 태어났을 때부터 자신이 부모에게 가까이 가도 되는지 가늠하려고 가까이에서 관찰하는데, 이런 행위도 점점 더 많아진다. 아이들은 부모 각자가 어떤 식으로 반응하는지, 엄마와 아빠가 중요시하는 부분이 어떻게 다른지, 각각의 상황에서 환영할지, 짜증낼지, 화를 낼지를 알게 된다. 그리고 어떤 종류의 상황에서 부모에게 가도 되는지에 대한 감각을 예리하게 발전시켜나간다. 탄도 시험 결과 누가 B탄도를 날렸는가? 누가 실수를 대수롭지 않게 받아들일까? 아이들은 직장에 있는 부모를 방해해도 괜찮은 때와 이유 들을 습득한다. 그리고 부모가 세계에서 마지막까지 자신을 봐줄 사람이라는 것을 안다(혹은 알고 있다고 믿는다). 이는 우리가 부모님을 안심시켜드리고 부모님에게 신뢰를 얻어내는 방식이기도 하다(혹은 그렇지 않은 방식이기도 하다). 많은 방식들에서 테크놀로지는 부모와 자녀 관계의 기초적인 특징과 관련된 것들을 변화시키지는 못한다. 그러나 테크놀로지가 그것을 위한 필요를 강화시키기는 한다.

어떤 점이 아이들을 부모에게 다가갈 수 있게 만드느냐고 물었을 때, 흥미롭게도 아이들은 종종 부모에게 도움이나 조언을 요청하러 가지 못하게 만드는 것들로 부모가 한 행동에 초점을 맞추었다. 아이들, 교사들과의 대화에서 이런 부분은 내 흥미를 끌었고, 이때 거듭 나온 대답들은 딱 세 가지 형용사로 압축할 수 있다. "겁먹은. 극도로 흥분한. 아무것도 모르는."

16세의 한 남학생은 자신이 잠자리에 들었을 때 엄마가 자신의 노트북 컴퓨터를 가지고 가서 다음 날까지 제출해야 하는 영어 과제를 몰래 다시 써준 일에 대해 말했다. 어머니가 과제를 수정한 사실을 모르고서 그는 과제를 다시 열어보지 않고 이메일로 제출했다. 그가 자신의 과제를 돌려받았을 때 발견한 것은 엄마가 '수정'한 내용뿐이었고, 거기에 자신이 쓴 내용은 없었다.

한 교사는 내게 인용에 대한 언급(실상 표절) 없이 온라인에서 모은 자료를 복사해서 붙인 14세 남학생에 대해 언급했다. 그 일에 대해 이야기하려고 아이를 불러서 부모님들에게 이 사실을 알릴 수밖에 없다고 하자 아이는 그녀의 책상 앞에 앉아서 통제되지 않을 만큼 몸을 흔들어댔다. 아이가 아버지의 얼굴을 보는 것을 극도로 두려워해서 학교는 그의 안전을 보장하는 조치를 취해야만 했다. 아이의 아버지는 일상적으로 아이의 학업 성취도, 직업윤리에 대해 비판을 해댔고, 최근에는 요구 수준을 높여서 아이에게 동기를 부여하고자 과제에서 A를 받지 않으면 로봇경진대회에 참가하지 못하게 하겠다는 한계선까지 그었던 것이다.

고등학생 포커스 그룹 면담에서 한 남학생이 부모님이 저녁을 먹는 동안은 테크놀로지를 금지하고 가족 간의 대화 시간을 만들기로 규칙을 정한 일에 대해 농담을 했다. 그러자 한 여학생이 체념한 듯한 어조로 자기 부모님은 성적 외에는 자기 인생에 전혀 관심을 보이지 않는다고 대꾸하면서 "내가 컴퓨터를 켰는지 껐는지조차 모르신다. 최소한 너희 부모님은 너에게 관심을 가지고 계시지 않니."라고 말했다.

또 다른 여학생은 엄마가 가장 기본적인 네티켓을 무시했을 때 느낀 당혹감을 언급했다. 한 여자친구가 자신의 페이스북 대문에 노골적인 문장을 써놓은 것을 보고, 엄마가 야단치는 쪽지를 보내 그녀를 공격하고 그녀의 엄마에게까지 연락한 것이다. 엄마는 그 구절이 아이들이 공통적으로 '오늘은 별로인 하루를 보냈다'라는 의미의 약어로 통하는 대중가요 가사에서 따온 것임을 몰랐다.

내게 개인적으로 찾아오는 아이들과 가족들은, 아이가 위기를 겪고 있거나, 부모가 더는 통제할 수 없거나 무시할 수 없는 상황에 빠져 있을 때가 많다. 여기에서 부모의 반응은 늘 중대한 요소이다. 아이들에게 있어 부모가 말한 내용과 말하는 방식은 매우 중요하다. 다음 장에서 살펴볼 것처럼, 부모의 반응에 따라 재앙이 평범한 일, 교훈을 얻을 기회로 바뀔 수 있다. 반대로 부모가 감정적 역류를 촉발시킬 수도 있다. 이미 폭발 가능성이 있는 상황이 부모가 사건을 다루는 강도에 따라 갑자기 쉭 소리를 내며 폭발할 수도 있고, 단순히 부모가 이해하지 못하는 일이 될 수도 있다. 감정적 잔해 속에서, 신뢰와 소통이 깨진 상태에서, 어른들의 반응은 상처를 복구시키고 앞으로 부모 자식 간의 관계를 강화시키는 데 있어 매우 중대하다.

나는 앞에서 내가 심리치료사로서가 아니라 두 자녀를 둔 엄마로서 이 글을 쓰고 있다고 밝혔다. 때문에 나는 무엇보다도 먼저 중대한 순간들에 있어서 그 모든 상황들—겁나고, 극도로 흥분하고, 아무것도 모르는—위에 내가 있어야 한다고 여긴다. 잠재적으로 도움이 되지 않을 내 반응들을 부드럽게 하기 위해, 아이들에게 자진 신고하는 규범을 갖게 하는 것은 도움이 된다. 만약 문제에 처했다면 먼저 우리를 부르라고, 가만히 있다가 문제를 더 크게 만들지 말라고 말하는 것이다. 우리는 이렇게 했다. 문제 상황이 발생했을 때 그에 대한 첫 반응이 그 상황의 일부가 된다는 것을 알기 때문이다. 그리고 오랫동안 그 일에 달라붙어 있어야 한다면 친구에게 전화하기도 하고, 부모로서 최선의 관심을 가지고 아이를 대하고,

그 경험에 가장 효율적인 방식으로 대응한다. 하지만 이 협상에는 다음의 것들도 포함된다. 부모가 사건의 세세한 부분까지 물어서는 안 된다는 것이다. 누가 술을 가져왔고, 누가 잡초를 사 왔는지 말이다. 가장 중요한 것은 그 순간 자녀의 안전이다. 아이들은 불안한 마음으로 우리가 부모로서의 역할을 다 해줄 것을 기대하면서 도움을 요청하러 온 것이다.

앞서 살펴본 개러지 밴드 남학생들 중 하나는 내게 그 일이 '인생에서 가장 겁났던 순간'이라고 말했다. 자신이 온라인상에 벌인 장난으로 인해 피해를 입은 사람이 있다는 것을 알아차렸을 때, 그 아이는 즉시 아버지에게 말해야 한다는 것을 알았다. "제가 태어나서부터 지금까지 아빠는 제게 무엇보다 중요한 것은 '정직'이라고 강조하셨어요. 아빠는 '정직하게 말해서 나는 네가 무슨 일을 했는지는 신경 쓰지 않는다. 네가 내게 정직하고 진실을 말한다면 말이다.'라고 말씀하시곤 했죠. 아빠는 무엇도 우리들 사이의 신뢰보다 더 가치 있게 여기지 않으셨기 때문이죠. 따라서 아빠에게 간 것은 본능 같은 거였어요."

이것이 우리 모두가 바라는 부모의 모습이 아닐까? 우리는 그렇게 했다. 그러나 그러고 나서도 우리는 겁내고, 극도로 흥분하고, 아무것도 알지 못했다. 우리가 아이들에게 종종 묻곤 하는 질문은 우리들과 대척점에 있다. 우리가 생각하고 있는 것은 무엇인가? 문제는 우리가 극도로 감정이 일어서고 아드레날린이 솟구친 상태에서 공황에 빠져 자동 반사적으로 생각한다는 것이다. 아이의 안전, 건강, 교육, 성인이 된 후의 직업적 성공과 아이가 이룰 가족 같은 미래보다 우리의 마음을 직격하고 자동 반사하게 만드는 일은 없다. 아이들이 고통스러워하는 때보다 더 우리를 마음 약하게 하는 일도 없다. 요즘 부모들은 다른 학부모들과 깊이 관계하고 있다. 우리는 자녀의 삶에 개입하고 싶어 한다. 아이들이 우리에게 오길 바라고, 인생, 걱정거리, 불안, 좋은 일들, 속상한 감정들을 어떻게 해야 할지 질문을 가지고 우리를 찾길 바란다. 그러나 아이들이 그럴 때 우리가 늘 잘 준비되어 있는 것은 아니다. 이는 어려운 일이다. 우리는 종종 부모로 있는 데 동요를 느끼기도 한다. 이것이 우리의 촉각을 극도로 곤두서게도 하고, 때로는 과잉 반응을 하게도 만든다. 근본적인 부분들에서 우리가 자랄 때와는 그 풍경이 엄청나게 다르다.

먼저 우리는 늘 다음과 같은 아동 발달의 특정 측면을 이해해야 한다. 영아는 본능적으로 비언어적 소통에서 언어적 소통으로, 기기에서 걷기로, 그리고 나중에는 어른스럽고 성性적이고 다른 예측 가능한 지표들을 획득하며 성장한다. 그러나 우리 문화에 일어난 극적인 변환들, 그리고 미디어와 테크놀로지의 영향은 이런 근본적인 발달 과정에도 영향을 미치고 있으며, 이런 모습은 우리들을 불안하게 만든다.

둘째로, 일반적으로 '나쁘다'거나 '위험하게' 보이는 몇몇 행동들이 지금에 와서는 표준으로 여겨지고 있다는 사실을 이해해야 한다. 아이들은 일상적으로 성인들이 가는 콘서트에 가고, 성인들에게 맞추어져 만들어진 온라인 콘텐츠들에 접속한다. 마찬가지로 성인들의 눈높이에 맞춘 TV 프로그램이나 음주, 유흥으로서의 약물 사용, 일상적인 성, 폭력, 오락으로서 포르노그래피를 촉진시키는 상업광고들을 본다. 소년 소녀들이 이상적으로 추구하는 왜곡된 성관념들과 극단적인 신체 이미지들을 볼 때, 우리는 아이들을 해악으로부터 보호해주고 싶어지지만 아직 그럴 만한 능력은 제한되어 있다. 심지어 아이들을 데리고 아동영화를 보러 갔을 때도 영화 상영 전에 나오는 다음 영화 예고편들이 우리가 아이들에게 보여주고 싶지 않은 종류인 경우도 종종 있다.

세 번째로, 테크놀로지가 부모의 통제와 영향력을 감소시키고 있다는 사실을 이해해야 한다. 직장과 가정 사이의 경계가 서서히 무너지면서 아이들과 완전히 함께 있어주고 싶어 하는 부모들은 거대한 압박 속에 놓인다. 하지만 직장 내 지위 하락 혹은 실직에 대한 두려움도 상존한다. 페이스북과 기타 온라인상의 소셜 공간들은 사실상 무제한적이고, 부모들은 그 어느 때보다도 바쁘며, 아이들은 훨씬 어린 시기부터 친구들에게 의존한다. 자율권과 독립성을 향한 아이들의 행보에는 늘 더 많은 사생활과 비밀이 포함되어 있다. 불편한 진실은 테크놀로지가 우리로부터 아이들이 숨을 공간을 더 많이 제공해주며, 온라인상의 낯선 사람들에게 대신 가게 만든다는 것이다. 어느 부모에게든 충분히 공포스러운 상황이지만, 때로 아이들에게도 마찬가지 상황이 일어나기도 한다.

마지막으로, 경제적 불확실성이 부모들에게 자녀의 장래 직업과 인생의 성공에 대해 더 깊게 우려하게 만든다는 사실을 이해해야 한다. 대학 입학 허가는 매우 경쟁이 치열해졌으며, 많은 학부모들이 아이들을 마케팅 전략 아래 행동하도록 강요한다. 위기 속에서 학부모들은 스스로를 위기 대응 상태로 변모시키고, 부모로서의 책임보다 손상 복구에 더욱 신경을 쓴다. 부모들은 해결사가 되기로 한다. 겁먹고, 극도로 흥분하고, 아무것도 알 수 없는 순간들 속에서 우리의 공포는 더욱 크게 울리고, 이 모든 소음 속에서 아이는 한 마디를 하기가 어려워질 수밖에 없다.

아이의 삶에 개입하고 싶어 하는 우리의 욕망은 아이들이 몸담고 있는 세계에 대한 만성불안으로 연결되고, 우리를 아이들이 접근하기 어렵고 쓸모없는 방식으로 행동하게끔 이끌 수 있다. 특히 위기 상황에서 더욱 그렇다. '배회하고 학습하는' 온라인적 상태와 테크놀로지적 삶 속에서 아이들은 온갖 종류의 장소에 갈 수 있고, 문제에 처했을 때 온갖 사람들에게 조언을 받을 수 있다. 그중 많은 것들이 괜찮은 것이지만, 또 많은 것들이 그렇지 않기도 하다. 우리는 아이들에게 도움이 필요할 때 맨 먼저 대응하는 사람이 되고 싶어 한다. 그리고 구급요원으로서 우리가 하는 첫 번째 행동과 대응의 질은 결과에 중대한 영향을 미친다. 부모로서 우리들은 아이가 문제에 처했을 때 가장 먼저 우리에게 오는 것이 중요하다는 사실을 아이가 이해하고 있는 그런 가정을 만들고자 한다. 그러기 위해서는 우리가 아이들이 그렇게 할 수 있도록 행동해야 한다.

자, 이제, 아이들이 그렇게 하기를 바란다면, 우리의 어떤 행동이 아이들을 우리에게 오지 못하게 만드는지, 아이들의 말을 들어보자. 먼저 무엇이 잘 맞고 무엇이 잘 맞지 않는지 사이즈를 점검해보자. 누구나 이런 것들은 여러 번 해보아야 한다는 사실을 알고 있다. 나 역시 그렇다. 그러면 당신이 가장 경탄하는 부모가 될 수 있다. 핵심은 계속 올바르게 이해시켜야 하는 것에 관한 일이 아니다. 단지 더 낫게 하는 것에 관한 일이다. 우리가 다른 사람의 실수로부터 배우고, 우리 아이에게 관심을 두는 교사들과 어른들의 말에 귀 기울인다면, 모두 이익을 얻을 수 있다.

아이의 신뢰를 저하시키는 부모의 표리부동한 행태

겁먹고, 극도로 흥분하고, 아무것도 모르는 부모의 상태를 게임에 빗대어 말하자면, 1단계에서는 평소 상상도 해보지 않은 영역으로 이끌려 가고, 시동을 걸거나 결과적으로 게임에 비용을 지출하도록 만드는 작은 일들이 일어날 것이다. 아이들은 부모에 대한 자신의 신뢰를 약화시키는 이런 일상적인 행동 유형을 즐겨 묘사한다.

초급자들을 위해 차근차근 설명하자면, 아이들은 부모님이 늘 정직하고, 책임감 있고, 다른 사람들을 존중해야 한다고 자신들에게 말하고 있다고 한다. 좋은 경기를 해라, 좋은 팀원이 되어라 등 우리는 아이들이 단체 과제나 축구 경기에 대해 불평할 때 이렇게 충고하곤 한다. 열심히 공부해라, 공정한 게임을 해라, 예의 바르게 행동해라, 조용히 있어라, 엄마 말대로 해라, 지각하지 마라, 말대꾸하지 마라, TV를 너무 많이 보지 마라, 컴퓨터를 꺼라! 그러면 우리 역시 아이들에게 하지 말라고 한 말들대로 행동해야 한다. 우리가 말한 것과 행동한 것이 일치하지 않는다면 위선자가 된다. 우리의 말과 행동이 완전히 일치하지 않는데, 우리가 말한 것의 진실성을 아이들이 믿을 수 있을까? 다음은 아이들이 가장 짜증 내는 세 가지 일이다.

"우리는 규칙을 깼지만, 어른들은 그럴 때가 있다"

10세와 14세의 두 자매는 아빠가 방과후활동에 데려다줄 때 운전을 하면서 문자메시지를 보내는데, 그게 얼마나 겁나는지 모른다고 이야기했다. 언덕에 있는 집으로 돌아가는 지그재그 길을 갈 때는 특히나 더 그렇다고 했다. 아이들은 아빠에게 문자를 그만하시라고 말했지만, 그는 아이들에게 자신은 문자를 하면서도 안전하게 운전할 수 있다고 엄포를 놓았다. 아이들은 그것이 진실이 아님을 알고 있었다. 운전 중 문자메시지가 얼마나 위험한지 보여주는 연구 내용들도 들은 바 있고, 학교에서도 늘 그런 이야기를 들었기 때문이다. 그리고 그 일이 위법 행위인 것도 알았다. 아빠와 함께 차를 타는 일은 무서웠고, 이런 방식으로 자신의 행동을 합리화하는 아버지를 보는 일도 무서웠다. 또한 아빠가 자신들에게 화를 낼까 봐 엄청나게 불안해했다. 안전운전 문제를 넘어서, 그는 딸들에게 힘 있는 남성, 운전대를 잡은 남성은 규칙대로 행동하지 않는다고 말한 셈이다. 이는 부모 스스로 안전에 대한 자녀들의 걱정을 존중하지 않는다는 말과 같았다. 이는 장차의 관계에 있어 위험한 역할 모델이 된다.

어느 연령대이든 아이들은 부모가 규칙을 어기는 것, 속임수, 혹은 잘못된 일을 하는 것을 좋아하지 않는다. 미취학 아동들은 부모가 카풀 대기선을 넘거나 초대받지 않은 감독관이 되어 아동 구역에 발을 들여놓는 일조차도 싫어한다. 조금 더 나이가 있는 아이들은 부모가 교사나 학교 관리자에게 양해를 구하고 학교 규칙에서 벗어난 일을 하려고 들거나 다른 종류의 특별 취급을 요청하면 불평을 터트리기도 한다.

부모들은 아이들에게 교육이 중요하며, 선생님을 존경하고, 팀원으로 협력하라고 말하면서, 막상 추수감사절 모임이나 학급 발표일이 휴가 계획과 겹치면 자신들이 한 모든 말을 잊어버린다. 아이들은 사람들이 바글거리는 디즈니랜드에 대한 생각으로 심장이 뛰고 기쁘기는 하지만, 이런 모순들로 인해 불편한 기분에 빠진다. 부모들 대부분은 한두 번 정도 이런 일을 하고, 아이들은 예외를 두는 법과 그것을 합리화하는 법을 배운다. 부모가 반복적으로 이런 일을 한다면, 아이들에게 예외 상황을 특권에 대한 기대로 만들고, 규칙대로 행동하는 일에 대해 혼란스러운 메시지를 보내는 것이다. 즉 충분히 합리화하거나, 그저 규칙을 따르지 못하는 상황이 생긴다면, 규칙은 상대적이며 깨질 수 있다고 말하는 것이다. 큰 관점에서 보았을 때 부모의 이런 임시변통적 행동들은 아이들이 허가를 얻기 위해 노력하다가 중간에 스스로 슬쩍 빠지게끔 훈련시키는 셈이나 다름없다. 아이들은 이런 모든 일들을 통해 규칙이란 깨질 수 있다는 것을 배운다. 그리고 스스로 규칙을 깨뜨릴 수 만큼 나이를 먹었을 때 이 사실을 기억하고 있다.

“우리는 다른 사람에게 무례하게 굴어도 괜찮다”

아이들은 부모가 선생님이나 누군가(아이돌보미든 슈퍼마켓 점원이든)에게 무례하게 구는 것을 싫어한다.

“아빠가 정말 화가 난 목소리로 식당 여종업원에게 잘못을 지적할 때 정말 미칠 것 같았어요.”라고 16세의 한 여학생은 말했다. “정말 꼰대 같았다고요.”

“수학 시험 후에 제가 정말 화가 나서 울고불고 하자 아빠가 선생님께 전화를 해서 막 소리를 질렀어요.” 11학년 여학생이 말했다. “죽고 싶을 만큼 부끄러웠어요.”

엄마와 아빠가 서로에게 무례하게 구는 일은 특히나 아이들의 마음을 동요시킨다. 부모들의 문자메시지 싸움도 아이들을 당황시킨다. “학교에 가는 길에 엄마와 아빠가 문자 전쟁을 했어요. 정말 미칠 것 같았다고요.” 8세의 한 여자아이가 내게 말했다. 12세의 한 여자아이가 말했듯 이혼 가정의 아이들은 “이혼이란 부모가 서로에게 끔찍한 소리를 내뱉는 걸 100번쯤 하는 거예요. 제 생각엔, 많은 부부들이 이혼을 하지만, 모두가 다 그렇게 미성숙한 태도를 보이지는 않을 것 같아요.”라고 말했다. 16세의 또 다른 남학생은 “부모님들은 경쟁적으로 서로가 제게 보낸 이메일과 문자메시지를 보려고 했어요. 전 절대로 휴대전화를 꼭 쥐고 주지 않았죠. 정말 싫어요.”라고도 했다.

“우리는 다른 사람들에 대해 비열한 말을 해도 된다”

다른 가족이나 다른 아이에 대해 부모가 말하는 방식은 아이들이 부모를 신뢰하는 데 영향을 미친다. 부모가 다른 사람들에 대해 한 말 속에 악의나 가학적인 면이 담겨 있을 때 아이들은 부모를 신뢰할 수 없는 사람으로 본다. 우리가 다른 아이에 대해 뭔가를 말하면 자녀는 그것을 보고 같은 상황일 때 우리가 자신에게 그렇게 하리라고 생각한다. 기억하라. 5학년짜리 아이가 시험 삼아 반 친구가 어떤 일을 저질렀다고 말하면, 그것은 친구가 아니라 본인이 저지른 일이라는 사실을. 자녀에게 우리를 안전하고 다가가기 쉬운 사람으로 인식하게 만들어주는 것은 우리가 아이에게 어떻게 반응하느냐가 아니라 다른 아이에 대해 일반적으로 말하는 방식 혹은 판단하는 방식에 달려 있다. 특히 그 아이들이 문제에 빠져 있는 경우에는 더욱 그렇다.

- 문제에 빠진 아이에 대해 부모님께 말씀드리지 않는 때는 부모님이 그 아이를 좋아하길 바랄 때예요. 전 친구들이 문제에 빠졌을 때 부모님께 그걸 말씀드리지 않아요. 부모님이 그 아이에 대해 판단을 내릴 거고, 전 부모님이 그 아이에 대해 나쁘게 생각하시지 않았으면 하거든요. 그래서 진실을 감추고, 다른 부모님들로부터 그 이야기를 듣지 않으시길 바라죠.
- 나쁜 혹은 심각한 상황에 대해 부모님이 이야기를 들어주시기를 원하면, 그다음에는 대체로 부모님이 그걸 듣고 잊어버려주시길 바라요. 부모님 이 "네가 지금 그 애에 대해 XYZ를 말했는데,"라고 하시면서 다음 단계로 넘어가 "넌 절대 그러지 말거라."라고 말씀하시는 게 정말 싫어요.

- 제 아빠는 늘 다른 인종이나 사람들의 종교—기본적으로는 인종에 대한 거예요—에 대해 나쁘게 말씀하세요. 그래서 전 제 친구들을 집으로 데려올 수 없고, 친구들 중 몇몇에 대한 이야기는 아빠께 하지도 않아요.
- 엄마가 추수감사절 날 할머니나 이모들이 입은 옷에 대해서 비아냥거리는 게 정말 싫어요. 엄마는 그냥 심술궂은 것뿐이에요. 엄마가 자신이 하는 말을 들을 수 있으면 좋겠어요.
- 제 친구가 뭔가 어리석은 짓을 하면, 전 그 아이가 다시는 그런 일을 저지르지 않은 거란 걸 알아요. 하지만 부모님은 제 말을 듣지 않으시고, 그 애를 다시는 만나지 못하게 하세요. 그래서 전 제가 그런 일을 저지르면 말하지 않아요. 전 "저희는 그냥 애들이에요. 우리가 저지른 실수에서 뭔가를 배워야 하죠."라고 말할 수 있길 바라요.

겁먹고, 극도로 흥분하고, 아무것도 모르는 부모들

아이들을 겁먹게 하는 것은, 부모가 지나치게 강하고, 비판적이고, 완고하고, 호되게 느껴질 때, 아이가 느끼는 것과 부모의 생각 사이에 큰 괴리가 있을 때이다. 부모가 호전적이고, 공격적이며, 비판적이 될 때, 부모가 지나치게 상황을 통제하려고 하거나 감정적으로 통제가 안 될 때, 아이들은 겁먹게 된다. 부모들이 지나치게 자신의 반응이나 의견만 고수하거나 다음에 아이들에게 어떤 일이 일어나게 될 것이라고 단정하면, 아이들의 귀에는 부모를 제지할 수 없고, 부모가 단 한 가지 방식으로만 보기로 결정했으며, 상황을 그 단 한 가지 방식으로만 이해하기(혹은 오해하기)로 결심했고, 다른 요소들은 타당하지 않다고 여긴다는 말로 들린다. 부모들은 극도로 흥분한 상태인 것이다. 극단적인 판단 혹은 파국적인 예측은 당신이 인생의 잠재된 파국에만 초점을 맞추도록 유도한다. "대학, 결혼, 인생과 관련된 기회를 망쳐버릴 수도 있어!", "이 집에서 다시는 아이를 갖지 못할 거야!", "영원히 그 일을 해내지 못하고 죽을 거야!", "다시는 그 일을 하지 않겠다고 약속하렴."

'극도로 흥분한' 부모는 이미 벌어진 상황에서 감정과 상황이 지닌 극적 특성을 증폭시킨다. 아이는 약간 당황했을 뿐이지만, 이런 부모들은 훨씬 더 당혹스러워한다. 아이는 어떤 일에 대해 조금 불공평하다고 생각하지만, '극도로 흥분한' 부모는 그것이 완전히 불공평하다고 철석같이 믿는다. 친구로부터 받은 상처 주는 이메일에 어떻게 반응해야 할지 몰라 힘들어하는 12세 여학생은 이 일을 엄마에게는 말하지 않았다고 내게 말했다. 엄마는 늘 모든 것을 극적으로 증폭시키기 때문이다. "엄마는 늘 '끔찍하구나!'라고 말씀하시고는, 일을 시작하세요. 그러면 저는 친구뿐만 아니라 완전히 흥분한 엄마까지 감당해야 해요." 한 15세 남학생은 학교에서 선생님과 학생 간에 일상적으로 이메일을 통해 의사소통을 하는데, 자신이 선생님과 나눈 이메일을 아버지에게 보여주기 싫다고 말했다. "제가 뭔가 도움을 청하거나 물어볼 때마다 선생님은 늘 메시지를 남겨주시는데, 그러면 아빠가 선생님께 개인적으로 전화를 하시거든요. 정말 당황스럽죠."

우리는 아이들에게 그냥 흘러가게 내버려두라고 가르친다. 하지만 극도로 흥분한 부모들은 그 일에 유감을 품는다. 우리는 아이들에게 갈등을 줄여나가야 한다고 말한다. 하지만 극도로 흥분한 부모들은 갈등을 고조시킨다. 우리는 아이들에게 감정의 온도를 낮추라고 말한다. 하지만 흥분 상태의 부모들은 감정적으로 최고조로 열을 내며 반응한다. 이런 강도의 양육 방식은 아이들을 불안하게 하고 아이들의 입을 닫게 한다. 슬프게도 아이들은 부모의 지도를 받아 자신의 문제를 풀어나가는 법을 배울 기회를 잃는다. "전 엄마에게 제 친구들 사진을 보여주지 않아요. 엄마는 매일 다른 엄마들에게 전화하는 게 자기 임무라고 생각하거든요." 한 16세 여학생이 말했다. "엄마는 뭐가 옳고 그른지 제게 말하는 것일 뿐이에요. 하지만……."

극도로 흥분한 부모들은 아이가 주전선수로 발탁되지 못하거나 연극 배역을 받지 못하면 동아리 지도교사나 연극반 교사들에게 불쾌한 이메일을 보낸다. 그들은 과도하게 확인하고 아이의 고통이나 불행을 엄청나게 크게 느낀다. 아이가 그 일이 무엇인지 받아들이고 회복되게 하는 대신, 헤어날 수 없는 반응들에 휘말려 그것에 급급하느라 문제들을 더 악화시킨다. 그러는 동안 아이는 관계에 있어 가장 중요한 교훈들을 놓쳐버리고, 부모가 무언가에 대해 불공평하다고 느끼거나 오해가 있거나 상처받거나 당황했을 때 어떻게 말해야 하는지를 배운다. 부모들이 흥분하고 상황을 고정시키려고 움직일 때, 그것은 자신들이 아이가 그 상황을 통제하지 못한다고 생각하고 있다는 메시지를 보내는 셈이 된다. "우리 엄마가 내가 그걸 다룰 수 있다고 생각한다면, 내가 그걸 해결하게 두실 텐데, 그렇지 않나?"

또한 아이들은 '아무것도 모르는' 부모에 대해 다소 경멸감 서린 용어를 사용해서 묘사했다. 고지식하고, 잘 알지도 못하고, 서투르고, 소용없는 일만 한다고 말이다. 아무것도 모르는 부모들은 그 상황의 맥락과 부조화를 일으키거나 중대한 특정 뉘앙스를 알아채지 못하여 쉽게 속거나 섣불리 큰 실수를 저지른다. 4학년 라이언은 게임을 좋아하는데, 해결하기 어려운 게임일수록 더 좋아한다. 그는 부모님을 다루는 방법을 알아내고, 부모님의 규칙에 따르는 한편으로 자신이 원하는 대로 행동한다. "때로 제가 어떤 것이 부적절한 것 같아서 부모님께 그걸 봐도 되느냐고 여쭤보면, 대개 이렇게 말씀하세요. '예전에도 비슷한 걸 본 적 있지 않니?' 그러면 저는 '네'라고 대답하고, 부모님은 '그게 뭐든, 내가 지금 널 막을 순 없을 것 같은데.'라고 말씀하시죠."

더 특별하게, 부모들은 두 가지 측면에서 아무것도 모른다. 먼저 어떤 부모들은 무슨 일이 벌어지고 있는지 혹은 그 일에 자신들이 압도되었다는 사실을 자신이 이해하지 못하고 있다는 사실을 깨닫지 못한다. 그런 부모를 둔 아이들은 부모들보다 훨씬 멀리까지—기술적으로도, 대중문화의 시민으로도—가 있으며, 부모들은 그 틈을 메우며 가는 방법을 알지 못한다. 부모들이 그 조류를 뒤쫓지 못하는 이유는 어쩌면 가족을 부양하기 위해 너무 오랜 시간 일을 해서일 수도 있고, 디지털 세계에 익숙지 않아서일 수도 있으며, 혹은 어떤 이유든 가족들의 삶에 매일매일 너무 많은 신경을 쓰느라 아이들의 삶에서 벌어지고 있는 일에는 미처 주의를 기울이지 못해서일 수도 있다.

두 번째 측면으로는, 부모들이 평화를 유지하고자, 자녀와 친구로 지내고자, 혹은 그 결과로부터 아이를 빼내 오고자 부모로서의 통제권을 포기하는 때이다. 근본적으로 부모들은 자신이 원치 않는 것을 보지 않으려고 눈을 가린다. 어쩌면 아이와 함께 하는 그 짧은 시간 동안 불편한 경험을 하지 않고 싶어서일 수도 있다. 혹은 '작고 사소한 일'에 개입하고 싶지 않아서일 수도 있다. 어떤 큰 일에 직면하는 것을 피하고자 모든 일에 작은 일이라고 써 붙여 놓은 경우 외에는 말이다. 어쩌면 자신이 한계를 그어놓은 일에 대해 대화할 수 있게 이끌고, 아이가 스스로 해명하게 하고, 화와 좌절감, 실망감을 다루는 방법을 아이에게 가르칠 수 없다고 여기기 때문일 수도 있다. 어쩌면 진실로 아이의 일에 관심이 없어서일 수도 있다.

한 5학년 남학생의 아버지는, 아들이 '샤워를 하는 네 남자'라는 유튜브 동영상을 같은 반 여학생에게 이메일로 보내고 훈계적 조치가 취해지자 '언론의 자유'에 관한 아들의 권리를 옹호하고, 교장에게 그 영상은 성행위를 묘사한 것이 아니니 외설물이 아니라고 주장했다. 많은 어른들이 부모로서 동영상 내용에 대한 판단과 10살짜리 아들이 불특정 다수의 여학생들에게 그것을 전송할 권리 양측을 고려하는 데 있어 불합리한 기준을 적용한다. 이 아버지는 그 영상이 한 여학생에게 충격을 주고 정신적 외상을 입혔다는 사실을 생각하지 않았다. 여학생은 학교가 (법적 용어로) 악의 없이 그런 것을 퇴출시킬 수 있다는 규칙과 관련해 남학생의 아버지가 주장한 미 수정헌법 1조(언론 · 종교 · 집회의 자유를 정한 조항—옮긴이)를 이해하지 못한다. 게다가 소년이 웃자고 성적으로 노골적인 영상을 보낸 것과 같이 가볍게 흘려 넘기지도 못한다. 또한 이 아버지는 자신의 주장이 아들에게 전달하는 메시지가 무엇인지 생각하지 못했다. 교사들은 남학생과 이야기를 나누었다. 아이는 자신이 잘못을 저질렀음을 인정했다. 아버지의 반응은 어리석고 불성실한 것이었으며, 그의 아들을 포함해 모두가 그렇게 여겼다.

일부 부모들은 아이가 무너지지 않게 하려고 패배를 자인하고 물러난다. 그들은 평범한 일상적 한계 상황을 다루고, 책임감 있는 부모로서 정확한 지휘를 해야 하는 순간 갈팡질팡 어쩔 줄 몰라 한다. 이런 부모의 아이는 자기가 부모를 겁먹게 했다는 것을 알고 있기 때문에 과도한 자율권을 받게 된다. 아이가 하는 모든 일들은 부모를 졸도시킬 지경이며, 부모는 물러설 수밖에 도리가 없다.

한 학부모는 7학년 아들이 밤까지 컴퓨터 게임을 하거나 너무 오래하지 못하게 하려다가 싸운 이야기를 했다. 아이는 부모에게 맹세했지만, 부모가 자신에게 지나치게 개입하면 촉각을 곤두세웠다. 결국 게임을 못 하게 되면 늘 화가 난 상태로 있고, 저녁 식사 자리나 가족들이 함께 하는 시간에 적의를 드러내며 부모를 괴롭게 했다. "전 아들이 게임하는 데 한도를 정해놓아야 한다는 것을 알고 있지만, 솔직히 말하자면, 노력을 해봤지만, 〈월드 오브 워크래프트〉 같은 것이 암시만 되어도, 전 그걸 버틸 수가 없습니다. 전

평화를 유지하기 위해 항복했어요."

때로 아이들은 이렇게 말할 것이다. "부모님이 저의 가장 친한 친구가 되었으면 좋겠어요. 그래서 그렇게 해보지만, 부모님들은 아무것도 모르시죠." 아무것도 모르는 부모는 매우 힘들게 노력하고, 단서들을 놓치고, 삶과 가치, 기대하고 있는 것과 그 결과 들에 대해 아이와 의미 있는 대화를 나누는 데 실패하면서 종종 표면적으로 드러난 것들만을 고려한다.

가족 상담 기간 동안 부모가 아이에 대해 아무것도 모르는 부분이 있다는 것을 알게 되는 초기 단서는 바로 "아이와 전 가장 친한 친구였어요."라는 말이다. 이런 경우 당신은 부모로서 부모답게 행동해야 한다. 그리고 당신의 아이도 당신이 부모로서 있기를 바란다. 아이와 가깝게 지내는 것은 매우 멋진 일이지만, 친구란 부모가 가진 책임을 가지고 있지 않다. 부모가 부모보다 친구가 되기를 선호할 때, 스스로 부모와 자식 간의 근본적인 관계 구조에서 불평등한 역학 구도를 제거하는 셈이 된다. 불평등은 힘, 권위, 안내자의 역할을 하는 데 반드시 필요하다. 당신은 아이와 가까운 관계를 맺으면서 부모로 있을 수 있다. 아무것도 모르는 부모는, 부모로서 권위를 갖추는 데 필요한 건전한 부조화 관계에서 편안하게 있는 법을 습득하지 못한 것이다.

이 세 가지 상황—겁먹고, 극도로 흥분하고, 아무것도 모르는—은 아이들의 눈을 통해 우리 자신의 모습을 보는 방법으로 유용하다. 그러나 갈등이나 위기의 순간에 이 세 가지 으르렁거림은 한 마리의 야수가 된다. 즉 하나의 반응으로 뭉치는 것이다. 우리는 모두 그것이 어떤 소리를 내고 어떤 느낌인지 알고 있다.

법률회사의 임원인 한 학부모는 이렇게 말했다. "전 정말 완전히 무능력함을 느꼈습니다. 제 두 딸의 온라인 활동에 대해 편집증에 걸린 것마냥 믿어야 할지 말아야 할지 계속 마음이 왔다 갔다 했습니다. 아이들은 숙제를 한다고 말했지만, 컴퓨터에는 계속 광고창과 유튜브 동영상이 떠 있었고, 전 완전히 흥분해서 미친놈처럼 아이들에게 소리쳤지요. 마치 아이들을 증언대에 선 범죄자 다루듯 했지요. 알아듣게 말할 수가 없었어요!"

길리언의 사례—위기에 대응하는 부모의 자세

제시와 조지는 모두 40대 초반으로, 딸 하나와 아들 셋을 두었다. 딸 길리언은 14세, 아들들은 각각 8세, 10세, 16세였다. 두 사람은 아이들과 친구들을 위해 집을 완벽한 오락장으로 꾸몄다. 부부는 아이들이 활발하게 사회활동을 하기를 바랐는데, 자신들의 집에서 사회화가 이루어지길 바랐고, 따라서 아이들이 하는 일을 지켜보았다. 네 아이는 모두 개인용 휴대기기들로 꽉 찬 선반을 즐겨 이용했다. 휴대전화, 노트북 컴퓨터, 무선 인터넷, 온라인 활동에 공공연하게 접속할 수 있는 환경이 주어졌다. 하지만 이들이 내게 급하게 첫 상담을 요청했을 때, 이들은 길리언을 위해 이 모든 것들의 플러그를 뽑았다. 그들의 말에 따르면, 길리언은 온라인 친구로 인해 문제에 처했으며, 이제 테크놀로지는 갈수록 더 악화되는 파국의 중심에 있었고, 이 일은 그들에게 교훈을 주었다.

첫 상담에서 이야기의 대부분을 시작한 사람은 조지였고, 제시는 남편의 이야기에 사려 깊게 고개를 끄덕였다. 그는 자신의 딸을 "냉정하고, 의지가 강하며, 강인하다."고 묘사했다. 몇 달 전 길리언은 친구를 통해 데이비드라는 남학생을 만났다. 데이비드는 몇 마을 건너에 살았고, 그래서 두 사람은 직접 만나서 함께 시간을 보내기가 힘들었다. 대신 이들은 서로의 페이스북 게시글과 개인 메시지 기능을 이용했다. 화상채팅도 자주했다.

제시와 조지는 문제 상황이 계속 진행 중이라고 말하고, 성에 대해 아이들과 열린 대화를 할 때 느낀 점들을 표현했다. 이때 이들은 자신들의 가치를 그 안에 주입하려고 시도했다고 한다. "우리는 성에 대해서 아이들에게 매우 직접적으로 접근했습니다." 조지가 말했다. "우리는 늘 그것은 조심해야 하는 것이고, 사랑하는 누군가를 만날 때까지 기다려야 한다고 말해왔지요."

이들은 이 주제에 관한 대화가 위험하고 불필요한 시도들로부터 아이들을 떨어뜨려놓을 조종간이 되기를 바랐다.

10대와 음주에 관련된 최근 사건들, 몇몇 학교에서 학생들과 관련된 음란메시지 사건들, 그리고 대부분의 혼란스러운 사건들, 친구 가족의 딸이 당한 데이트 강간 사건 등은 조지와 제시에게 자녀들의 세계를 겁나는 것으로 만들었다. 이야기를 하면서 나는 또한 제시가 아이였을 때 성적인 학대를 당한 적이 있고, 조지 역시 그것을 알았기에 두 사람 모두 길리언을 더욱 예민하게 보호하려는 것이 당연하다는 사실을 알게 되었다.

그리고 '사건'이 터졌다. 조지와 제시는 길리언이 데이비드와 직접 만나서 그에게 수음을 해주었다는 사실을 알게 되었다. 구강성교를 실험해본 것이다. 데이비드는 14세였고, 인터넷에 접속해서 결과에 대해서는 아무 생각 없이 친구 2명에게 자신의 이 실험에 대한 이메일을 보냈다. 소문 공장이 잽싸고 요란하게 돌아가기 시작했고, 마침내 누군가가 길리언의 오빠에게 와서 "네 여동생 소문 들었다. 안됐다, 친구."라고 말했다. 길리언의 오빠는 처음에는 당황했고, 그다음으로 당혹스러움 속에서 분노가 치솟았으며, 여동생에게 화가 나서 부모님께 이 일을 이야기했다. 두 사람은 얼굴이 하얗게 질렸다.

그러는 동안 길리언은 데이비드의 경솔한 짓을 용서했다. 데이비드는 일이 터졌음을 깨닫자마자 무슨 일이 벌어졌는지 고백했다. 그는 그녀에게 그 일의 결과에 대해 생각하지 못했다고 사과했다. 그는 진심으로 그녀에게 마음을 썼다. 이 일이 일어나기 전에 그는 이런 면모를 많이 보여주었고, 두 사람은 서로 친밀하게 지내기를 바랐다. 하지만 조지와 제시는 딸의 성 문제를 알게 된 후 길리언에게서 모든 테크놀로지 이용 권한을 박탈했다. 길리언이 스스로 휴대전화를 부수게 하고, 누구와도 페이스북, 인스턴트 메시지, 화상채팅을 하지 못하게 했다. 그리고 그녀에게 데이비드를 다시는 보지도, 이야기도 하지 말라고 지시했다.

그 후 6주 동안 길리언은 집 안에 틀어박혔고, 부모님과 말을 하지 않았다. 잠도 자지 않고 잘 먹지도 않았으며 우울증에 걸린 듯이 보였다. 이제 길리언에 대한 분노와 실망에 더해 조지와 제시는 끝없이 아래로 침잠하는 길리언의 모습에 대해 걱정했다.

내가 길리언을 만나겠다고 요청하기 전 나와 조지, 그리고 제시는 몇 차례 짧게 만났다. 나는 그들의 입장에서 전체 이야기를 이해하고자 했고, 그들에게 마음을 추스르고 자신들의 생각에 가닿을 수 있는 공간을 주고자 몇 차례 상담을 했다. 이에 따라 그들은 길리언과 생산적인 대화를 할 수 있게 되었다. 이해할 수 있겠지만, 두 사람은 9학년인 딸아이가 성적 실험을 했다는 소리를 듣고 매우 강하게 반응했다. 아이는 그러기에 너무 어려 보였기 때문이다. 두 사람은 모두 길리언이 가족의 가치들을 잠시 내려놓았고, 그녀가 더 이상 세상 속에서 안전하지 않으며, 그들 사이의 신뢰가 깨졌다고 느꼈다. 아직 두 사람은 길리언의 입장에서 그 일들을 들을 준비가 되어 있지 않았고, 따라서 그 상황에 대한 자신들의 개인적인 반응을 계속 고수할 뿐이었다. 그것은 제시에게 정신적 외상을 입힌 기억을 다시 깨어나게 했고, 조지의 보호적인 태도를 더욱 끌어냈다. 그들 각자가 길리언에 대한 자신들의 반응을 정리하는 상담이 몇 차례 이어진 후에, 두 사람은 차분하고 건설적인 방식으로 딸과 함께 상담을 해나갈 준비가 되었다. 이제 길리언의 이야기를 들을 시간이 된 것이다.

길리언은 나를 만나고 안심했다. 그녀는 자신이 이 예측하지 못한 큰 문제 덩어리를 다루는 데 도움이 필요하다는 사실을 알고 있었다. 14세의 여자아이는 맑은 눈을 하고 신중하고 단호하게 자신의 감정을 전달했다. 그녀는 자신이 데이비드와 벌인 일에 대해 나쁘게 느끼지는 않지만, 그것이 자신의 가족에게 유발한 상처에 대해서는 나쁘게 느낀다고 말했다. 그녀는 정말로 데이비드를 좋아했고, 그와 함께 있을 때 편안함을 느꼈다. 두 아이는 길리언이 성적으로 관계할 준비가 되었는지에 대해 이야기를 나누었고, 데이비드는 길리언에게 강압을 행사하지 않았다. 길리언은 자신들이 하고 있는 일들보다 그 이상의 무언가를 할 준비를 해야 한다고 느끼지는 않았지만, 기꺼이 그것을 시도했다. 그녀는 결국 자연스럽게 호기심을 가졌고, 데이비드를 신경 썼다. 더 나아가 두 아이는 그녀가 불편함을 느끼는 시점에 그 일을 중단하기로 동의했고, 실제로도 그렇게 했다. 그녀는 데이비드가 친구들에게 그 일을 자랑한 것은 어리석었다고 생각하지만, 또한 그 후에 그가 솔직하게 굴고, 진심으로 사과했다는 것도 느꼈다. "그 애는 자기가 잘못한 일을 인정했어요." 그녀가 말했다. "그리고 그 일로부터 배웠고요. 다시는 그런 일을 하지 않겠죠."

길리언을 가장 화나게 한 일은 부모의 격정적인 반응이었다. 부모의 화와 규탄, 억측, 어투, 그리고 물론 자신에게 가한 규제였다.

"저는 다시는 데이비드를 보러 갈 수가 없어요." 그녀가 울기 시작했다. "부모님은 그애에게 가장 큰 잘못이 있다고 여기세요. 그분들은 늘 사람들에게 가장 큰 잘못이 있다고 생각하시지요. 그리고 이제 저는 그 애와 이야기하지 않을 거라고 거짓말을 해야 해요. 친구의 페이스북 계정에만 들어가면 그 애와 연락할 수 있는데 말이죠. 이런 방식으로 느끼는 건 14세에게는 좋지 않은 거예요. 저는 부모님과 매우 가깝게 지내왔고, 부모님은 저를 저 자신으로 있게 해주셨고, 제가 스스로 선택할 수 있게 해주셨다고 생각해요. 전 이것을 선택했고, 제가 한 일에 대해 나쁘다고 느끼지 않아요."

그러나 이제 그녀는 부모에게 거짓말을 하고 있다. 자신이 하리라고는 결코 상상도 해보지 않은 일을, 그리고 자신이 나쁘다고 여기는 일을 말이다. 그녀는 부모와의 관계가 깨지고, 모든 친구들로부터 격리시키고 온라인 생활을 중단시킨 부모의 반응에 낙담했다. 그녀는 우울함 때문이 아니라 자신이 그래야 했기에 음식 섭취를 거부했다. 그녀는 분노하고 무력함을 느꼈고, 음식을 거부하는 것을 저항의 한 방편으로 여겼다.

4달 동안 함께 상담해나가면서, 조지와 제시는 뒤엉킨 사건의 실타래들과 때로 극단적인 반응을 촉발하는 감정들을 분류할 수 있게 되었고, 그다음 몇 주 동안 더욱 세심한 방향으로 성장했다. 이 중 일부는 청소년 자녀를 둔 부모란 무엇인지에 대한 시각, 즉 그 연령의 자녀는 부모가 통제해야 한다는 생각을 내려놓은 것이다. 칼릴 지브란의 말을 빌리자면, 아이들은 "당신에게서 왔지만 당신은 아닌" "삶의 아들과 딸들"이다.

길리언은 악동도, 못된 딸도, 나쁜 아이도 아니었다. 실제로 자신을 배려하는 남자아이와 상대적으로 안전한 상황에서 성적 행위를 통해 자기 자신을 발견한 것뿐이었다. 이는 충동적인 행동이 아니었고, 두 사람은 그녀가 불편함을 느끼면 행위를 그만두겠다고 결심하고 실제로 그렇게 할 수 있을 정도로, 다른 또래들보다 조금 더 성숙한 아이들이었을 뿐이다.

이는 두 아이에게 의미 있는, 비교적 좋은 관계였다. 비록 대부분이 온라인과 스카이프를 통해 이루어졌지만 말이다. 그들은 몇 차례 서로를 보았다. 연락을 하고 이야기를 나누고, 더 많은 이야기를 하고, 실제로 그들 사이에 존재하는 연결은 조지와 제시가 볼 수 없는 종류의 것이었다. 조지와 제시가 본 것은 모두 9학년인 길리언이 성적인 행동을 했다는 것과 자신들이 잃은 것이었다.

대화를 해나가면서 그들은 상황과 자신들의 반응을 더욱 객관적으로 볼 수 있게 되었다. 조지는 지나치게 자식을 사랑하는 아버지였다. 딸을 마치 동화 속 공주인 양 언젠가 자신이 그녀의 손을 잡고 긴 복도를 내려가 왕자와 결혼시키는 낭만적인 시각에서 바라보았다. 그는 현실 속에 존재하는 14세 여자아이로서의 딸에 대해 아무것도 몰랐다. 완전히 성숙했다는 것도, 딸 세대에 대해서도 전혀, 고등학교에서 다른 9학년생들과 함께 어울려 돌아다니면서 파티를 하고, 9학년생이지만 그가 아마 11학년 혹은 12학년까지 하지 않았던 일들을 한다는 것을 몰랐다. 그는 마음속에 존재하는 완전히 다른 이런 현실들을 조정하기 위해 몸부림쳤고, 자신의 14살 난 딸이 한 소년과 사려 깊고, 존중하고, 안전하며, 긍정적인 관계를 이루었다는 관점에서 이런 상황을 받아들이게 되었다. 그와 제시는 우리의 대화를 통해 이 모든 과정을 거치고 나서, 자신들이 길리언과 함께 매우 훌륭하게 일을 해냈음을 볼 수 있게 되었다. 길리언은 "이것은 편안해요, 하지만,"이라고 말할 수 있을 만큼 이는 분명했다. 하지만 아직 그녀는 낯선 사람들과 함께는 그렇지 못했고, 먼저 보드카를 죽 들이키지도 않았으며, 충동적이지 않았고, 데이비드는 실제로 그녀에 대해 신경을 쓰고 있었다. 그는 그녀에게 압박을 주지는 않았지만, 조심스럽게 자신이 원하는 것을 요청했고, 그녀는 두 사람이 공유하는 육체적 친밀감 수준에서 편안함을 느꼈다.

길리언에게 매우 끔찍하게 느껴졌던 것은 무엇보다 부모님의 끔찍한 소리, 즉 그녀가 무언가 본질적으로 잘못된 짓을 저질렀다는 말이었다. 그녀는 그 생각을 거부했다. 자기 자신이 부끄럽게 느껴지지도 않았고, 그래야 한다고도 생각하지 않았다. 그녀는 실제로 우울로 미끄러져 들어갔고, 데이비드를 비롯해 모든 친구들, 그리고 문자메시지나 스카이프를 통해 매일 이야기하고 지내는 사람들로부터 일방적으로 차단되고 단절된 데 저항하고자 단식 투쟁을 했다. 그녀의 부모는 상황을 통제할 수 없다는 데 매우 두려움을 느끼고, 그녀를 두렵게 하는 방식으로 완전한 통제를 가했다. 그들이 내린 벌(그녀의 휴대전화를 넘겨받고, 그녀가 페이스북을 폐쇄하게 하고, 6개월 동안 온라인에 접근하지 못하게 한 것)은 그녀에게 불합리해 보였다. 그리고 그녀가 이 혹독한 교훈에서 자기 자신을 더 멀리 내다보지 못하게 할 만큼 그들은 아무것도 모르는 것처럼 보였다.

세 사람은 함께 상담을 받고 지속적으로 대화를 나누면서 진정으로 소통할 수 있게 되었고, 서로의 관점을 존중하며 들어주었으며, 아이가 10대의 남은 날들을 통과할 수 있도록 함께 깊은 이해를 만들어냈다. 길리언은 부모님께 감사하고, 남학생과의 성적 행위에 대한 자신의 속도를 조절하는 것과 관련한 부모님의 관심에 동의했다. 길리언의 부모는 자신들이 과잉반응을 했음을 깨달았고, 그것에 대해 아이에게 사과했으며, 결국 그녀와 데이비드의 관계를 회복할 수 있게 해주었다. 데이비드는 길리언의 부모에게 사죄의 편지를 썼으며, 길리언의 집에 초대받을 수 있게 되었다. 놀라운 일이었다. 그리고 상황은 더 나아졌다.

끔찍한 일이 일어났을 때, 혹은 부모로서 끔찍하게 여겨지는 일이 일어났을 때 그 일은 우리를 절벽에서 밀어 떨어뜨린다. 내가 길리언의 가족을 사랑하는 이유는, 그리고 이 가족을 통해 진정으로 안 것은 가족윤리, 즉 벌어진 일들에 대해 이야기하고 가족 간의 결속을 깊게 하면서 맺은 관계를 통해 이들이 세운 가치이다. 가족의 위기가 길어지고 깊어진다면, 그것은 가족 구성원들이 서로 이해하고 결속하는 데 위기가 된다. 상황이 심각하다 해도, 우리는 모두 자녀들과 함께 하는 그런 기회를 가진다. 모두가 귀 기울여 듣고, 과정을 겪고, 성장하고, 가까워질 수 있다. 가족을 놀라게 하는 순간을 체념으로 받아들이는 기회는 일찍 시작되는데, 특히 성적인 문제에 있어서 그렇다. 부모들은 내게 찾아와 자신의 어린아이가 단순히 순진하게 오락 삼아 온라인에 접속했을 때 에로틱한 애정 장면(혹은 포르노)에 맞닥뜨렸다는 사실을 알고 나서 얼마나 화가 났는지 이야기했다. "검비"(1957년에 만들어진 최초의 클레이메이션의 캐릭터로, 1990년대에도 리메이크되어 큰 인기를 끈 시리즈—옮긴이) 혹은 "내 망아지"와 같은 아동적 검색어를 입력하면 외설 사이트가 검색된다. 모비칩 같은 성인물 차단 웹브라우저를 설치해도, 이것들이 언제든 아이들의 화면 속으로 찾아들 기회는 존재하며, 따라서 우리는 이런 일에 준비를 해두어야 한다. 우리는 차분하게 "자, 보자꾸나. 이런 그림들은 아이들이 보는 게 아니란다. 내게 보여줘서 고맙구나. 자, 이제 네가 할 만한 게임들을 찾아보자."라고 말해야 한다. 복잡한 것은 없다. 엄청나게 잔소리를 해야 하거나 극단적인 상황도 아니다. 우리는 아이들이 우리에게 무엇을 말하거나 보여주든 안심해도 된다고, 우리가 이성을 잃지 않을 것이라고 알려주면 된다.

최악의 방식으로 아이를 겁주는 어른들

한 학교 상담교사는 아이들의 가혹 행위 사건에서, 부모들이 가해 아이에 대한 가혹한 처벌을 공공연하게 요구하는 일이 얼마나 자주 일어나는지 이야기했다. 그 아이가 자기 아이가 아닌 경우에도 "그들은 당신이 그 아이를 다루는 걸 원치 않습니다. 그 아이를 그곳에서 사라지게 하고 싶어 하지요."라고 그녀는 말한다. "그 사람들의 태도는 '안 돼, 그 애는 여기 있어서는 안 돼, 여기에서 내보내야 해.'라는 식입니다."

아이가 나쁜 행동을 했을 때 학교를 계속 안전한 공간으로 유지하기 위해 그 아이를 떠나보내야 하는 순간들도 분명히 있다. 그러나 너무 자주 부모들은 문제 아동을 그곳에서 내보내는 것이 유일한 해결책이라는 양 행동하고, 아이들에게, 최소한 은유적으로 표현하자면, '제거' 버튼은 스크린 게임뿐만 아니라 인생에 있어서도 선택할 수 있는 버튼이라고 가르친다. 정학이나 제적 같은 징계 관련 논쟁이 일어나는 곳에 앉아 있으면 도처에서 감정적인 분출을 감지할 수 있다. 이런 일들은 종종 상황이 복잡하거나, 관련된 모든 일들이 투명하게 판단하기가 불가능한 경우 법적 쟁점들로도 그 일을 투명하게 가르기 어렵게 만들 때 일어난다.

마티는 어느 날 오후 경찰의 전화를 받고 당황하여 내게 전화를 했다. 그는 도시 외곽 지역에서 9세, 11세의 두 아들을 홀로 키우는 아빠였다. 큰 아이 리치가 한 남자아이를 괴롭혔다는 이유로 고소를 당했는데, 그 아이는 예전의 학급 친구로 작년에 이웃 지역으로 이사를 간 아이였다. 마티는 두 아이 사이에 어떤 부분에서 다소 마찰이 있었던 것을 알고 있었지만, 그것이 심각한 것은 아니며, 단지 10살짜리 남자아이들 사이의 전형적인 싸움, 새들이 모이를 먹는 순서를 두고 영역 다툼을 조금 하는 정도로 여겼다. 리치는 단체 이메일 목록을 만들어 두었는데, 그 안에는 아직 상대 아이도 포함되어 있었다. 어느 날 다른 친구가 과거의 어떤 일을 들먹이는 리치의 글이 담긴 이메일을 돌렸고, 리치는 그에게만 답신을 보낸다고 생각하면서 "난 네가 싫고 너는 비열한 자식이야."라고 성마른 이메일을 썼다. 보내기 버튼을 누른 순간 리치는 그 메일이 단체 메일임을 깨달았고, 즉시 그 친구에게만이 아니라 전체에게 메일을 잘못 보냈음을 알았다. 그는 이 사실을 아빠에게 이야기하고, 그 아이에게 사과 메일을 직접 보냈다. 또한 다시 그 메일을 받은 아이들 전체에게 자신이 실수로 보낸 이전 메일은 무시해달라고 회신했다. 그 아이에게서는 아무 답도 돌아오지 않았고, 2개월이 흘렀다.

경찰은 마티에게 전화를 걸어, 리치가 3년간 그 아이를 괴롭혔다는 신고가 들어와 조사 중이라고 말했다. 마티는 말문이 막혔다. 리치는 겁에 질렸다. 그는 예전에 모욕적인 이메일을 쓴 일에 대해 아빠에게 이미 이야기했지만, 그때의 이메일 사과에 대해 두 사람

사이에서 다른 대화가 더 이루어지지 않았다는 사실은 말하지 않았다. 이따금 단체 이메일이 돌았고, 그는 결코 이전의 일, 상대 아이에 대해 이야기하지 않았다.

"그 경찰은 제가 마치 범죄자를 숨기기라도 한 듯이 말하더군요." 마티가 말했다. "그녀는 자신이 리치가 그 애를 괴롭힌 일들을 조사 중이라고 말하고, 제가 그런 일이 없다고 하자 '이 일에 걱정도 안 되시나요? 제가 말씀드리는 건, 그 애가 생각하고 이런 관점에서 이런 생각들을 썼다면, 5년 혹은 10년 동안 그 애가 뭘 했겠냐는 겁니다.'라고 하더군요. 그녀는 힐난조로 마치 '여기 당신 애가 저지른 잘못이 있으니 봐요.'라는 식으로 말하더군요. 객관적인 태도로 느껴지지는 않았어요. 그녀는 상대 아이의 부모로부터 신고 사항을 접수하고 나서 분명히 리치에 대한 마음을 굳힌 것 같았어요. 이미 다른 아이를 괴롭힌 가해자라고 결정짓고 있더군요."

마티는 즉시 리치의 학교에 전화를 걸어 경찰의 전화에 대해 이야기하고, 교장과 리치의 담임 교사에게 리치가 이전에 누군가를 괴롭히는 모습을 본 적이 있는지 물었다. 그것이 사실이라면, 그는 알고 싶었다. 괴롭힘이 없었다고 교사들은 말했다. 게다가 그 경찰은 이미 학교에도 전화를 해서 같은 이야기를 한 상태였다.

마티는 그 경찰에게 전화를 걸어서 상대 남자아이와 부모와 함께 학교에서 만나서 지금의 우려에 대해 논의해보자고 제안했다. 또한 리치가 문제의 이메일을 보낸 이후에 상대 아이에게 사과 메일을 쓴 사실에 대해 알고 있느냐고 물었다. 경찰은 그에게 복사한 사과문을 보내달라고 했다. 그들은 다시 그 경찰로부터 아무 말도 듣지 못했다. 마티는 어떤 이유에서인지 그 일에 대해 상대 아이의 부모가 아들에게 보낸 리치의 메일을 보고 괴롭힘이 없었다고 여기기로 했다고 건너 건너 들었다. 그들은 다시는 마티에게 연락해 어떤 우려도 토로하지 않았고, 이후로도 경찰에게 리치를 고발한 일에 대해서도 결코 사과하지 않았다.

테크놀로지가 사람들 사이의 의사소통 유형을 바꾸는 방식을 우리는 모두 받아들이고 있다. 새로운 법률들이 끊임없이 변화하는 테크놀로지의 영향을 따라잡는 데 안간힘을 쓰듯, 누군가가 그것을 잘못 다루고, 보호하기보다 해를 유발하는 일은 부득이하게 발생할 수밖에 없다. 이런 경우에 고발한 부모들은 지나치게 반응하여 가장 처음에 해야 할 행동을 무시한다. 즉 학교에 전화하고, 어쩌면 상대 아이의 부모에게도 전화해서, 양측의 이야기를 들어보고, 3년간 괴롭힘을 당했다는 10살짜리의 말이 완전한 이야기가 아닐 수도 있음을 생각해야 한다는 것이다. 그리고 어쩌면 부모가 그 영향에 관련된 세부 내용들을 부풀리는 것은 아닌지 생각해보아야 한다. 누가 알고 있는가? 이 사건에서 이유가 어떻든 그것은 진실이 아니다. 어른들이(이 사건에서는 고발한 부모들과 경찰) 한 아이를 너무 빨리 범죄자로 몰 때는, 자신들의 행동이 아이들에게 최선의 이득이 되는 것인지 의문을 품어야 한다.

이런 부모들의 행동에 관한 이야기들은 매번—안타깝게도 이 일만 있는 것이 아니다—부모들이 자기 아이 혹은 자기 마을에 살고 있는 아이들에게 미치는 테크놀로지의 부정적인 영향에 관한 두려움과 불안에 얼마나 취약한지를 일깨워준다.

슬프게도 우리는 소셜 네트워크가 반사회적 무기로 사용되어 비극적인 결말로 이끈 사건들을 알고 있다. 괴롭힘이나 공개적인 모욕 같은 극단적인 사이버 폭력에 희생된 사람들이 자살하는 것 같은 일들 말이다. 잘 해나가려고 하는 동안, 아이들을 보호하기 위한 관용 없는 정책들과 기타 폭력 근절 시도들은 그 결과들과 두서없이 섞여왔다. 때문에 랩 가사를 노래했다는 이유로 정학당한 초등학교 1학년짜리도 생겨나게 된다. 반면 질 나쁜 규칙 위반자들 일부는 레이더망 아래로 지나가서 아이들이 선생님께 이르지 못하도록 공포심을 조성한다.

폴 터프가 《아이는 어떻게 성공하는가》에서 썼듯이, 우리는 학교의 역할에 대해 더 많이 생각해봐야 한다. 학교는 아이들에게 필요한 도구로 읽기, 쓰기, 수학만이 아니라 대인관계와 사회적·개인적으로 책임감 있는 아이로 만드는 인성 특징을 습득할 수 있게 해야 한다. 이는 아이든 어른이든 누구에게나 괴롭힘을 효과적으로 방지하는 데 요구되는 기술들이다. 학교에서, 그리고 부모님들과 상담을 해오면서 나는, 교육자, 부모, 아이, 우리 모두가 이런 쟁점에 관여해야 한다는 것을 깨달았다. 우리는 이런 사회정서 기술들을 현재 학교에서 해마다 교육과정의 중심에 두어야 하며, 또한 이런 교육과정들이 가정에서도 부모에 의해 이루어지게 해야 한다.

우리 문화 안에서, 그리고 아이들 사이에서 일어나는 공격성을 더욱 영리하게 다룰 수 있는 방법을 계발할 때, 우리는 그 내부를 정직하게 바라보아야 한다. 때로 부모들은 공격적인 행동에 대한 징계로부터 자기 자녀를 보호하려고 재빨리 움직이지만, 다른 집

아이가 그런 일에서 면제받는 일은 원하지 않는다. 한 번의 실수가 테크놀로지와 소셜 미디어를 거쳐 증폭되는 일은 쉽게 일어나며, 그 부담은 아이들에게 있어 매우 크다. 성인으로서 우리는 우리 내면의 두려움과 투사를 처리하고, 혹은 직장에서 어떤 심리적 압박을 받고 있든지 간에 이런 상황들을 분명하게 바라보고, 합리적으로 반응하도록 노력해야 한다. 부모와 학교가 자녀들이 반사회적 문화 풍조에 저항하고, 이런 풍조를 더 낫게 변화시키기 위해 인성과 인간성을 계발할 수 있도록 도와야 한다는 점은 점점 더 분명해지고 있다.

실수를 교훈으로 전환시키는 어른들의 태도

'겁먹다'의 반대는 '다가갈 수 있다'이다. '광분하다'의 반대는 '차분하다'이다. '아무것도 모른다'의 반대는 '정보가 있다'와 '현실적인'이다. '반응하다'의 반대는 '대응하다'이다. 이전 장에서 언급한 개러지 밴드 남학생들의 이야기는 효과적으로 대응하고, 다가갈 수 있고, 능숙하게 길을 안내하는 어른들의 모습을 보여주었다. 이 일은 각각의 대응들이 어떻게 경험을 통해 가치 있는 교훈을 얻고, 궁극적으로 아이와 부모 사이의 소통을 강화시키는 데 일조하는지를 보여주었다.

올바르게 진행된 일을 보고 그것으로부터 교훈을 얻으려 한다면, 여기를 보라. 개러지 밴드 남학생들의 교장은 차분하게 모든 증거들을 모으고, 겁먹지 않았다. 아이가 장차 반사회적인 범죄자가 되리라고 머릿속에 그린 경찰관과 달리, 그는 이런 일들이 일반적인 학습 곡선상에서 아동의 특성이라고 보았다. 그는 좋은 아이들이지만 나쁜 일을 저질렀고, 아이들이 실수를 했으며, 자신이 아이들을 책임져야 한다는 것을 알았다. 피해 여학생과 그 부모에게 공감했으며, 그녀의 이야기와 그녀에게 끼친 영향, 친구들, 학교에 대해 귀 기울여 들었다. 또한 여학생의 학교 교장과도 몇 차례 이야기를 나누었다. 물론 징계위원회도 열릴 것이었지만, 교육자로서의 시각에 충실하여 그는 남학생들이 자신이 저지른 일에서 교훈을 얻고 성장하도록 돕고자 했다. 그는 관련된 모든 사람들의 이야기를 들었다. 남학생들 각자와 남학생의 부모들, 여학생과 여학생의 부모, 다른 학교, 자기 학교의 학생들, 자기 학교의 이사회, 학교 신문들, 그리고 지역 신문들까지 많은 이야기를 살폈다.

그의 징계 계획은 남학생들이 자기가 저지른 일과 지금 남겨진 큰 일에 대해 책임을 지게 하되, 수치스럽게 여기지는 않도록 하는 것이었다. 그는 교사와 학부모 들이 남학생들에게 과도하게 낙인을 찍는 일을 경고했고, 지역사회의 모든 사람들에게 실수로부터 교훈을 얻는 것은 우리가 인성을 쌓아나가는 방법이며, 아이들은 그들이 한 실수와 동의어가 아니고, 아이들에게 실수에 관한 딱지를 붙이지 말아야 한다고 일깨웠다. 교사와 학부모 들은 지역사회 차원에서 더 어린아이들에게 인터넷 안전 교육을 시켰다. 그는 남학생들 각자와 부모들을 만나고, 이 상황에는 시작-발전-끝이 있다는 사실을 분명히 했다. 정직, 투명성, 책임감은 아이들에게 있어 가장 중요한 모델이다. 아이들이 저지른 실수의 본질, 징계, 차후 책임을 지는 행동, 정리는 이 사건의 모든 부분에 존재했다. 그리고 이는 부모들이 두려워하는 일, 대학이나 아이들의 인생, 혹은 미래에 대한 '기회를 망치지' 않게 해준다.

내가 이 책을 쓰고 있다는 것을 알고서, 남학생들의 교장은 세 남학생을 비롯해 그들의 학급 친구들과 인터뷰하도록 나를 초대했다. 그는 이 일이 아이들에게 이 경험을 처리할 수 있게 돕고, 그 일에 대한 새로운 시각을 얻게 해주며, 나아가 더 많은 사람들과 이 일의 교훈을 공유해야 한다는 사실을 알고 있었다. 엄격한 교육과정으로 유명한 이 학교는 아이들이 단순히 교육과정을 습득하는 것이 아니라 인생으로부터 험난한 교훈들을 배울 수 있게끔 성인의 리더십과 멘토 과정을 통해 심리적으로 안전한 공간을 만들어냈다.

리암은 후에 내게 그 상황에서 어른들의 대응이 어떻게 자신을 어른들과 어른들의 지혜에 더욱더 감사하게 만들었는지, 그리고 자신에게 부모님이 어떻게 더욱 가깝게 다가왔는지에 대해 말했다. "전에는, 전 정말로 꽤 열린 아이는 아니었어요. 부모님이 일상적으로 '오늘 학교에서 뭐 했니?' 하고 물으시면, 전 '별일 없었어요.'라고 했죠. 그래서 부모님은 제가 하고 있는 일, 무슨 일이 일어나는지에 대해 그다지 관심이 많지 않으시게 됐죠. 그것이 관계를 도왔죠. 전 많은 일들을 숨겼고, 개인적인 일들을 사생활로 남겨두었고, 그것에 대해 부모님이 신경 쓰지 않으시게 했어요. 그 일은 제게 부모님과 모든 것에 대해 솔직하게 털어놓고 지내야 한다는 큰 교훈을 주었죠."

공격적인 노래를 만들어서 온라인상으로 친구들에게 퍼트린 남학생들은 나와 이야기를 나누면서 부모와 교사 들의 대응들이 어떻게 자신들을 비롯해 지역사회에까지 그들이 벌인 개인적인 최악의 사건을 힘들지만 가치 있는 배움의 경험으로 바꾸어놓았는지 이야기했다. 교사들과 교장은 아이들을 위해 아이들의 장난에 대한 희생을 보상하려고 노력하고, 집단 프레젠테이션을 통해 다른 사람들에게까지 이 교훈을 확장시키면서, 아이들을 책임지려고 교육적인 순간들을 이용했다. 결과적으로 남학생들은 강한 자존감을 기르고 더 현명해졌으며, 학교에 은혜로운 마음을 느끼고 부모들과 가까워졌다.

'겁먹고, 극도로 흥분하고, 아무것도 모르는 부모'에서 벗어나기

마이클 톰슨은 14명의 남학생들과 성과 섹슈얼리티에 관한 이야기를 나누었던 8학년 보건 활동 시간에 대해 묘사했다. 그가 아이들에게 부모님과 몇 번이나 성에 관한 이야기를 나눈 적이 있느냐고 질문했을 때, 3명이 그런 일이 있었다고 대답했고, 11명은 그런 일이 없다고 했다. "이건 매우 전형적인 일입니다."라고 그가 말했다. "14세 남자아이들이니까요. 아이 부모들은 그런 일에 먼저 나서지 않아요. 그저 비디오 게임에 대해서만 닦달하지요. ……하지만 그러는 동안 아들들은 어마어마한 양의 포르노를 보는 곳으로 올라갑니다. 부모가 할 수 있는 유일한 일은 선동적이지 않은 방식으로 성을 일찍 가르치는 거예요. 왜냐하면, 문제는, 부모가 너무 늦게 성교육을 시작하고 너무 신경질적으로 반응해서, 아이의 모든 신뢰를 잃어버린다는 데 있으니까요."

아이와 함께 성에 대해 이야기한다면, 우리는 이야기 도중에 아이를 떠볼 것이다. 대부분은 아니라 해도, 많은 부모들이 그렇게 한다. 우리의 가장 큰 난제가 그 말을 어떻게 꺼내느냐는 데 있다는 사실을 나는 자신 있게 말할 수 있다. 수년 전 내가 필립스 아카데미 앤도버에서 학교 심리학자로 있을 때, 나는 11학년과 12학년에게 〈사랑과 성의 심리학〉이라는 강좌를 가르쳤다. 이 강좌에서 학생들은 성행위에 대해, 성문화가 어떻게 관계의 전체 범주를 대변하는지에 대해 공개적으로 사려 깊게 이야기를 나누었다. 우리는 좋은 사랑과 나쁜 사랑, 가변적인 성적 이미지 선호도에 대해, 성관념과 문화, 정책에 대해 이야기를 나누었고, 이 모든 것들을 기반으로 학생들이 스스로를 위해 자기 고유의 가치와 자기 삶의 이런 중요한 부분에서 무엇을 원하는지를 명확히 파악할 수 있도록 도왔다. 아이들이 불필요하고 폭력적인 성과 외설물, 건전하지 않은 관계들을 담은 미디어와 엔터테인먼트 환경에 둘러싸여 있는 이런 시대에, 많은 학교에서 교육자들에게 수업 시간에, 교육의 장에서 이런 대화를 하는 것이 금지되어 있다는 사실은 모순적이고도 엄청나게 불행한 일이다. 이런 맥빠지는 환경에도 불구하고, 10대들은 내게 자신들이 좋은 사랑, 진실된 사랑을 하고 싶다고 말했다. 아이들은 현실의 관계가 성적 인간관계보다 더 좋은 것임을 알고 있었다.

나는 전 연령대의 10대들로 꽉 찬 강당에서도, 소규모 그룹으로도 이야기를 나누어봤다. 전체 내용은 아이들과 성에 대해 왜, 어떻게 이야기를 나누는가에 대해 할애되어 있고, 몇 가지 참고할 만한 책들도 알려준다. 그리고 다음에 제시하는 한 가지 대본을 공유한다. 실은 두 가지인데, 하나는 여자아이들과, 다른 하나는 남자아이들과 함께 사용하는 것이다. 이것들은 학부모들이 자녀가 접한 성적 콘텐츠에 대한 우려가 점점 커지거나 당황해서 전화를 걸었을 때 제공하는 기본판이다. 대개 이런 콘텐츠들은 포르노이거나 일회성 성관계를 직접적으로 다룬 영화 혹은 TV 쇼이다. 어쩌면 당신 머리 위로 그런 대화가 들렸던 것일 수도 있다. 당신은 그 공란을 채우고, 나는 '섹스친구'라는 단어를 사용하면서부터 시작한다.

이런 제안들은 10대 중후반을 향해 고안되어 있다. 어떤 연령대든, 항상 중요한 것은 자녀가 자기만의 자아, 경험, 사회적 환경, 책임을 질 준비가 된 상태가 되어 있어야 한다는 것이다. 또한 부모가 하는 대화 속에는 부모가 지닌 가치와 합리적인 우려, 좋은 의도를 기반으로 한 예측이 담겨 있어야 한다. 이런 경우 건전한 가치들을 포함한 핵심적인 내용을 언급해야 한다. 즉, 문화적 메시지들, 사랑과 성적 관계로 연결되는 성행위, 인간관계의 맥락에서, 성행위를 배제한 상태에서 등의 이야기가 이루어져야 한다. 일회성 성관계 혹은 성관계에만 중점을 두는 친구의 문제는 거기에 관계에 대한 어떤 헌신도 없다는 점임을, 포르노에 나타나는 사물화되고 변태적이거나 폭력적인 이미지들은 극단적인 것임을 말해야 한다. 이런 예들은 대개 남자아이들이 여자아이들을 이용하는 식의 보다 일반적인 이성애적 상황들에 관한 것이지만, 때로 같은 역학에서 여자아이들이 남자아이를 이용—남자아이들을 내 장난감이라고 하면서—한다거나 동성 간의 관계에서 일어나기도 한다.

당신이 이런 이야기를 차 안에서 하려고 한다면, 그곳은 내가 아이와 이야기를 해야 할 때 아이를 인질로 잡아둘 수 있는, 가장 선호하는 장소라고 말하고 싶다. 나는 이런 대화들을 할 때 이렇게 시작한다. "몇 가지 이야기할 게 있는데, 네가 들어야 하는 거야. 일단 어떤 말이든 대꾸하지 말고 들어주었으면 좋겠구나……."

남자아이들과의 대화

"난 남자아이들이 여자아이들에게 구강성교를 해달라고 설득하는 이야기를 들은 적이 있다. 섹스친구라는 거지. 난 너희들이 내 이야기를 끝까지 들어주었으면 한단다. 먼저 어떤 여자아이가 어떤 이유에서 그날 그 일에 동의했다고 쳐도, 그 애는 그 좁은 공간에서 돌아서면 너희들을 강간죄로 고소할 거란다. 실제로 그렇지 않다 해도 그 애가 네가 자신에게 강압을 행사했다고 말하고 널 강간으로 고소할 가능성은 잠재되어 있다. 이 얼마나 두려운 일이니? 자기 아이가 너와 구강성교를 했다는 걸 알게 된 부모들은 곧바로 튀어 올라서 여자아이가 원치 않더라도 널 끝까지 추격할 거란다. 그러면 법적 문제들이 일어날 수도 있고, 그건 네가 거의 통제할 수 없는 일이지."

"좋다. 이건 법적인 문제니 넘어가자. 하지만 또다른 이야기 하나는, 네가 남성이 어떤 배려도 없이 여성을 성적인 노리개로 이용하고, 그녀의 경험에 대해 책임지지 않는 모습을 멋지다고 여기는 문화 속에서 자라고 있다는 점이다. 그것이 실제로 남자아이들뿐만 아니라 너에게까지 해를 끼치고 있는데 말이다. 만일 네가 여성이 너의 기쁨을 위해 존재한다고 생각한다면, 너는 사람에 대해 그렇게 생각하는 걸 멈춰야 한다. 그건 대상을 사물화하고, 성관계가 더 이상 사랑에 관한 것이 아니라 너 자신과 네 만족감에 관한 것임을 의미한다. 그런 종류의 성관계는 오래 지속되지 못하며, 현실의 관계에서는 적용되지도 못한다."

"남자아이들은 성관계를 생각할 때 연애와 사랑을 별개로 보는 일이 많다. 나는 너희들이 좋은 애정 관계를 맺길 바란다. 하지만 변태적이거나 폭력적인 성행위가 담긴 포르노그래피들은 너희들이 보살펴야 할 연인과의 좋은 성적 관계를 맺는 너희의 자질을 실제로 망쳐놓을 수도 있단다. 정말로 너희들이 좋아하는 여자아이들 대부분이 너희와 함께 그런 일들을 할 거라고 생각하는 거니? 그런 종류의 역할 게임 같은 것 말이다. 나는 너희에게 이런 말을 전하고 싶지는 않다. 너희가 그런 것들을 보고 그런 일들을 하려고 든다면, 현실 속 여성과 실제로 시간을 보내는 데 많은 어려움을 겪게 될 것이다."

"정말로 멋진 성관계를 갖고 싶고 오래도록 애정 생활을 하고 싶다면, 네가 보았던 종류의 포르노에 대해 생각해보고, 절대로 여자에게 술을 먹이지 말고, 어떤 종류이든 강압을 행사하지 않으며,

술에 취하게 하지 말고, 성적으로 방종하게 행동하지 마라. 네가 누구와 성적인 관계를 맺고 있는지를 실제로 알 필요가 있다는 것을 기억해라. 네가 실제로 좋아하고, 서로를 보살펴주는 좋은 관계들 안에서 너의 성적 본능을 발견할수록, 네가 맺은 관계는 더 좋고, 더 오래 지속될 것이다."

그리고 간단하고도 만능인 말로 이야기를 마친다. "그러려면 어떻게 해야 하지?"

여자아이들과의 대화

"난 여자아이들에게 섹스친구가 되자고, 구강성교와 아무 조건 없는 성행위를 하자고 강요하는 남자아이들에 관한 이야기를 들은 적이 있다. 네가 내 이야기를 끝까지 듣고, 네가 거기에 대해 무슨 생각을 하는지 내가 이해할 수 있게 해주렴. 그 섹스친구에서 진짜 이익을 얻는 사람은 누구일까?"는 것이다.

이쯤에서 아이들은 대개 웃는데, 그에 대한 대답을 알고 있다는 것이다. "남자아이들이다. 여자아이들은 종종 남자아이들보다 대화하기를 좋아하고 대답을 기다리지만, 네가 그 대답을 얻지 못한다면 앞으로 나아갈 준비가 되어 있을 것이다."

"그건 거래다. 섹스친구는 남자아이들에게 여자를 이용해도 좋다고 해가해주는 것이며, 이 용어에는 속임수가 있다. 그것이 네 친구인 남자아이가 너에게 그렇게 하자고 요청한 무언가가 실질적인 것이 아니기 때문이다. 그건 남자아이가 너를 실제로 배려해줄 것이라는 네 기대를 올려놓는다. 하지만 그 용어의 전체 핵심은 남자아이에게 널 배려할 책임을 면하게 해주는 데 있다. 실제로 여자아이를 배려하는 남자라면 누구도 여자에게 섹스친구가 되자고 말하지 않는다."

"또 다른 것도 있다. 여자아이들에게 성행위를 먼저 권하는 건 정말로 나쁜 거란다. 왜냐하면 거기에는 인간관계가 없기 때문이지. 약속도 없고, 배려도 없단다. 네가 어리고, 스스로를 성적으로 파악할 때, 그건 상대가 너를 배려하는 실제 관계에 매우 중요하게 작용한다. 섹스친구는 실제로 여자아이들에게는 만족스러운 것이 아니다. 두 가지 방식으로 진행되지 않지."

예상했겠지만 여기에서 야유가 나온다.

"섹스친구 관계는 여자아이들에게 남자의 성적 욕구를 충족시켜주고, 너의 요구와 욕망은 잊는 것이 네 의무라고 가르친다. 네가 누구인지, 네가 무엇을 배려하는지, 네가 무엇을 원하고, 편안함을 느끼는지에 대해서는 성적으로 중요하지 않다고 네게 가르친다. 여자아이들은 실제로 연애와 사랑, 특별하다는 느낌, 실제로 남자아이에게 중요한 존재가 되었다는 느낌 같은 것을 바란다. 다른 말로 하자면, 여자아이들이 원하는 건 진짜 관계이다. 그리고 성적인 부분에 있어서도 그렇게 바라는 것이 실제로 좋은 일이다."

"자, 좋은 남자아이들은 성 문제에 대해서도 어떻게 여자아이들을 다루어야 하는지에 대해 좋지 않은 메시지들을 많이 받는다. 그들은 남자가 여자에게 성적으로 강압을 행사하거나, 너를 이용하거나, 여성을 이용하는 것을, 어떤 배려도 없는 성적인 놀이라고 여기는 태도를 멋지다고 하는 메시지를 받는다. 그래서 남자아이들은 네가 자기에게 수음을 해주기를 원하고, 그러고 나서는 다른 남자아이들에게 여자아이가 자신에게 해준 것을 서로서로 떠벌리게 되는 것이다. 그들은 그 일이 네게는 어떤 일인지, 그리고 네게 어떤게 영향을 미칠지에 대해서는 아무 생각 없이 온라인상에 퍼트린다. 이런 일은 여자아이들에게는, 즉 네게는 정말로 큰 해를 끼친다. 그건 네가 남자로부터 제대로 대우받지 못했다는 것을, 배려받지 못했고, 어떤 약속도 없다는 것을 가르친다. 하지만 너는 제대로 된 대우를 받아야 한다. 성적 행동에 관해서라면, 너는 네가 좋은 관계 속에 안착할 때까지, 네가 실제로 누군가와 좋은 관계를 맺고 있다고 느끼고, 그들이 너를 배려할 때까지 기다리고 싶어 해도 된다. 그래야 네가 그 모든 것들에서 함께 즐겁게 배워나갈 수 있다. 너를 배려하지 않는 남자와의 일회성 성관계로 인해 이용당하거나 겁먹거나 상처받아도 된다고 생각하면 안 된다. 네가 불편해하는 일을 하려고 생각해서는 안 된다."

"성행위는 멋진 일도, 어리석은 일도, 좋은 것도, 나쁜 것도, 엉망이기도 하고 재미있는 것일 수도 있다. 너 자신을 보호하는 최선의 방책일 수도, 성에 대한 발견이 네가 너를 배려하는 사람과 함께하는 일의 일부분을 파악하는 계기가 되기도 한다. 구강성교 역시 나쁜 일만은 아니다. 네가 그것을 받아들일 만큼 충분히 성숙하고 준비되어 있다면, 그건 성숙함의 일부분이기도 하고, 배려하는 경험이 될 수도 있다. 너를 잘 알고 너를 매우 사랑하는 누군가와 함께 친밀한 관계를 만들어나갈 때는 (두 사람 모두에게) 즐거운 것이 될 수도 있다. 두 가지 방식으로 작용하는 것이다. 하지만 대부분 너희 나이의 아이들이 거기에서 '서로 간의 매력을' 찾을 수는 없다. 그것이 핵심이다. 너무 어린 나이에 그런 일을 하면 그건 널 겁먹게 하고, 후일 네가 올바른 상대와 함께 올바른 상황에서 실제로 특별한 방식으로 즐길 수 있을 일을 미리 망치는 셈이 된다."

"들어보거라. 너희들은 모두 연애와 성생활을 분리하고, 성과 애정을 분리하는 문화 속에서 자라나고 있다. 나는 너희들이 좋은 애정 관계를 맺길 원한다. 너희가 더 나이가 들면, 너희는 역시 좋은 애정 관계를 맺고 싶어 하는 좋은 남자들이 많이 있다는 것을 알게 될 것이다. 그건 기다릴 만한 가치가 있다."

이런 경우 어떤 부모들은 단답식 대답을 듣는다. 그것은 괜찮다. 또 어떤 부모들은 자기 아이들이 앞에서는 이야기나 질문에 반응한다고 말한다. 이런 일이 일어난다면, 깊이 숨을 들이마쉬고, 차분하게, 아이가 주도적으로 이야기하게끔 해야 한다.

효과적인 성교육은 생물학이나 건강에 대한 단순한 대화보다 훨씬 더 많은 것을 내포하고 있다. 여기에는 사랑, 가치, 품위, 진실성, 성역할, 성적 가변성에 관한 이야기들을 포함된다. 성적 성향 존중, 문화적 역할 초월, 미디어에 등장하는 것보다 훨씬 나은 가치, 성적 사물화의 위험, 성적 연결, 성과 애정 분리, 알코올과 마약과 성 사이의 연결점들, 자기 신체에 대한 존중, 우리의 신체와 마음과 영혼이 함께 짜여 있다는 것을 이해하는 일이다. 상처는 치유될 수 있지만 언제든 가능하다면 그것을 예방하길 바라야 한다는 점을 깨닫는 것이다. 자녀들이 '섹스친구', '작업', '밀회' 같은 말을 사용하는 것을 들으면 곧바로 아이들과 그에 대한 이야기를 시작해야 한다. 아이가 다니는 학교에서도 이런 대화를 할 수 있게끔 촉구하라. 차분함을 유지하고, 집중하라. 아이들이 말없이 떠날 수도 있다. 당신은 극적이지 않은 방식으로 메시지를 전달해야 한다.

언제든 다가갈 수 있고, 차분하고, 모든 것을 알고, 현실적인 부모가 되는 법

자녀가 어리다면 당신은 현재 자녀와의 가까운 사이가 결코 변하지 않으며, 아이가 불만스러울 때면 언제든 자신의 무릎 위로 기어오를 것이라는 꿈을 꿀 수도 있다. 하지만 이는 보장되지 않는 일이다. 시간을 들이고, 신뢰, 정직함, 가까움을 확보하는 행동 양식과 기대들을 쌓아나가는 일상을 통해 우리는 이런 관계를 구축해 나가야 한다. 학교에서 학생들에게 디지털 시민의식과 네티켓을 열심히 가르쳐야 할 뿐만 아니라, 부모 역시 집에서의 일상적인 대화에 이런 내용을 포함시켜야 한다.

누군가가 다른 집 아이가 저지른 잘못이나 행동을 이야기하는 것을 듣고서 '안 돼.', '내 아이는 안 그럴거야.'라고 생각한다면, 당신은 여전히 자신이 자녀를 통제할 수 있고, 세상이 아이들에게 반응하는 방식을 통제할 수 있다는 환상을 품고 있는 것이다. 아이들이 스스로 선택할 것이라는 혹은 유감스러운 경험을 할 수도 있다는 사실을 빨리 이해할수록, 열리고, 차분하고, 가까이하기 쉬운 부모가 되는 방법을 더 빨리 찾을 수 있을 것이다.

아이들이 자라고 있는 세계와 아이들이 즐거이 합류하는 지금의 문화를 인정하고, 아이들이 당신에게 조언을 구하러 오고, 자신들의 세계에서 본인이 실제로 무엇을 하는지를 알려주고, 문제에 처했을 때 진실을 말해주는 것이 훨씬 더 중요하다. 아이들이 우리에게 오는 것은, 우리가 그 일을 받아들여줄지 허락할지에 대해 단순히 질문하러 오는 것이 아니다. 아이들이 먼저 부모가 자신을 안전하게 만들어줄 수 있는지를 느껴야만 한다. 당신이 무슨 말을 하는지 살펴보라. 극적인 상황을 부가하지 마라. 연습하고, 연습하고, 또 연습하라.

CHAPTER **EIGHT**

부모와 아이 사이 회복하기

테크놀로지를 가족과 지역사회의 동지로 만드는 법

서로와 함께 온전히 있는 법에 관한 훈련은
일종의 유산이 될 수도 있다.
그것은 엄청나게 큰 진주가 될 수도 있다.
하지만 그 보물은 디지털 시대에 점점 사라지고 있다

_**라라**, 17세

테크놀로지를 가족과 지역사회의 동지로 만드는 법

한 친구가 어느 날 오후 자신이 저녁을 만들고 나머지 가족들이 일과를 마치고 집으로 돌아왔을 때 9살 난 아들이 늦게까지 식탁에 콕 박혀서 노트북 컴퓨터로 〈스타트렉〉 DVD를 보면서 숙제를 했다고 내게 말했다. 첫째 딸이 들어오고 뒤따라 다른 딸이 들어왔고, 두 아이는 탁자 끝에 있는 컴퓨터 자리 주변에 놓인 전자기기 잡동사니들 더미 안에 있는 충전기에 각자의 휴대전화를 꽂았다. 내 친구의 킨들이 그곳에서 충전되고 있었고, 남편의 아이패드는 그 아래 다른 콘센트에 꽂혀 있었다. 어느 순간 아들이 컴퓨터 화면 속의 우주선 엔터프라이즈 호에서 눈을 떼고는, 디지털 기구류들이 줄지어 충전되고 있는 모습에 재미있다는 시선을 던졌다. "멋진데! 마치 우리가 도킹 스테이션 같아!"

늘 그토록 활기차지는 않지만, 부모들이 내게 말하는 것은 가족 생활이 그렇게 되어가고 있다는 데 대한 우려였다. 모든 사람들이 궤도 안에 있고, 재급유를 하는 시간만큼만 저녁 자리에 도킹되어 있으며, 교대로 새로운 업그레이드를 하고 습득해야 할 메모를 적는다. 무대에서의 활동과 대사, 그리고 인간관계는 테크놀로지에 의해 조직되어 있다. 페이스북Facebook은 대면하는 시간face time을 대체한다. 아이챗iChat은 우리의 대화us-chat를 대신한다. 이런 관점으로 나뉘지 않는 세대는 더 이상 없다. 디지털 시대에 태어났느냐, 후에 디지털 시대에 살게 되었느냐 정도일 뿐이다. 우리 모두 자신의 디지털 기기들을 사랑한다. 그렇다면 우리가 매트릭스 안에서 자기 자신을 잃지 않고 이런 인터페이스를 포용할 방법은 무엇일까? 디지털 시대에 테크놀로지를 통해서뿐만 아니라 체내에서도, 가족 간의 유대를 유지시킬 방법은 무엇일까?

지속가능성은 "건전한 운용으로 생태계가 광범위하고 다양한 사회적·자연적 자원들의 무게를 견디는 혹은 지속하고 유지하는 능력"으로 표현된다. 이는 철학자 브라이언 G. 노턴Bryan G. Norton이 "수용 가능한 생태계 관리"라고 부른 것이다. 아동 및 가족 상담치료사로서 내가 내 삶과 직업에서 매우 좋아하는 세계적인 관점으로, 이는 종종 격감된 자원을 보충하는 일, 잠들어 있는 상처받은 행동들을 놓아주는 일, 새로운 성장에 사려 깊게 영양분을 주는 일에 관한 것이다. 어떤 새로운 행동의 씨앗을 심어야 할까? 나는 아이들이 자신의 땅을 갈 준비가 될 때까지 영양분이 되도록, 새로운 성장·새로운 기술·새로운 시각을 위한 공간을 깨끗이 하려고 노력한다. 각 계절마다 필연적으로 새로운 성장이 일어나고, 종종 놀라운 발전이 일어난다.

양육은 끝없는 김매기처럼 매우 반복적이고 지루하게 느껴질 수 있다. 정원 일은 느리고 지속적인 관심을 요한다. 정원사로서 일한 수년간은 내게 거듭 한 가지 사실을 일깨워준다. 부모가 최선을 다해도 종종 상상한 대로 일이 이루어지지 않는다는 점을 말이다. 우리는 토양을 거듭 점검하고, 새로운 양분을 더해준다. 때로 지나치게 안달해서는 안 된다는 사실도 배운다. 그 정원은 우리에게 희망을 가지고 견디고 유지하는 법을 가르쳐주며, 우리가 날씨를 통제할 수 없다는 사실을 알려준다.

가족은 하나의 생태계이다. 강건하고, 다양하며, 탄력적이고, 망가지기 쉽다. 관계 역학이 어떻든 간에, 가족 구성원들은 자신들만의 독특한 환경을 만들고 공유한다. 그들은 서로 연결되어 있다. 우리 각자는 자기 가족이 성장하고 번창하며, 가장 좋은 상태로 유지되길 바란다. 또한 우리가 가정이 건전하게 운용될 수 있도록 광범위하고 다양한 사회적·본능적 힘들을 합쳐나가야 하는 문화와 시대 속에 살고 있음을 깨달아야 한다. 페이스북, 문자메시지, 스크린 게임, 뇌 속 도파민의 즐거운 반응, 이 모든 것들은 우리 아이들과 가족들의 행복한 삶을 보장하는 강력한 방식으로 교차된다.

좋은 소식은 우리가 지속가능한 가족을 만드는 데, 즉 인간의 생태계를 사랑하고 번창시키는 데 필요한 모든 것을 우리가 이미 가지고 있다는 점이다. 즉 우리는 이제껏 이런 일에 실패한 가족들이나 혹은 빗나간 아이나 구성원을 가진 가족들이 그랬던 방식을 보아왔고, 그에 대한 개인적인 잣대를 가지고 있다. 나는 끝없이 가족이 적응하고 성장하고 번창하는 방식에 감동받는다. 그들은 본질적으로 재생 가능한 자원이다. 양육자의 눈을 가족, 그리고 당신이 원하는 방식으로 작동하지 않는 태도나 방식 들을 수정하는 과정으로 돌리기에 늦은 때란 없다. 행복한 가족들을 비롯해 문제를 겪고 있는 가족들과 함께 하면서, 나는 내가 '지속가능한 가족'이라고 부르는 형태를 증폭시키는 공통적인 자질들을 보아왔다. 이는 정책, 종교, 교육 수준, 수입, 민족을 초월한 것들이다. 이런 자질들은 말하자면 보편적인 순환 시스템을 제공한다. 당신은 자유주의자일 수도, 보수주의자일 수도 있고, 종교적일 수도, 자유로운 영혼일 수도 있으며, 가족이 도시민일 수도, 시골 사람들일 수도 있다. 그리고 그것들이 당신 가족이 풍요로워지도록 도울 것이다. 나는 곧 그 하나하나에 의지할 것이다. 이쯤에서 지속가능한 가족을 구분시켜주는 특징을 요약해보자.

지속가능한 가족은 겹겹이, 단단하게 가족 간의 연결성을 조직해나가는 가족을 말한다. 이런 가족은 융통성 있게 위기를 다룰 수 있으며, 해소할 수 없는 위기란 없다. 융통성 있지만 약하지는 않으며, 그 장력 강도는 함께 시간을 보내는 것으로 단조된다. 그것은 온라인 생활 위에 가족생활의 가치를 두며, 당신이 이를 우선권시하지 않는 한 가족의 결합에 관한 지속가능성을 만들어낼 수 없다. 지속가능한 가족들 안에서 테크놀로지는 다양한 범위에서 훌륭하게 사용될 수 있지만, 가장 유념해야 할 것은 모든 감각을 서로에게 맞추고, 미디어 인터페이스 없이 서로와 온전히 함께 있는 것이 인간적인 연결의 기초라는 점이다. 지속가능성은 가족을 만들어나가기 위해 당신이 자녀와 함께 보내는 유한한 시간을 소중히하는 것을 말하며, 당신 혹은 가족이 그 자리에 늘 있고, 마음을 열고 당신과 함께 있는 것을 당연시하는 것이 아니다. 이는 미디어와 테크놀로지를 다루면서 앞으로 나아가는 것을 의미한다. 즉 필요할 때는 그것을 치우고, 그것을 지나치게 이용하거나 그것에 이용되지 않는 것이다. 가족 간의 연대에 무감각해지지도, 피하지도 않는 것이다. 지속가능한 가족은 아이의 건전한 발달과 성장을 위해 아이를 중심에 두고 가장 사랑하고 보호하며 독창적인 인간이 될 수 있는 환경을 제공하는 것을 중점으로 한다. 이는 매우 거창한 일로 보일 수 있지만, 대부분 당신이 아이와 함께 보내는 순간에 하는 일상의 선택들에서 만들어진다. 뭔가를 하는 데 있어 손쉬운 선택이라는 의미가 아니라, 당신이 아이의 미래에 대해 마음을 쓸 때의 기본적인 선택들이라는 것이다.

닐 포스트먼은 1982년의 저술 《사라지는 어린이》에서 부모들에게 양육을 테크놀로지와 대중문화의 부상에 따라 인간성을 잃어가는 데 대해 반항하는 행위로 이해해줄 것을 간청하면서 책을 끝맺었다. "그것이 아이들에게 필요하다는 사실이 우리의 문화에서 잊히리라고는 생각되지 않는다. 하지만 아이들에게 유년 시절이 필요하다는 사실은 잊히고 있다. 그것을 기억할 것을 촉구하는 사람들은 고결한 봉사를 수행하게 될 것이다."

이는 많은 곳의 전방에서 꾸준하고 성실하게 이루어져야 한다고 그는 썼다. 여기에는 아이들에게 당장의 욕구 충족을 뒤로 미루는 법, 책임감 있는 성적 태도, 자기통제와 자제력, 시민적인 행동, 언어, 교양을 가르치는 것이 포함된다. "하지만 가장 다루기 어려운 것은 아이들에 대한 미디어의 접촉을 통제하는 일이다." 그는 무려

30여 년 전에 이렇게 썼다. 이 말이 촉구하는 바는, 그 어느 때보다 정교해지고 만연된 미디어에 대한 아이들의 접근을 다룰 방법을 찾는 것이 오늘날 더욱 시급해졌다는 것이다.

당신이 스스로를 반항아로 여기든 지속가능한 가족의 주창자로 여기든지 간에, 당신은 당신의 가족 문화가 미디어와 온라인이 지배하는 문화의 부정적인 측면에 대항하는 문화가 되길 바라야 한다. 내 아이가 어른으로 성장할 때 어떤 가치를 중요하게 여기게 해야 하나? 그리고 나는 이런 가치들을 체화할 수 있게끔 가르치고, 그런 가치를 생활 방식으로 삼고 있는가? 장기적인 관점에서 보고 순간의 결정들로 이루어진 환경을 거부하는 일만이 이런 일을 가능하게 한다. 이는 진실로 질적으로 충만한 시간을 보내는 것만으로는 충분하지 않다. 지나친 문자메시지의 부정적인 면, 소위 교육적인 게임들, 가족 내에서 테크놀로지의 사용을 당연하게 받아들이는 일, 더 낫고 더 빠른 것이 필수적이라고 스스로를 속이는 일을 거부해야 가능하다. 일부 뛰어난 컴퓨터 게임들이 전략적 사고, 협력 기술과 같은 인생의 기술들을 가르쳐준다는 것은 진실이다. 인공지능은 나날이 발전하고 있다. 하지만 인간만의 지혜를 보다 깊은 삶의 경험 속으로 인코딩하는 일은 무엇도 복제할 수 없다.

테크놀로지적 혁신은 늘 그 영향력과 관련된 연구들을 앞지르지만, 우리는 이미 테크놀로지로 매개된 삶의 과도한 연결성이 제공하는 그 어떤 독자적인 이익들도 아이의 심리 건강과 행복한 삶에 현실에서의 대가를 치르게 한다는 사실을 알고 있다. 긍정심리학의 아버지로, 행복에 관해 연구한 심리학자 마틴 셀리그먼은 행복한 삶에 기여하는 중대한 요소들을 5가지로 규정했다. 긍정적인 감정, 삶에 대한 관여, 긍정적인 관계, 삶의 의미, 성취이다. 테크놀로지와 우리의 관계라는 맥락 속에 이 요소들을 대입해보면—도파민의 직격, 능력을 성장시키는 것으로 보상하는 소셜 네트워크 혹은 스크린 게임의 재미, 온라인상에서 원하는 것을 얻는 데 대한 즉시적인 욕구 충족(그것이 세계 뉴스이든 세계 누드이든)—어떤 것이든 '연결'이 행복한 삶처럼 느껴질 수 있는지에 대한 이유를 설명할 수 있을 것이다. 그리고 왜, 적당하게, 그럴 수 있는지도 말이다. 또한 그것이 왜 현실의 구체적인 연결들을 대체하는 과도한 문자메시지, 페이스북 관리, 기타 테크놀로지적 연결들이 행복한 삶을 위한 기본적인 토대를 잠식하는지를 설명할 수도 있을 것이다.

지속가능성을 만드는 환경들 중에서 지속가능한 가족을 위협하는 것은, 새로운 사람들, 새로운 관념들, 계속 일어나는 연결들, 새로운 테크놀로지의 순환에 적응하지 못하고, 열린 태도를 갖지 못하는 데 있다. 테크놀로지는 가족의 연결을 강화할 수도, 희석시킬 수도 있는 도구이다. 가족 구성원들이 지나치게 혼자 삶을 꾸려나가고 자기만의 온라인 삶에서 가족 외의 소셜 네트워크 속에서 많은 시간을 보낼 때, 가족의 결속력이 무너지고 유대가 약화된다. 오늘날의 가족은 가족관계의 중요성에 관한 시선을 잃지 않은 채 테크놀로지와 함께 관계를 발달시켜나가야 한다. 그것이 우리가 가족을 지속가능하게 만드는 이런 관계들을 보호하고 길러나가는 일이기 때문이다.

접속과 비접속
두 가족의 이야기

청교도들은 '중용'의 지혜에 눈뜨지 못했다. 때때로 '테크놀로지가 얼마나 괜찮은지'에 관한 타당한 대화들은 장미꽃 향기를 좋아하는 사람과 그것에 알레르기가 있는 사람 간의 도덕적 논쟁으로 넘어가곤 한다. 하지만 그럴 필요는 없다. 나는 테크놀로지에 대해 매우 다른 철학을 지니고 있는 두 가족에 관해 간단히 이야기해보려고 한다. 나는 엘리와 이반이라는 두 형제를 알고 있는데, 그들이 7세, 9세 때부터 알아왔다. 이제 두 사람은 40대 중반으로, 둘 다 훌륭한 부모이다. 하지만 이들은 가족 내에서 테크놀로지와 미디어의 역할에 대해 거의 완전히 다른 접근 방식을 취하고 있다. 둘은 모두 테크놀로지 세계에 매우 정통한 사람들이다. 과학과 테크놀로지 분야의 정교한 기기들과 관련된 직업을 가지고 있으며, 따라서 그것에 대한 이해나 접근이 아니라 그저 철학적으로 다른 관점을 가지고 있을 뿐이다. 둘 모두 까다로운 협력적 직업들을 가지고 있는데, 그들은 어느 순간 테크놀로지가 자신을 가족에게서 떨어뜨리고 있다는 것과 그것이 자신과 가족들에게 미치는 영향을 깨닫게 되었다. 이 아버지들이 쉽게 이런 깨달음을 얻은 것은 아니다. 그들은 자신의 일과 가족 간의 균형을 맞추는 데 대한 테크놀로지의 역할로 인해 고민했으며, 수년간 그것의 손익을 파악하고, 어떻게 그 균형을 맞출 수 있을지를 계산했다. 그리고 올바르게 여겨지는 방식으로 변화를 만들어내고 그에 따른 희생을 감수하고자 결심했다.

과학자이자 과학 컨설턴트인 엘리는 직업상 해외출장을 갈 일들이 제법 있는데, 첫 아이가 태어난 때부터 끊임없이 출장을 다녔다. 그는 스스로를 휴대전화와 컴퓨터에 중독되었다고 표현했다. 그리고 힘든 업무에 대한 스트레스 발산책이자 가족으로부터 떨어진 데 대한 마음의 부담을 피하기 위해, 빠르게 반응하는 게임과 인터넷 연결들을 사용한다고 말했다.

"궁극적으로 중독은 비참한 안정 상태 같은 겁니다."라고 그는 말한다. "그건 무언가 혹은 다른 이들에 대한 불안을 누그러뜨리는 일이죠. 이 조그만 3초짜리 덩어리 안에서, 내가 그것을, 수많은 그 끔찍한 것들을 가지고서 '좋아, 이메일(혹은 주식 기타 등등)을 확인해봐야지.' 할 때 그런 걸 느낀다는 거예요. 그 순간 실제로 내가 느끼는 것보다 더 즐거운 기분이 들게 되기 때문이지요." 그는 이런 3초짜리 장치들로 이루어진 점들을 연결하기 시작했고, 자신이 본 것에 동요되었다. "전 '네가 뭘 알지? 이건 이대로 살아 있는 삶이 아니야. 내가 가진 것보다 더 행복한 현실을 만들어내려는 시도고, 삶의 방식으로는 좋지 않아.'라고 생각하기 시작했죠. 그리고 내가 여전히 그 일에서 손을 떼지 못하고 있고, 더 즐거운 무언가와 함께함으로써 그 일을 끝내려는 시도를 하지 않았다는 끔찍한 기분을 느꼈습니다. '생경한 기분이야.' 혹은 '아, 힘들다.'라고 말해야 했지요. 혹은 그게 무엇이든, 그런 것을 그대로 있게 두어야 했지요. 전 궁극적으로 이 모든 중독적인 과정들, 블랙베리에 의해 불붙는 조그만 작은 점들이 모두 고통과 관계 있다고 생각해요. 더 행복한 무언가를 찾는 시도를 하는 거죠."

형인 이반은 얼리어답터로, 스티브 잡스를 위시한 새로운 영역의 개척자들에게 경도되어 대학을 박차고 나온 10대 테크놀로지 마법사였다. 그는 테크놀로지 산업에 통달한 사람으로, 매일매일 직장에서 집으로 그 일을 가지고 돌아왔다. 그는 온갖 휴대기기광이었다(아직까지도 그렇다). 그의 집 사무실은 하이 테크놀로지 및 새로운 테크놀로지, 실험적 테크놀로지의 메카였으며, 그는 결코 테크놀로지에서 접촉을 떼지 않았다. 그는 스스로를 거기에서 떼어낼 수 없었다. 부모가 되고 수년이 지나, 그는 자신의 끊임없는 멀티태스킹과 테크놀로지에 분산된 관심이 어린 아들과 함께하는 가족의 삶, 인간의 현실 생활, 테크놀로지와 접촉할 수 없거나 그것이 없는 삶에서 자신을 부재하게 만들고 있음을 깨닫기 시작했다.

"제게 있어 그 변화는 대부분 나이가 들어가면서, 시간이 흐르는 것을 목도하면서 시작되었습니다. 간단하지요." 그는 말했다. 1세와 4세인 그의 두 아이들은 몇 년 안에 학교에 들어가게 될 것이었다. 그는 아이들이 태어나고 처음 몇 년간이 얼마나 빨리 흘러갔는지에 대해 아연실색했다. 그는 가장 어린아이가 학교에 들어가기 시작하는 시점을 언급하면서 "'5년만 지나면 아이들이 모두 떠나버리겠구나.'라고 깨달았죠."라고 말했다. 그의 아버지는 그가 어렸을 때, 가족이 처음 형성되기 시작한 시점에 늘 부재 상태였다고 이반은 말했다. "그래서 전 실제로 제 아이들과 하는 그런 경험들을 놓치고 싶지 않았습니다."

두 형제는 자신들의 깨달음에 들떠서 더 활발하고 사려 깊게 아버지가 되는 일에 착수했다. 테크놀로지 기계를 움켜쥐는 것은 두 사람 모두에게 중요했다. 둘 모두 가족 대화와 활동을 통해 직접적으로 연결되는 것에 깊이 마음 쓰고, 그것을 반영하여 아이를 기르는 여성과 동반자가 되었다. 형제들의 비전과 전략은 매우 달랐지만, 결과적으로 아이들의 테크놀로지 접속에 대한 각 가정과 가정 규칙에 남은 디지털 흔적들은 지금까지의 연구 결과들과는 반대의 이야기를 해준다.

엘리의 아이들은 테크놀로지와 화면 달린 기기, 엔터테인먼트 미디어에 극도로 접근이 제한되었다. 이 가족의 컴퓨터에는 키즈락이 걸려 있다. 7세의 시에나와 4세의 새리터는 대개 숙제를 하기 위해서만 컴퓨터를 이용했고, 그 밖의 활동은 거의 하지 않았다. 오빠인 12세 매트는 채팅, 컴퓨터 게임, 인터넷 서핑을 하는 것을 허락받지 못했다. 그는 위키피디아나 몇몇 사이트는 검색해도 되었지만, 다른 의문시되는 콘텐츠들에는 접근이 차단되어 있었다. 이 가족은 노트북 컴퓨터도 하나 소유하고 있었지만, 인터넷 연결은 되어 있지 않았다. 엘리와 아내 조시나는 각각 스마트폰을 가지고 있었고, 집에는 가족용 TV도 있었지만 케이블은 연결되어 있지 않았다. 따라서 아이들은 기본적으로 어떤 케이블 방송도 보지 못했으며, TV를 통해 무언가를 보는 것도 일주일에 대개 30분 정도였다. 아이들은 TV를 DVD를 보고, 매트가 크리스마스 선물로 받은 Wii 게임을 하는 데 이용했다. 그마저도 Wii 게임은 하루에 30

분 정도만 허락되었으며, 더 오래 놀기 위해 그 시간을 적립할 수 있었다.

이반의 아이들은 테크놀로지와 고도로 연결된 가족 속에서 살았다. 집 안은 전자기기로 가득 차 있었으며, 아이들은 커다란 평면 TV로 부모에게 허락받은 온갖 종류의 게임을 했다. 〈콜 오브 듀티〉가 가장 폭력적인 게임이었다. 이 가족은 아이패드들을 가지고 있었고, 아들들은 각자 컴퓨터와 문자메시지가 제한된 휴대전화를 가지고 있었다. 주방에는 가족용 컴퓨터가 있었고, 아이들은 침실에서는 전자기기들을 사용하지 않는다는 규칙을 잘 지켰다. 또한 새로운 것(영화, 애플리케이션, 비디오, 게임 등 뭐든)을 하기 전에는 허락을 받았다. 이안과 아내 카르멘은 고정된 시간 제한을 두기 보다는 아이들이 여가 시간을 사용하는 방식에 기초하여 보다 융통성 있게 접근했다. 숙제는 했는지, 해야 할 일은 했는지, 게임을 마지막으로 언제 했는지, 무언가에 대해 가족 대화 시간이 필요하지는 않은지 등을 고려했다. 일반적으로 주말에는 아이들이 전자기기를 가지고 놀 때가 있었지만, 컴퓨터로 숙제를 할 때는 이메일을 하거나 친구들과 채팅을 하기도 했다.

두 가족은 1년에 두 차례 함께 휴가를 떠났는데, 그때 형제는 그 기간 동안 아이들의 테크놀로지 규칙들과 관계된 언쟁을 하며 다소 긴장된 시간을 보내기도 한다. 근본적으로 형제는 각자 서로 방문한 집의 양육 방식을 존중해주고 그에 맞춰주기를 바랐다. 그것은 충분히 문제의 여지가 있었다. 두 집이 아닌 어딘가로 간다면 어떻게 할 것인가? 그것은 결정하기 쉽지 않은 문제였지만, 이들은 매년 함께 그 작업을 해나갔다. 서로에 대한, 가족에 대한, 함께 하는 휴가 계획에 대한 사랑과 헌신이 이들에게 공통의 기반과 타협점을 찾게 해주었다.

이렇듯 서로 관계하고 있으면서도 완전히 다른 두 가족의 이런 장기적이고도 일상적이며 완전한 비과학적 연구에서 온 새롭고 멋진 발견은 두 모델에 작용했다. 다섯 아이는 모두 잘 자랐다. 아이들은 창조적이고 친절하며 사려 깊고 관대하며 똑똑했고, 다른 많은 아이들처럼 아이패드, 아이터치, 와이드스크린 TV, 혼자 혹은 여럿이 하는 게임들, 휴대전화, 문자메시지, 최신 영화 등 많은 일들을 했다. 이 사촌들은 서로를 사랑했고, 1년에 두 번 서로의 집을 방문했을 때 몇 시간이고 함께 놀며 시간을 보냈다. 테크놀로지 사용과 규칙에 관한 두 가족의 접근 방식은 엄청나게 달랐음에도, 두 가족은 내가 지속가능한 가족에 대해 생각할 때 떠올리는 유형의 강하고 애정 어린 가족 관계의 좋은 예가 되었다. 이는 또한 내가 지속적으로 찾고 있는 것을 시사한다. 즉 가족과 가족, 아이들과 아이들이 30여 년간 미디어와 테크놀로지를 가정 안에서 맞추어 변형시킨 방식을 말이다.

디지털 시대 지속가능한 가족을 만드는 7가지 자질

테크놀로지 이용 스펙트럼에서 정반대에 자리한 엘리와 이안의 가족 경험들로부터, 그리고 그 사이에 있는 많은 가족들의 경험으로부터, 나는 디지털 시대 지속가능한 가족을 만드는 7가지 자질(혹은 요인)에 관한 실용적인 안내 지침을 도출했다. 이 요소들은 본질적이지만, 반드시 적확하다고 할 수 있는 것은 아니다. 이들은 해석을 열어주는 것일 뿐이다. 왜냐하면 그것은 본능이고, 일이며, 가족 생활에서 작동하는 것이기 때문이다.

1/ 오늘날 세계에 퍼져 있는 테크놀로지의 존재를 인정하고, 그것을 가족의 가치와 행복을 반영하고 돕는 데 사용하는 방법에 관한 가족 철학을 계발하라. 테크놀로지와 비테크놀로지 양측을 모두 사용하고 즐기고 몰두하는 자신들만의 방식을 만들어라

가장 활기차고 도움이 되는 테크놀로지와의 관계란 무無에서부터 시작된다. 궁극적으로 테크놀로지는 먼저 우리가 아이들과의 직접 소통을 위해 만들어낸 안전하고, 안정적이며, 애정이 있는 환경 속에서 가장 잘 작동한다. 아무리 값비싼 미디어와 테크놀로지가 가족의 생활이 된다 해도, 아무리 우리가 그것을 많이 사용하고 즐긴다 해도, 아이들이 우리와 내면으로 깊게 연결되어 있다면 가족과의 연결을 분리하지 않고 테크놀로지 생활을 할 수 있게 되기 때문이다.

지속가능한 가족은 여기에서부터 시작된다. 깊이 연결되어 있고, 감정적 조율이 확립된 데서부터 말이다. 아이들은 안전과 안정감을 느껴야 하며, 이와 관련된 첫 번째이자 가장 강력한 경험을 토대로 우리와 관계 맺는다. 아이들은 우리를 배운다. 아이들은 우리와 함께 한 수년간의 경험을 통해 우리가 신뢰할 만한지, 언제 가까이 다가가도 되는지 파악한다. 여기에는 우리의 테크놀로지 습관이 포함되어 있는데, 많은 어린아이들이 부모의 관심을 차지하기 위해 전자기기 화면과 경쟁했던 경험을 고려한다. 아이들은 자랄수록 우리의 테크놀로지 습관들을 기준적인 규범으로 확립한다. 우리가 일을 하면서 멀티태스킹을 덜 하고, 아이들을 이 카테고리 안에 포함시키지 않는 것은 매우 중요하다. 아이들이 자랐을 때 반드시 해야 하는 상태 목록에서 우리의 이름을 추방하기를 바라지 않는다면 말이다. 면대면 소통, 사랑의 말이 중요하다. 이것들은 우리가 아이를 얼마나 중요하게 여기는지를 아이에게(어느 연령대든) 들려주는 하나의 방식이다. 밤낮으로 "사랑해."라고 말하고, "우리는 널 지켜주려고 여기에 있단다." 혹은 "우리가 널 도우려고 여기에 있단다."라고 확신시켜 주는 일은 아이들에게 많은 것을 의미한다. 자신을 보호해주려는 어른들이 있음을 알려주는 것은 아이를 안심시키는 일로, 매우 중대하다. 또한 우리가 아이들에게 한계를 설정(예컨대 컴퓨터 사용에 관한 것 같은)하거나, 아이들을 보호하기 위해 뭔가를 그만하라고 할 때 우리의 말을 신뢰할 수 있게 해준다. 합리적인 제한, 훈육, 결과 들이 아이들에게 그들의 안전을 위해 따라야 할 규칙들이 있다는 점을 이해시켜준다. 그것은 일종의 보호이자, 아이들이 우리에게 중대하다는 신호이기도 하다.

테크놀로지 대화는 오늘날 모든 이들의 두 번째 언어가 되었으며, 따라서 지속가능한 가정도 집에서 그것을 사용한다. 부모가 집에서 테크놀로지를 전혀 사용하지 않든 적게 사용하든 최첨단으로 사용하든, 아이는 그 세계 속에 있으며, 그것을 다루는 방법을 알아야만 한다. 아이들은 그것을 끝까지 사용하게 될 것이며, 우리는 아이들이 그것에 대해 우리에게 와서 말해도 된다고 여기기를 바란다. 덧붙여 각 가족들은 테크놀로지 사용에 관해 계속해서 자기 집 만의 규칙, 실질적인 약속을 계발해야 한다. 그것이 아이들의 발달 단계에 따라 계속 변화할 것이고, 그때마다 새로운 테크놀로지 혁신이 있을 것이기 때문이다. 우리는 아이들이 집에서 어떤 일들이 왜 벌어지는지에 관해 탐구하고, 생각하고, 친구들과 편안하게 수다 떨기를 바랄 것이다. 미디어와 테크놀로지에 대해 우리가 어떤 감정을 품고 있든지 간에, 큰 관점에서 가정의 규칙을 확립하는 일은 우리에게 몇 가지 기회를 안겨준다. 1) 다른 것들을 악惡으로 규정하지 않고 가정 바깥의 각기 다른 현실들과 다른 가치 체계들에 대해 알게 해주고 2) 다른 것들을 악으로 규정하지 않고 가족을 위해 우리가 한 선택들이 왜 그러했는지를 설명할 수 있게 해주며 3) 우리가 겁먹고, 극도로 흥분하고, 아무것도 모르는 모습을 보여주지 않고 아이에게 실용적으로 대응할 수 있게 해준다. 6살 난 자녀와 TV 쇼를 볼 때나 컴퓨터를 할 때 왜 부모에게 허락을 구해야 하는지에 관해 나눈 대화는, 아이가 10대가 되었을 때 하지 말아야 할 일, 책임감, 더 모험적이고 위험한 영역을 탐구했을 때의 결과에 대해 이야기를 나눌 수 있게 하는 토양이 된다.

대화를 계속 이루어나간다면, 온라인의 삶과 관련된 문제, 가족의 테크놀로지 사용, 교칙과 법률, 네티켓, 에티켓—그렇다, 때때로 전통이 테크놀로지를 이겼을 때 우리 아이들에게 배우게 해야 하는 옛날 식의 것—, 디지털 시민의식에 관해 조언할 수 있다. 테크놀로지 대화를 가족의 '미디어 다이어트'의 일부로 생각하라. 집 안에서 아이의 미디어 사용을 많이 허락하지 않는다고 해도 말이다. 그것에 대해 대화하는 일은 전적으로 다른 문제이며, 무엇이든 실질적인 대상에 대해 사려 깊은 토론을 위한 대화의 경로를 연다.

전략적 사고라고 하면 복잡하게 들리겠지만, 실제로 그렇지 않으며, 위기 중재보다 훨씬 간단하다. 집과 학교에서 미디어·컴퓨터·테크놀로지 사용에 관한 책임감 있는 약속, 모두가 응낙한 약속을 만들어두면, 모두가 해야 할 일들을 명확히 알 수 있고, 아이의 친구들이 갑자기 들렀을 때—친구들과 함께 제한선을 설정하기가 쉽다—임의적으로 여겨지지 않는 제한선을 설정하기가 훨씬 쉬워진다.

부모로서 우리는 우리가 만든 약속들이 융통적이든 그렇지 않든 어디에서든 책임감 있는 양육 계획을 가지고 있어야 한다. 우리가 제한선을 설정하고, 그에 따른 결과들을 규정했으며, 책임감의 모형을 만들었기 때문이다.

다음은 지속가능한 가정을 만들기 위한 몇 가지 테크놀로지 사용 규칙들이다.

- 부모들은 책임감을 가지고, 아이들의 일에 실질적으로 관여해야 한다. 이는 보호 프로그램을 설치하고, 접근 제한을 걸어두거나 발달 단계상 아이들이 받아들일 준비가 되어 있지 않은 콘텐츠, 혹은 단순히 부모로서 아이들이 접근하기를 원치 않는 콘텐츠 수준에 아이들의

접근을 제한하는 애플리케이션을 설치하는 것을 의미한다.

- 아이들은 책임감을 보여주고 신뢰를 구축했을 때 특권을 얻는다. 6살 난 자녀가 가족 휴가에서 스마트폰을 가지고 놀다가 500달러짜리 미스 키티 애플리케이션 액세서리를 클릭하고 구매하는 행동을 보일 때까지 왜 기다리고만 있는가? 어느 것이든 접근과 다운로드 규칙을 명확히 설정하고, 어느 연령대든 아이가 안전하고 재미있게 테크놀로지를 이용하는 다른 규칙들도 명확히 세워두라.
- 실수들은 교훈의 순간으로 취급되어야 한다. 아이들이 실수를 고백할 수 있도록 고무하고, 실수로부터 배울 수 있도록 하라. 아이들에게 창피를 주는 것은 선택이 아니다. 아이들의 말을 끝까지 들어주고, 아이들이 이해한 것들에 조언해주고, 그것에 책임을 질 수 있도록 해주라.
- 이런 식으로 직접 이야기할 수 있을 것이다. "가족 구성원들은 테크놀로지를 통하여 해야 할 일들을 다시 소통하고 공유해야 한다. 네가 할 말이 있다면, 내가 날짜나 계획, 문자메시지에 대한 답신을 해달라고 문자를 했다면, 지금 그렇게 해라. 내가 문자를 하고, 음성메시지를 남길 것이라고 말했을 때 네가 그것을 들었다는 사실을 알아야 한다면, 그렇게 해라. 만약 내가 전화를 해서 세 번 벨이 울리게 두라고 하면, 그것이 중요하다면 그때 수화기를 들어라. 만약 네가 문자를 할 것이라고 말하고 따라서 내가 네가 안전하다는 것을 알면, 그렇게 해라. 네가 사랑하는 상대와 끝까지 서로에 대한 책임을 지도록 공유해라. 그것이 매일 바뀔 수 있지만, 그 변화에는 서로의 동의와 인식이 필요하다."

자녀에게 문자메시지 하는 것을 허락할 때, 생각해야 할 또 다른 일들을 추천한다. 이 말을 하는 데 사람을 잡아먹는 괴물이 될 필요는 없다. 아이들에게 전화를 쥐여줌으로써, 우리는 아이가 거기에 책임을 질 준비가 되어 있다는 것을 믿는다고 표현한 셈이다. 다음의 사항을 독려하되, 명확히 하라.

- 휴대전화를 가지는 권리는 철회될 수 있다. 자동차 열쇠를 얻는 일과 같은 것이다. 실제로 선물이 아니다. "우리가 논의한 방식 안에서 이것을 사용한다고 여겨져야 네가 이것을 사용하게끔 줄 것이다. 만약 학교에 가지고 간다면 교칙을 잘 준수해야 한다. 예외는 없다. 누군가에게 심술을 부리거나 심술궂거나 성적인 메시지를 보내는 데 휴대전화를 사용하지 마라. 포르노도 안 되고, 불법적인 건 어떤 것도 안 된다. 잃어버리거나 깨뜨리는 등 휴대전화에 무슨 일이 생기면, 수리할 책임은 네게 있다."
- 부모들은 늘 휴대전화에 비밀번호를 설정해야 한다. "내가 너의 안전에 대해 걱정하지 않게 될 때까지 네 휴대전화를 살펴볼 것이다."
- 휴대전화는 현실에서 가족과 친구와의 대화들을 대체할 수 없다. "나도 전화는 더 이상 전화가 아니라는 것은 알고 있다. 이건 소형 컴퓨터이다. 하지만 중요한 대화들은 얼굴을 맞대고 해야 한다는 사실을 기억해라. 네 주위에서 일어나는 일들로부터 숨거나 달아나기 위해 이것을 이용해서는 안 된다. 네 인생을 휴대전화 위에서 살지 마라. 네 휴대전화가 네 인생이 되게 하지 마라."
- 안전, 건강, 그리고 좋은 습관들을 최우선 가치로 두고, 늘 그렇게 하

라. "길을 건널 때는 휴대전화를 사용하지 마라. 휴대전화를 가지고 잠이 들지 마라. 숙제를 하고 가족과 식사를 할 때는 휴대전화를 꺼두어라. 이 모든 테크놀로지에 의존하기 쉽지만, 그렇게 그것에 휘말리지 마라."

나는 혼재된 미디어를 통해 뒤섞인 메시지를 받은 이유로 수많은 부모들과 아이들이 서로에 대해 원망을 쌓고, 수 시간 고민을 하거나 눈물을 터트리는 모습을 보아왔다. 가족이란, 우리가 할 수 있는 한 많은 시간을 들여 그것을 올바르게 바로잡는 노력을 한다는 것을 의미한다.

• 상식과 태도는 중요하며, 테크놀로지의 도움을 받는 의사소통보다 우세하다. 중대한 감정이 담긴 내용을 문자메시지나 이메일로 보내고 싶어 하는 초조한 마음에 저항하라. 대단한 소식, 나쁜 소식, 슬픈 소식, 때로 가장 행복한 소식은 의사소통에 있어 민감한 주제일 수 있다. 많은 가족들에서 많은 사람들이 죽음이나 결혼에 대해 직접 듣거나 그런 감정을 자신과 함께 나누기보다는 온라인상을 통해 듣고 상처를 받는 일도 있다. 당신의 가족들은 격식 차린 어조로 이메일을 하는 것을 괜찮다고 여기는가? 아마도, 아마도 그렇지 않을 것이다. 점검해보라. 가족이다.

2 혼자 노는 시간과 가족과 함께 노는 시간을 모두 중요하게 여겨라

이 '미친 듯이 바쁜' 세상에서 가족들은 함께 놀아야 할 필요가 있다. 이 책을 위해 아이들을 인터뷰하면서 나는 아이들이 몇 살이든 가족으로서 재미있게 보내는 시간이 그들에게 얼마나 의미 깊었는지에 대해 자주 이야기하는 것을 알고 놀랐다. 몇몇 아이들은 "그걸 했을 때는요……."라면서 부모님이나 형제자매 혹은 사촌들과 보낸 단순하고, 달콤하고, 좋은 시간들에 대한 이야기를 시작했다. 나무에 눈뭉치를 던진다든지, 시냇물에 놓인 징검다리를 뛰어 건넌다든지, 몸짓 알아맞히기 놀이나 카드놀이, 보드 게임을 한다든지, 쿠키를 굽거나 안에 든 재료가 각기 다른 캐서롤을 만들어 먹는다든지 같은 것들 말이다. 이것은 일시의 변덕이 아니다. 어떤 민족적·사회경제적 배경을 지녔든, 아이들은 종종 가족들과 함께 놀고, 웃고, 시간을 보내고, 그저 함께 있을 뿐인 단순한 일들에서 느끼는 기쁨에 대한 유사한 이야기들을 하곤 한다.

아이들은 또한 테크놀로지가 가족들이 함께 시간을 보내는 방식이 되었다는 이야기를 한다. 휴가 끝무렵은 부모님들이 온라인에 접속하는 것으로 소비되고, 주말에는 부모님들이 내내 컴퓨터 앞에서 떠날 줄 모르고, 재미있는 계획, 세부적인 계획들을 취소한다. 그들은 온라인에 있어야 하는 누군가를 제외하고 카드 게임을 한다. 깨진 약속들은 마음의 상처가 될 수 있다. 그리고 아이들에게 그것이 어떤 것인지를 잊기도 쉽다. 아이들은 몇 살이든 부모가 자신과 함께 놀고자 하기를 바란다. 보드게임이든 Wii이든 학교 소풍이든 말이다. 아이들은 부모가 자신과 함께 하면서 기쁨을 느낄 때 자부심과 함께 특별하다는 느낌을 받는다. 부모가 적극적으로 아이와 함께 있기를 선택할 때, 아이에게 무엇을 하면 재미있을지를 고르게 할 때, 함께 재미있는 시간을 만들어나갈 때, 그리고 놀이 약속을 어기지 않을 때, 아이들은 부모가 자신들과 함께 즐기고 있다는 사실을 안다. 아이들은 모두 일이 우선시되는 때, 직장에서 부모를 찾는 전화가 걸려오는 때, 부모가 그에 응해야 할 때를 이해한다. 하지만 관계에 있어 가장 중요한, 티핑포인트(어떤 것이 균형을 깨고 한순간에 전파되는 극적인 순간—옮긴이)가 존재한다. 만약 우리가 큰일을 완수하지 못하거나 지나치게 사과를 많이 하면, 우리와 아이들은 이런 놀이와 함께 하는 경험에서 오는 근본적인 연결 감각을 잃게 될 것이다.

어린 자녀들을 둔 한 아버지는 이렇게 말했다. "우리가 연결되는 방식은 대개 그저 걷고, 쇼핑하고, 영화를 보러 가고, 개를 데리고 산책을 가고, TV를 보고, 책을 읽고, 뭐든지 그냥 함께 시간을 보내는 겁니다. 실제로 대단하거나 멋진 일은 아무것도 없어요. 그냥 함께 있는 겁니다."

한 10대 자녀를 둔 어머니는 이렇게 말한다. "우리가 연결되는 대부분의 일들은 미디어 주변에서 일어납니다. 우리는 〈모던 패밀리〉, 〈글리〉, 〈30 록〉을 함께 봅니다. TV를 보면서 이루어지는 대화에서 저는 아이의 생활에 대해 듣습니다."

이렇듯 부모, 가족과 '단지 함께 있는 것', '실제로 함께' 있는 것은 아이들에게 자신감, 자존감, 안전감을 부여한다. 아이들은 소속감과 이어짐을 느끼고, 그 어느 때보다 그런 상황에서 자신들에게 중요한 일들에 대해 이야기하곤 한다. 우리는 아이가 혼자 그리고 친구들과 함께 테크놀로지가 개입하지 않고 조직적이지 않은 놀이, 상상놀이를 하는 것을 아이의 특권(그리고 우리의 특권)으로 만들기 위해 창조적인 놀이에 관한 가족 윤리를 이용할 수 있다. 가족 놀이에 더해 아이가 혼자 그리고 또래들과 하는 놀이는 호기심과 투지, 열의를 길러주며, 행복한 삶과 학교와 인생에서의 성공과 밀접한 다수의 사회적·감정적 학습을 일으키게 한다. 놀이는 아이들이 자기의 재능과 영감을 발견하는 행위이다. 그것은 아이들이 집중력을 실행하고, 좌절을 통해 일하는 방법을 알게 되는 행위이다. 놀이는 성장하는 아이에게 있어 최고의 자양분이다.

아이들에게 자양분을 줄 수 있는, 가족을 위해 정말로 중요한 놀이 두 종류가 있다. 한 가지는 아이 혼자서, 자기 상상 속에서 장난삼아 즐기는 능력과 기회를 주는 것이다. 이를 통해 아이들은 지루한 시간부터 자신의 관심을 끄는 일에 이르기까지 자신만의 방법을 찾고, 늘어난 시간 동안 자기만의 친구와 노는 방법을 습득한다. 이 놀이를 하는 방법은, 어떤 장소에 있게 되었다거나, 집이나 휴가지에서의 상황, 혹은 과거의 방식으로 남는 시간이나 아무것도 하지 않는 시간을 배회하는 등 수많은 상황들을 만들어보는 것이다. 스케치 패드, 색찰흙, 레고, 책, 젠가 블록, 무엇을 가지고 놀든, 그것은 모두 '나의, 나를 위한, 나'를 발견하는 일에 관한 것이다.

다른 유형의 놀이는 가족으로서—또래나 형제자매로서가 아니다—하나의 가족으로 있어 보는 놀이로, 세대, 형제자매, 사촌, 확대가족, 가족의 지인들을 가로지르며 함께 놀아보는 방식을 알아보는 것이다.

뒷마당에서 혼자 놀든 거실에서 다른 사람들과 함께 놀든, 핵심은 당신이 자신의 상상력을 이용하는 것에 있다. 모두가 거실에서 컴퓨터와 함께 둘러앉아 있는 것과도 다르지 않다. 그것이 플러그가 뽑혀 있는 상황을 제외하고 말이다. 무언가를 요리해보라. 무언가를 만들어보라. 새로운 무언가를 발명해보라.

무한한 시도에 의해 창조성이 아이들의 마음속으로 들어간다. 예컨대 엘리의 아들 매트는 직접 책을 쓰고, 종이에 글씨를 쓰고, 지도들과 마술적인 등장인물들로 그것을 묘사한다. 이반의 아들 루카는 10대 때 테크놀로지에 경도되었던 자기 아버지만큼이나 테크놀로지에 관심이 큰 아이로, 컴퓨터 게임을 계발하고, 주변을 빤히 쳐다보고, 코드를 작성하는 법을 배운다. 종이 위에 하든 컴퓨터 화면 위에 하든 독창적인 예술에 있어서는 더 나은 것도, 더 못한 것도 없다. 아이들 각자는 자기만의 진정하고 깊이 있는 창조성과 상상력을 표현하기 위해 자기가 할 수 있는 매개물을 이용한 것이다. 이는 아동의 상상력이라는 특질을 상업적 콘셉트, 대본, 행위로 대체하는 상업적인 스크린 게임들을 넘어선 수준이다. 실제로 아이들이 게임을 만들고, 서로가 규칙들을 이해할 수 있게 돕고, 규칙들과 전략을 증진시킬 때, 이런 종류의 놀이는 협동, 감정이입, 인내심, 브레인스토밍, 협력적 창조, 팀워크와 같은 모든 리더십 자질들을 가르칠 수 있다.

더 나아가 아이의 가족생활이 가족과 좋은 가치들을 으뜸으로 두는 데 기반하고, 우리가 누구인지에 대해 일상적으로 대화하며, 서로를 이해하는 데 기반한다면, 가정은 우리가 애쓰는 곳, 우리가 격려하거나 도와주어야 하는 곳, 우리가 안전감과 유대, 낙관성을 느끼는 곳이 된다. 그러면 부정적인 온라인 콘텐츠 혹은 터무니없거나 분노를 일으키는 이미지나 말들에 우연히 노출되었을 때, 그에 따른 영향은 잘 처리되고, 그런 대화와 깊이 있는 이해 속에서 삶이라는 정원의 교훈이 되는 더 좋은 비료가 될 것이다.

당신이 전자기기 없는 놀이라는 개념을 적극적으로 지지한다면, 자녀에게 놀이를 맡겨라. 아이들은 놀이 상담에 관한 전문가이다. 아이가 전문가가 되게 놓아두고, 그 기회를 즐겨라. 아이는 그 리더십 역할을 음미하고, 당신에게 자신에 대해, 자신에게 매력적인 놀이가 어떤 종류인지에 대해 알려줄 것이다. 당신이 둘 다를 지지한다면, 도움을 위해 함께 전자기기를 이용할 수 있을 것이다. 테크놀로지에 관한 멋진 일 중 하나는 온라인에 접속해서 무엇이든 찾을 수 있다는 점이다. 스스로 놀이에 대한 책을 몇 권 찾아라. 부모들을 위한 연령대별 온갖 종류의 놀이에 관한, 테크놀로지가 개입되지 않은 놀이에 관한 멋진 책들을 이용할 수 있을 것이다.

놀이는 자녀의 경험에 관한 창이다. 우리는 아이들이 놀이로부터 얻는 온갖 이익에 관해 이야기했지만, 놀이는 또한 부모에게도 아이의 삶의 경험적 측면, 혹은 부모에게 숨기거나 분명하게 드러내지 않은 그런 경험들을 듣고 이해하는 방식을 제공한다. 아이들과 함께 놀이하거나 혹은 놀이하는 아이들을 보면, 우리는 아이들이 배움, 놀이, 문제 해결, 호기심, 회복탄력성을 조직하는 모습을 목격하게 된다. 한 아이는 촉각 놀이를, 다른 아이는 낱말 놀이를, 또 다른 아이는 움직이는 것을 좋아한다. 아이들은 고군분투하면서 경험과 감정 들을 처리하기 위해 놀이를 이용한다. 놀이가 당신 자녀의 내면의 삶을 표현하는 것을 보여주는 방식이라고 생각하

라. 놀이하면서 당신 아이를 알게 될 기회를 즐겨라!

여기에는 10대도 포함된다. 오늘날 고등학교와 대학 양쪽에서 음주는 10대 청소년과 갓 성년이 된 청년들의 문화에 널리 퍼져 있으며, 술 마시기 게임은 가장 공통적인 게임이자 수업 중 하나가 되었다. 많은 아이들이 그것을 좋아하지 않지만, 매력적이지 않아 보이거나 혼자 집에 있기보다 그것을 따르는 편을 택한다. 다른 아이들은 집에 있거나 자기 기숙사 방에서 숨어 있다. 술이 없는 자리를 찾아 함께 배회할, 같은 마음을 가진 친구를 찾기가 어렵기 때문이다.

일부가 자기 부모에게 "전 정말로 그걸 즐기지 않아요."라고는 결코 말하지 못하는 반면, 음주가 낀 파티를 싫어하는 10대 청소년들은 종종 주말에 할 일이 없는 경험을 하곤 한다. 이런 아이들은 일견 자기 컴퓨터에 코를 박느라 바쁜 것처럼 보이지만, 내게 자신들이 종종 부모님이 함께 어딘가로 가서 재미있게 놀자고 권하기를 바라곤 한다고 말했다. 이런 아이들에게 주말 저녁은 외로운 시간이다. 노는 법을 아는 친구들을 찾아 고뇌하는 많은 아이들이 테크놀로지 접속을 하지 않고 그저 빈둥대기만 하기도 한다. 포커스 그룹 면담에서 10대들은 내게 자신들이 몸짓 게임, 그리고 수년 전부터 사랑받아온 이와 유사한 옛날 게임들이 재미 있어서 좋아한다고 말했다. 당신에게 주말 저녁에 혼자 집에 있는 10대 자녀가 있다면, 아이가 혼자 영화를 보러 가거나 컴퓨터 앞에 앉아 있다면, 함께 게임을 하자거나 혹은 소통할 수 있고 재미있는 뭔가를 해보자고 제안해보라. 이 말은 대학 자녀들이나 더 나이 든 사촌을 초대해 그 게임을 해보자고 제안하는 것도 도울 것이다. 아이들이 그것을 더 괜찮은 일이라고 생각하기 때문이다.

무엇보다 당신이 알아야 할 가장 중요한 사실은, 함께 시간을 보내지 않겠냐고 아이에게 권하기 위해 기다리지 않아도 된다는 점이다. 아이들이 즐길 만한 것을 생각하고, 아이들이 당신과 그것을 함께 하기를 원하는지를 보아라. 영화가 아니라면, 카드놀이일 수도 있다. 뭔가를 보자거나, 누군가를 위해 뭔가를 만들어보자거나, 누군가와 함께 요리를 하자고 아이에게 권하라. 당신이 가족이나 지역사회를 위해 해야 하거나 계획하고 있는 무언가를 하는 것을 도와달라고 요청하라. 유익할 수 있고 즐거울 만한 무언가를 하는 데 목적을 두고, 아이들의 도움을 이끌어낼 만한 것을 숙고해보라.

3 감정, 가치, 해야 하는 일, 낙관론을 공유하는 사려 깊은 대화들과 의미 있는 연결을 키워나가라

가족은 디지털 시대의 언어 연구소이다. 아동의 테크놀로지적 사회화는 이들을 면대면 대화에서 벗어나게 하고, 살아 있는 대화와 전체적인 대인 커뮤니케이션을 위한 기초 기술들을 확립할 기회들을 제한한다. 가족들이 함께 모여 온갖 종류의 주제들, 핵심 문제들, 싸움, 주말 계획 등에 관해 이야기하는 방법들을 만들어내는 일은 필수적이다. 가족과 보내는 시간만큼 학교에서 보내는 시간 역시 필수적인 것으로, 이는 사려 깊은 대화를 할 기회, 자신들에게 진정 중요한 일에 대한 이야기를 하는 과정에서 느끼고, 듣고,

존중하고, 도움받는 기회를 제공한다. 그리고 각 구성원들은 개인적인 성장만이 아니라 독립체로서 가족의 강건함을 기르는 방식으로도 존재한다. 면대면 대화에서 뉘앙스를 파악하는 기술을 배우는 것도 아주 멋진 일이다. 아이들이 다른 아이들과 (소위) 대화를 많이 한다고 해도, 대부분이 테크놀로지를 통한 의사소통에 의존하고 있다면, 대화의 멘토로서 부모와 교사들의 역할이 그 어느 때보다 중요하다. 우리들과의 살아 있는 대화 속에서, 아이들은 지속적으로 개인적 의사소통 기술을 배우고, 일상의 대화 및 단체 대화의 일부분이 되는 법을 습득한다. 가족들은 인간관계의 어려운 점을 겪어나가는 방식과 대화하는 법을 배우는 가장 안전한 장소이다.

이런 대화들은 가족 안에서 모든 사람이(부모와 아이 모두 똑같이) 긍정적인 관여, 자기통제, 문제 해결, 귀 기울여 듣기, 호기심 가지기, 생각과 관점을 공유할 수 있는 시간이다. 아이들과 하는 두 종류의 대화는 엄청난 결과를 낳을 수도, 우울한 결과를 낳을 수도 있다. 한 가지는 지나친 칭찬이 개입된 저녁 시간의 대화이다. 다른 한 가지는 갈등 해결 대화로, (아이가 몇 살이든 존재하는) 삶의 일부이자 창구이다. 인생에서 유일하게 확실한 것으로서, 죽음과 세금에 관한 벤저민 프랭클린의 관찰을 빌려서, 나는 가족생활에서 확실한 단 한 가지는 먹는 것과 논쟁이라고 덧붙이고 싶다. 때로는 이 두 가지 일이 동시에 일어나기도 한다.

먼저 저녁에 대해서 이야기해보자. 우리는 가족이 함께하는 저녁 식사와 그것이 왜 중요한지에 대한 온갖 연구 결과들을 들어왔다. 그러나 우리는 모두 알고 있다. 가족이 함께 하는 저녁 식사가 끔찍하다는 것을! 저녁 식사는 시험에 관한 대화가 이루어지는 자리가 되어서는 안 된다. 스트레스를 주는 일에 관한 것이 되어서는 안 된다. 싸움에 관한 것도 아니다. 형제자매들이 서로에게 심술궂은 말을 해대거나, 당신이 성가신 잔소리를 하는 자리도 아니다. 저녁 식사가 중요한 이유에 관한 연구는 가족들이 저녁 식사 자리를 통해 어떻게 연결되는지를 밝힌다. 모든 가족들이 함께 저녁을 먹을 수는 없다. 당신이 함께 먹을 수 없다면, 다른 때에 이와 유사한 상황을 만들어낼 수 있다. 그러니 걱정하지 마라.

함께 하는 저녁 식사의 가장 중요한 자질 중 하나는, 당신이 자녀에 대해 호기심을 가질 수 있고 아이들은 당신에게 호기심을 가질 수 있는 시간이라는 점이다. 따라서 당신이 저녁 자리에서 하고자 하는 종류의 대화들은 아이들을 움직이는 것이 무엇인지에 관한 것일 터이다. "무엇 때문에 그렇게 했니?", "어떻게 그 생각을 했니?", "다음으로 뭘 할 거니?" 직장이나 학교에서 일어난 문제들을 해결하는 데 필요한 방안들을 이리저리 궁리하면서 서로의 의견을 묻는 시간이기도 하다. 당신이 자신이 해야 할 일을 모를 때, 그날 직장에서 생긴 딜레마에 대해 생각한다면, 그것을 자녀와 공유해보라. 이는 아이들에게 있어 훌륭한 역할 모델링을 할 시간이자, 당신에게도 역시 해야 할 일을 알게 해주는 측면이 아니라 자신의 불안이나 혼란을 대면하는 순간이 된다. 당신의 혼란 속으로 아이를 초대하고, 그들이 어떻게 문제를 풀어나갈지에 대해 이야기를 나누라. 다른 날에는 그것들을 더 진전시켜라. "네가 엄마(아빠)에게 해줬던 조언 기억나니?" 그리고 그 일이 어떻게 진행되었는지에 대해 공유하라. 그것은 문제 해결 능력을 가르쳐주고, 아이들의 자기효능감을 강화한다. 그러면 아이들의 동기, 그리고 행동에 대한 자신감이 길러지리라고 나는 믿는다. 아이들에게 세계에서 일어나는 큰 문제들을 해결하는 자신의 능력과 자신에 대한 믿음을 강화해주고 싶다면, 작든 크든 당신이 다루고 있는 문제들을 해결하는 데 아이들에게 도움을 요청하라. 그것이 아이들을 자율성을 느끼게 해줄 것이다. 아이들은 자신이 비평당하고 비판받는 순간을 싫어하며, 순진한 상태로 혹은 어리석게, 혹은 더 나은 것을 알기에는 너무 어린 상태로 멈춰 선다. 그 메뉴를 중단하라.

바쁜 나날들 속에서 가족들이 서로를 볼 시간이 지나치게 적을 때, 논쟁이나 스트레스를 가중시키는 주제에 대해 다루기보다는 말을 전달하는 시간으로 저녁 자리를 이용하려고 시도해보라. 식탁을 떠나는 편이 더 낫다면, 아이들은 자기 몫의 음식을 흡입하고 달려 나갈 것이다. 최선은, 저녁 식사 자리가 이야기를 하고, 문제를 해결하기 위해 공유하는 자리, 스트레스 없고, 비난 없고, 입을 닫는 일 없고, 빈정대는 일 없으며, 테크놀로지에 정신 팔리지 않는 자리가 되어야 한다. 당신의 자녀가 당신에게 있어 자신이 중요한 존재라고 느끼게 하고 싶고, 당신이 실제로 아이에게 호기심을 가지고 있다면, 아이에게 온전한 관심을 보여주어라. 어떤 가족들은 식탁에서 질문에 대답하고 사실을 확인하기 위해 태블릿을 가지고 앉는다. 대화를 유지하게 하는 용도로 그것을 사용하라. 대화를 방해하는 용도가 아니라.

자, 이제 먹는 것에서부터 논쟁으로 옮겨가 보자.

갈등 해결과 중재에 관한 법칙들은 가정의 전방에서 잘 현실화된다. 그 갈등이 10대 자녀의 파티 계획을 취소시키는 것이든 8살 난 자녀와의 놀이 계획을 취소하는 것이든 말이다. 다음은 엘리가 자신의 어린 딸들이 서로에게 폭발했을 때 사용하는 단계들이다.

- 먼저 당신이 완전히 몰두하고 있는 모든 것들로부터 몸을 빼내라. 요리든 뭐든 그것들은 당신을 기다릴 수 있다.
- 어린아이들의 경우, 한 사람씩이든 둘 다든 아이들의 눈높이에 맞추어 무릎을 꿇고, 이 일에서 가장 상처받은 것 같은 사람이 누구인지 물어보라. 아이들은 무슨 일이 일어났다고 생각하는가? 그러고 나서 다른 아이에게, 두 사람이 겪은 이런 경험이 무엇인지 이야기해달라고 하라. 모든 사람들에게 같은 수준이 적용될 수 있다. 더 나이 든 아이들의 경우 소파나 의자에 앉아서 하면 된다. 문자 그대로 놀이하는 영역 수준에 맞추면 되는 것이다.
- 중립성을 세우고, 도움이 될 만한 의도를 정하라. 당신이 그곳에서 제3자임을 말하고, 아이들이 말해야 하는 것을 말하도록, 그리고 아이들이 들었던 것과 같은 느낌을 받을 수 있도록 도우라. 반드시 각각에게 서로의 말을 듣고 이해할 수 있게 하고, 지금 이 모든 일이 어떻게, 지금, 여기에 있게 되었는지 말할 기회를 만들라.
- 사과는 그 과정의 일부로, 아이들에게 있어 그것이 끝이 아니다. 여기에서 대부분은 무엇이든 제대로 작동되지 않은 것에 대해 아이들 각자가 들어서 느낄 수 있도록 한다. 반드시 그 자리에 책임감이 존재

해야 하며, 특히 장차의 소통을 위한 기초가 되는 목적에서 그렇다. 아이들이 이렇게 생각하도록 해야 한다. "누군가가 상처받았다는 것은 무엇을 의미하는가?", "거기에서 내 역할은 무엇이며, 내가 다른 무언가를 하고자 한다면, 그것은 어떻게 보일까?"

그 어떤 시대보다 지금, 가족은 사회적 대화의 기술을 위한 훈련의 장이 되어야 한다. 이반과 카르멘은 합심하여 아들들이 어릴 때부터 대화에 참여하는 법과 간단한 예의들을 가르치려고 노력했다. "우리는 아이들에게 우리가 점심을 먹는 자리에 앉아 있는 것은 상호 과정이라고 가르쳐왔습니다. 대화가 어떻게 이루어지는지 알아야 한다고도요. 내가 질문을 하면 대답해야 하고, 다시 질문을 되돌려줘야 한다고 말이죠. 조용히 자리에 앉아 있거나 한 음절로만 계속 대답하는 것은 받아들일 수 없다고도요. '그렇게 해주세요.', '감사합니다.', '예의가 바르시군요.'라고 말하라고도요."라고 카르멘은 말한다.

마지막으로 우리들은 우리가 아이의 성공에 대해 이야기하는 방식을 미세하게 조정할 수 있다. 지나치게 칭찬을 쏟아내기보다는 조언을 해주는 쪽으로 말이다. "넌 그럴 자격이 있어!"라고 갑자기 말을 건너뛰기보다는, 아이가 해나가는 각각의 단계에 관해, 각 선택의 핵심과 왜 그런 행동을 선택했는지(혹은 왜 그 행동이 잘한 것인지)에 대해 호기심을 가지고, 아이들의 성공의 여정에 당신이 함께 걸어도 좋겠느냐고 요청하라. 우리는 아이들이 자신이 효율적으로 잘해나가고 있다는 감각, 아이들의 행복한 삶, 낙관론, 열정을 고취시킬 수 있다. 잠자리에 드는 시간이든 저녁 식탁에서든 하루 중 일어났던 세 가지 일들에 이름을 붙이는 간단한 행동과 당신이 한 일에 대해 자세히, 단계적으로, 결과에 이르기까지 묘사하는 일은 자녀의 자아감, 자신감, 낙관론, 삶의 질을 변화시킬 수 있다. 당신의 배우자도 당신도 그렇게 하라.

4 / 가족 구성원들은 각각의 독자성을 이해하고, 독립성과 개인적 흥미를 고무시키고, 가족 안에서의 독자성을 발전시켜나가야 한다

가족 구성원들은 각자 두뇌회로와 기질, 자기위로 방식, 유머감각, 창조성을 발현하는 방법, 취약한 부분, 결핍된 부분이 다르다. 어떤 것은 한 아이가 다른 사람에 대해 입 닫게 하는 동기가 된다. 어떤 것은 한 아이에게는 도전정신을 발휘하게 하지만, 다른 아이는 그것에 압도될 뿐이다. 누군가에게 음악으로 들리는 소리는 다른 누군가에게는 칠판 위를 긁는 손톱 소리일 뿐이다. 그밖에도 이런 것들은 많다. 가족 구성원 각자가 서로를 더욱 이해하고 진정으로 인정할수록, 가족은 각자에게 그리고 모두에게 더욱 안전하고 견고해진다. 부모에게 있어 이는 자녀를 사랑하고 기르는 것에 관한 일이다. 우리가 해야 한다고 생각하는 것 혹은 했어야 했기를 바라는 것에 관한 일이 아니다.

'가족'이라는 것은 모든 구성원이 유사하고, 모두가 하나의 일(책을 읽거나 운동하거나 하이킹하는 것처럼)을 좋아해야 한다는 것을 의미하지는 않는다. 그런 방식으로 나타는 것이지, 그래야 한다고 기대해서는 안 된다. 그리고 그렇게 해야 한다고 압력을 가해서도 안 된다. 지속가능한 가족에서, 구성원들은 자신이 있는 그대로 있도록 허락받는다. 가족을 만드는 것, 가족이란, 구성원들이 서로 좌절스러울 만큼 다른 점들을 받아들이고, 존중하고, 살펴주는 기준점이 되는 것이다. 형제자매들은 싸우지만, 함께 살아가는 법도 배울 수 있다. 확대가족의 경우, 그 안에는 친구로는 절대 선택하지 않을 만한 사람도 존재하기 마련이다. 하지만…… 그렇다 해도 그들은 가족이다.

수년 전 나는 가족여행을 굉장히 중시하는 어느 가족과 상담한 적이 있다. 가족여행에는 종종 봉사활동 휴가도 포함되어 있었는데, 온 가족이 다 참여하는 경우도 있었고, 특정 나이의 아이들을 대상으로 한 여행이나 캠프에 아이들만 보내는 일도 있었다. 이론상 이 일은 매우 멋졌고, 대부분 모든 가족이 다음 여행을 열렬히 기대하는 듯 보였다.

그러나 몇 번 상담을 하자, 당시 15세인 셋째 아들이 여행을 떠나기 직전에는 힘겨워하고, 그 후에는 울다가, 2, 3일 후에는 아무 일에도 참여하고 싶어 하지 않았다는 사실을 알게 되었다. 이것은 이 가족의 기념적인 통과의례, 9학년이 된 후의 여름 캠프 경험으로, 그때는 아이의 차례였다. 위의 두 아들은 잔뜩 상기된 채 자기들의 여행에서 돌아왔다. 하지만 셋째 아들은 너무 심란하고 향수병에 걸려서, 엄마가 아이를 데리러 가야 했다. 아이는 그 여행을 다 마칠 수가 없었다. 가족들은 누구도 그 일을 이해할 수 없었다. "하지만 우리는 모두 여행을 사랑하잖니!" 엄마가 모두의 감정을 말했다. "이건 우리가 가족으로서 하는 일이야. '우리의' 일이라고."

현재 17세인 자크와의 면담 후에 나는 아이가 여행의 공격으로 인해 완전히 공황에 빠진 상태로 있으며, 오랫동안 사회불안과 강한 분리불안을 겪었다는 사실을 알게 되었다. 자크는 집을 떠나는 것을 싫어했다. 아무리 가족과 함께, 휴가를 가는 것이라고 해도 말이다. 또한 나는 아이가 어떤 문제들에 집중하고 처리하는 매우 명민한 소년 같다는 인상을 받았는데, 평가를 할 때 이는 매우 중대한 요소로 밝혀졌다. 매번 만날 때마다 나는 그가 나머지 가족들과는 두뇌회로와 기질적 측면에서 완전히 다르다는 것을 깨달았다. 결함이 있거나 모자란 것이 아니라 '다른' 것이다.

이제 가족들은 가족으로서 자크가 자기 자신 그대로 있고 전략들을 계발하는 일이 괜찮다는 데 기쁘게 임하고 있으며, 이에 따라 아이는 가족여행들을 다룰 수 있게 되었다. 한 가지 큰 타협안은 테크놀로지와 관계되어 있다. 부모들은 가족여행, 저녁 식사, 가족행사에서 휴대전화를 엄격히 금지하고 있었다. 자크는 오랫동안 한 여자아이와 매우 좋은 친구로 지냈는데, 그 아이는 실제로 그를 잡아주었고, 그를 진정시킬 수 있는 친구였다. 이제 그의 부모들은 여행에서 자크에게 휴대전화를 허락해주고 있는데, 아이가 친구와 통화를 하는 것으로 안정을 되찾는다는 것을 알고 있기 때문이다. (최소한 그럴 수 있다는 것을 안다.) 이것은 아이에게 가족과 함께 여행하는 것을 더욱 쉽게 해주었으며, 가족 모두는 아이가 조부모 댁에 머무는 것을 선호한다. 이런 융통성 있는 방식으로 자녀를 위해 당신의 사랑과 공감, 수용을 증진시킨다면, 아이는 당신이 자신을 받아줄 뿐 아니라 믿고 있음을 알고, 자신의 변덕스러운 자아에도 자부심을 갖게 된다.

환경과 인간은 변화하고, '늘 어떠어떠했던'(여기에는 가족들 안에서 아이가 가진 정체성에 대해 생각하면 된다) 아이는 새롭게 발견된 자아—원래의 자신에 못지않게 자기 자신인—를 우리들에게 보여줄 수 있다. 이는 어떤 일에도—설혹 동성애자라고 커밍아웃을 한다고 해도—적용되어야 한다. 우리가 결코 상상해보지 않았던, 우리가 안다고 생각했던 아이의 틀을 깨뜨리고 흥미롭게 쫓아가고, 특정한 열정을 좇는 꿈을 지워버리는 상처에 고통스러워하면서, 혹은 심각한 신체적 혹은 정신적 질병을 발견하면서 말이다. 이 모든 것들은 가족의 용기를 시험할 수 있다. 다행스럽게도, 수용과 융통성은 내면의 자원들이자, 늘 주고 실행하는 우리의 것들이며, 이런 순간들은 우리 모두에게 스스로를 새롭게 바라보고, 가족 안에서 이런 새로운 측면을 평가하는 기회를 제공한다.

어느 여름 엘리의 11살 난 아들 매트가 시애틀의 사촌 집을 방문했을 때, 그의 삼촌이 아이의 목 뒤에서 종기 하나를 발견했다. 곧 암 진단이 떨어졌다. 할머니 라라는 매트가 화학 요법과 방사능 요법을 받는 9개월 동안 매트와 온 가족—부모들은 외근직이었고, 두 자매들은 학교 생활로 바빴다—을 돕기 위해 앞으로 나아갔다.

라라는 아이의 치료 기간 동안 주말마다 시애틀까지 2시간을 왕복하면서 매트를 돌보았다. 그녀는 화학 요법과 방사능 요법의 부작용을 모두 매우 잘 알고 있었다. 자신이 그 일을 겪기도 했거니와 친구들이 화학 요법을 받는 것을 돕기도 했었기 때문이다. 라라는 매트 곁에서 잠을 자고 머물면서, 각 치료 회차마다 매트의 신체적 반응을 완벽히 살폈다. 하지만 이 현명한 할머니는 또한 매트가 이 힘겨운 치료 과정을 겪는 데 있어 신체적 보살핌보다 더 중요한 것이 필요하다는 사실을 알고 있었다. 따라서 매트 부모들의 축복을 받으며 그녀와 매트는 동시적 여정을 시작했다. 두 사람은 9개월의 치료 기간 동안 〈스타워즈〉 시리즈 6편을 보고 또 보았다. 로테크low-tech 가족 안에서, 갑자기 매트는 아이패드를 가지게 되는 것뿐만 아니라 그것을 침대 안으로 가지고 가게 되었다!

라라는 후에 내게 이렇게 말했다. 그들이 계속 "운명, 이런 일을 몫으로 받은 자, 그런 사람을 얻은 자, 치유와 좌절의 포스들, 그리고 자기 인생을 건 루크 스카이워커의 전설적인 투쟁"에 관해 말한다면, 이런 대화들은 이 11살 난 꼬마가 자기 몫의 힘겨운 운명에 의미를 부여할 수 있게 도우리라는 것을 자신이 알고 있었다고 말이다. 11살짜리 꼬마와 72세의 할머니는 함께 메스꺼워하고, 결과를 기다리며, 너무 쇠약해서 수프만 간신히 홀짝이고, 더 나은 기분을 느끼며 이 고난의 파도를 헤쳐나갔고, 아이패드와 함께 다음의 더 큰 전쟁을 준비했다. 이 영화들은 좋은 약이 되었고, 치유의 포스가 되어주었다.

5/ 의견 차이가 날 때 건전한 논쟁을 위한 매커니즘을 구축하라. 부모로서 제한을 설정하고, 부모의 권리를 사려 깊게 사용하며, 책임감, 권력, 공개, 투명성을 보여주는 양육 방침을 실행하라. "날 믿어."라고 말하는 것이 아니라

"그게 왜 그러냐면…….”이라고 말하라

한번은 한 10대 여학생이 내게 와서, 자신이 엄마에게 ‘중요한 일’에 관한 가족의 규칙에 예외를 둬달라고 부탁(혹은 요구)할 때 엄마가 때로 지나치게 융통성을 발휘하지 않기를 바란다고 말했다. 때로 이미 자신이 하겠다고 한 일에 합류하라는 친구들로부터 압력을 느낄 때 혹은 단순히 그들과 있고 싶지 않을 때, 그녀는 엄마와 확인을 해야 한다고 말하곤 한다. 그들은 모두 스마트폰 주위에 모여 화면을 주시하며 문자메시지가 왔다 갔다 하는 것을 보고, 그녀는 자신이 한다고 하면 늘 그랬듯이 엄마가 양보하리라고 확신한다. 그리고 자신이 예측한 대로 엄마가 ‘오케이’라고 웃는 얼굴 이모티콘까지 붙여서 답을 보낸 것을 볼 때면 마음이 조금 가라앉는다.

“친구들에게 ‘안 돼’라고 말하기가 얼마나 어려운데요. 그럴 때 도움이 필요하다고요…….”라고 그녀는 내게 말했다.

아이들은 부모들이 제한선을 설정해주고, 명확하고, 투명하고, 융통성 있기를 바라지만, 그것이 늘상은 아니다. 아이들이 몇 살이 되든 특권과 책임은 함께하는 것이며, 아무리 새로운 끌림이 있다 해도 예전 방식으로 그것에 대한 접근권을 얻어내야 한다고 말해야 한다. 어느 때가 적정 연령인지는 아이들이 책임감과 신뢰를 보여주는 데 따라, 그것을 다룰 수 있느냐에 따라 결정된다. 달리 말하자면, 명확한 제한선이 부재하는 경우, 그것은 아이들이 물리적인 일들에 대한 자격을 갖고 있다는, 테크놀로지를 언제든 얼마만큼 쓸 수 있다는, 요구할 수 있는 힘을 가지고 있다는 메시지를 보내는 셈이 된다.

이상적으로, 우리가 제한을 두는 의도는 먼저 위협적이거나 혹은 단순히 아이의 발달상 부적절한 상황(영향)으로부터 아이를 보호하기 위한 것이다. 그리고 아이들이 스스로를 위해 영리하고 안전한 선택을 할 수 있다는 것이 명확해질 때까지 아이들을 지도하는 것이다. 책임감 있는 제한 설정은 세세한 부분까지 통제하거나 행위에 대한 부모의 통제를 말하는 것이 아니다. 아이들 대부분은 자전거 타기를 배울 때 부모가 계속 손을 잡아주는 것은 환영하지만, 자신이 정신없는 교차로까지 혼자 페달을 밟고 갈 수 있게 손을 놔달라고는 결코 요구하지 않을 것이다. 이는 아이들이 무언가(사탕 그릇, 컴퓨터 비밀번호, 자동차 열쇠)를 원하는 데 당신과 당신이 만든 제한들이 방해가 되는 경우를 말한다. 이 힘겨루기는 부모와 아이 사이에 일상적으로 생겨나는 의견 차이의 근원 대부분이다. 양육이라는 직무의 기저에 깔린 것은 아이가 자기조절력을 발달시키고, 자기통제력을 발휘할 수 있도록 돕는 것이다. 아이들은 그를 위한 과정을 필요로 하며, 그것을 내면화할 수 있을 때까지는 그런 구조를 구축할 수 있게 해주는 부모의 개입이 필요하며, 자신들이 새로운 자유와 책임감을 관리할 수 있게 되었음을 증명해야 한다.

이를 실행하는 데 가장 힘든 부분 중 하나는, 아이가 우리와 논쟁하거나 통제력을 잃었을 때, 우리가 만든 제한들을 넘어갈 때, 불행하게도 우리의 첫 번째 반응이 최소한 말로라도 미루는 것이다. 이전 장에서 보았듯이, 우리는 때로 아이들의 행동에 대해 겁먹고, 극도로 흥분하고, 아무것도 모르는 것으로 도움되지 않는 방식으로 반응한다. 따라서 일단 스스로를 통제할 수 있게 되면, 아이에게 자기통제를 가르치는 가장 효율적인 방식은 먼저 제한들과 결과들에 일관성이 있는 것, 두 번째로는 '바로잡는 것'에서 '연결하는 것'으로 대화를 전환하는 것이다. 그리고 당신의 말은 아이가 자기 '내면의 지휘관'과 접촉하고 거기에 귀 기울이는 걸 돕는 데 사용되어야 한다. 이는 아이의 내적 과정으로 통제권을 되돌려주고, 외적 자원에 의존하는 것을 그만두고 그것에 대해 반사적으로 저항하도록 상태를 전환시킨 것이다.

그렇다면 그 소리는 어떤 것일까.

바로잡는 소리 (부모 지휘관)	너 페이스북 하고 있니? 숙제는 끝내고 하는 거니?
연결하는 소리 (내면의 지휘관)	주말이 오기 전에 저 과제를 다 해야 할 거다. 그래야 좋은 주말을 보낼 수 있지. 결정을 내리기 전에 기다려야 할까? 아니면 스스로 숙제를 하기로 한 약속을 따라야 할까?

당신은 자녀가 계획을 세우고, 자기 삶을 통제할 수 있도록 돕길 바란다. 그리고 "네가 해야 하는 것을 하지 않았구나."라고 말하기보다는 "네가 스스로를 위해 바라는 계획을 그대로 하고 있지는 않구나."라고 말하기를 바란다. 이는 매우 다른 도입부가 된다. 혹

독한 내면의 지휘관으로부터 압박받고 있는 완벽주의자 아이에게 있어서 '아니'라고 말하는 법을 배우는 것은 그것 자체로 중요할 수 있다. "나는 네가 지쳤다고, 콜라주 포스터를 더 만드는 것을 그만둘 수 없다고 말하는 것을 들었다. 그것으로 충분하다고 생각하고 잠을 자러 갈 수 있겠니? 넌 어떻게 생각하니?" 당신은 아이의 자기통제를 요구하는 외부의 목소리보다 아이가 스스로를 통제하는 내면의 목소리를 키울 수 있도록 도와야 한다.

당신과 아이가 의견이 일치하지 않을 때, 당신 내면의 중재자가 당신을 진정시키고 건설적이 될 수 있도록 노력을 기울여라. 나는 종종 엘리가 자녀에게 하는 말을 듣는다. "너도 알겠지만, 이건 내가 기꺼이 가고 싶은 방향과는 한참 먼 것이야. 이런 종류의 일을 할 수 있는 다른 방법도 있지 않을까?"

가치, 지혜, 과거와 미래의 연결고리를 가지고 가족과 친구와 공유하는 공통의 언어를 공유하라

"한 노부인의 생일에 세 세대가 모여 있다. 다소 프루스트풍으로, 아이들과 나이 든 사람들은 놀이하고, 이야기하고, 말없이 있으면서 유대를 맺고 있다. 겉보기에 전자기기는 존재하지 않는다. TV도, 아이패드도, 컴퓨터도 없다. 현대 기기를 얼핏 참조하는 법도 없다. 우리가 했던 것은 늦은 오후부터 일몰 후 오랜 동안 서로와 함께 시간을 보내는 일이었다. 일어났던 일은 모두 공간과 시간 속에서 떠올랐다. 과장된 것도 부자연스러운 것도 전혀 없이, 생일

날 서로가 평범하게 존재할 뿐이며, 미디어 없이 서로서로 완전히 즐기고 있다." 라라는 후일 자신의 생일 파티에 관해 이렇게 썼을 것이다.

라라는 72세가 되었고, 우리는 모두 모여 그녀의 생일을 축하하며 저녁 식사를 했다. 그곳에 있는 우리들 9명은 가족 아니면 친구들이었고, 세대로 치면 3대가 모여 있었다. 그들은 라라의 아들 엘리와 엘리의 세 아들에 대해 이야기했다. 모두가 평온한 성스러운 저녁이었다. 여자아이들은 종이 하트를 오려서 한 사람도 빼먹지 않고 모두에게 선물로 나누어 주었다. 그러고 나서 그들은 놀거나 조용하게 널브러져 있으려고 자리를 떴다. 저녁 동안 약 세 차례 정도 그들은 더욱 활기 넘치게 놀아야 한다고 느끼고는 아버지에게 동요 〈그녀가 산에서 돌아오네〉를 기타로 쳐달라고 했고, 아이들이 노래를 부르며 거실을 뛰어다니는 동안 우리 모두 다 같이 그 노래를 불렀다.

그들은 놀고 난 후 조용히 귀 기울였다. 아이가 방해하거나 통제력을 잃는 일은 없었다. 모두가 그 순간 자신이 누구이든 무엇을 하든 괜찮았다. 매트는 책을 읽고 그림을 그리러 위층으로 올라갔고, 여자아이들은 어른들의 애정을 구하며 어른들 옆이나 무릎에 파묻혔다. 다른 공간에 가고 싶을 때는 아무 소리 없이 일어났을 것이다.

이런 평범한 여름밤 같은 것들이 아이의 영혼의 틀을 잡아주고, 가족, 확대가족 안에서 창조성을 기르며, 가족의 안정성과 세상에 대한 소속감을 깊게 하고, 사랑하는 좋은 어른들의 공동체가 자신들을 돌보아주고 있다는 것을 매우 분명히 알게 한다. 이는 TV가 켜져 있거나, 전화벨이 울리거나, 누군가가 문자메시지를 주고받는 일과 함께는 일어나지 않는다.

며칠 후에 라라가 영원히 기억될 그날 저녁의 기억과 그 순간들을 한데 모아 반추했다. "토요일 저녁 생일 파티는 내가 어렸던 여름날부터 내 기억 속에 자리 잡은 익숙하고 오래된 일이지. 제2차 세계대전 기간에도, 50대에도 계속되었던." 그녀가 말했다. 그녀는 어려운 상황 속에서도 이런 방식으로 모두가 함께 모였던 영원할 것 같고 현실적이지 않은 순간들을 회상했다. "공습 연습이 있고, 배급표를 나눠 주던 때에도 어느 때는 시간이 천천히 흐르고, 어느 때는 너무 빠르고, 어느 때는 늘 충분한 것 같은 그런 감각이 있었지. 어른들은 늘 그 자리에서 이야기하고, 책을 읽고, 뜨개질을 하고, 앉아 있고, 보고 있고, 우리들이 노는 모습에 한마디씩 하셨지. 훨씬 후에 친척 누군가가 TV를 소유하고 지하실에 둘 때까지 TV도 없었고. 그분들은 우리에게 한 주에 한 프로그램씩만 보게 하셨지. 그때 본 건 〈일요일 저녁 에드 설리번 쇼〉였어."

라라는 낙서하고 몸짓 게임—전자기기가 등장하기 이전 첫 세대가 놀이하던 방식대로—을 하고, 놀이들을 만들어내고, 뮤지컬에서 들은 노래를 부르고, 큰 소리로 책을 읽고, 시를 외워서 읊던 일들을 기억했고, 그것이 그날의 주요 이벤트였다. 그 아이들은 이제 옷을 차려입고 성인들의 역할을 하고 있다. 그들은 보이지 않는 의무들을 이행하고, 논쟁을 벌이고, 콘테스트와 철자법 대회를 한다. 그 쇼 안에서 자기 역할을 위해 누가 구식인지를 두고 싸운다.

"미디어가 없는 자리는 우리에게 스스로의 상상력을 펴게 해주지." 라라가 말했다. "우리는 자기의 상상들을 믿고, 그것이 놀이하는 순간에 활동하도록 놓아두었지. 이야기들은 놀이에서 나왔지 TV에서 나오지 않았고. 어른들은 그저 아이들이 노는 주위에 앉아 있었지. 마치 작은 아이들이 들어가고 나왔다가 돌아가는 원 안에 침투할 듯이 말이야. 전쟁 소식이나 〈어린이의 시간〉을 듣는 라디오를 제외하고 어디에도 미디어가 없는, 몸의 기억이지. 단지……

그분들이 두 팔 벌려 우리에게 달려오고, 우리 말은 듣지도 않고 자기들 말만 웅얼거렸고, 거기에는 유대가 있었지. 가장 중요한 것은 우리가 모두 그 자리에 있었다는 것이고, '우리'가 그 순간에 존재했다는 거지."

그로부터 수년 후에 자기 아이를 기르면서, 그리고 지금 그 아이들의 아이들과 함께하면서, 그녀가 소중히 여기는 것은 그와 같이 순간을 영원한 듯 느끼는 감각이다. "시간은 천천히, 빠르게, 그리고 늘 충분히 흐르지."

프레드와 내가 젊은 부모였을 때, 모두가 바쁜 일정과 직장 생활의 압박을 느끼는 삶 속에서도 우리는 아이들을 위해 그런 감각을 유지하려고 노력했다. 메인 주의 조수가 드는 한 만에 있는 작은 오두막이 우리가 여름을 보내는 장소였다. 몇 년 전 아이들은 이제 거의 다 컸고, 우리는 결국 집에 대형 TV와 무선인터넷을 들였다. 하지만 아이들의 유년 시절에는, 주로 겜보이나 보드게임, 백만장자 부르마블 게임, 〈로켓 쏘아 올리기〉 같은 단순 전자게임, 오두막에서 〈초원의 집〉을 흉내 내고, 피크닉 탁자에 누워서, 떨어지는

별을 세어 보고, 불가 주변에 둘러 앉아 고전적인 이야기를 만들어냈다. 그 이야기들은 고전적인 이야기 만들기 공식에 충실하게 엮여 있는 한편으로 억지스럽게 짜 맞춰진 부분들도 많았다. 오랜 친구들, 새로운 친구들, 가족, 지역사회, 매번의 여름…… 우리들은 이렇듯 모두 미친 듯이 바쁘고, 한 해 내내 테크놀로지에 접속하는 데 대한 반反문화를 만들었다.

가족들이 나이가 들고 함께 발전해나가면서, 아이들이 애인을 데리고 오는 성인이 되면서, 가족을 지탱하는 것은 함께 만들어나가는 일이 되었다. 상호 의존을 향한 움직임, 책임감 공유, 가족 안에서 다른 사람에 대해 이야기—대단한 것과 대단치 않은 것을 분리하는 것을 포함하여—하는 법을 이해하기는 우리가 가족으로서 발전해나가는 방법을 형성했다. 우리는 가족에서 의례와 전통을 공유하는 친구들로 서로를 인식해나갔다. 우리가 만들어내고 또 만들어내는 모든 단어들로 계속하여 우리 가족의 이야기, 모두가 한 부분이 되고, 누구도 그것을 쓰는 일에서 빠지거나 쓰인 내용에서 탈락되는 일 없는 이야기가 만들어졌다.

지속가능한 가족은 열리고, 인정하고, 포괄하고, 인내하고, 융통성 있다. 그리고 늘 과정 중에 있다. 지속가능성은 고정적인 상태가 아니다. 당신이 얻은 것, 당신의 성취를 측정하거나 점수를 매길 수 있는 것도 아니다. 그것은 실행이다. 도전해야 할 일들이 나타날 때, 실수들이 일어날 때, 가족 구성원들이 서로에게 실망하거나 기분을 상하게 할 때, 혹은 가족 상황이 어떤 식으로든 어려워질 때, 그것은 경험의 기회이다.

7 아이들이 내면의 삶, 견고함, 자연과의 교감을 경험하고 길러나갈 오프라인적 경험을 주어라

견고함, 깊은 사고, 침묵, 아무 것도 없는 상태에서 느끼는 충만감, 영혼으로 느끼는 감사함은 온라인상에서는 찾을 수 없는 것들이다. 우리는 이런 평화를 느끼는 능력을 기르고, 이런 영적인 감각과 의미를 찾아가는 여정에 관해 충분히 음미하도록 자양분을 주어야 한다. 숲의 성소이든, 성지이든, 혹은 시구이든, 지속가능한 가족들은 이러한 우리 자신의 일부와 대면하고 관계 맺을 기회들을 제공한다. 이어폰을 착용하는 대신, 내면의 소리에 귀 기울이고, 내면의 GPS를 찾고, 내면적 삶의 경험을 구글링하고, 자신의 영혼에 접촉하라. 아이들은 자신과의 이런 내면적 관계, 깊은 숙고를 발달시키기 위한, 반드시 지루하거나 쓸쓸하거나 무섭지만은 않게 혼자 시간을 보내는 것을 배우는 오프라인적 시간이 필요하다.

특히 자연은 우리들에게 모두와 함께 그 행성을 공유한다는 사실을 일깨워준다. 우리는 궁극적으로 모두 하나의 가족이며, 모두 한 행성을 공유한다. 우리가 이 행성을 '어머니 지구'라고 부를 때, 우리는 스스로에게 우리가 한 가족임을 일깨운다. 어느 가족이든 우리는 어려운 도전들에 직면하고, 자원을 좇거나 공유하는 일에 관한 주요 갈등들을 겪는다. 전쟁과 테러에 관한 정치적 설교 속에서 우리는 위대한 어머니를 잊는다. 자연 속에 있는 것은 또한 우리에게 우리가 평화와 지속가능성, 우리가 가진 것을 공유하기 위한 정책을 만들 수 있다는 사실을 일깨워준다. 정원을 지역적, 국제적으로 관리하라. 아이들이 해변에서 놀든 지구 행성을 보든 둘 다 하든, 오늘날의 세계에서 우리는 우리 가족이 모든 사람들, 혹은 국제적 가족으로부터 떨어져 나오게 해서는 안 된다.

많은 이들에게 있어 자연 속에 있는 것은 자기 자신과 깊게 연결될 기회를 준다. 야생은 우리에게 가볍게 걷고, 함께 존재하며, 서로를 어루만지는 것을 가르친다. 카누 안에서 혹은 절벽 위에서 조용히 앉아 있는 평화로운 순간 속에서, 평화는 그 자체로 얻을 수 있는 것처럼 보인다. 거기에는 아이들이 우리에게 자신들이 보낸 여름에 대해, 캠프파이어와 낚시의 마법에 대해 즐겁게 이야기하게 하는 이유가 들어 있다. 자연 속에서 우리는 자기 본연의 모습으로, 자기 본연의 신체 상태로 존재하게 된다. 그 연결이 늘 좋은 기분을 주지 않는다 하더라도, 거기에는 힘이 존재할 수 있다.

TV 쇼와 다큐멘터리 들은 우리에게 자연의 특별한 이면들을 생생하고 자세하게 보여준다. 전자기기 화면들은 자연을 거실 안으로 끌어들일 수 있으며, 이것은 좋은 일이다. 누구나 원할 때 하이킹을 갈 수 있는 것은 아니기 때문이다. 하지만 그것은 우리가 들길에서 우리의 GPS로 방향을 찾을 수 있지만, 같은 방식으로 하이킹을 하고 내면의 여정을 체험할 수는 없다고 말한다. 내가 아는 한 청년은 뉴햄프셔 주에서 자라고 이제 도시의 대학에 입학했는데, 컴퓨터로 하루를 시작하듯이, 카메라 뒤의 전경으로 펼쳐진 들길이 보이는 영상으로 그 들길을 걷는다. 자연 속에서 지낸 몇 년간 이것과 같이 매개되지 않은 상태로 들길을 걸었던 경험이 그의 온라인 가상 하이킹에 정보를 준다. 그의 체화된 자연과 야생 경험은 그를 의미 있는 방식으로 시각 이미지에 연결시켜준다.

자연은 우리에게 다양한 종류의 생존 전략 게임을 가르친다. 자연은 극단적인 힘, 개벌皆伐, 불필요한 폭력, 저장하기, 탐험의 위험에 관한 교훈을 배우는 면에서 내가 아는 최고의 교실이다. 그리고 우리가 얼마나 작은 존재인지에 관해서도. 인공지능의 '무제한적인 잠재력'과 반대로, 자연 속에 있는 것은 우리에게 유한하며 공유해야 하는 자연의 교훈을 가르친다. 테크놀로지가 아니라 그것이 우리 모두를 근본적으로 서로 연결시켜주는 것이다.

〈뉴욕 타임스〉의 칼럼니스트 니콜라스 크리스토프Nicholas Kristof는 딸과 함께한 미서부 종단 하이킹에 대해서 "야생이 어떻게 우리들을 겸허하게 하는지"를 쓰고, "그것이 절대 필요한 이유이다."라고 썼다.

테크놀로지는 겸양을 가르치지 않는다. 오히려 정반대이다.

"현대 사회에서, 우리는 세계가 우리에게 종속되도록 구조를 만들고 있다. 우리는 주변 환경을 바꾸는 데 키보드나 원격조종을 이용할 수도 있다."라고 크리스토프는 쓴다. "우리의 편안함을 위해 만들어진 이 모든 기구들이 늘 우리를 더욱 편안하게 혹은 땅에 뿌리박게 두는 것은 아니다. 당혹감을 느끼거나 문제를 겪는 사람들이 얼마나 자주 자연 속에서 해결 방안을 찾는지를 떠올려보라."

온라인 기초에 관해 아들과 대화하면서 이반은 7살 난 아들 피터에게 '클라우드'라는 개념을 설명했다. 사이버 공간에 있는 엄청난 데이터 저장고인 클라우드는 개인 정보를 온라인상에서 공유하는 것이며, 왜 온라인 게임에 자기 이름이나 집 주소를 두지 않아도 되는지 설명했다. 그날 오후 하이킹을 갔을 때, 피터는 하늘을 올려다보고는 이렇게 말했다. "아빠, 테크놀로지 클라우드 안에 하느님이 살고 계신가요? 하느님도 테크놀로지를 담당하고 있나요?" 이렇듯 종종 극히 어린 목소리들이 가장 큰 질문을 하곤 한다.

테크놀로지의 모든 힘을 지닌 상태에서 우리는 그것을 더 큰 힘, 무제한적인 것으로 생각하고, 우리 모두가 결집되어 있는 사이버 하늘 안에 있는 엄청난 '포스'라고 연관 짓곤 한다. 테크놀로지는 도구이며, 잘 사용될 때 그것은 황홀한 방식으로 온 인류를 위해 봉사할 수 있게 된다. 그러나 우리는 모두 악의적이거나 부주의한 사람들의 손에서 이용되면서 해를 끼치는 수많은 예시들을 통해 부정적인 측면을 보아왔다. 우리는 이 새로운 도구들이 우리에게서 오랜 진리들을 뒤흔들게 둘 수 없다. 인류라는 종이 지닌 영혼은 좋은 관계 속에서 번창한다. 우리가 모두 근본적으로 서로와 연결되어 있고, 우리보다 더 큰 무언가, 놀랍고 멋진 어떤 것의 일부라는 감각 속에서 번창한다.

우리가 모두 전자기기 화면에 코를 박고 월드와이드웹을 따라갈 때, 우리는 민족문화 및 모든 종교들이 공유하고 있는 인간적 가치들로부터 단절되고, 우리를 연결하고 뿌리내리게 한 다른 힘들에 관해 잊게 된다. 우리는 감사해하는 것을 잊는다. 감사해하는 것과 유사한 느낌들을 잊는다. 지속가능한 가족은 다음 세대의 가족들을 위한 지속가능한 미래를 만들기 위해, 우리가 아이들에게 관리 감각을 주어야 한다는 것을 안다. 크리스토프는 이렇게 썼다. "장기적 관점에서 황야를 보존하는 것, 우리는 먼저 그것을 위한 기반을 반드시 보증해야 한다." 우리는 아동기를 보호하고, 아이들과 가족을 지탱하는 연민의 문화를 위한 기반을 만들어야 한다고 똑같이 말할 수 있다. 그것이 부모와 가족들의 일이다.

이는 단선적이지 않으며, 우리가 미디어와 테크놀로지를 사용하는 방법에 관한 큰 질문들 역시 간단하지 않다. 그 대답들은 각기 다른 뉘앙스를 지니고 있으며, 우리는 기꺼이 그 복잡성을 유지하고, 그 결과들에 대해 깊이 숙고하고, "아이들은 다 괜찮다."라고 주장하는 안이하고 빠르게 오가는 대답들에 저항해야 한다. 아이들은 전혀 괜찮지 않다. 전적으로 그렇지도 않다. 월드와이드웹은 우리들이 온라인으로 가서 그 전에는 상상도 할 수 없던 방식으로 우리가 상호 연결되는 법을 보고, 듣고 느끼는 것을 가능하게 한다. 이런 시대는 우리들에게 우리 모두가 깊고도 보이지 않는 방식으로 연결되어 있는 현실을 붙잡을 것을 요구한다. 테크놀로지가 아이들과 우리 자신들에게 도전이 될 수 있는 방식으로 보이지 않는 것을 보이게 하고 있음을 알아차릴 것을 요구한다.

지속가능성은 속도와 일련의 사건들에 관련된 것이다. 우리 아이들에게는 성장 속도와 그 사이에 일어나는 일련의 사건들이 된다고 할 수 있다. 인류에게는 환경적, 경제적, 사회적, 영적 측면에서의 장기간의 행복 유지에 관한 것이 된다. 궁극적으로 지속가능한 가족은 관리에 관한 것이다. 부모로서 우리들은 아이들의 관리자이며, 아이들은 미래의 관리자들이다.

테크놀로지가 계속해서 새로운 가능성의 세계들을 여는 이때, 우리의 도전은 새로운 기회와 애플리케이션들이 오랜 진실들을 지우게 놔두지 않는 것이다. 아이들은 우리의 관심을 필요로 한다. 아이들은 가족 안에서 가족이 되는 어려운 일을 하는 데 노력하면서 성장한다. 우리는 더 큰 세계 가족으로 일할 수 있다는 것을 아직 입증하지 못했고, 그것에 결사적으로 매달려야 한다. 다행스럽게도 우리는 집과 가족이라는 작은 수준에서 인간성과 테크놀로지를 결합시킬 수 있고, 아이들에게 이 새로운 세계 속에서 존재하는 방법을 가르칠 수 있다. 그곳에서 우리는 더욱 깊이 연결되고, 가까워지며, 멈춤 버튼을 눌러 종종 시간이라는 선물과 가족이라는 으뜸 가치를 즐길 수도 있다.

시간은 천천히, 빠르게, 그리고 늘 충분하게 흐른다.

디지털 시대, 위기의 아이들

초판 1쇄 발행 2015년 05월 04일
초판 2쇄 발행 2016년 10월 01일

지은이 | 캐서린 스타이너 어데어, 테레사 H. 바커
옮긴이 | 이한이
펴낸이 | 박영철
펴낸곳 | 오늘의책

주소 121-894 서울 마포구 잔다리로7길 12 (서교동)
전화 070-7729-8941~2 팩스 031-932-8948
이메일 tobooks@naver.com
블로그 blog.naver.com/tobooks

등록번호 제10-1293호(1996년 5월 25일)

ISBN 978-89-7718-380-3 03590

• 값은 뒤표지에 있습니다.
• 잘못된 책은 구입하신 서점에서 바꿔드립니다.

이 도서의 국립중앙도서관 출판예정 도서목록(CIP)은 서지정보유통지원시스템 홈페이지(http://seoji.nl.go.kr)와 국가자료 공동목록시스템(http://www.nl.go.kr/kolisnet)에서 이용하실 수 있습니다. (CIP 제어번호 : CIP2015010943)